신재생에너지 발전설비(태양광) 기능사 실기

예문사

PREFACE
New and Renewable Energy

　화석연료의 고갈이라는 인류가 당면한 과제를 해결하고 화석연료 사용으로 인한 환경문제 등을 극복하기 위한 방안으로 신·재생에너지에 관한 연구가 꾸준히 진행되고 있다. 선진국인 미국, 독일, 일본 등에서는 정부 주도하에 신·재생에너지에 대한 R&D가 지속적으로 진행되고 있고 우리나라도 신·재생에너지에 대한 연구·개발에 박차를 가하고 있는 실정이다.

　이처럼 대체에너지 개발과 환경문제 등에 보다 활발한 연구, 개발, 관리가 필요한 시점에서 이 분야의 전문기술인력 확보가 절실하여 최근 신·재생에너지발전설비(태양광)에 대한 자격증 제도를 도입하여 실시해 오고 있다.

　이 책은 자격시험 준비를 위한 것으로서 산업인력관리공단의 출제기준에 따라 전체 내용을 구성하였고, 출제예상문제를 수록하여 내용을 다시 한번 정리할 수 있도록 하였으며, 최종적으로 필답형 예상문제를 풀어봄으로써 시험에 충분히 대비할 수 있도록 하였다.

　끝으로 이 책에 참고자료가 되었던 국내외 여러 도서의 저자들과 많은 도움을 주신 주경야독과 예문사에 감사의 마음을 전한다.

건축전기설비기술사 **박 문 환**

출제기준

New and Renewable Energy

신재생에너지발전설비기능사(태양광)(실기)

| 직무분야 | 환경·에너지 | 중직무분야 | 에너지·기상 | 자격종목 | 신재생에너지발전설비기능사(태양광) | 적용기간 | 2025.1.1.~2027.12.31. |

○ 직무내용: 태양광발전설비를 시공, 운영, 유지 및 보수 등을 수행하는 직무이다.
○ 수행준거: 1. 태양광발전 모듈, 태양광 인버터를 이용하여 최적의 태양광발전시스템 구축을 위한 각 구성품별 특성 및 기능을 이해하고 상호 역할에 따라 설계, 시공 시 적용하기 위한 사전준비를 할 수 있다.
2. 운영계획에 따른 사업개시 신고를 하고, 발전설비의 안정적 설치를 확인한 후 발전시스템을 운영하여 효율적으로 태양광에너지를 생산을 할 수 있다.
3. 수배전반, 주변기기들을 이용하여 최적의 태양광발전시스템 구축을 위한 각 구성품별 특성 및 기능을 이해하고 기기와 부품들 간 상호 역할에 따라 설계, 시공 시 적용하기 위한 사전준비를 할 수 있다.
4. 태양광발전 어레이 구조물 설치를 위해 토목 설계 도서에 따라 태양광발전시스템 건설을 위한 부지조성 공사를 실시하고 관리를 할 수 있다.
5. 태양광발전 구조설계 시공도면에 따라 현장에서 태양광발전 구조물 기초공사를 진행하고 구조물 시공을 실시할 수 있다.
6. 발전시스템 시공도면에 따라 현장에서 태양광발전 어레이 시공을 진행하고 태양광발전 계통연계 설비의 전기시설을 시공할 수 있다.
7. 안전한 태양광발전시스템을 구축하기 위하여 태양광발전 수배전반 설치, 배관배선 시공을 수행할 수 있다.
8. 태양광발전시스템 준공 후 점검, 일상 점검, 정기 점검을 실시하여 효율적으로 태양광발전시스템을 관리할 수 있다.
9. 태양광발전설비 운용 시 구조적, 전기적 안전대책을 수립하고 조사할 수 있다.
10. 태양광발전설비를 유지보수하고, 점검을 통해 태양광발전시스템을 안전하고 효율적으로 유지관리를 할 수 있다.
11. 태양광발전장치의 설비시공 완료 후 정상적인 설비가동을 위해 최종적인 검사와 보완 과정을 수행할 수 있다.
12. 작업자 및 태양광발전에 대한 시공상, 설비상, 구조상 안전 계획을 수립하고 관리할 수 있다.

| 실기검정방법 | 필답형 | 시험시간 | 1시간 30분 정도 |

실기과목명	주요항목	세부항목	세세항목
태양광발전설비 실무	1. 태양광발전 주요 장치 준비	1. 태양광발전 모듈 준비하기	1. 태양광발전 모듈에 사용되는 태양전지의 종류와 특성에 기반하여 모듈의 특징을 비교 조사할 수 있다. 2. 태양전지 광전변환효율을 계산하여 광전변환효율이 100%가 되지 않는 이유를 설명할 수 있다. 3. 태양광발전 모듈의 전기적 특징을 이해하여 직류 전압, 전류 특성곡선($V-I$)을 분석할 수 있다. 4. 태양광발전 모듈 온도계수 특성을 파악하여 온도에 따른 전압 변화를 계산할 수 있다. 5. 태양광발전 모듈의 특성을 이해하여 직병렬 어레이 구성을 할 수 있다.

실기과목명	주요항목	세부항목	세세항목
			6. 설치 전 태양광발전 모듈 취급 시 주의사항에 따라 시공을 준비할 수 있다.
		2. 태양광 인버터 준비하기	1. 태양광 인버터 입력전압 범위에 따른 어레이 직병렬의 최적 동작 전압 범위를 검토할 수 있다. 2. 태양광 인버터의 기능과 특성을 조사하여 태양광 인버터 운전을 검토할 수 있다. 3. 태양광 인버터 제조사의 사양 일람표를 참조하여 역률과 효율을 비교 검토할 수 있다. 4. 태양광발전 모듈의 설비용량을 기준으로 태양광 인버터 용량을 계산할 수 있다.
	2. 태양광발전 시스템 운영	1. 태양광발전 사업 개시 신고하기	1. 시행기관으로부터 승인을 받기 위해 사업체의 사업개시신고 확인서류를 작성할 수 있다. 2. 제출된 사업개시신고서를 바탕으로 수행기관의 현장 확인 실사를 받을 수 있다. 3. 현장 확인 후 수정, 보완 사항을 신속히 처리하여 시행기관으로부터 사업개시 승인을 받을 수 있다.
		2. 태양광발전설비 설치 확인하기	1. 태양광발전 모듈이 설계시방을 기준으로 안정적으로 설치되었는지를 확인할 수 있다. 2. 설치된 발전설비 각 부품의 성능검사 후 문제 발생 시 처리할 수 있다. 3. 설계도면과 시방서에 의한 설치가 되어 있는지 확인할 수 있다.
		3. 태양광발전 시스템 운영하기	1. 발전시스템 운영계획의 수립을 위해 운영에 필요한 인력, 장비 및 활용가능 범위를 파악할 수 있다. 2. 날씨, 계절에 따른 태양광발전소의 고장에 대한 태양광에너지 생산의 영향을 분석할 수 있다. 3. 태양광발전의 출력 감소 시 출력량의 영향을 분석할 수 있다. 4. 점검과 보호를 통해 발전전력 효율 저하 방지와 장기간 운영을 하기 위해 일별, 월별, 연간 운행 계획을 수립할 수 있다. 5. 발전시스템 운영을 위한 장치와 운영 매뉴얼에 의한 향후 문제점을 확인하여 대처할 수 있다. 6. 모니터링 시스템의 구성을 파악하고 동작을 제어하여 태양광 발전시스템을 운영할 수 있다. 7. 모니터링 시스템의 데이터를 분석하여 태양광발전시스템 각 구성요소의 상태를 파악할 수 있다.
	3. 태양광발전 연계장치 준비	1. 태양광발전 수배전반 준비	1. 분산형 전원 배전계통 연계 기술기준에 따른 저압 연계계통 수배전반을 구성할 수 있다. 2. 분산형 전원 배전계통 연계 기술기준에 따른 고압 연계계통 수배전반을 구성할 수 있다.

출제기준

실기과목명	주요항목	세부항목	세세항목
			3. 태양광발전 전용 축전지의 용도를 조사하여 설비용량에 맞는 계통연계 시스템용 축전지를 선정을 확인할 수 있다. 4. 태양광발전 교류 측 구성 기기를 용도에 맞게 구성할 수 있다.
		2. 태양광발전 주변 기기 준비하기	1. 접속함의 내부 회로를 구성하여 설치용량 적합 여부를 검토할 수 있다. 2. CCTV 시스템 구성 환경에 맞는 시스템을 구축할 수 있다. 3. 피뢰설비 설치기준, 시스템 보호 대책에 따라 방재시스템을 구축할 수 있다. 4. 태양광발전시스템 방화대책에 따라 케이블, 접속함, 변압기, 전력기기 등의 화재탐지, 경보, 소화대책을 반영한 방화시스템을 구축할 수 있다. 5. 모니터링 구성 방법에 따라 각 모듈 간 데이터를 취합한 통합 모니터링 시스템을 구축할 수 있다.
	4. 태양광발전 토목공사	1. 태양광발전 토목공사 수행하기	1. 태양광발전부지 토목공사를 위해 설계도면 내용을 검토할 수 있다. 2. 태양광발전 토목 설계도서를 준용하여 토목공사를 완료할 수 있다. 3. 설계도면과 비교하여 토목공사 완료 후 준공 검수할 수 있다. 4. 공사현장의 안전관리 준수 여부를 확인할 수 있다.
	5. 태양광발전 구조물 시공	1. 태양광발전 구조물 기초 공사 수행하기	1. 구조설계를 위하여 선정부지의 경계 측량을 검토하여 정지작업을 할 수 있다. 2. 태양광 토목과 구조물 설계도서에 따라 태풍과 같은 바람, 폭우, 폭설에 견딜 수 있도록 구조물 기초공사를 할 수 있다. 3. 설계도상 설치 위치 측정 후 부지경사, 어레이 이격 거리를 고려한 시공을 할 수 있다. 4. 나대지, 건축물, 시설물 등 현장 특성에 맞는 구조물 기초를 선정하여 시공할 수 있다. 5. 구조 계산서에 따른 지역별 풍하중, 설하중을 적용하여 구조물 기초공사를 할 수 있다.
		2. 태양광발전 구조물 시공하기	1. 태양광발전용 지지대 및 가대를 설치순서, 양중방법 등의 설치 계획을 확인할 수 있다. 2. 태양광발전용 가대, 모듈 고정용 가대 및 케이블 트레이용 찬넬 순으로 조립할 수 있다. 3. 건축물의 방수와 볼트 조립 헐거움을 방지하도록 구조물 조립 공사를 할 수 있다. 4. 구조물 조립 시 사용되는 체결용 볼트, 너트, 와셔 등 녹 방지 처리 및 처리 여부를 확인할 수 있다. 5. 태양전지 모듈의 유지보수를 위한 공간과 작업안전을 위한 안전난간이 확보되어 있는지 점검할 수 있다. 6. 구조물 설치작업 시 울타리와 관제실 공사를 관리할 수 있다.

실기과목명	주요항목	세부항목	세세항목
	6. 태양광발전 전기시설 공사	1. 태양광발전 어레이 시공하기	1. 전기공사를 진행하기 위하여 태양광발전 모듈을 설치할 수 있다. 2. 태양광발전 모듈의 설치 시 가대의 하단에서 상단으로 순차적으로 조립할 수 있다. 3. 태양광발전 모듈과 가대의 접합 시 전식 방지를 위해 개스킷을 사용하여 조립할 수 있다. 4. 어레이 결선 후, 접속함을 설치하여 결선(연결)할 수 있다.
		2. 태양광발전 계통연계장치 시공하기	1. 시스템의 설치도면을 기초로 태양광 인버터와 제어장치를 설치하여 결선작업을 할 수 있다. 2. 수배전반을 연결할 수 있다. 3. 태양광발전 출력단에서 계통과 연계할 수 있다. 4. 사용 전 검사를 위하여 발전량의 입출력 상태를 확인할 수 있다.
	7. 태양광발전 전기설비 시공	1. 수배전반 설치하기	1. 전기 용량에 적합한 차단기를 설치할 수 있다. 2. 고압 연계계통에 사용할 변압기를 설치할 수 있다. 3. 계통연계용 수배전반을 설치할 수 있다.
		2. 배관배선 시공하기	1. 태양광발전 모듈 간의 배선을 할 수 있다. 2. 태양광발전 어레이에서 접속함까지의 직류 배관배선 공사를 할 수 있다. 3. 접속함에서 인버터까지의 직류 배관배선 공사를 할 수 있다. 4. 인버터에서 계통연계점까지의 교류 배관배선 공사를 할 수 있다.
	8. 태양광발전 시스템 유지	1. 태양광발전 준공 후 점검하기	1. 태양광발전 어레이를 점검항목과 점검요령에 따라 측정하여 점검할 수 있다. 2. 접속함의 점검항목을 확인하여 점검요령에 따라 측정할 수 있다. 3. 태양광 인버터의 점검항목을 확인하여 점검요령에 따라 측정할 수 있다. 4. 태양광발전용 개폐기, 전력량계, 분전반 내 주간선 개폐기를 점검요령에 따라 측정할 수 있다. 5. 태양광발전시스템을 운전, 정지 점검요령에 따른 조작, 시험, 측정을 할 수 있다.
		2. 태양광발전 일상 점검하기	1. 태양광발전 어레이 일상점검 항목을 확인하여 점검요령에 따라 점검할 수 있다. 2. 접속함 일상점검 항목을 확인하여 점검요령에 따라 점검할 수 있다. 3. 태양광 인버터 일상점검 항목을 확인하여 점검요령에 따라 점검할 수 있다. 4. 태양광발전의 주변 환경에 따른 이상 유무와 모듈의 인화성 물질이나 화재의 위험 가능성을 확인할 수 있다.

출제기준

실기과목명	주요항목	세부항목	세세항목
		3. 태양광발전 정기점검하기	1. 전기안전관리법에서 정한 용량별 횟수에 맞춰 정기점검을 할 수 있다. 2. 태양광발전 어레이 점검항목을 확인하여 점검요령에 따라 육안점검을 할 수 있다. 3. 중간단자함(접속함) 점검항목과 점검요령에 따른 육안점검, 측정, 시험을 할 수 있다. 4. 태양광 인버터의 점검항목과 점검요령에 따른 육안점검, 측정, 시험을 할 수 있다.
	9. 태양광발전 시스템 보수	1. 태양광발전 시스템 보수하기	1. 설비 이상 상태를 발견하면 조치 후 보고할 수 있다. 2. 태양광 인버터, 접속반, 차단기, 동작을 정지할 수 있다. 3. 이상 상태가 발생한 설비 부품을 교환할 수 있다. 4. 이상 원인을 분석하고 긴급조치 후 필요시 외부 전문가에게 의뢰할 수 있다. 5. 이상원인 처리 결과를 설비관리 기록 대장에 기록할 수 있다.
		2. 태양광발전 특별점검하기	1. 태양광발전시스템 유지관리를 위한 태양광 인버터의 상태를 점검할 수 있다. 2. 태양광발전시스템 유지관리를 위한 태양광발전 모듈의 표면상태를 확인할 수 있다. 3. 태양광발전시스템 유지관리를 위한 전선류의 피복 상태를 점검할 수 있다. 4. 태양광발전시스템 유지관리를 위한 수배전반의 이상 유무를 파악할 수 있다.
	10. 태양광발전 설비 안전 조사	1. 구조적 안전 조사하기	1. 태양광발전설비 구조도면을 검토할 수 있다. 2. 태양광발전설비 시공계획서에 따라 안전부분을 확인할 수 있다. 3. 태양광발전설비 시공절차에 적용되는 안전수칙을 검토할 수 있다.
		2. 전기적 안전 조사하기	1. 태양광발전설비의 배관배선에 대한 관련 규정을 확인할 수 있다. 2. 태양광발전 모듈 설치 시 안전시공 절차를 설명할 수 있다. 3. 수배전설비의 안전시공 절차를 설명할 수 있다. 4. 작업 중 감전 방지를 위한 안전조치를 할 수 있다.
	11. 태양광발전 시스템 유지보수 점검	1. 예비준공 점검하기	1. 설계도면에 따른 시공 여부를 점검할 수 있다. 2. 주요 자재 매뉴얼을 통해 설계 및 시스템 구성요소를 점검할 수 있다. 3. 태양광 모듈, 인버터 점검 기준을 통해 배선상태를 점검할 수 있다. 4. 태양광발전설비 안전 관련 규정에 따라 구조물을 점검할 수 있다.

실기과목명	주요항목	세부항목	세세항목
		2. 유지보수 매뉴얼 점검하기	1. 유지보수 매뉴얼에 따라 모듈, 접속반, 인버터, 수배전반 동작 상태를 점검할 수 있다. 2. 이상이 감지되면 긴급 조치를 하고 필요시 전문가에게 의뢰할 수 있다. 3. 점검사항에 대한 결과를 설비 관리대장에 기록할 수 있다.
	12. 태양광발전 장치 준공검사	1. 태양광발전 정밀 안전 진단하기	1. 발전장치의 안정성을 위하여 보호계전기 동작시험을 할 수 있다. 2. 전기 안전을 위하여 모선과 기기의 절연저항을 측정할 수 있다. 3. 공사 계획 인가 시의 규격이 현장에 시공된 규격과 일치하는지 확인할 수 있다.
		2. 태양광발전 사용 전 검사하기	1. 전기설비가 공사계획대로 설계, 시공되어 있는지를 확인할 수 있다. 2. 정기검사 시 기준 항목별 세부 검사내용을 확인할 수 있다. 3. 사용 전 검사 항목별 세무 검사내용의 실행을 위한 전기설비의 구조적 안정성과 기술기준 적합 여부를 확인할 수 있다. 4. 전기설비의 보호를 위하여 안전장치의 동작 상태를 시험 확인할 수 있다.
	13. 태양광발전 시스템 안전관리	1. 태양광발전 시공상 안전 확인하기	1. 작업의 안전을 확보하기 위해 안전계획이 포함된 시공계획서를 확인할 수 있다. 2. 사고를 방지하도록 시공계획서와 법규를 검토하여 안전을 확인할 수 있다. 3. 작업이 안전하게 진행되도록 안전교육에 참여할 수 있다. 4. 보호 장구상태를 점검과 관리할 수 있다.
		2. 태양광발전 설비상 안전 확인하기	1. 설비상 안전을 확인하기 위하여 각 자재에 대하여 검수할 수 있다. 2. 위험 요소에 대한 안전을 위하여 작업환경에 맞는 안전시설을 계획할 수 있다. 3. 작업 중 감전 방지를 위해 안전대책을 수립할 수 있다. 4. 송배전설비의 안전을 위해 관리 계획을 수립할 수 있다.
		3. 태양광발전 구조상 안전 확인하기	1. 태양광발전시스템의 구조와 특성을 파악하여 구조상 안전계획을 수립할 수 있다. 2. 태양광 구조물 시스템의 설계 계획서를 파악하여 안전을 확인할 수 있다. 3. 전기설계 시 사고 방지를 위하여 안전계획의 법규 준수 여부를 확인할 수 있다.

CONTENTS

태양광발전 주요 장치 준비

Section 001 태양광발전 모듈 준비하기	2
Section 002 태양광 인버터 준비하기	22
Section 003 출제예상문제	27

태양광발전시스템 운영

Section 001 태양광발전 사업개시 신고하기	68
Section 002 태양광발전설비 설치 확인하기	73
Section 003 태양광발전시스템 운영하기	76
Section 004 출제예상문제	85

태양광발전 연계장치 준비

Section 001 태양광발전 수배전반 준비하기	94
Section 002 태양광발전 주변기기 준비하기	110
Section 003 출제예상문제	129

CONTENTS

PART 04 태양광발전 토목공사 및 구조물 시공

Section 001 태양광발전 토목공사 수행하기   172
Section 002 태양광발전 구조물 기초공사 수행하기   178
Section 003 태양광발전 구조물 시공하기   182
Section 004 출제예상문제   188

PART 05 태양광발전 전기시설 공사 및 시공

Section 001 태양광발전 어레이 시공하기   204
Section 002 태양광발전 계통연계장치 시공하기   212
Section 003 수배전반 설치하기   216
Section 004 배관·배선 시공하기   222
Section 005 출제예상문제   227

CONTENTS

태양광발전시스템 유지 및 보수

Section 001   태양광발전 준공 후 점검   250
Section 002   태양광발전 일상점검하기   256
Section 003   태양광발전 정기점검하기   258
Section 004   태양광발전시스템 보수   261
Section 005   출제예상문제   266

태양광발전설비 안전조사

Section 001   구조적 안전 조사하기   288
Section 002   전기적 안전 조사하기   293

태양광발전시스템 유지보수 점검

Section 001   예비준공 점검하기   302
Section 002   유지보수 매뉴얼 점검하기   307
Section 003   출제예상문제   314

태양광발전장치 준공검사

Section 001 태양광발전 정밀안전 진단하기   324
Section 002 태양광발전 사용 전 검사하기   329

태양광발전시스템 안전관리

Section 001 태양광발전 시공상 안전 확인   336
Section 002 태양광발전 설비상 안전 확인   338
Section 003 태양광발전 구조상 안전 확인   343
Section 004 출제예상문제   354

CONTENTS

APPENDIX 필답형 예상문제

Section 001 필답형 예상문제 1회	360
Section 002 필답형 예상문제 2회	368
Section 003 필답형 예상문제 3회	376
Section 004 필답형 예상문제 4회	384
Section 005 필답형 예상문제 5회	392
Section 006 필답형 예상문제 6회	400
Section 007 필답형 예상문제 7회	408
Section 008 필답형 예상문제 8회	415
Section 009 필답형 예상문제 9회	422
Section 010 필답형 예상문제 10회	429
Section 011 필답형 예상문제 11회	436
Section 012 필답형 예상문제 12회	445
Section 013 필답형 예상문제 13회	454
Section 014 필답형 예상문제 14회	461
Section 015 필답형 예상문제 15회	468

PART 01

태양광발전 주요 장치 준비

SECTION 001 태양광발전 모듈 준비하기

1 태양전지의 종류와 특징

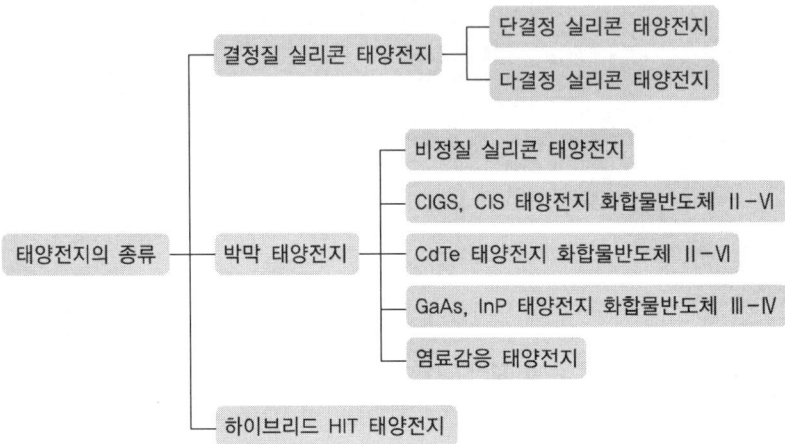

1) 태양전지 소재의 형태에 따른 분류

결정질 실리콘 태양전지와 박막 태양전지로 구분된다.

(1) 결정질 실리콘 태양전지(기판형)

① 태양전지 전체 시장의 80[%] 이상을 차지한다.
② 결정질 실리콘 태양전지는 실리콘 덩어리(잉곳)를 얇은 기판으로 절단하여 제작한다.
③ 실리콘 덩어리의 제조방법에 따라 단결정과 다결정으로 구분된다.

(2) 박막 태양전지

① 얇은 플라스틱이나 유리 기판에 막을 입히는 방식으로 제조한다.
② 접합구조에 따라 단일접합, 이중 또는 삼중의 다중접합 태양전지 등으로 구분할 수 있다.
③ 결정질보다 두께가 얇다.
④ 결정질보다 변환효율이 낮다.
⑤ 결정질보다 온도특성이 강하다.
⑥ 동일 용량 설치 시 결정질보다 박막형이 면적을 많이 차지한다. → 효율이 낮으므로 면적을 많이 차지한다.

2) 태양전지에 이용되는 반도체 재료

결정질 및 비정질	실리콘계	단결정 실리콘(Single-crystalline Silicon)
		다결정 실리콘(Multi-crystalline Silicon)
		비정질 실리콘(Amorphous Silicon)
Compound Semiconductor	Ⅲ-Ⅴ족 화합물계	GaAs, InP, GaAlAs, GaP, GaInAs 등
	Ⅱ-Ⅵ족 화합물계	CuInSe$_2$, CdS, CdTe, ZnS 등
화합물 또는 적층형	화합물/Ⅵ족 계열	GaAs/Ge, GaAlAs/Si, InP/Si 등
	화합물/화합물 계열	GaAs/InP, GaAlAs/GaAs, GaAs/CuInSe$_2$ 등

3) 재료에 따른 태양전지의 분류

(1) 실리콘 태양전지

① 실리콘의 제조방법에 따라 단결정과 다결정으로 분류된다.

② 단결정 태양전지의 효율이 높지만 최근에는 다결정 실리콘 재료의 생산기술이 크게 진보하여 생산량이 증가하고 있다.

③ 박막형 태양전지는 수소화된 비정질의 아몰퍼스상을 기본으로 한 태양전지와 박막을 다시 결정화한 다결정 실리콘 박막 태양전지로 분류된다.

㉠ 단결정(Single-crystalline) 실리콘 태양전지
- 단결정은 순도가 높고 결정결함밀도가 낮은 고품위의 재료이다.
- 단단하고 구부러지지 않는다.
- 무늬가 다양하지 않다.
- 검은색이다.
- 제조에 필요한 온도는 1,400[℃]이다.
- 집광장치를 사용하지 않는 경우 효율은 약 24[%]이다.
- 집광장치를 사용하는 경우 효율은 약 28[%] 이상이다.
- 도달한계효율은 약 35[%]이다.

㉡ 다결정(Multi-crystalline) 실리콘 태양전지
- 저급한 재료를 저렴한 공정으로 처리한 것이다.
- 현재 다결정 태양전지 생산량이 단결정 생산량을 넘어섰다.
- 전지효율은 약 18[%]이다.
- 도달한계효율은 약 23[%]이다.

ⓒ 단결정과 다결정 실리콘 셀의 특성 비교

구분	단결정 실리콘 셀	다결정 실리콘 셀
제조방법	복잡하다.	단결정에 비해 간단하다.
실리콘순도	높다.	단결정에 비해 낮다.
효율	높다.	단결정에 비해 낮다.
한계효율	약 35[%]	약 23[%]
원가	고가이다.	단결정에 비해 저가이다.
특징	변환효율은 높으나, 가격이 고가이다.	단결정에 비해 변환효율은 낮으나, 가격이 저렴하다.

ⓔ 단결정 및 다결정 태양전지 셀(Cell)의 제조과정

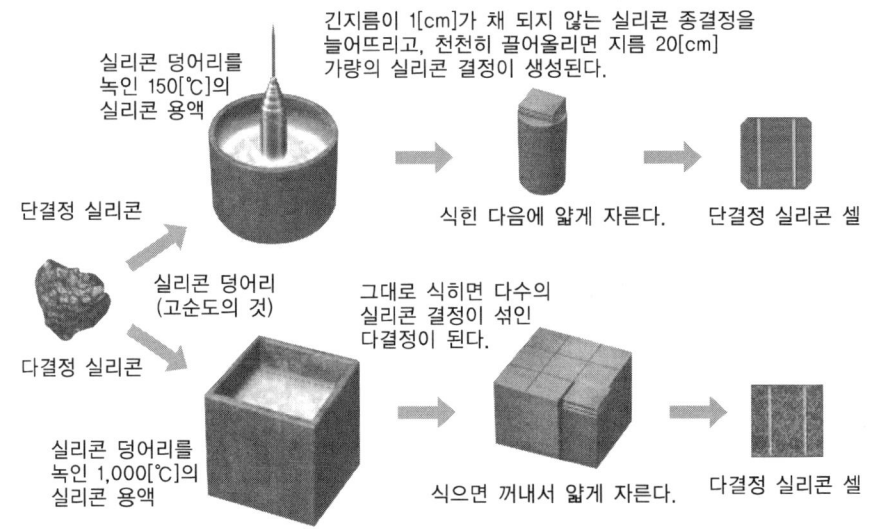

- 단결정 태양전지 제조공정

  폴리실리콘(실리콘 덩어리) → Czochralski 공정(실리콘 용액 사각 절단) → 웨이퍼 슬라이싱(웨이퍼 절단) → 인도핑 → 반사 방지막 → 전/후면 전극 → 단결정 셀

- 다결정 태양전지 제조공정

  폴리실리콘 → 방향성 고결(주조 결정) → 블록 → 웨이퍼 슬라이싱 → 인도핑 → 반사 방지막 → 전/후면 전극 → 다결정 셀

2 태양전지의 광변환효율

1) 태양전지 변환효율

태양광을 전기에너지로 바꾸어 주는 태양전지의 성능을 결정하는 중요한 요소 가운데 하나이다. 같은 조건하에서 태양전지 셀에 태양이 조사가 되었을 시에 태양광에너지가 전기에너지를 얼마만큼 발생시키는가를 나타내는 양, 즉 퍼센트[%]를 말한다.

2) 광변환효율(η)

$$\eta = \frac{P_m}{P_{input}} = \frac{I_m \cdot V_m}{P_{input}} = \frac{V_{oc} \cdot I_{sc}}{P_{input}} \cdot FF$$

여기서, P_{input} : 태양에너지로부터 입사된 환상전력

$P_{input} = E \times A =$ 표준일조강도[W/m²] × 태양전지면적[m²]

E : 표준일조강도[W/m²] $= 1,000$[W/m²]

A : 태양전지면적[m²](가로×세로)

P_m : 최대출력

V_m : 최대출력일 때의 전압

I_m : 최대출력일 때의 전류

V_{oc} : 개방전압

I_{sc} : 단락전류

FF : 충진율

(1) 태양전지의 충진율(FF : Fill Factor, 곡선인자)

태양전지의 충진율은 개방전압과 단락전류의 곱에 대한 출력의 비로 정의된다.

$$FF = \frac{I_m \cdot V_m}{I_{sc} \cdot V_{oc}} = \frac{P_{\max}}{I_{sc} \cdot V_{oc}}$$

① 충진율은 최적동작전류 I_m과 최적동작전압 V_m이 I_{sc}와 V_{oc}에 가까운 정도를 나타낸다.
② 충진율은 태양전지 내부의 직병렬 저항으로부터도 영향을 받는다.
③ 일반적으로 실리콘 태양전지의 개방전압은 약 0.6[V]이고 충진율은 약 0.7~0.8[V]로 보며, GaAs의 개방전압은 약 0.95[V]이고, 충진율은 약 0.78~0.85[V]이다.

④ 전압에 따른 태양전지의 출력전류와 전력곡선

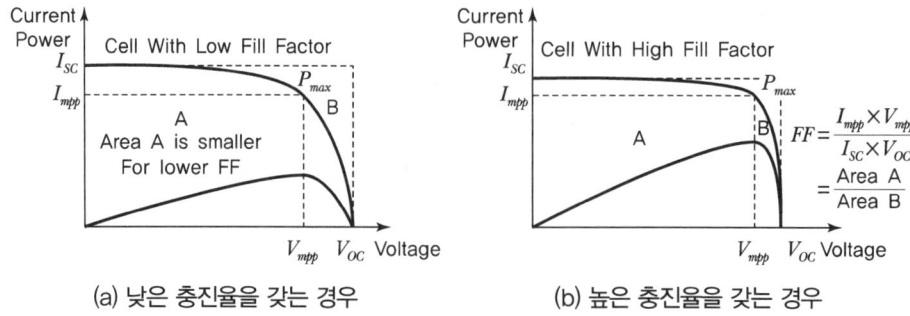

(a) 낮은 충진율을 갖는 경우   (b) 높은 충진율을 갖는 경우

[전압에 따른 태양전지의 출력전류와 전력곡선]

3) 태양전지의 기본단위 - 셀(Cell)

① 실리콘 계열은 단결정과 다결정의 셀로 구분된다.
② 셀은 만드는 잉곳(Ingot)의 크기에 따라 5인치와 6인치로 나뉜다.
③ 5인치 규격은 [mm] 단위로 125×125, 6인치 규격은 [mm] 단위로 156×156의 크기이다.
④ 통상적으로 현재는 6인치 셀을 많이 사용한다.

4) 태양광발전시스템의 효율의 종류

효율의 종류에는 최고효율, 추적효율, 유러피언 효율이 있다.

(1) 최고효율

전력변환(직류 → 교류, 교류 → 직류)을 행하였을 때, 최고의 변환효율을 나타내는 단위

$$\eta_{\max} = \frac{AC_{power}}{DC_{power}} \times 100 [\%]$$

(2) 추적효율

태양광발전시스템용 파워컨디셔너가 일사량과 온도변화에 따른 최대전력점을 추적하는 효율

$$추적효율 = \frac{운전최대출력[kW]}{일조량과\ 온도에\ 따른\ 최대출력[kW]} \times 100[\%]$$

(3) 유러피언 효율(European Efficiency)

변환기의 고효율 성능척도를 나타내는 단위로서 출력에 따른 변환효율에 비중을 두어 측정하는 단위

예 각 출력 5[%]/10[%]/20[%]/30[%]/50[%]/100[%]에서 효율을 측정하여 그 비중(계수)을 0.03/0.06/0.13/0.10/0.48/0.20으로 두어 곱한 값을 합산하여 계산한 값

$$\eta_{EURO} = 0.03 \cdot \eta_{5\%} + 0.06 \cdot \eta_{10\%} + 0.13 \cdot \eta_{20\%}$$
$$+ 0.10 \cdot \eta_{30\%} + 0.48 \cdot \eta_{50\%} + 0.20 \cdot \eta_{100\%}$$

총 Euro효율을 구하기 위한 출력전력별 비중(계수)은 다음 표와 같다.

출력전력(%)	5	10	20	30	50	100
출력별 비중(계수)	0.03	0.06	0.13	0.10	0.48	0.20

3 단락전류

(1) 단락전류(Short Circuit Current)는 태양전지 양단의 전압이 "0"일 때 흐르는 전류를 의미한다. 단락전류는 태양전지로부터 끌어낼 수 있는 최대전류이다.

(2) 단락전류는 다음과 같은 요소들에 의해 영향을 받는다.
① 태양전지의 면적
② 입사광자 수(입사광원의 출력)
③ 입사광 스펙트럼
④ 태양전지의 광학적 특성(빛의 흡수 및 반사)
⑤ 태양전지의 수집확률

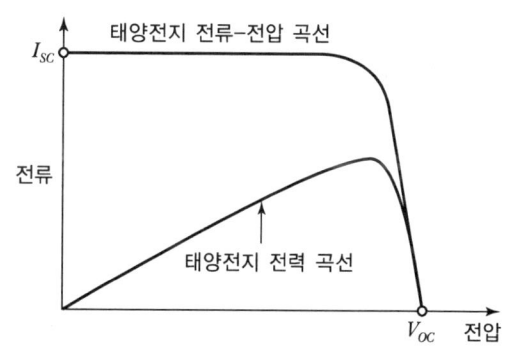

[태양전지 전류-전압 곡선에서의 단락전류]

4 개방전압

개방전압(Open Circuit Voltage)은 전류가 "0"일 때 태양전지 양단에 나타나는 전압으로, 태양전지로부터 얻을 수 있는 최대전압에 해당한다.

5 태양전지 모듈의 개요

1) 태양전지 셀

① 태양전지는 태양의 빛에너지를 전기에너지로 변환하는 기능을 가지고 있는 최소단위인 태양전지 셀(Cell)이 기본이 된다.
② 셀 한 개에서 생기는 전압은 0.6[V] 정도이며 발전용량은 1.5[W] 정도이다.
③ 태양전지 셀은 10~15[cm] 각 판상의 실리콘에 PN접합을 한 반도체의 일종으로, 36장, 60장, 72장, 88장, 96장을 직렬로 접속한 후 모듈 형태로 제작하여 이용한다.

2) 태양전지의 구성단위

① 셀(Cell) : 태양전지의 최소단위
② 모듈(Module) : 셀(Cell)을 내후성 패키지에 수십 장 모아 일정한 틀에 고정하여 구성한 것
③ 스트링(String) : 모듈(Module)의 직렬연결 집합단위
④ 어레이(Array) : 스트링(String), 케이블(전선), 구조물(가대)을 포함하는 모듈의 집합단위

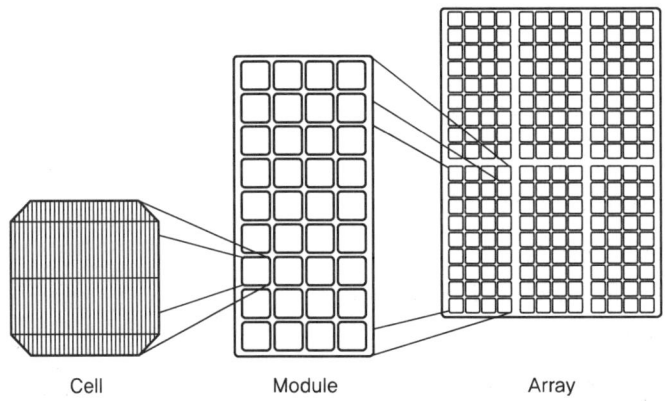

[태양전지의 셀/모듈/어레이]

6 태양광 모듈의 전류 – 전압($I-V$) 특성곡선

태양전지 모듈(PV Module)에 입사된 빛에너지를 전기적 에너지로 변환하는 출력특성을 태양전지 전류 – 전압($I-V$) 특성곡선이라 한다.

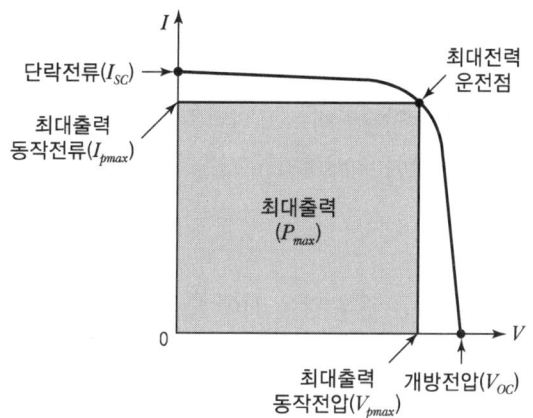

[태양전지 모듈의 전류-전압 특성곡선]

1) 태양전지 모듈의 $I-V$ 특성지표

(1) 표준시험조건(STC : Standard Test Condition)에서 각각 다음과 같은 의미를 가지고 있다.

① 최대출력($P_{\max}$) : 최대출력 동작전압(V_{pmax})×최대출력 동작전류(I_{pmax})

② 개방전압(V_{oc}) : 태양전지 양극 간을 개방한 상태의 전압

③ 단락전류(I_{sc}) : 태양전지 양극 간을 단락한 상태에서 흐르는 전류

④ 최대출력 동작전압(V_{pmax}) : 최대출력 시의 동작전압

⑤ 최대출력 동작전류(I_{pmax}) : 최대출력 시의 동작전류

7 태양전지 모듈의 구조와 설치요건

1) 모듈의 단면구조

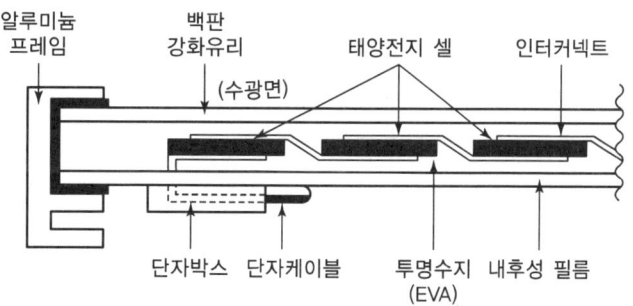

① 태양전지 셀은 인터커넥트라고 하는 셀 접속 금속부품에 의해 셀의 표면전극과 인접하는 셀의 이면전극이 순차적으로 직렬 접속한다.

② 직렬 접속된 셀군은 강화유리상에서 투명수지에 매립되며 뒷면에는 필름이 부착된다.

③ 주변을 알루미늄 프레임으로 고정하여 태양전지 모듈이 완성된다.
④ 태양전지 모듈과 다른 태양전지 모듈은 단자박스의 경유로 케이블 접속된다.
⑤ 모듈의 단면구조도에서 인터커넥트 표면과 뒷면이 번갈아가며 직렬 접속된 태양전지 셀이 유리와 뒷면 필름 사이에 배치되는 것을 알 수 있다.

2) 어레이의 설치높이

어레이를 지표면에 설치하는 경우 강우 시에 모듈 표면으로 흙탕물이 튀는 것을 방지하기 위해 지면으로부터 0.6[m] 이상 높이에 설치해야 한다.

3) 기대수명

태양전지 모듈은 안전성, 내구성 확보를 위해 연구·개발 및 설계되고 있으며, 20년 이상의 내용연수가 기대된다.

4) PV 인증

태양전지 모듈의 안전성, 성능, 신뢰성의 유지·확인을 목적으로 한 국제적인 인증제도가 마련되고 있다. 국제표준 및 한국산업표준(KS)에 적합한 제품을 인증하는 것이다.

5) 모듈의 설치 경사각 및 방향

(1) 최적 효율 경사각 및 방향

① 최적 경사각 : 태양전지 모듈과 태양광선의 각도가 90°가 될 때
② 최적 방위각(방향) : 정남향
그림자의 영향을 받지 않는 곳에 정남향 설치를 원칙으로 하되 건축물의 디자인 등에 부합되도록 현장여건에 따라 설치한다.

6) 일사시간

① 장애물로 인한 음영에도 불구하고 일사시간은 1일 5시간 이상이어야 한다. 단, 전기줄, 피뢰침, 안테나 등 경미한 음영은 장애물로 보지 아니한다.
② 태양광 모듈 설치열이 2열 이상일 경우 앞열은 뒷열에 음영이 지지 않도록 설치하여야 한다.

7) 태양광 모듈의 설치용량

설치용량은 사업계획서상에 제시된 설계용량 이상이어야 하며, 설계용량의 110[%]를 초과하지 않아야 한다.

8) 태양전지 모듈의 시공·설치방법에 따른 온도상승과 에너지 감소율

① 태양전지 모듈에 자연통풍을 적용한다면 최소 10~15[cm]의 이격공간을 확보해야 한다.
② 후면통풍이 없을 때의 출력감소는 10[%] 정도이다.

9) 모듈 뒷면 표시사항

KS C IEC 표준에 기초하여 다음 항목이 모듈의 뒷면에 표시되어 있다.
① 제조업자명 또는 그 약호
② 제조연월일 및 제조번호
③ 내풍압성의 등급
④ 최대시스템전압(H 또는 L)
⑤ 어레이의 조립형태(A 또는 B)
⑥ 공칭 최대출력($P_{\max}$)[Wp]
⑦ 공칭 개방전압(V_{oc})[V]
⑧ 공칭 단락전류(I_{sc})[A]
⑨ 공칭 최대출력 동작전압($V_{p\max}$)[V]
⑩ 공칭 최대출력 동작전류($I_{p\max}$)[A]
⑪ 역내전압[V] : 바이패스 다이오드의 유무(Amorphous계만 해당)
⑫ 공칭 중량[kg]
⑬ 크기 : 가로×세로×높이[mm]

8 태양전지 모듈의 등급별 용도

1) A등급(Class A)

① 접근제한 없음, 위험한 전압, 위험한 전력용
② 직류 50[V] 이상 또는 240[W] 이상에서 동작하는 것으로, 일반인의 접근이 예상되는 곳에 사용된다.

2) B등급(Class B)

① 접근제한, 위험한 전압, 위험한 전력용
② 울타리나 위치 등으로 공공의 접근이 금지된 시스템으로 사용이 제한된다.

3) C등급(Class C)

① 제한된 전압, 제한된 전력용
② 직류 50[V] 미만 또는 240[W] 미만에서 동작하는 것으로, 일반인의 접근이 예상되는 곳에 사용된다.

9 태양전지 모듈의 설치부위, 설치방식에 따른 분류

건축물에 설치하는 태양전지는 설치부위, 설치방식, 부가기능 등의 차이에 따라 분류되며, 시공·설치 관련 분류는 설치되는 부위에 따라 지붕, 벽, 기타로 분류하며 각각에 대하여 설치방식과 부가적인 기능이 있다.

설치부위	설치방식	부가기능
지붕	지붕설치형	경사지붕형
		평지붕형
	지붕건재형	지붕재일체형
		지붕재형
	아트리움 지붕 및 천창	
벽	벽 일체형	
	벽 건재형	
기타	창재형	
	차양형	

1) 경사지붕형

최적의 경사각을 지닌 남향의 경사지붕은 태양전지를 설치하기에 이상적이며, 유럽의 전통 주택에서 가장 많이 이용되는 형식이다.

2) 평지붕형

평지붕은 태양광발전에 매우 적절한 장소이다.

3) 아트리움 지붕 및 천창

수직 파사드에 비해 천창은 태양전지 이용면에서 일사조건이 많이 이롭다. 천장이 남향으로 경사져 있다면 더욱 좋다. 전형적으로 아트리움, 온실, 외기로부터 피할 수 있도록 제공되는 지하철 입구 또는 건물 로비공간에 많이 적용된다.

4) 벽(입면) 일체형

외피 마감재의 후면통풍이 되는 소위 Cold-파사드는 통풍이 가능하므로 태양전지 설치가 유리하다. 기존의 외장재를 PV-유리 모듈로 교체하거나 또는 비정질 태양전지 모듈이 접착된 금속판으로 대체 가능하다.

🔟 건물일체형 태양광발전시스템

건물일체형 태양광발전(BIPV : Building Integrated PhotoVoltaic)시스템은 건축자재+태양광발전시스템의 개념으로
① 건축재료와 발전기능을 동시에 발휘한다.
② 태양광발전시스템 설계 시 건축설계자와 사전협의가 필요하다.
③ 태양전지 모듈을 지붕 파사드·블라인드 등 건물 외피에 적용한다.
④ 실리콘 태양전지에 비해 가격이 고가이고 효율이 낮아 적용실적은 낮다.

🔢 태양전지 모듈의 검사

1) 출하검사

① 전기적 특성검사
② 구조 및 조립시험
③ 절연저항시험
④ 강박시험(우박시험)
⑤ 내전압검사

2) 신뢰성검사

① 내풍압검사
② 내습성검사
③ 내열성검사
④ 온도사이클테스트
⑤ 염수분무시험
⑥ 자외선(UV)피복시험

12 모듈의 설치

1) 설치 전 검토사항
① 설계도면(설치 상세도) 및 특기시방서를 검토한다.
② 모듈 제조사에서 제공하는 설치 매뉴얼(기계적·전기적 설치방법)을 검토한다.

2) 태양전지 모듈의 설치방법
① 가로깔기 : 모듈의 긴 쪽이 상하가 되도록 설치
② 세로깔기 : 모듈의 긴 쪽이 좌우가 되도록 설치

3) 태양전지 모듈 설치 시 고려사항
① 태양전지 모듈의 직렬매수(스트링)는 직류 사용 전압 또는 파워컨디셔너(PCS)의 입력 전압 범위에서 선정한다.
② 태양전지 모듈의 설치는 가대의 하단에서 상단으로 순차적으로 조립한다.
③ 태양전지 모듈과 가대의 접합 시 전식방지를 위해 개스킷을 사용하여 조립한다.
④ 태양전지 모듈 제조사에서 제공하는 조립 금속을 사용하여 모듈 설치 매뉴얼이 요구하는 힘을 가하여 고정하여야 한다.
⑤ 태양전지 모듈의 접지는 1개 모듈을 해체하더라도 전기적 연속성이 유지되도록 각 모듈에서 접지단자까지 접지선을 각각 설치한다.

4) 모듈의 고정방법 및 접지방법

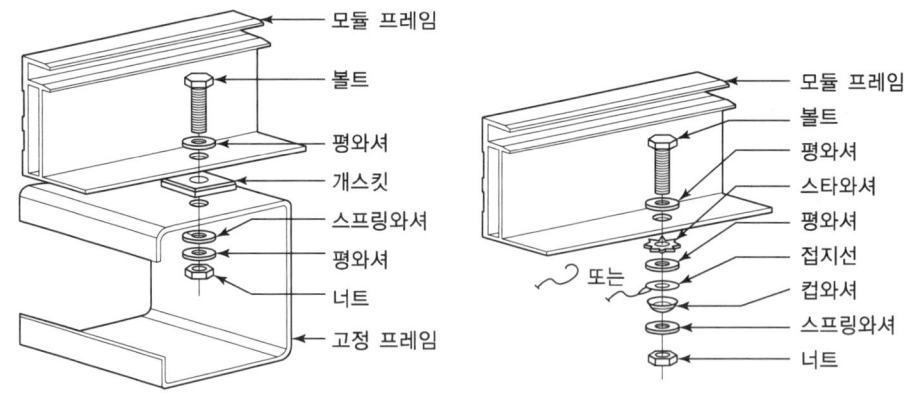

5) 태양전지 모듈 설치 시 안전대책으로 복장 및 추락 방지
① 안전모 착용
② 안전대 착용(추락방지를 위해 필히 사용할 것)

③ 안전화(미끄럼 방지의 효과가 있는 신발)
④ 안전허리띠 착용(공구, 공사부재의 낙하 방지를 위해 사용된다.)

6) 태양전지 모듈 설치 작업 중 감전 방지대책

① 작업 전 태양전지 모듈 표면에 차광막을 씌워 태양광을 차폐한다.
② 저압 절연장갑을 착용한다.
③ 절연 처리된 공구를 사용한다.
④ 강우 시에는 감전사고뿐만 아니라 미끄러짐으로 인한 추락사고로 이어질 우려가 있으므로 작업을 금지한다.

7) 태양광발전 모듈 배선

① 태양전지판의 모듈과 모듈을 연결하는 전선
② 공칭단면적 2.5[mm^2] 이상 연동선 또는 동등 이상의 세기 및 굵기의 전선으로 배선해야 한다.
③ 반드시 극성 표시 확인 후 배선 : 정극(+, P) 부극(−, N)
   태양전지 모듈 이면에서 접속용 케이블이 2본씩 나오기 때문이다.
④ 모듈 접속함에서 인버터까지 배선의 전압강하율 : 1~2[%]

13 바이패스 소자와 역류방지소자

1) 바이패스 소자

(1) 태양전지의 직렬접속 시 전류의 우회로를 만드는 다이오드를 말한다.
(2) 모듈의 일부 셀에 나뭇잎, 응달(음영)이 발생하여 그 부분의 셀이 전기를 생산하지 못할 경우
   ① 발전되지 않은 셀에서 저항이 커진다.
   ② 이 셀에 직렬접속되어 있는 스트링(회로)에 모든 전압이 인가되어 고저항의 셀에 전류가 흘러 발열된다. 이 발열부분을 핫스팟(Hot Spot)이라 한다.
   ③ 셀이 고온이 되면 셀 및 그 주변의 충진재가 변색되고 이면 커버의 부풀림이 발생한다.
   ④ 셀의 온도가 더 높아지면 셀 및 모듈이 파손된다.
   ⑤ 이를 방지하기 위해 바이패스 다이오드를 설치한다.

2) 바이패스 다이오드 설치위치

태양전지 모듈 후면에 있는 출력단자함에 설치한다.

3) 태양전지 모듈의 바이패스 다이오드 설치 예

① 태양전지 모듈 내의 셀의 18~22개마다 셀의 전류방향과 반대로 바이패스 다이오드를 설치하여 출력을 저하시키고 발열을 억제한다.
→ 태양전지 정상작동 시 바이패스 다이오드에 역방향전압이 걸려 있어 작동하지 않다가 부분음영이 발생하면 태양전지에는 역방향전압, 바이패스 다이오드에는 순방향전압이 인가되어 바이패스 다이오드가 작동한다.

② 바이패스 다이오드 역내전압은 스트링전압의 1.5배 이상이다.

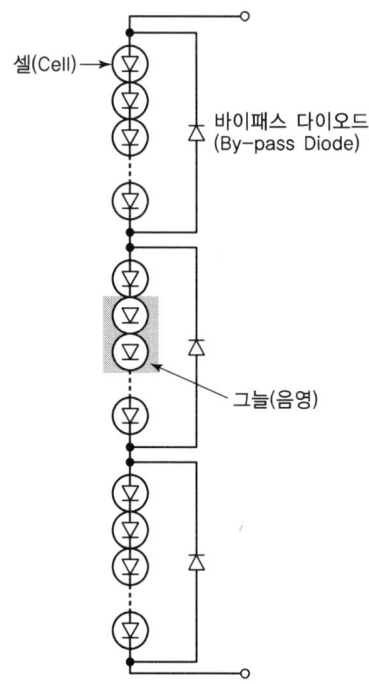

4) 모듈의 음영과 바이패스 다이오드

(1) 음영과 모듈의 직병렬에 따른 출력전력 비교

① 직렬 시
㉠ 음영이 없을 때 출력

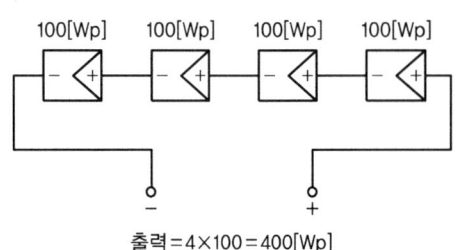

출력 = 4×100 = 400[Wp]

ⓒ 일부 셀에 음영 발생 시 출력

음영이 발생한 셀이 전체에 영향을 미친다.

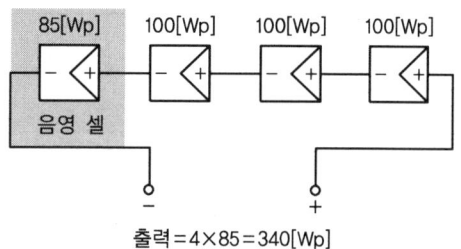

② 병렬 시

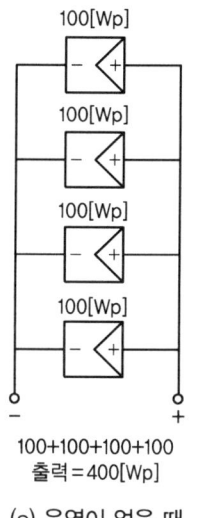

(a) 음영이 없을 때

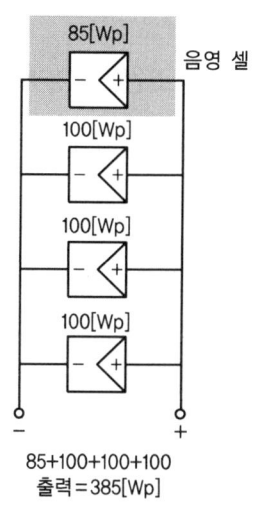

(b) 일부 셀에 음영이 있을 때

음영이 발생한 셀이 전체에 영향을 미치지 않는다.

5) 역류방지소자

(1) 역류방지소자의 설치목적

① 태양전지 모듈에 그늘(음영)이 생긴 경우, 그 스트링 전압이 낮아져 부하가 되는 것을 방지한다.

② 독립형 태양광발전시스템에서 축전지를 가진 시스템이 야간에 태양광발전이 정지된 상태에서 축전지 전력이 태양전지 모듈 쪽으로 흘러들어 소모되는 것을 방지한다.

(2) 역류방지소자(Blocking Diode) 설치위치

역류방지소자(Blocking Diode)는 태양전지 어레이의 스트링(String)별로 설치한다.

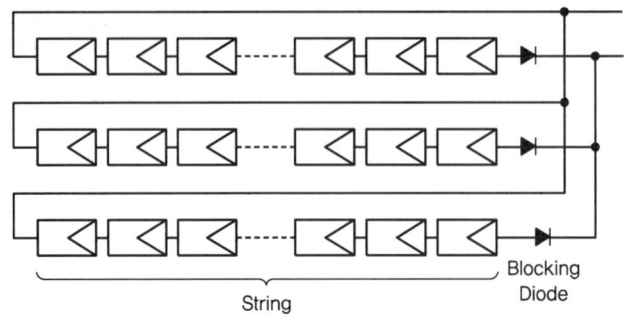

14 모듈의 시험조건(STC, NOCT)

모든 모듈은 솔라 시뮬레이터를 사용하여 다음 표준시험조건(STC : Standard Test Conditions)에서 시험을 하고, 그 결과를 모듈 뒷면에 성능을 표시한다.

1) 표준시험조건

① 소자 적합온도 : 25[℃]
② 대기질량지수 : AM 1.5
③ 조사강도 : 1,000[W/m²]

2) 공칭태양광발전전지 동작온도(NOCT)

공칭태양광발전전지 동작온도(NOCT : Nominal Operating photovoltaic Cell Temperature)는 다음 조건에서 모듈을 개방회로(부하 없음)로 하였을 때 도달하는 온도이다.

① 표면에서의 기준분광 방사조도 : 800[W/m²]
② 공기온도(T_{Air}) : 20[℃]
③ 풍속 : 1[m/s]
④ 경사각 : 수평선상에서 45°

3) 셀의 온도 계산식

공칭태양광발전전지 동작온도(NOCT)가 주어졌을 때 셀의 온도(T_{cell}) 계산식은 다음과 같으며, 셀의 온도(T_{cell})는 주위온도가 높을 때, 인버터의 최저동작전압에 따른 모듈의 최소 직렬수량 산정 시 사용된다.

$$T_{cell} = T_{Air} + \left\{\left(\frac{NOCT-20}{800}\right) \times S\right\}[℃]$$

여기서, T_{Air} : 공기온도(주위온도)[℃]
　　　　$NOCT$: 공칭태양광발전전지 동작온도[℃]
　　　　S : 일조강도[W/m²]

15 태양전지 모듈의 온도계수

1) 모듈의 온도계수

태양전지 표준시험조건(STC)의 셀의 기준온도는 25[℃]이다. 지역 및 계절적 요인에 따라 셀의 표면온도가 상승하거나 하강하면 온도계수에 따라 출력 및 전압이 변화하게 된다. 일반적으로 태양전지 모듈의 셀 온도가 상승하면 출력과 전압은 감소하게 된다.

① 온도계수는 [%/℃] 또는 [W/℃], [V/℃]로 주어진다.
② 출력과 전압의 온도계수는 부(−)특성을 갖는다.
③ 전류의 온도계수는 정(+)특성을 갖는다.

2) 온도계수에 따른 출력계산

(1) 온도계수로 [%/℃]가 주어진 경우

$$P_{\max}' = P_{\max}\{1 + \gamma(T_{cell} - 25)\}[W]$$

여기서, $P_{\max}'$: T_{cell} 온도에서의 출력[W]
　　　　$P_{\max}$: 표준시험조건[25℃]에서의 출력[W]
　　　　γ : 출력온도계수[%/℃]
　　　　T_{cell} : 셀의 표면온도[℃]

(2) 온도계수로 [W/℃]가 주어진 경우

$$P_{\max}' = P_{\max} + \{\gamma(T_{cell} - 25)\}[W]$$

여기서, γ : 출력온도계수[W/℃]
　　　　$P_{\max}$: 표준시험조건[25℃]에서의 출력[W]

3) 온도계수에 따른 전압계산

(1) 온도계수로 [%/℃]가 주어진 경우

$$V' = V\{1+\alpha(T_{cell}-25)\}[V]$$

여기서, V' : T_{cell} 온도에서의 전압[V]
V : 표준시험조건[25℃]에서의 전압[V]
α : 전압온도계수[%/℃]
T_{cell} : 셀의 표면온도[℃]

(2) 온도계수로 [V/℃]가 주어진 경우

$$V' = V + \{\alpha(T_{cell}-25)\}[V]$$

여기서, α : 전압온도계수[V/℃]
V : 표준시험조건[25℃]에서의 전압[V]

16 모듈의 직병렬 계산

1) 모듈의 직병렬 수량 산출

(1) 발전시스템 용량 결정

부지면적(설치가능 면적), 모듈 1장의 크기, 모듈 1장의 최대출력 등에 의해 결정

(2) 태양전지 모듈의 설정

태양전지의 종류, 효율, 크기, 최대출력, 가격 등을 고려하여 결정

(3) 파워컨디셔너(PCS, 태양광 인버터) 선정

절연방식, 입력전류 범위, 정격출력, 운전 대수, 효율 등을 고려하여 결정

(4) 모듈의 직렬수 계산

① 모듈의 개방전압 온도계수(−) 특성을 고려한다.
② "모듈 표면온도가 최저일 때의 개방전압(V_{oc})×직렬수"가 "파워컨디셔너(PCS)의 최대입력전압" 미만이 되도록 선정한다.
③ 최저온도일 때 모듈의 개방전압이 최대가 된다.
④ 최대직렬 모듈 수 = $\dfrac{\text{인버터(PCS)의 최고입력전압 (PCS 입력전압 변동범위 최곳값)}}{\text{최저온도일 때의 모듈 개방전압}(\Delta_L V_{oc})}$

상기 계산값의 소수점 이하는 버린다(예 17.99=17).

온도계수가 [%/℃]로 주어질 때 : $V_{oc(최저온도)} = V_{oc}\{1+(\beta \times \theta_L)\}[V]$
온도계수가 [V/℃]로 주어질 때 : $V_{oc(최저온도)} = V_{oc} + (\beta' \times \theta_L)[V]$

여기서, V_{oc} : STC 조건의 개방전압[V]
β : 전압온도계수[%/℃]
β' : 전압온도계수[V/℃]
θ_L : STC 온도와 셀 표면 최저온도의 편차[℃] = 셀 최저온도 - 25[℃]

일출 시 곧바로 셀의 온도가 일조에 의해 상승할 수 없기 때문에 NOCT가 주어진 경우라 하더라도 셀의 최저온도는 설치지역의 최저온도를 적용한다.

⑤ 최대직렬 모듈 수 = $\dfrac{인버터\ MPP\ 최고전압}{최저온도에서\ 최대전압(V_{mpp})}$

⑥ 최저직렬 모듈 수 = $\dfrac{인버터의\ MPP\ 최저전압}{모듈\ 표면온도가\ 최고인\ 상태의\ 최대출력동작전압(\Delta_H V_{mpp})}$

상기 계산값의 소수점 이하는 절상한다(예 17.02 = 18).

온도계수가 [%/℃]로 주어질 때 : $V_{mpp(최고온도)} = V_{mpp}\{1+(\beta \times \theta_H)\}[V]$
온도계수가 [V/℃]로 주어질 때 : $V_{mpp(최고온도)} = V_{mpp} + (\beta' \times \theta_H)[V]$

여기서, V_{mpp} : STC 조건의 운전전압[V]
β : 전압온도계수[%/℃]
β' : 전압온도계수[V/℃]
θ_H : STC온도와 셀 표면 최고온도의 편차[℃] = 셀 최고온도 - 25[℃]

태양광 인버터 준비하기

1 인버터의 개요

어레이에서 발전된 전력은 직류이기 때문에 부하기기에 필요한 교류전력으로 변환한다. 이러한 역할을 하는 PCS는 태양전지 어레이 출력이 항상 최대전력점에서 발전할 수 있도록 최대전력점추종(MPPT : Maximum Power Point Tracking) 제어기능을 가져야 하며 계통과 연계되어 운전되기 때문에 계통사고로부터 PCS를 보호하고 태양광발전시스템 고장으로부터 계통을 보호하는 기능을 가지고 있어야 한다. 이 때문에 전력조절기능을 갖춘 계통연계형 인버터를 PCS(Power Conditioning System)라고 한다.

2 인버터의 원리

① 인버터는 트랜지스터와 IGBT(Insulated Gate Bipolar Transistor), MOSFET 등의 스위칭 소자로 구성된다.
② 스위칭 소자를 정해진 순서대로 On-Off를 규칙적으로 반복함으로써 직류입력을 교류출력으로 변환한다.

3 인버터의 기본기능

태양광 어레이로부터 입력받은 DC전력을 AC전력으로 변환시키는 기능

4 파워컨디셔너 시스템

1) 파워컨디셔너 시스템(PCS : Power Conditioner System)

파워컨디셔너는 태양전지에서 발전된 직류전력을 교류전력으로 변환하고, 교류부하에 전력을 공급함과 동시에 잉여전력을 한전 계통으로 역송전하는 장치이다.

2) 파워컨디셔너의 기능(역할)

(1) 자동전압 조정기능

태양광발전시스템을 한전계통에 접속하여 역송 병렬운전을 하는 경우 전력 전송을 위한 수전점의 전압이 상승하여 한전의 전압 유지범위를 벗어날 수 있으므로 이를 방지하기 위하여 자동전압 조정기능을 부가하여 전압의 상승을 방지하고 있다. 자동전압 조정기

능에는 진상무효전력제어기능과 출력제어기능이 있으며, 가정용으로 사용되는 3[kW] 미만의 것에는 이 기능이 생략된 것도 있다.

(2) 자동운전, 자동정지 기능

새벽에 태양전지 어레이에 일조량이 확보되어 파워컨디셔너의 DC 입력전압의 최저전압 이상이 되면 자동적으로 운전을 개시하여 발전을 시작하고, 일몰 시에도 발전이 가능한 파장범위까지 발전을 하다가 파워컨디셔너의 최저 DC 입력전압 이하가 되면 자동으로 운전을 정지한다.

(3) 계통연계 보호장치

① 한전계통과 병렬운전되는 저압 연계 시스템 보호장치 설치
  과전압 계전기(OVR), 저전압 계전기(UVR), 과주파수 계전기(OFR), 저주파수 계전기(UFR)

② 한전계통과 병렬운전되는 특고압 연계의 보호계전기 설치장소
  지락과전류 계전기(OCGR)가 수용가 특고압 측에 특고압 연계되는 보호계전기의 설치장소는 태양광발전소 구내 수전점(수전보호 배전반)에 설치함을 원칙으로 하고 있다.

③ 연계 계통 이상 시 태양광발전시스템의 분리와 투입
  ㉠ 단락 및 지락 고장으로 인한 선로보호장치 설치
  ㉡ 정전 복전 후 5분을 초과하여 재투입
  ㉢ 차단장치는 한전 배전계통의 정전 시에는 투입 불가능하도록 시설
  ㉣ 연계 계통 고장 시 0.5초 이내에 분리하는 단독운전 방지장치 설치

(4) 최대전력 추종(MPPT) 제어기능

파워컨디셔너는 태양전지 어레이에서 발생되는 시시각각의 전압과 전류를 최대출력으로 변환하기 위하여 태양전지 셀의 일사강도-온도 특성 또는 태양전지 어레이의 전압-전류 특성에 따라 최대출력운전이 될 수 있도록 추종하는 기능을 최대전력 추종(MPPT : Maximum Power Point Tracking) 제어라고 한다. 제어방식에는 직접제어식과 간접제어식이 있다.

(5) 단독운전 방지기능

① 단독운전 : 태양광발전시스템이 한전계통과 연계되어 발전을 하고 있는 상태에서 한전계통의 정전이 발생한 경우 태양광발전시스템은 정전으로 분리된 계통에 전력을 계속 공급하게 되는 운전상태를 단독운전이라 한다.

② 단독운전 방지기능의 종류 : 수동적 방식과 능동적 방식 2종류의 단독운전 방지기능이 내장되어 있다.

⊙ 수동적 방식(검출시한 0.5초 이내, 유지시간 5~10초)

종별	개요
전압위상 도약검출방식	• 단독운전 시 파워컨디셔너 출력이 역률 1에서 부하의 역률로 변화하는 순간의 전압위상의 도약을 검출한다. • 단독운전 시 위상변화가 발생하지 않을 때에는 검출할 수 없지만, 오동작이 적고 실용적이다.
제3고조파 전압급증 검출방식	• 단독운전 시 변압기의 여자전류 공급에 따른 전압 변동의 급변을 검출한다. • 부하가 되는 변압기로 인하여 오작동의 확률이 비교적 높다.
주파수 변화율 검출방식	단독운전 시 발전전력과 부하의 불평형에 의한 주파수의 급변을 검출한다.

ⓒ 능동적 방식(검출시한 0.5~1초)

종별	개요
주파수 시프트 방식	파워컨디셔너의 내부발전기에 주파수 바이어스를 주었을 때, 단독운전 발생 시 나타나는 주파수 변동을 검출하는 방식이다.
유효전력 변동방식	파워컨디셔너의 출력에 주기적인 유효전력 변동을 주었을 때, 단독운전 발생 시 나타나는 전압, 전류, 또는 주파수 변동을 검출하는 방식으로 상시 출력의 변동 가능성이 있다.
무효전력 변동방식	파워컨디셔너의 출력에 주기적인 무효전력 변동을 주었을 때 단독운전 발생 시 나타나는 주파수 변동 등을 검출하는 방식이다.
부하변동방식	파워컨디셔너의 출력과 병렬로 임피던스를 순간적 또는 주기적으로 삽입하여 전압 또는 전류의 급변을 검출하는 방식이다.

(6) 직류검출기능

① 파워컨디셔너는 직류를 교류로 변환하기 위하여 반도체 스위칭 소자(MOSFET, IGBT)를 고주파수로 스위칭하기 때문에 소자의 불규칙 분포 등에 의해 그 출력에는 적지만 직류분이 리플(Ripple) 형태로 포함된다.

② 교류 성분이 직류분을 함유하는 경우 주상변압기의 자기포화로 인한 고조파 발생, 계전기 등의 오·부작동 등 한전계통 운영에 문제를 야기하게 된다.

③ 이를 방지하기 위해서 무변압기 방식의 파워컨디셔너에서는 파워컨디셔너의 정격교류 최대출력전류의 직류성분 함유율을 분산형 배전계통 연계기술 가이드라인의 0.5[%]를 초과하지 않도록 유지할 것을 규정하고 있다.

(7) 직류지락 검출기능

① 무변압기 방식의 파워컨디셔너에서는 태양전지 어레이의 직류 측과 한전계통의 교류 측이 전기적으로 절연되어 있지 않기 때문에 태양전지 어레이의 직류 측 지락사고

에 대한 대책이 필요하다.
② 태양전지 어레이의 직류 측에서 지락사고가 발생하면 지락전류에 직류성분이 중첩되어 일반적으로 사용되고 있는 누전차단기는 이를 검출할 수 없는 상황이 발생한다.
③ 이런 상황에 대비하여 파워컨디셔너의 내부에 직류지락 검출기를 설치하여, 태양전지 어레이 측 직류지락사고를 검출하여 차단하는 기능이 필요하다. 일반적으로 직류 측 지락사고 검출 레벨은 100[mA]로 설정되어 운전되고 있다.

3) 파워컨디셔너 선정 시 점검사항

(1) 태양광발전시스템에 적용하고 있는 파워컨디셔너의 용량
① 소용량 : 10[kW] 미만
② 공공산업시설용, 발전사업용 : 10~1,000[kW]

(2) 파워컨디셔너 선정 시 반드시 확인하여야 할 사항
① 파워컨디셔너 제어방식 : 전압형 전류제어방식
② 출력 기본파 역률 : 95[%] 이상
③ 전류 왜형률 : 총합 5[%] 이하, 각 차수마다 3[%] 이하
④ 최고효율 및 유러피언 효율이 높을 것

(3) 태양광 유효이용에 관한 점검사항
① 최대전력 변환효율이 높을 것
② 최대전력 추종(MPPT) 제어에 의한 최대전력의 추출이 가능할 것
③ 야간 등의 대기전력 손실이 적을 것
④ 저부하 시의 손실이 적을 것

(4) 전력품질 공급 안정성에 관한 점검사항
① 잡음 발생 및 직류 유출이 적을 것
② 고조파의 발생이 적을 것
③ 기동정지가 안정적일 것

4) 파워컨디셔너의 종류

(1) 파워컨디셔너의 분류
파워컨디셔너는 전류(Commutation)방식, 제어방식, 절연방식에 따라 분류할 수 있다.
① 전류방식 : 자기전류(Self Commutation), 강제전류(Line Commutation)
② 제어방식 : 전압제어형, 전류제어형
③ 절연방식 : 상용주파 절연방식, 고주파 절연방식, 무변압기 방식

(2) 파워컨디셔너의 절연(회로)방식

계통연계용 파워컨디셔너의 직류 측과 교류 측의 절연방법에 따른 회로방식에는 상용주파 절연방식, 고주파 절연방식, 무변압기 방식이 있으며 한국전기설비규정(KEC)에 적합한 파워컨디셔너 회로방식을 선정하여야 한다.

5) 파워컨디셔너 시스템 방식

태양광시스템의 설치조건에 따른 계통연계형 인버터 설치 유형을 인버터 시스템 구성방식에 따라 분류하면 다음과 같다.

(1) 전압방식에 따른 분류
① 저전압병렬방식
② 고전압방식

(2) 인버터의 대수 및 연결에 따른 분류
① 중앙집중식
② 마스터 슬레이브
③ 병렬운전방식
④ 모듈 인버터
⑤ 서브어레이와 스트링 인버터

SECTION 003 출제예상문제

01 태양전지를 구성하는 최소 단위소자는 무엇인지 쓰시오.

해답

셀(Cell)

해설 태양전지의 구성단위
- 셀(Cell) : 태양전지의 최소단위
- 모듈(Module) : 셀을 내후성 패키지에 수십 장 모아 일정한 틀에 고정하여 구성한 것으로, 태양전지 셀을 직렬연결하여 수정의 전압과 출력을 얻을 수 있도록 제작된 것
- 스트링(String) : 모듈의 직렬연결의 접합 단위로 인버터의 직류 입력전압 범위가 되도록 모듈 개수를 정한다.
- 어레이(Array) : 스트링, 케이블(전선), 가대를 포함하는 모듈의 집합 단위

02 연간 태양궤적에 비추어 볼 때, 태양광 어레이 설치 시 가장 효율적인 설비방향을 지구의 북반구와 남반구를 구분하여 쓰시오.

해답

1) 북반구 : 남향
2) 남반구 : 북향

03 태양전지의 원리를 간단히 설명(전기 생산과정)하시오.

해답

태양전지는 빛에너지를 흡수하여 전기에너지의 근원인 전하(전자, 정공)를 생성한다. 즉, 빛에너지 흡수 → 전하 생성 → 전하 분리 → 전하 수집과정으로 태양전지는 전기를 생산한다.

04 모듈 설치 전 검토사항을 쓰시오.

해답
① 설계도면(설치상세도) 및 특기시방서를 검토
② 제조사에서 제공하는 설치매뉴얼(전기적 · 기계적 설치방법) 검토

해설 설치용량, 경사각, 일조시간 등 고려

05 태양전지는 결정 구조에 따라 어떤 종류가 있는지 3가지를 쓰시오.

해답
① 단결정
② 다결정
③ 비결정질

해설 태양전지의 결정 구조에 따른 종류
- 단결정 : 순도가 높고 결정 결함 밀도가 낮은 고품질의 재료로서 당연히 높은 효율을 달성할 수 있으나 가격이 고가이다.
- 다결정 : 상대적으로 저급한 재료를 저렴한 공정으로 처리하여 상용화가 가능한 효율의 전지를 낮은 비용으로 생산 가능하다.
- 비결정질 : 재료 및 제조를 하는 데 필요한 에너지를 절감할 수 있고 대폭적으로 가격을 낮출 수 있지만, 효율 및 장기 안정성은 떨어진다.

06 발전 중인 모듈의 셀구조 중 충진재(EVA)가 노랗게 되는 현상과 원인을 쓰시오.

해답
1) 현상 : 황변현상
2) 원인 : 자외선과 화학반응을 일으켜 변색되는 것이 주원인

07 태양전지 모듈의 구성 부품 5가지를 쓰시오.

해답

① 프론트 커버
② 씰재
③ 태양전지
④ 내부 연결전극(인터커넥터)
⑤ 충진재(봉지재)

해설

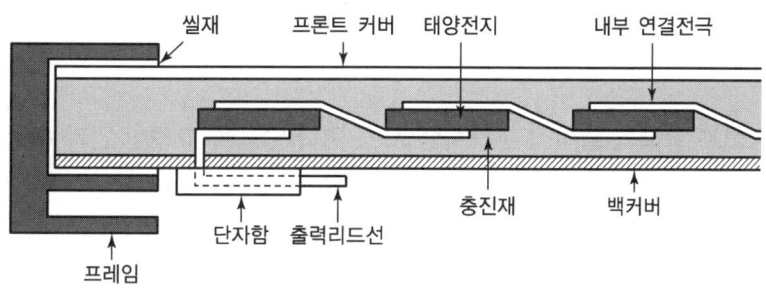

태양광 봉지재
- 태양광 모듈이 외부 노출에 잘 견딜 수 있도록 유리와 태양광 봉지재가 방어 역할을 한다.
- 에틸렌초산비닐(EVA : Ethylene Vinyl Acetate)은 태양광 모듈에서 태양광 봉지재에 가장 많이 사용되는 원료이다.
- 태양광 봉지재는 가능한 한 많은 빛을 투과시키도록 투명해야 하며, 접착성이 뛰어나 외부 공기와 수분을 차단할 수 있어야 한다. 또한 UV안정제 등 첨가제와 상용성도 뛰어나야 한다.

08 태양전지 모듈의 내습 · 내열시험 조건을 쓰시오.

해답

1) 시험 온도 : 85[℃]±2[℃]
2) 상대 습도 : 85[%]±5[%]
3) 시험 기간 : 1,000시간

09 태양광발전 모듈이 옥외 조건에 노출되었을 때 견디는 능력을 미리 평가하는 옥외 노출시험 시 총조사량은?

> **해답**
> $60[kWh/m^2]$
>
> > **해설** 태양광발전 모듈이 옥외 조건에 노출되었을 때 견디는 능력을 미리 평가하는 옥외 노출 시험 시 총조사량은 $60[kWh/m^2]$이어야 한다.

10 태양전지 모듈의 물리적 부하시험 시 눈이나 얼음을 고려한 인가 하중은?

> **해답**
> $5,400[Pa]$ 이상
>
> > **해설** 태양전지 모듈의 물리적 부하시험 시 눈이나 얼음은 흘러내리지 않고 누적되는 속성을 가지고 있으므로 이에 대한 내성을 시험하기 위해서는 모듈에 $5,400[Pa]$ 이상의 하중을 가해야 한다.

11 태양광발전시스템에서 전류가 흐르는 부품이 모듈 테두리나 모듈 외부와 잘 절연되어 있는지를 확인하기 위한 시험의 명칭과 시험방법을 쓰시오.

> **해답**
> 1) 명칭 : 절연내성시험
> 2) 시험방법
>   ① A등급 : $2,000[V] + (4 \times 시스템\ 최고전압)$
>   ② B등급 : $1,000[V] + (2 \times 시스템\ 최고전압)$
>
> > **해설** 모듈의 시험 최고전압은 A등급은 $2,000[V]$에 장치 시스템 최고전압의 4배를 더한 것과 같고, B등급은 $1,000[V]$에 장치 시스템 최고 전압의 2배를 더한 것과 같다.

12 태양전지 모듈과 가대 접합 시 건식 방지를 위해 사용하는 것은?

> **해답**
> 개스킷

13 다음 그림과 같이 태양전지의 전압 · 전류 특성을 나타낸다면 이 태양전지의 충진율(Fill Factor)은 얼마인가?

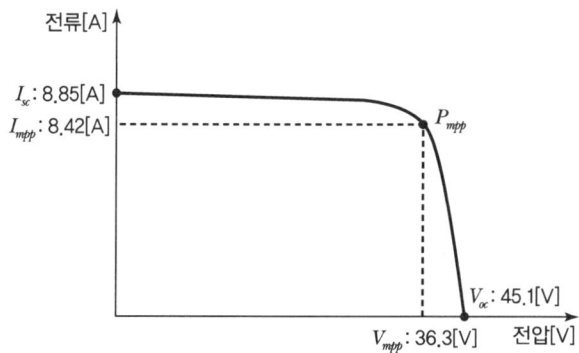

해답

충진율 $FF = \dfrac{V_{mpp} \times I_{mpp}}{V_{oc} \times I_{sc}} = \dfrac{36.3 \times 8.42}{45.1 \times 8.85} = 0.7657 \fallingdotseq 0.77$ ∴ 0.77

14 다음과 같은 모듈의 곡선인자(Fill Factor)는?

V_{mpp}	30[V]
I_{mpp}	8[A]
V_{oc}	35[V]
I_{sc}	8.5[A]

해답

곡선인자(충진율, Fill Factor) $= \dfrac{P_{mpp}}{V_{oc} \times I_{sc}} = \dfrac{V_{mpp} \times I_{mpp}}{V_{oc} \times I_{sc}}$

$FF = \dfrac{30 \times 8}{35 \times 8.5} \times 100 = 80.67[\%]$

15 태양전지 효율식에서 다음 인자의 의미는?

$$\eta = \dfrac{P_{mpp}}{A \cdot E} = \dfrac{FF \cdot V_{oc} \cdot I_{sc}}{A \cdot E}$$

> 해답
> P_{mpp} : 최대출력, A : 태양전지 면적, E : 표준일사강도, FF : 충진율
> V_{oc} : 개방전압, I_{sc} : 단락전류

16 태양전지 모듈의 특성이 다음과 같을 때 STC 조건에서 이 모듈의 광변환효율[%]은?

- V_{oc} : 44.3[V]
- I_{sc} : 8.65[A]
- V_{mpp} : 35.1[V]
- I_{mpp} : 8.13[A]
- 태양광 모듈 치수 : 2,000[mm](L)×1,000[mm](W)×40[mm](D)

> 해답
> 광변환효율 $= \dfrac{최대출력 P_{mpp}}{모듈\ 면적 \times 표준일사강도}$
> $= \dfrac{35.1 \times 8.13}{2 \times 1 \times 1,000} \times 100 = 14.268 ≒ 14.27$
> ∴ 14.27[%]

17 다음 그림과 같은 태양광발전시스템의 명칭과 특징을 쓰시오.

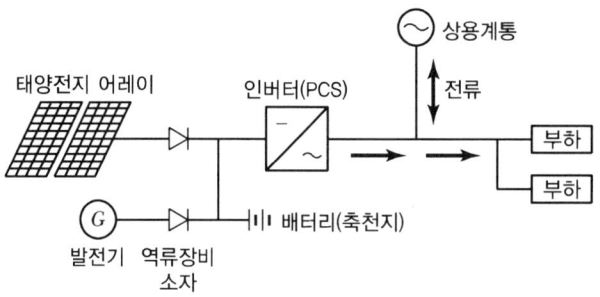

> 해답
> 1) 명칭 : 하이브리드형 태양광발전시스템
> 2) 특징 : 태양광발전이 중지된 경우 발전기(G)를 통해 발전할 수 있으며, 상용전원 정전 시 비상부하에 전력을 공급할 수도 있다.

18 다음은 태양광발전시스템의 성능을 시험할 때 국제적인 표준이 되는 표준시험조건(STC) 이다. ( ) 안에 알맞은 내용을 쓰시오.

1) 수광조건(일사조건)은 대기질량정수(AM) (   )의 지역을 기준을 한다.
2) 빛의 일조 강도는 (   )[W/m²]를 기준으로 한다.
3) 모듈 시험의 기준 온도는 (   )[℃]로 한다.

> **해답**
> 1) 1.5   2) 1,000   3) 25

19 공칭 태양광발전 전지 동작온도(NOCT) 시험조건 4가지를 쓰시오.

> **해답**
> ① 표면에서의 일조강도 : 800[W/m²]
> ② 공기온도(T_{Air}) : 20[℃]
> ③ 풍속 : 1[m/s]
> ④ 경사각 : 수평선상에서 45°

20 태양광발전설비에서 스트링이란 무엇인지 간단히 쓰시오.

> **해답**
> 태양전지 모듈이 전기적으로 접속된 하나의 직렬군이다.

21 다음 ( ) 안에 알맞은 내용을 쓰시오.

장애물로 인한 음영에도 불구하고 일사시간은 1일 (①)시간[춘계(3~5월)·추계(9~ 11월) 기준] 이상이어야 한다. 단, (②), (③), (④) 등 경미한 음영은 장애물로 보지 아니한다.

> **해답**
> ① 5   ② 전깃줄
> ③ 피뢰침   ④ 안테나

22 태양광 모듈 선정 시 고려되는 변환효율을 구하는 식을 쓰시오.(단, A_t : 모듈 전면적[m²], G : 방사조도[W/m²], $P_{\max}$: 최대출력[W])

> **해답**
>
> $$\text{태양광 모듈 변환효율} = \frac{P_{\max}}{(G \times A_t)} \times 100[\%]$$

23 태양전지 모듈의 표준상태에서의 최대출력 $P_{\max} = 0.25$[kW], 가로 = 2[m], 세로 = 1[m]일 때 태양전지 모듈의 효율을 구하시오.(단, E : 입사광 강도 1,000[W/m²], S : 수광면적[m²]이다.)

> **해답**
>
> - 계산과정 : $\eta = \dfrac{P}{E \times S} \times 100 = \dfrac{250}{1,000 \times 2 \times 1} \times 100 = 12.5[\%]$
> - 답 : 12.5[%]

24 다음 조건을 참고하여 태양전지 모듈의 변환효율을 구하시오.

구분	특성
개방전압(V_{oc})	38.8[V]
단락전류(I_{sc})	9.33[A]
최대출력 동작전압(V_{mpp})	31.9[V]
최대출력 동작전류(I_{mpp})	8.78[A]
모듈 치수($L \times W \times T$)	1,640(L) × 1,000(W) × 35(D)[mm]

> **해답**
>
> - 계산과정 : 모듈 변환효율 $= \dfrac{31.9[\text{V}] \times 8.78[\text{A}]}{1.64[\text{m}] \times 1[\text{m}] \times 1,000[\text{W/m}^2]} \times 100$
>
> $= 17.078 \fallingdotseq 17.08[\%]$
> - 답 : 17.08[%]
>
> > **해설** 모듈 변환효율 $= \dfrac{\text{모듈 출력}[\text{W}]}{\text{모듈 면적}[\text{m}^2] \times 1,000[\text{W/m}^2]} \times 100[\%]$

25 주어진 조건으로 태양전지 모듈의 변환효율[%]을 구하시오.(조건 : P_{max} = 150[W], 가로 = 1,500[mm], 세로 = 1,000[mm], 입사광 강도 = 1,000[W/m²])

해답

- 계산과정 : 변환효율 $\eta = \dfrac{\text{최대출력[W]}}{\text{일조강도[W/m}^2\text{]} \times \text{모듈 면적[m}^2\text{]}} \times 100[\%]$

$= \dfrac{150}{1{,}000 \times 1.5 \times 1} \times 100 = 10[\%]$

- 답 : 10[%]

26 태양광발전시스템의 시공 시 강우에 의해 모듈 표면으로 흙탕물을 튀는 것을 방지하기 위해 지면으로부터 몇 [m] 이상 높이로 설치해야 하는지 쓰시오.

해답

0.6[m] 이상

해설 한국전기안전공사 "태양광발전설비 점검·검사 기술지침(ESG-4002)"에 의거 강우 시 모듈 표면으로 흙탕물이 튀는 것을 방지하기 위해 지면으로부터 0.6[m] 이상의 높이에 설치하여야 한다.

27 아래 그림은 어레이의 전기회로도이다. ①~④에 알맞은 명칭을 쓰시오.

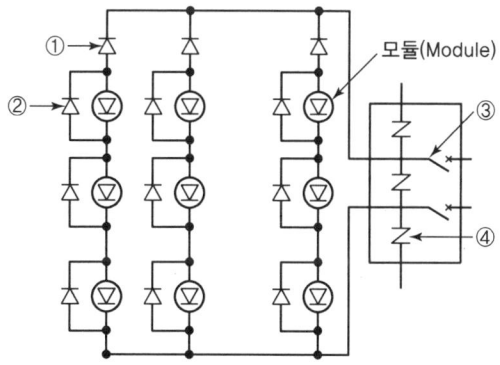

해답

① 역류방지 다이오드
② 바이패스 다이오드
③ 직류차단기(직류출력 차단기)
④ 피뢰소자(SPD, 서지 보호장치)

28 아래 모듈에 들어가는 소자(다이오드)의 명칭을 쓰고, 역할을 간단히 설명하시오.

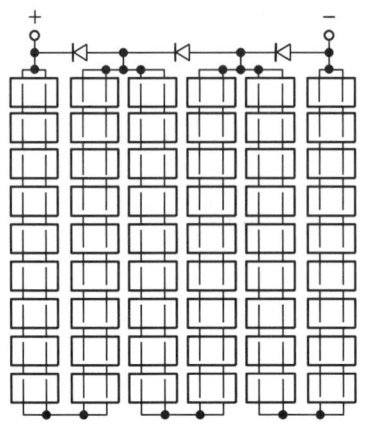

> 해답
> 1) 소자 명칭 : 바이패스 다이오드(By-pass Diode)
> 2) 역할 : 셀의 오염 또는 음영 발생 시 오염된 회로를 바이패스시켜 셀을 보호한다.

29 모듈 최대출력이 140[Wp], 1스트링 직렬매수가 15직렬, 시스템 출력전력이 30,000[W]일 때 태양광 어레이 병렬 수를 구하시오.

> 해답
> 병렬수 = $\dfrac{\text{시스템 출력전력}}{\text{직렬} \times \text{모듈 최대출력}} = \dfrac{30,000}{15 \times 140[W]} = 14.28$에서 14병렬

30 PCS에 대해 간단히 기술하시오.

> 해답
> PCS : 인버터, 제어장치, 보호장치를 일체화한 Unit(태양전지 어레이와 축전지 제외)

31 최대 태양전력을 교류로 변환시키기 위해 인버터가 최적동작점으로 자동으로 조정하는 특성을 무엇이라 하는가?

해답

추적효율

해설 추적효율 : 태양 모듈의 출력이 최대가 되는 최대전력점(MPP : Maximum Power Point)을 찾는 기술에 대한 성능지표

32 정격효율의 정의 및 공식을 쓰시오.

해답

1) 정의 : 변환효율과 추적효율의 곱
2) 공식 : $\eta_{INV} = \eta_{con} \times \eta_{TR}$

33 변환효율이 95[%]이고 추적효율이 92[%]일 때 인버터의 정격효율을 구하시오.

해답

정격효율 = 변환효율 × 추적효율
= (0.95 × 0.92) × 100 = 87.4[%]

34 최고효율이란 무엇인가?

해답

전력 변환(직류 → 교류, 교류 → 직류)을 행하였을 때 최고효율을 나타내는 기능

$\eta_{\max} = \dfrac{AC_{power}}{DC_{power}} \times 100$

해설 변환효율 : DC를 AC로 변환하는 인버터의 효율

35 그림과 같은 인버터 방식의 명칭을 쓰시오.

1)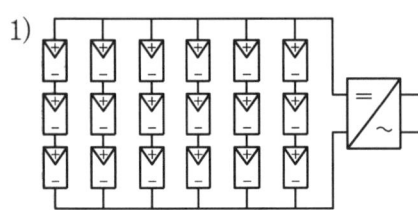

2)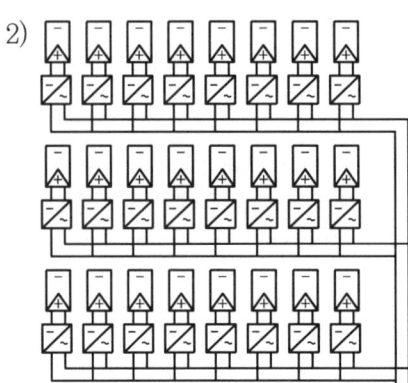

3)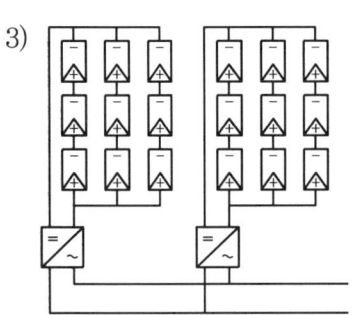

4)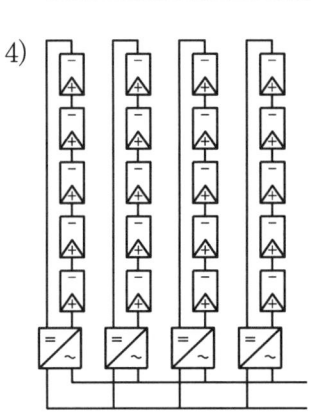

> **해답**
> 1) 중앙집중형 인버터(저전압) 방식
> 2) 모듈 인버터 방식
> 3) 서브어레이 인버터 방식
> 4) 스트링 인버터 방식

36 다음에서 설명하는 인버터 방식을 쓰시오.

- PV 분전함이 없어도 되는 인버터 방식
- 상호 연결에 소모되는 모듈 케이블양의 감소
- DC 전원 케이블 생략

> **해답**
> 스트링 인버터 방식

37 인버터 운전효율을 증가시키지만 입력 측 차단기 및 보호회로방식이 복잡해지는 인버터 운전방식을 쓰시오.

> **해답**
> 병렬운전 인버터 방식

38 태양전지 모듈 개별로 인버터를 부착하는 방식은?

> **해답**
> 모듈 인버터 방식

39 전력회사의 배전망에서 전기적으로 끊어져 있는 배전선으로 태양광발전시스템에서 전력이 공급되어 보수점검자에게 위해를 끼칠 위험이 있으므로 태양광발전시스템의 운전을 정지시키는 인버터의 기능은?

> **해답**
> 단독운전 방지기능

40 60개의 셀로 구성된 태양전지 모듈의 출력이 250[W], 셀의 단위 정격전압은 약 0.6[V]일 때 정격전압과 정격전류를 구하시오.

> **해답**
> 1) 정격전압
>   - 계산과정 : 정격전압=셀의 단위 정격전압×셀의 수=0.6×60=36[V]
>   - 답 : 36[V]
> 2) 정격전류
>   - 계산과정 : P[전력]= V[전압]× I[전류]에서 $I=\dfrac{P}{V}$
>
> $$I=\dfrac{250}{36} ≒ 6.94[A]$$
>   - 답 : 6.94[A]

41 모듈의 단락전류가 8.9[A]일 때, 역전류방지 다이오드의 용량은 얼마로 하여야 하는가?

> **해답**
> 역전류방지 다이오드 용량 = $8.9 \times 1.4 = 12.46$[A]
>
> **해설** 역전류방지 다이오드의 용량은 모듈의 단락전류의 1.4배 이상이어야 한다.

42 결정질계 태양전지 모듈의 단락전류에 대한 온도특성을 정(+), 부(−)로 쓰시오.

> **해답**
> 정(+)

43 모듈 내에 태양전지 한 개 또는 다수를 직렬로 연결한 회로에 병렬로 접속하여 음영 등에 의한 출력손실을 방지하기 위하여 설치하는 소자의 명칭을 쓰시오.

> **해답**
> 바이패스 다이오드(By-pass Diode)

44 태양전지 모듈에서 일부 셀에 그늘(음영)이 발생하면 음영 셀(Cell)은 발전을 하지 못하고 열점(Hot Spot)을 일으켜 셀이 파손될 수 있다. 이를 방지하기 위한 방법을 설명하시오.

> **해답**
> 바이패스 다이오드를 셀의 전류 방향과 반대로 병렬로 설치한다.
>
> **해설** 태양전지 모듈 내의 셀(Cell) 18~22개마다 셀의 전류 방향과 반대로 바이패스 다이오드(By-pass Diode)를 병렬로 설치한다.

45 다음 그림과 같이 태양전지 셀의 표면에 낙엽이나 구름, 황사먼지 등으로 인한 음영이 발생될 경우 해당 셀은 발전량의 저하와 큰 저항값을 가지게 되므로 직렬로 연결된 태양전지 셀의 모든 전압이 인가되어 발열하게 된다. 이와 같은 현상에 대한 다음 각 물음에 답하시오.

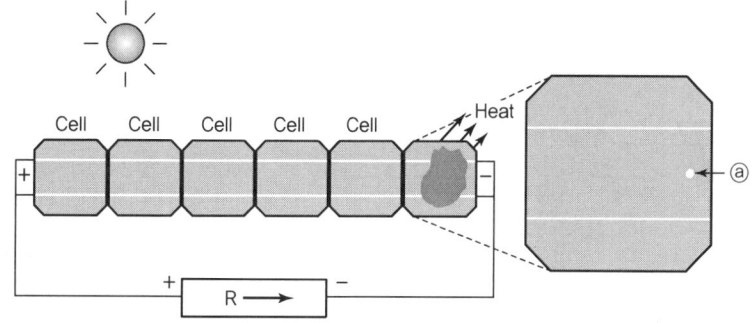

1) 음영에 의하여 ⓐ 부분과 같이 태양전지 셀이 국부적으로 심하게 과열되는 현상을 무엇이라고 하는지 쓰시오.
2) 태양전지 셀이 과열되는 것을 방지하기 위해 무엇을 설치하여야 하는지 쓰시오.

> **해답**
> 1) 열점(Hot Spot) 현상
> 2) 바이패스 다이오드(By-pass Diode)

46 인버터 회로도를 참고하여 절연방식을 쓰시오.

회로도	절연방식	설명
PV - 인버터(DC→AC) - 상용주파 변압기		
PV - 고주파 인버터(DC→AC) - 고주파 변압기 - (AC→DC) - 인버터(DC→AC)		
PV - 컨버터 - 인버터		

해답

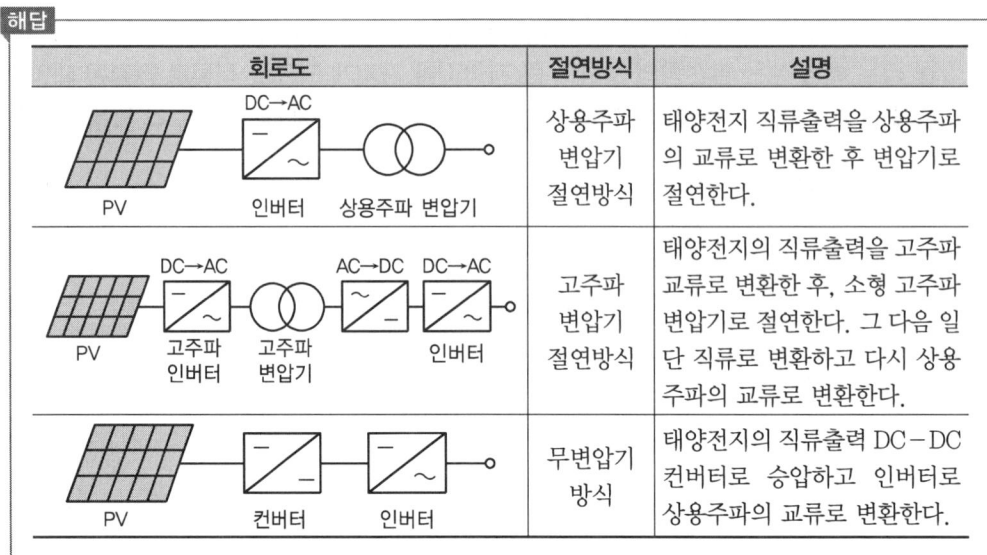

47 아래 회로도는 어떤 방식의 PCS를 나타낸 것인가?

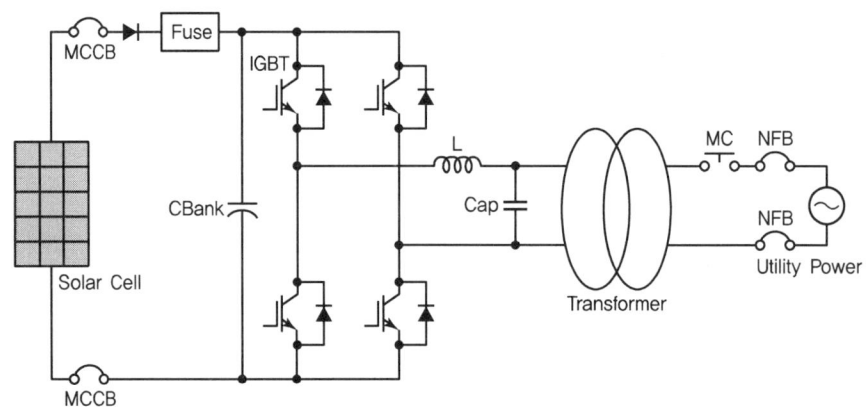

해답

상용주파 절연방식

48 아래 그림에 해당하는 파워컨디셔너는 어떤 방식인가?

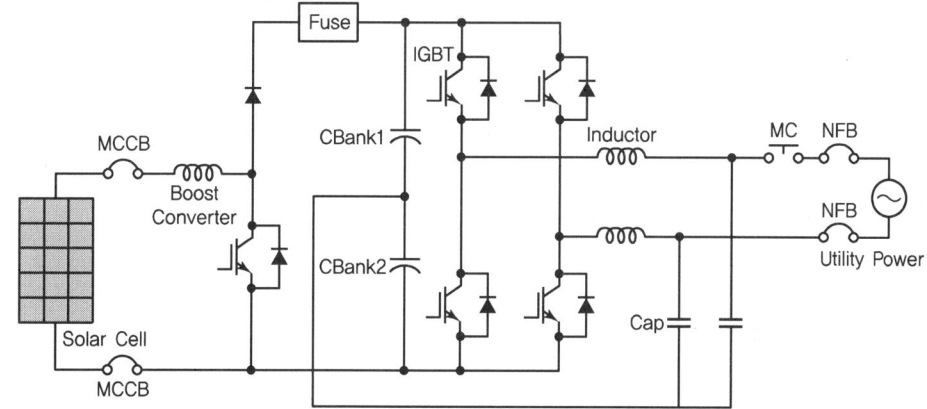

해답

무변압기 방식

해설 무변압기 방식
- 저주파 변압기를 사용하지 않기 때문에 효율이 높다.
- 변압기가 없으므로 소형, 경량화가 가능하다.
- 모듈 형태가 가능하여 시스템의 구성이 간단하다.

49 독립형 태양광발전시스템에서 야간에 발전을 하지 않을 경우 축전지로부터의 전류 유입을 방지하기 위해 접속함에 설치하는 것을 무엇이라 하는가?

해답

역류방지소자 또는 역류방지 다이오드(Blocking Diode)

50 분전함 내에 설치되는 소자로 태양전지 모듈의 직렬회로에 접속하는 소자를 쓰시오.

해답

역류방지 다이오드

해설
- 태양전지 모듈의 직렬회로(스트링) 간에 출력전압이 일정치 이상으로 다르게 되면 다른 모듈의 직렬회로(스트링)에서 전류 공급을 받아 본래와는 역방향 전류가 흐른다. 이 역전류를 방지하기 위해서 각 모듈의 직렬회로(스트링)마다 역류방지소자를 설치한다.
- 태양전지 모듈에서 다른 태양전지 회로나 축전지에서의 전류가 돌아 들어가는 것을 저지하기 위해서 설치하는 것으로 일반적으로 다이오드가 사용된다.

51 태양전지 모듈을 여러 장 연결하는 직렬회로에서 역류방지 다이오드(Blocking Diode)를 설치하는 목적 2가지를 쓰시오.

> **해답**
> ① 태양전지 모듈에 음영이 생긴 경우 그 스트링 전압이 낮아져 부하가 되는 것을 방지하기 위해 설치한다.
> ② 축전지를 가진 독립형 태양광발전시스템에서 야간에 태양광발전이 정지될 때 축전지 전력이 태양전지 모듈 쪽으로 흘러들어 소모되는 것을 방지하는 목적으로 설치한다.

52 다음 (　) 안에 알맞은 내용을 쓰시오.

> 바이패스 소자의 역내전압은 셀 스트링의 공칭전압의 (①)배 이상으로 선정하고, 역류방지 다이오드의 용량은 모듈 단락전류의 (②)배 이상으로 하여야 한다.

> **해답**
> ① 1.5
> ② 1.4

53 태양광발전시스템의 기기 설치공사의 종류 4가지를 쓰시오.

> **해답**
> ① 어레이 설치공사
> ② 접속함 설치공사
> ③ 인버터 설치공사
> ④ 분전반(배전반) 설치공사

54 다음 그림은 태양전지 모듈을 고정 프레임에 고정하는 방법을 나타낸 것이다. ①~④에 해당하는 부품의 명칭을 쓰시오.

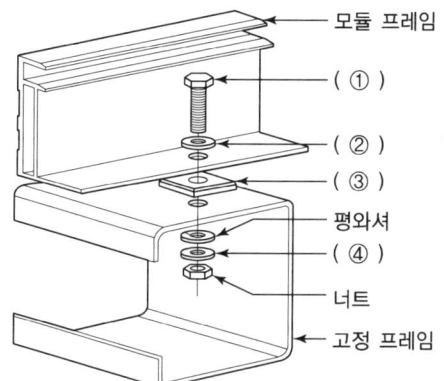

> **해답**
> ① 볼트 ② 평와셔
> ③ 개스킷 ④ 스프링 와셔

55 태양광발전시스템 모니터링 시스템에서 전력량을 확인하기 위한 전력량계의 정확도는 몇 [%] 이내이어야 하는가?

> **해답**
> 1[%] 이내
> **해설** 전력량계의 정확도는 1[%] 이내이어야 한다.

56 태양전지(Cell)를 여러 장 직렬 연결하여 하나의 프레임으로 조립하여 만든 것을 무엇이라 하는지 쓰시오.

> **해답**
> 모듈(Module)
> **해설** 태양전지의 구성단위
> - 셀(Cell) : 태양전지의 최소단위
> - 모듈(Module) : 셀(Cell)을 내후성 패키지에 수십 장 모아 일정한 틀에 고정하여 구성한 것
> - 스트링(String) : 모듈(Module)의 직렬연결 집합 단위
> - 어레이(Array) : 스트링(String)과 케이블(전선), 가대를 포함하는 모듈의 집합 단위

57 태양전지 모듈의 $I-V$ 특성 곡선의 파라미터 5가지를 쓰시오.

> **해답**
> ① 단락전류
> ② 최대출력 동작전류
> ③ 개방전압
> ④ 최대출력 동작전압
> ⑤ 최대출력 전력
>
> **해설** 태양전지 모듈의 $I-V$ 특성 곡선은 다음 그림과 같다.
>
>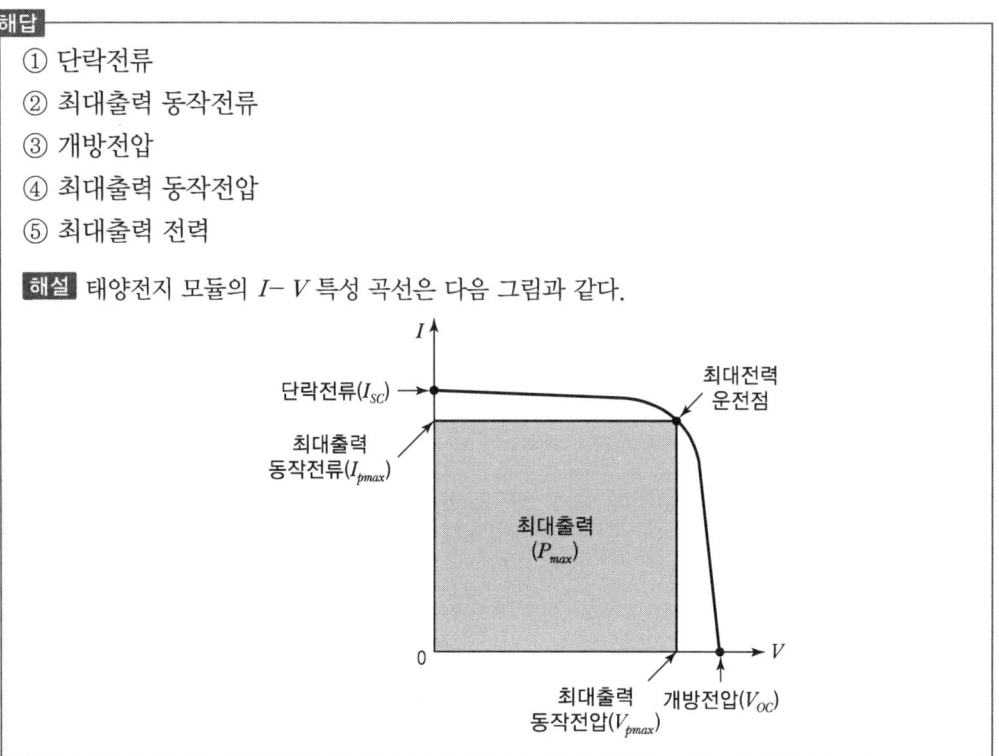

58 태양전지 모듈의 배선이 끝나면 태양전지 어레이 검사를 하여야 한다. 검사 시 확인하여야 할 점검항목 3가지를 쓰시오.

> **해답**
> ① 전압 · 극성의 확인
> ② 단락전류의 측정
> ③ 비접지의 확인

59 다음은 태양광발전시스템의 태양전지 모듈과 인버터 간의 배선공사에 관한 사항이다. ( ) 안에 알맞은 내용을 쓰시오.

1) 태양전지 모듈 간의 배선은 단락 전류에 충분히 견딜 수 있도록 (①)[mm²] 이상의 전선을 사용해야 한다.
2) 태양전지 모듈의 뒷면에 접속용 케이블이 2개씩 나와 있으므로 반드시 (②)을[를] 확인하여 결선한다.
3) 태양전지 모듈을 스트링 필요 매수만큼 (③)로 결선하여 어레이 가대 위에 조립하고 케이블을 각 스트링에서 접속함까지 배선하여 접속함 내에서 (④)로 결선한다.
4) 접속함에서 인버터까지 배선의 전압강하율은 (⑤)[%] 이하로 할 것을 권장한다.
5) 태양전지 어레이를 지상에 설치할 경우에는 지중배선을 할 수도 있다. 지중배선 또는 지중배관을 하는 경우로서 중량물이 압력을 받을 우려가 있는 경우 (⑥)[m] 이상의 깊이로 매설한다.

해답
① 2.5　　② 극성　　③ 직렬
④ 병렬　　⑤ 2　　⑥ 1.0

---

60 다음의 조건을 참조하여 외기온도가 38[℃]일 때의 V_{oc} 및 V_{mpp}를 구하시오.(단, 소수점 셋째 자리에서 반올림할 것)

- V_{oc} : 33.5[V], V_{mpp} : 30.8[V]
- 일사강도 : 1,000[W/m²]
- 전압온도계수 : −0.32[%/℃]
- NOCT : 46[℃]

해답

1) $V_{oc}(℃) = V_{oc} \times \{1 + \beta(T_{cell-\min} - 25)\}$에서
외기온도 38[℃]일 때 셀 표면온도 $T_{cell-\min}$

$$T_{cell-\min} = T_{air} + \frac{NOCT - 20}{800} \times 1,000$$

$$= 38 + \frac{46 - 20}{800} \times 1,000 = 70.5[℃]$$

$$V_{oc}(70.5℃) = 33.5 \times \left\{1 + \left(\frac{-0.32}{100}\right)(70.5 - 25)\right\} = 28.6224 ≒ 28.62[V]$$

2) $V_{mpp}(70.5℃) = V_{mpp} \times \{1 + \beta(T_{cell-\min} - 25)\}$
$$= 30.8 \times \left\{1 + \left(\frac{-0.32}{100}\right)(70.5 - 25)\right\} = 26.315 ≒ 26.32[V]$$

61 태양전지 모듈의 전기적 특성이 다음 표와 같을 때, 개방전압(V_{oc})과 최대출력 시 동작전압(V_{mpp})를 각각 계산하시오.(단, 셀의 접합점 온도가 73[℃]이다.)

최대출력(P_{max})	355[Wp]
최대출력 동작전압(V_{mpp})	37.4[V]
최대출력 동작전류(I_{mpp})	9.5[V]
개방전압(V_{oc})	46.4[V]
단락전류(I_{sc})	10.1[A]
전압온도계수(%/℃)	−0.30
NOCT	47

해답

1) 개방전압(V_{oc})

$$V_{oc}(73℃) = V_{oc} \times \{1 + \beta(T_{cell-max} - 25)\}$$
$$= 46.4 \times \left\{1 + \frac{-0.3}{100}(73-25)\right\} = 39.718 ≒ 39.72[V]$$

2) 최대출력 동작전압(V_{mpp})

$$V_{mpp}(73℃) = V_{mpp} \times \{1 + \beta(T_{cell-max} - 25)\}$$
$$= 37.4 \times \left\{1 + \frac{-0.3}{100}(73-25)\right\} = 32.014 ≒ 32.01[V]$$

62 파워컨디셔너(PCS, 태양광용 인버터)에 대한 다음 물음에 답하시오.

1) 파워컨디셔너의 용량은 모듈 설치용량의 몇 [%] 이내여야 하는가?
2) 파워컨디셔너의 옥내용과 옥외용의 IP 최소등급을 각각 쓰시오.

해답

1) 105[%] 이내
2) ① 옥내용 IP 20 이상
　　② 옥외용 IP 44 이상

63 다음 그림은 태양전지 모듈의 열(String) 단위이다. 접속점을 이용하여 접속과 비(−)접속을 구분하여 병렬로 접속하시오.

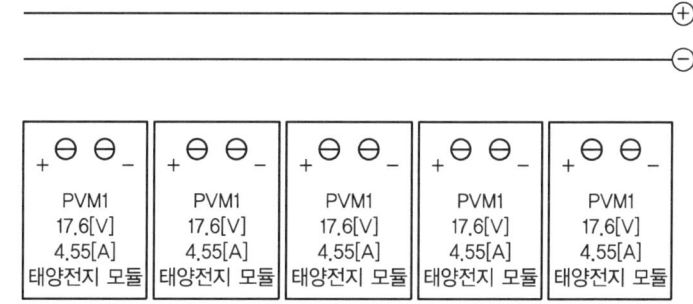

해답

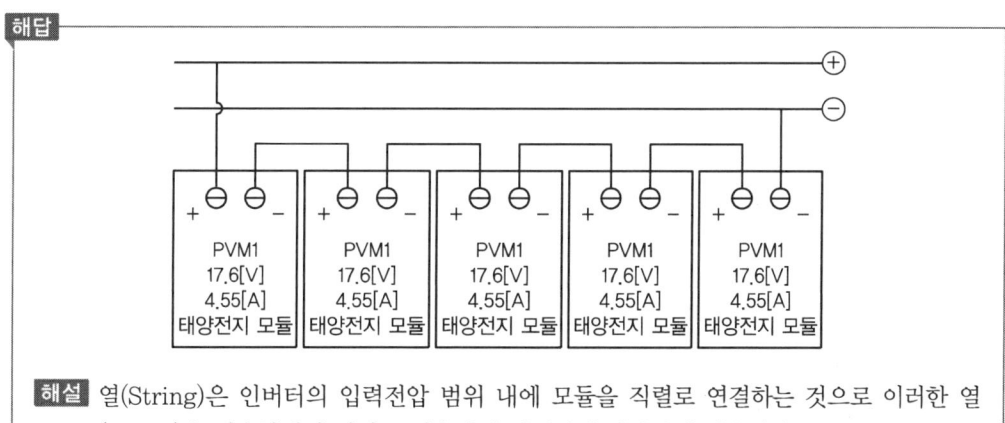

해설 열(String)은 인버터의 입력전압 범위 내에 모듈을 직렬로 연결하는 것으로 이러한 열(String)은 접속함에서 병렬로 접속하여 인버터의 입력부에 접속된다.

64 다음 설명의 ( ) 안에 알맞은 내용을 쓰시오.

- 태양광 모듈 설치용량은 사업계획상의 제시된 설계용량 이상이어야 하며, 설계용량 (①)[%]를 초과하지 않아야 한다.
- 인버터의 용량은 설계용량 이상이어야 하고, 인버터에 연결된 모듈의 설치용량은 인버터 용량의 (②)[%] 이내이어야 한다.

해답
① 110
② 105

65 다음은 태양전지 모듈의 바이패스 다이오드를 연결한 개략도이다. 점선 부분에 바이패스 다이오드의 기호를 완성하시오.

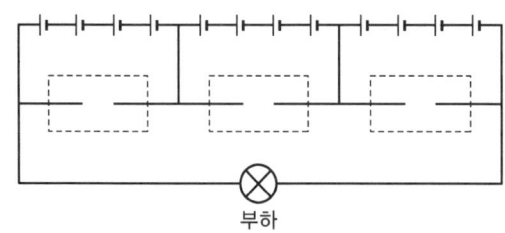

해답

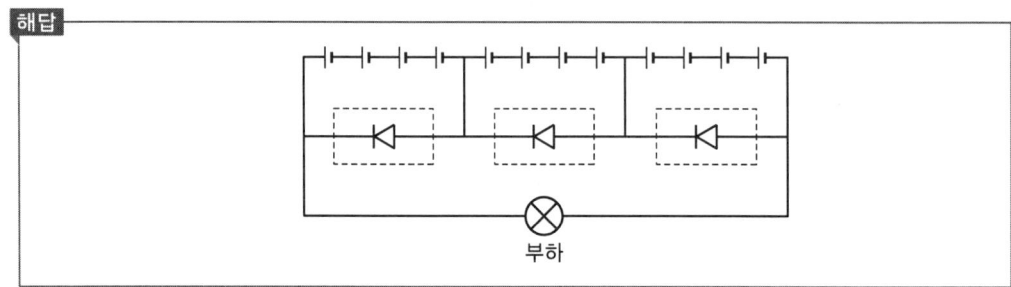

66 태양광발전시스템의 지지대를 대지에 설치하는 방식과 일반 건축물에 설치하는 방식으로 분류하여 3가지씩 쓰시오.

해답
1) 대지에 설치하는 방식
   ① 고정식
   ② 반고정식
   ③ 추적식
2) 일반 건축물에 설치하는 방식
   ① 지붕건재형
   ② 지붕설치형(경사지붕형, 평지붕형)
   ③ 벽 설치형

67 태양전지 스트링의 개방전압 측정목적을 2가지만 쓰시오.

해답
① 동작 불량의 모듈 검출　　　② 직렬접속선의 오접속(극성, 누락)을 확인

68 태양전지 모듈에서 생산되는 직렬전력을 교류전력으로 변환하는 장치의 명칭을 쓰시오.

> **해답**
> 인버터

69 다음 (   ) 안에 알맞은 숫자를 쓰시오.

> 태양전지 어레이 직병렬 연결 시 고려사항 중 태양전지 모듈 배선은 바람에 흔들리지 않도록 스테이플, 스트랩 또는 행거나 이와 유사한 부속품으로 (①)[cm] 이내 간격으로 견고하게 고정하여 가장 늘어진 부분이 모듈 면으로부터 (②)[cm] 내에 들도록 하여야 한다.

> **해답**
> ① 130
> ② 30

70 모듈의 설치방법 중 모듈의 긴 쪽이 상하가 되도록 설치하는 방법을 쓰시오.

> **해답**
> 가로(종)깔기

71 태양광발전시스템에서 특정한 온도와 일조강도에서 부하를 연결하지 않은 상태에서 태양광발전장치 양단에 걸리는 전압을 측정하는 것을 무엇이라고 하는지 쓰고, 이와 같은 전압을 측정하는 목적을 쓰시오.

1) 부하를 연결하지 않은 상태에서 태양전지 모듈 양단에 걸리는 전압
2) 측정목적

> **해답**
> 1) 개방전압
> 2) 태양전지 모듈의 불량 검출 및 직렬접속선의 오접속(극성, 누락)을 확인

72 태양전지 어레이 설치장소에 태양광의 입사 방향으로 높이가 5[m]인 장애물이 있을 경우 장애물과 어레이 간의 최소이격거리[m]를 구하시오.(단, 발전 가능한 태양의 입사각은 30°이며, sin30°=0.5, cos30°=0.866, tan30°=0.577이다.)

> **해답**
> - 계산과정 : 장애물과 어레이 간 최소이격거리
> $$d = \frac{h}{\tan\theta} = \frac{h}{\tan 30°} = \frac{5}{0.577} = 8.665 ≒ 8.67[m]$$
> - 답 : 8.67[m]
>
> **해설**
>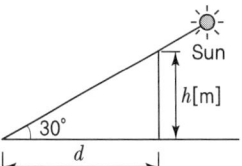
> 좌측 그림에서 d를 구하기 위해서는
> $\tan 30° = \dfrac{h}{d}$ 이므로,
> 최소이격거리$(d) = \dfrac{h}{\tan 30°}$ 로 구한다.

73 태양전지 스트링별 직류전력을 병렬로 접속하여 인버터에 직류전력을 공급하기 위해 설치하는 설비의 명칭을 쓰시오.

> **해답**
> 접속함

74 태양광발전시스템 접속함의 주요 구성요소 5가지를 쓰시오.

> **해답**
> ① 태양전지 어레이 측 개폐기
> ② 주개폐기
> ③ 서지보호장치(SPD : Surge Protected Device)
> ④ 역류방지소자
> ⑤ 단자대
>
> **해설** ①~⑤ 외에
> ⑥ 감시용 DCCT(계기용 변류기), DCPT(계기용 변압기), T/D(Transducer)

75 접속함 내 3극 주개폐기의 회로도를 완성하시오.

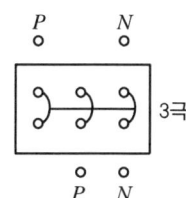

해답

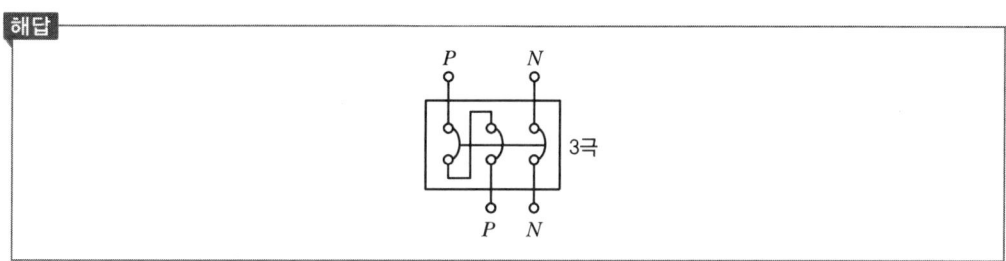

76 기기의 접속단자에 전력케이블을 터미널로 압착하여 볼트, 너트를 조임 시공하려 한다. 케이블 단자 접속과 관련한 조임 시 유의사항을 3가지 쓰시오.

해답
① 볼트의 크기에 맞는 토크렌치를 사용하여 규정된 힘으로 조여준다.
② 조임은 너트를 돌려서 조여준다.
③ 2개 이상의 볼트를 사용하는 경우 한쪽만 심하게 조이지 않도록 한다.

77 다음 (   ) 안에 알맞은 내용을 쓰시오.

태양광발전시스템의 접속함은 풍압 및 설계하중에 견디고 (①), (②)형으로 제작되어야 한다.

해답
① 방수
② 방부

78 태양광발전시스템 인버터 설치장소의 조건을 3가지만 쓰시오.

해답
① 시원하고 건조한 장소　　　② 통풍이 잘되는 곳
③ 먼지가 발생되지 않는 곳

해설 ①~③ 외에
　　④ 접속함과 가까운 곳
　　⑤ 실내 침수 우려가 없는 곳
　　⑥ 계량기와 가까운 곳

79 계통연계형 태양광발전시스템에서 인버터의 역할(기능)을 4가지만 쓰시오.

해답
① 자동운전가동정지기능　　　② 자동전압조정기능
③ 계통연계보호기능　　　　　④ 최대전력 추종제어기능

해설 ①~④ 외에
　　⑤ 단독운전방지기능
　　⑥ 직류검출기능

80 태양광발전용 인버터 선정 시 "태양광의 유효이용"에 관한 고려사항 4가지를 쓰시오.

해답
① 최대전력변환 효율이 높을 것
② 최대전력 추종(MPPT) 제어에 의한 최대전력의 추출이 가능할 것
③ 야간 등의 대기전력 손실이 적을 것
④ 저부하 시의 손실이 적을 것

81 태양광발전시스템 인버터의 입력단(직류 측)의 표시사항 3가지를 쓰시오.

해답
① 전압　　　　② 전류　　　　③ 전력

82
다음은 태양광발전설비의 인버터 시공기준과 관련된 사항이다. (　) 안에 알맞은 내용을 쓰시오.

> - 설치상태 : 실내·실외용을 구분하여 설치하여야 한다. 다만, 실내용을 실외에 설치하는 경우는 (①)[kW] 이상 용량일 경우에만 가능하며, 이 경우 빗물 침투를 방지할 수 있도록 옥내에 준하는 수준으로 외함 등을 설치하여야 한다.
> - 설치용량 : 사업계획서상의 인버터 설계용량 이상이어야 하고, 인버터에 연결된 모듈의 설치용량은 인버터의 설치용량의 (②)[%] 이내이어야 한다. 다만, 직렬군의 태양전지 (③)은 인버터의 입력전압 범위 안에 있어야 한다.
> - 표시사항 : 입력단(모듈출력) 전압, (④), 전력과 출력단(인버터 출력)의 전압, (④), 전력, (⑤), 누적발전량, 최대출력량(Peak)이 표시되어야 한다.

해답
① 5
② 105
③ 개방전압
④ 전류
⑤ 주파수

83
태양광발전용 인버터 선정 시 종합적으로 체크(Check)하여야 할 주요사항을 5가지만 쓰시오.

해답
① 연계하는 계통 측(한전 측)과 전압 및 전기방식이 일치하고 있는가?
② 국내외에서 인증된 제품인가?
③ 설치는 용이한가?
④ 비상 재해 시에 자립운전이 가능한가?(비상전원으로 사용할 경우)
⑤ 축전지부착 운전은 가능한가?(정전 시에도 사용하고자 할 경우)

해설 ①~⑤ 외에
⑥ 수명이 길고 신뢰성이 높은 기기인가?
⑦ 보호장치의 설정이나 시험은 간단한가?
⑧ 발전량을 간단하게 알 수 있는가?
⑨ 서비스 네트워크는 완전한가?

84 태양광발전용 인버터 선정 시 "전력품질 및 공급 안정성"에 관한 고려사항 3가지를 쓰시오.

해답
① 잡음 발생 및 직류 유출이 적을 것
② 고조파의 발생이 적을 것
③ 기동정지가 안정적일 것

85 접속함으로부터 인버터 입력단자까지의 허용전압강하는 몇 [%] 이내로 하여야 하는가?

해답
2[%]

86 파워컨디셔너(PCS, 인버터)용 CT(변류기)의 정확도는 몇 [%] 이내이어야 하는가?

해답
3[%] 이내

87 태양광발전시스템용 인버터의 교류 측(출력단)의 표시사항 6가지를 쓰시오.

해답
① 전압   ② 전류   ③ 전력
④ 주파수   ⑤ 누적발전량   ⑥ 최대출력량(Peak)

88 다음 (   ) 안에 알맞은 값을 쓰시오.

역조류가 없는 경우, 발전장치 내의 인버터는 역률 (①)[%] 운전을 원칙으로 하며, 발전설비의 종합 역률은 지상역률 (②)[%] 이상이 되도록 한다. 단, 전압변동 기술요건을 유지하기 힘든 경우에는 전력회사와 개별적으로 협의한다.

해답
① 100   ② 95

89 다음은 전기배선의 전압강하에 대한 사항이다. (   ) 안에 알맞은 내용을 쓰시오.

> 태양전지판에서 인버터 입력단 간 및 인버터 출력단 간과 계통연계점 간의 전압강하는 각 (   )[%]를 초과하여서는 아니 된다. 단, 전선길이가 60[m] 이하인 경우이다.

해답
3

해설 태양전지판에서 인버터 입력단 간 및 인버터 출력단 간과 계통연계점 간의 전압강하는 각 3[%]를 초과하여서는 안 된다. 단, 전선길이가 60[m]를 초과할 경우에는 아래 표에 따라 시공할 수 있다. 전압강하 계산서(또는 측정치)를 설치확인 신청 시에 제출하여야 한다.

전선길이	전압강하
120[m] 이하	5[%]
200[m] 이하	6[%]
200[m] 초과	7[%]

90 다음 표는 태양전지판에서 인버터 입력단 간 및 출력단과 계통연계점 간의 전압강하에 대한 내용이다. ①~③에 알맞은 내용을 쓰시오.

전선길이	전압강하
120[m] 이하	①
200[m] 이하	②
200[m] 초과	③

해답
① 5[%]   ② 6[%]   ③ 7[%]

91 다음 (   ) 안에 알맞은 시간을 쓰시오.

> 계통연계형 태양광발전시스템용 수변전설비는 연계 계통 고장발생 시 (①)초 이내 분리하여 단독운전을 방지하여야 하고, 정전 복전 후 (②)분을 초과하여 재투입되어야 한다.

해답
① 0.5   ② 5

92 태양광발전설비와 케이블 접속하기 위해 주의해야 할 사항 3가지를 쓰시오.

해답
① 볼트의 크기에 맞는 토크렌치를 사용하여 규정된 힘으로 조여준다.
② 2개 이상 볼트 사용 시 한쪽을 심하게 조이지 않는다.
③ 조임은 너트를 돌려서 조여준다.

해설 기기단자와 케이블 접속
태양전지 모듈 및 개폐기 그 밖의 기구에 전신을 접속하는 경우에는 나사 조임 그 밖에 이와 동등 이상의 효력이 있는 방법에 의하여 견고하고 또한 전기적으로 완전하게 접속함과 동시에 접속점에 장력이 가해지지 않도록 해야 한다. 또한, 모선의 접속 부분은 조임의 경우 지정된 재료, 부품을 정확히 사용하고 다음에 유의하여 접속한다.
- 볼트의 크기에 맞는 토크렌치를 사용하여 규정된 힘으로 조여준다.
- 조임은 너트를 돌려서 조여준다.
- 2개 이상의 볼트를 사용하는 경우 한쪽만 심하게 조이지 않도록 주의한다.
- 토크렌치의 힘이 부족할 경우 또는 조임 작업을 하지 않는 경우에는 사고가 일어날 위험이 있으므로, 토크렌치에 의해 규정된 힘이 가해졌는지 확인할 필요가 있다.

93 태양광발전설비 시공 중 케이블 단말처리에 사용하는 절연테이프 3가지를 쓰시오.

해답
① 자기융착 절연테이프
② 보호테이프
③ 비닐 절연테이프

94 PN접합으로 구성된 태양전지(Solar Cell)에 태양광이 조사되면 광에너지에 의한 전자-정공 쌍이 여기되고, 전자와 정공이 이동하여 N층과 P층을 가로질러 전류가 흐르게 되는 현상을 무엇이라 하는가?

해답
광기전력 효과

95 태양전지에 사용되는 배선은?

해답
1) 옥내배선 : 모듈전용선, XLPE Cable, 직류전용선, F-CV선, TFR-CV선
2) 옥외사용 Cable : UV Cable

96 다음 표의 수용가 A, B, C에 공급하는 배전선로의 최대전력은 500[kW]이다. 이때의 부등률은 얼마인가?

수용가	설비용량[kW]	수용률[%]
A	400	60
B	400	60
C	400	80

해답

$$부등률 = \frac{400 \times 0.6 + 400 \times 0.6 + 400 \times 0.8}{500} = 1.6$$

해설 $부등률 = \dfrac{\text{각개 최대전력의 합}}{\text{합성 최대전력}} = \dfrac{\text{설비용량} \times \text{수용률}}{\text{합성 최대전력}}$

97 태양전지 직렬군이 2병렬 이상일 경우에는 각 직렬군에 무엇을 별도로 접속함에 설치하여야 하는지를 쓰시오.

해답
역전류방지 다이오드

해설 역전류방지 다이오드
- 1대의 인버터에 연결된 태양전지 직렬군이 2병렬 이상일 경우에는 각 직렬군에 역전류방지 다이오드를 별도의 접속함에 설치
- 접속함은 발생하는 열을 외부에 방출할 수 있도록 환기구 및 방열판 등을 설치
- 용량은 모듈 단락전류의 1.4배 이상이어야 하며 현장에서 확인할 수 있도록 표시

98 파워컨디셔너(PCS) 표시사항을 입력단과 출력단으로 구분하여 기술하시오.

해답
1) 입력단(모듈 출력) : 전압, 전류, 전력
2) 출력단(파워컨디셔너 출력) : 전압, 전류, 전력, 역률, 주파수, 누적 발전량, 최대 출력량

99 태양전지 어레이 출력 확인에서 개방전압 측정기기를 쓰시오.

해답
직류전압계(테스터)

100 개방전압 측정 시 감전방지 대책 4가지를 쓰시오.

해답
① 절연장갑을 착용한다.
② 절연 처리된 계측장비나 공구를 사용한다.
③ 비 오는 날에는 미소전압이 발생하므로 주의하여 측정한다.
④ 측정 전 태양전지 모듈 표면에 차광막을 씌운다.

101 태양전지 어레이의 각 스트링의 개방전압 측정 시 유의사항 3가지를 쓰시오.

해답
① 태양전지 어레이의 표면을 청소한다.
② 각 스트링의 측정은 안정된 일사강도가 얻어질 때 실시한다.
③ 측정시각은 맑은 날 남쪽에 있을 때의 전후 1시간에 실시한다.

해설 ①~③ 외에
④ 비 오는 날에도 미소전압이 발생하므로 매우 주의하여 측정해야 한다.

102 태양광발전시스템용 접속함에서 개방전압 측정순서를 쓰시오.

해답
① 접속함의 출력개폐기를 개방(Off)한다.
② 접속함의 각 스트링 단로스위치(MCCB 또는 Fuse)가 있는 경우 MCCB 또는 Fuse 개방(Off)
③ 각 모듈이 그늘져 있지 않은지 확인한다.
④ 측정하는 스트링의 MCCB 또는 Fuse를 투입(On)한다.
⑤ 직류전압계로 각 스트링의 P−N 단자 간의 전압을 측정한다.

103 아래의 그림을 보고 인버터 절연저항 측정순서를 옳은 순서대로 나열하시오.

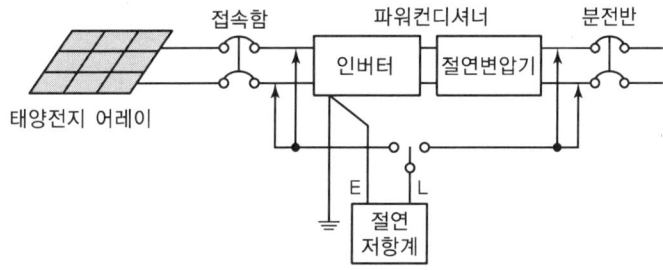

① 직류단자와 대지 간의 절연저항을 측정한다.
② 태양전지 회로를 접속함에서 분리한다.
③ 분전반 내의 분기차단기를 개방한다.
④ 직류 측의 모든 입력단자 및 교류 측의 전체 출력단자를 각각 단락한다.

해답
② → ③ → ④ → ①

104 다음 그림에서 (A), (B)의 명칭을 쓰시오.

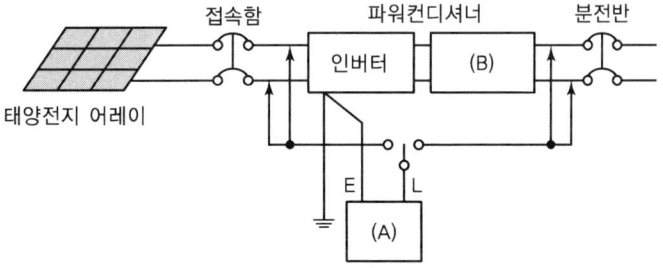

해답
(A) 절연저항계　　　　　　　　(B) 절연변압기

105 다음 그림의 물막이는 외경의 몇 배 이상으로 구부려 배선해야 하는가?

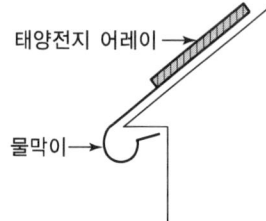

해답
6배 이상

106 파워컨디셔너의 입력전압 변동범위가 450~820[V]일 때 정격전압은 몇 [V]인가?

해답
정격전압 = $\dfrac{450+820}{2} = 635[\mathrm{V}]$

107 태양광발전용 독립형/계통연계형 인버터의 "절연성능시험" 항목을 쓰시오.

해답
① 절연저항시험　　　　　② 내전압시험
③ 감전보호시험　　　　　④ 절연거리

108 다음 기호의 명칭과 기능 5가지를 쓰시오.

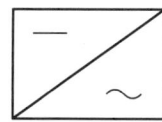

해답
1) 명칭 : 인버터(또는 PCS)
2) 기능 : ① 자동전압 조정기능 　② 자동운전 정지기능
　　　　　③ 계통연계 보호기능 　④ 최대전력 추종 제어기능
　　　　　⑤ 단독운전 방지기능

109 태양광발전용 독립형/계통연계형 인버터의 "정상특성 시험" 항목에서 독립형 인버터의 시험 대상인 항목을 쓰시오.

해답
① 누설전류시험
② 온도상승시험
③ 효율시험

해설 태양광발전용 독립형/연계형 인버터의 시험항목(정상특성 시험)

시험항목	독립형	계통연계형
교류전압, 주파수 추종범위 시험	×	○
교류출력전류 변형률 시험	×	○
누설전류시험	○	○
온도상승시험	○	○
효율시험	○	○
대기 손실시험	×	○
자동기동·정지시험	×	○
최대전력 추종시험	×	○
출력전류 직류분 검출 시험	×	○

110 분산형 전원 연계 운전 시 인버터 단독운전 검출 기능 중 수동적 방식을 쓰시오.

> **해답**
> 수동적 방식(검출시간 0.5초 이내 유지시간 5~10초)
> ① 전압위상 도약검출방식
> ② 제3고조파 전압급증 검출방식
> ③ 주파수 변화율 검출방식

111 태양전지 모듈의 개방전압, 단락전류, 최대출력을 동시에 측정할 수 있는 계측기의 명칭을 쓰시오.

> **해답**
> 모듈 $I - V$ Curve 측정기

112 일반적으로 사용되고 있는 멀티 테스터기의 직류전류[A] 최대 측정값을 쓰시오.

> **해답**
> 10[A]

113 다음 그림은 태양전지 모듈의 바이패스 다이오드(By-pass Diode)를 연결한 간략도이다. 네모 점선부분의 기호를 완성하시오.

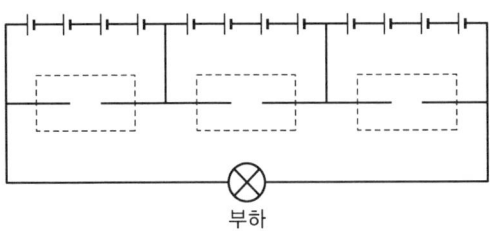

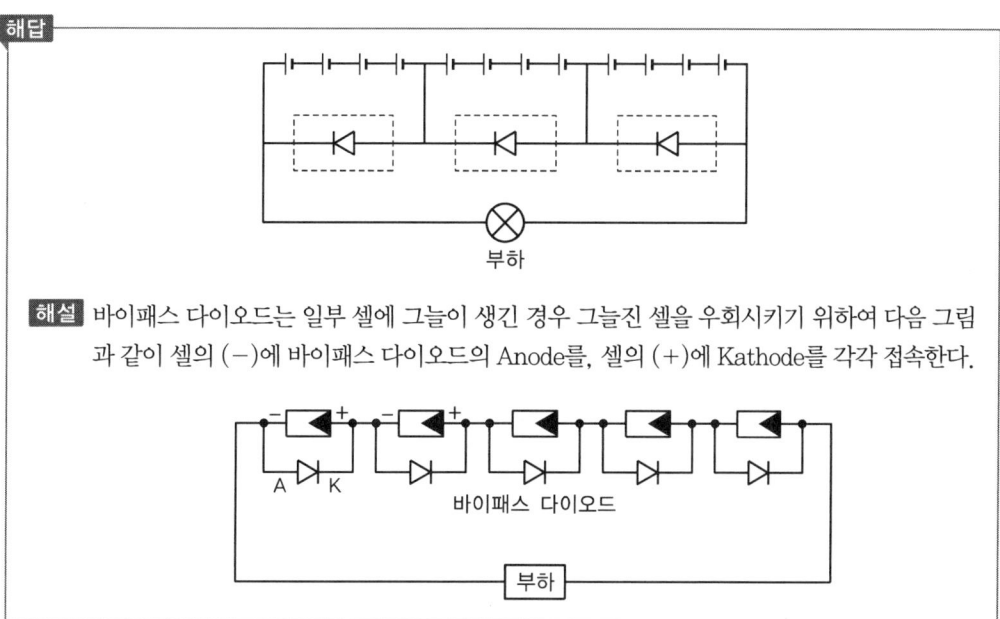

해설 바이패스 다이오드는 일부 셀에 그늘이 생긴 경우 그늘진 셀을 우회시키기 위하여 다음 그림과 같이 셀의 (−)에 바이패스 다이오드의 Anode를, 셀의 (+)에 Kathode를 각각 접속한다.

114 파워컨디셔너(PCS, 태양광용 인버터)의 전류파형 왜율은 전부하 시 전체 및 각 차수별로 몇 [%] 이하이어야 하는가?

1) 전체 : (   )[%] 이하
2) 각 차수별 : (   )[%] 이하

해답
1) 5   2) 3

115 태양광발전설비에서 개방전압의 정의를 쓰시오.

해답
개방전압이란 전류가 0일 때 태양전지 양단에 나타나는 전압이다.

PART 02

태양광발전 시스템 운영

SECTION 001 태양광발전 사업개시 신고하기

1 일별 · 월별 · 연간 운영계획 수립 시 고려요소

1) 발전전력의 거래

신재생에너지 발전사업자 및 자가용 신재생에너지 발전설비 설치자는 발전설비용량에 생산한 전력을 전기판매사업자(한전) 또는 전력시장(전력거래소)과 거래할 수 있다.

(1) 발전설비용량의 거래구분

① 1,000[kW] 이하 : 전력시장(전력거래소), 전기판매사업자(한전)
② 1,000[kW] 이상 : 전력시장(전력거래소)

2) 예산편성

유지관리에 필요한 자금을 확보하고 편성한다.

2 안전관리자 선임

1) 안전관리자 선임 요건

용량 1,000[kW] 이상인 경우 상주 안전관리자를 선임한다.

2) 안전관리업무 대행자격 요건

① 안전공사
② 자본금, 보유하여야 할 기술인력 등 대통령령으로 정하는 요건을 갖춘 전기안전관리대행 사업자
③ 전기분야의 기술자격을 취득한 사람으로서 대통령령으로 정하는 장비를 보유하고 있는 자

3) 안전관리업무 대행 규모

① 안전공사 및 대행사업자 : 용량 20[kW] 초과~1,000[kW] 미만(원격감시 · 제어기능을 갖춘 경우 용량 3,000[kW] 미만)
② 개인대행자 : 용량 20[kW] 초과~250[kW] 미만(원격감시 · 제어기능을 갖춘 경우 용량 750[kW] 미만)

3 점검항목

태양광발전시스템은 무인 자동 운전되는 것을 전제로 설계·제작되어 일상적인 보수점검은 불필요한 것처럼 보이나 시간이 지남에 따라 경년변화에 따른 열화 및 고장이 예상되고 태양광발전시스템도 법적으로 발전설비로 분류되기 때문에 상주 전기안전관리자는 자체 점검 계획에 따라 일상점검, 정기점검, 임시점검을 행하여야 한다. 이 중 일상점검과 정기점검의 항목을 나타내면 다음 표와 같다.

설비 종류	점검 부위	점검 분류	점검 방법	점검 주기	점검 내용
태양전지	모듈	일상	육안	●	유리 등 표면의 오염 및 파손 확인
	가대	일상	육안	●	가대의 부식 및 녹 확인
	배선	일상	육안	●	외부배선(접속 케이블)의 손상 확인
	접지선	정기	육안	◎	접지선의 접속 및 접속단자 풀림 확인
		정기	측정	◎	태양전지 ↔ 접지선 절연저항 측정
접속함	외함	일상	육안	●	외함의 부식 및 파손 확인
		정기	육안	◎	
	배선	일상	육안	●	외부배선(접속 케이블)의 손상 확인
		정기	육안	◎	외부배선의 손상 및 접속단자의 풀림 확인
	접지선	정기	육안	◎	접지선의 손상 및 접속단자 풀림 확인
		정기	측정	◎	출력단자 ↔ 접지선 절연저항 측정
	기타	정기	시험	◎	각 회로마다 개방전압 측정(극성 등 확인)
파워 컨디셔너	외함	일상	육안	●	외함의 부식 및 파손 확인
		정기	육안	◎	
	배선	일상	육안	●	외부배선(접속 케이블)의 손상 확인
		정기	육안	◎	외부배선의 손상 및 접속단자의 풀림 확인
	접지선	정기	육안	◎	접지선의 손상 및 접지단자의 풀림 확인
		정기	측정	◎	입·출력단자 ↔ 접지선 절연저항 측정
	환기구	일상	육안	●	환기구, 환기필터 등의 환기 확인
		정기	육안	◎	
	표시부	일상	육안	●	표시부의 이상 표시
		정기	시험	◎	표시부의 동작 확인(충전전력 등)
	타이머	정기	시험	◎	투입저지 시한 타이머 동작시험 확인

설비 종류	점검 부위	점검 분류	점검 방법	점검 주기	점검 내용
파워 컨디셔너	기타	일상	육안	●	발전상황 확인
		일상	육안	●	이상음, 악취, 발연, 이상과열 확인
		정기	육안	◎	운전 시 이상음, 악취, 진동 등 확인
기타	개폐기	정기	육안	◎	개폐기의 접속단자 풀림 확인
		정기	측정	◎	절연저항 측정 (DC 500[V] 측정 시 0.1[MΩ] 이상)

[주1] ● : 월 1회 실시

◎ : 태양광발전설비 용량별 법적 점검 횟수(안전관리 대행사업자)(고압)

용량[kW]	300 이하	500 이하	700 이하	1,500 이하
횟수[월]	1회	2회	3회	4회

저압 : 1~300[kW] 이하 월 1회
300[kW] 초과 월 2회

4 전기(발전)사업 인허가

1) 허가권자

① 3,000[kW] 이하 설비 : 특별시장, 광역시장, 도지사
② 3,000[kW] 초과 설비 : 산업통상자원부장관(전기위원회)

2) 관련 법령

전기사업법 제7조(전기사업의 허가), 제12조(사업허가의 취소 등) 및 동법 시행령, 시행규칙

3) 허가기준

① 전기사업 수행에 필요한 재무능력 및 기술능력이 있을 것
② 전기사업이 계획대로 수행될 수 있을 것
③ 전력계통의 운영에 지장을 초래하지 아니할 것
④ 발전연료가 어느 하나에 치중되어 전력수급에 지장을 초래하지 않을 것

4) 필요서류 목록

(1) 3,000[kW] 이하

① 전기사업허가 신청서
② 사업계획서
③ 송전관계 일람도
④ 발전원가 명세서(200[kW] 이하는 생략)

⑤ 기술인력의 확보계획을 기재한 서류(200[kW] 이하는 생략)

(2) 3,000[kW] 초과

① 전기사업허가 신청서
② 사업계획서
③ 사업개시 후 5년간의 기간에 대한 연도별 예상사업 손익산출서
④ 발전설비의 개요서
⑤ 송전관계 일람도 및 소요재원 조달계획서
⑥ 기술인력의 확보계획을 기재한 서류
⑦ 신청인이 법인인 경우, 그 정관 등 재무현황 관련 자료
⑧ 신청인이 설립 중인 법인인 경우, 그 정관

5 사업용 전기설비의 사용 전 검사

안정적인 전력공급을 보장하기 위해 전기설비의 설치 또는 변경 공사 시 전기설비의 설치상태가 기술기준에 적합한지의 여부를 검사할 필요가 있다.

1) 검사 기관

한국전기안전공사

2) 검사 기준

① 전기설비 기술기준 및 검사기준에 적합 유무
② 합격, 부분합격, 임시사용, 불합격으로 구분하여 판정

3) 신청절차

검사를 받고자 하는 날의 7일 전까지 한국전기안전공사로 신청한다.

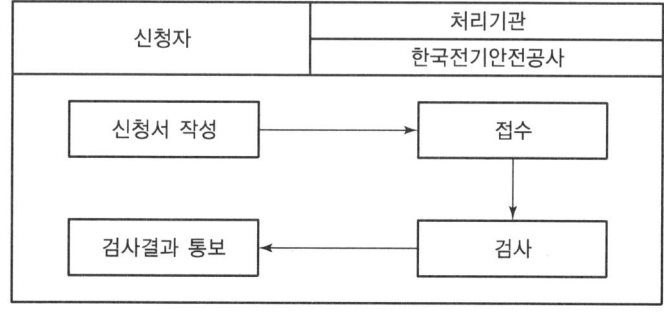

[사업용 전기설비의 사용 전 검사 신청 절차도]

4) 필요서류 목록
　① 사용 전 검사 신청서 1부
　② 공사계획인가(신고)서 사본 1부
　③ 전기안전관리담당자 선임신고필증 사본 1부

6 신재생에너지 공급의무화제도

신재생에너지 공급의무화(RPS : Renewable Portfolio Standard)제도란 일정 규모 이상의 발전설비를 보유한 발전사업자에게 총발전량의 일정량 이상을 신재생에너지로 생산한 전력을 공급토록 의무화한 제도이다.

SECTION 002 태양광발전설비 설치 확인하기

1 설비점검 체크리스트

1) 검사 체크리스트 작성 시 고려사항
① 체계적이고 객관성 있는 현장 확인 및 승인
② 부주의, 착오, 미확인에 따른 실수를 사전에 예방하여 충실한 현장 확인 업무 유도
③ 확인 · 검사의 표준화로 현장의 시공기술자에게 작업의 기준 및 주안점을 정확히 주지시켜 품질 향상을 도모
④ 객관적이고 명확한 검사결과로 공사업자에게 현장에서의 불필요한 시비를 방지하는 등의 효율적인 확인 · 검사 업무를 도모

2) 구조물 설치공사 체크리스트

공종 code no.		검측일자	20××년 월 일
공종	구조물공사	위치 및 부위	
세부공종	어레이 설치공사		

검사항목	검사결과 시공사	검사결과 감리원	검사기준 (시방)	조치사항
사용된 자재와 도면, 시방 일치 여부			설계도면, 시방서	
제작도면 검토 여부 (공장제작 도면, 현장제작 도면)			설계도면, 시방서	
철골세우기 장비용량과 부재의 중량 확인 여부			설계도면, 시방서	
제품 가조립 상태 확인 여부			설계도면, 시방서	
강재규격, 치수의 도면 일치 여부			설계도면, 시방서	
아연도금 상태 확인 여부			설계도면, 시방서	
Bolt, Nut, High Tension Bolt의 규격 및 재질 확인 여부			설계도면, 시방서	
반입 자재 적재 상태			설계도면, 시방서	
허용되는 조립기울기 범위 내인지 확인 여부			설계도면, 시방서	
결합부의 접촉면 밀착 여부			설계도면, 시방서	
앵커볼트의 상태 (콘크리트 타설 전 · 후, 세우기 전)			설계도면, 시방서	
볼트, 너트의 규격품 여부(KS)			설계도면, 시방서	

검사항목	검사결과		검사기준 (시방)	조치사항
	시공사	감리원		
나사의 정밀도 확인 여부(KS)			설계도면, 시방서	
고장력 볼트 조임검사 및 검사기록 작성, 유지 여부			설계도면, 시방서	
볼트캡 확인			설계도면, 시방서	
기준 레벨이 일정하며 도면과 일치하는지 여부			설계도면, 시방서	
수직부재의 경사도가 도면과 일치하는지 여부			설계도면, 시방서	
구조물의 방위각이 도면과 일치하는지 여부			설계도면, 시방서	
어레이 간 이격거리 확인			설계도면, 시방서	

시공자 점검	성명 : (인)	감리원 검측	성명 : (인)
시공자 재점검	성명 : (인)	감리원 재검측	성명 : (인)

2 설치된 발전설비 부품의 성능검사

1) 시스템 성능평가의 분류

① 구성요인의 성능 신뢰성
② 사이트 : 설치대상기관, 설치시설의 분류, 설치형태, 설치분류
③ 발전성능
④ 신뢰성 : 트러블(Trouble), 운전데이터의 결측상황, 계획정지
⑤ 설치가격 : 시스템 설치단가, 태양전지 설치단가, 인버터 설치단가

2) 성능평가를 위한 측정요소

성능평가 측정요소	산출방법
태양광 어레이 변환효율	$\dfrac{\text{태양전지 어레이 출력전력}[kW]}{\text{경사면 일사량}[kW/m^2] \times \text{태양전지 어레이 면적}[m^2]}$
시스템 발전효율	$\dfrac{\text{시스템 발전 전력량}[kWh]}{\text{경사면 일사량}[kW/m^2] \times \text{태양전지 어레이 면적}[m^2]}$
태양에너지 의존율	$\dfrac{\text{시스템의 평균 발전전력}[kW] \text{ 또는 전력량}[kWh]}{\text{부하소비전력}[kW] \text{ 또는 전력량}[kWh]}$
시스템 이용률	$\dfrac{\text{시스템 발전 전력량}[kWh]}{24[h] \times \text{운전일수} \times \text{태양전지 어레이 설계용량(표준상태)}}$

성능평가 측정요소	산출방법
시스템 가동률	$\dfrac{\text{시스템 동작시간[h]}}{24[\text{h}] \times \text{운전일수}}$
시스템 일조가동률	$\dfrac{\text{시스템 동작시간[h]}}{\text{가조시간}^*}$

* 가조시간 : 태양에서 오는 직사광선, 즉 일조를 기대할 수 있는 시간

SECTION 003 태양광발전시스템 운영하기

1 태양광발전시스템의 운영체계 및 절차

1) 운영

(1) 현장관리인

발전소 구내 보안 및 청소, 시설 감시의 역할을 한다.

(2) 전기안전관리자

① 1,000[kW] 미만인 경우 안전관리 대행 가능
② 1,000[kW] 이상인 경우 사업자가 선임

(3) 역할

① 전기 생산량 분석
② 배전반, 파워컨디셔너, 감시제어시스템의 건전성 유지
③ 태양광발전소 시설 감시
④ 정기 점검 및 긴급 출동
⑤ 안전진단 및 효율이상 유무 확인

2) 태양광발전시스템의 운영방법

(1) 시설용량 및 발전량

① 태양광발전설비의 용량은 부하의 용도 및 적정사용량을 합산하여 월평균 사용량에 따라 결정된다.
② 발전량은 봄, 가을에 많으며 여름과 겨울에는 기후 여건에 따라 현저하게 감소한다.
③ 박막형은 상대적으로 다른 모듈에 비해 온도에 덜 민감하다.

(2) 모듈

① 모듈 표면은 특수 처리된 강화유리로 되어 있어 강한 충격이 있을 시 파손될 수 있다.
② 모듈 표면에 그늘이 지거나 나뭇잎 등이 떨어진 경우 전체적인 발전효율이 저하되며, 황사나 먼지는 발전량 감소의 주요 원인으로 작용한다.
③ 황사나 먼지 등의 이물질은 고압 분사기를 이용하여 정기적으로 물을 뿌려주거나 부드러운 천으로 제거해주면 발전효율을 높일 수 있다. 이때 모듈 표면에 흠이 생기지 않도록 주의해야 한다.
④ 모듈 표면의 온도가 높을수록 발전효율이 저하되므로 태양광에 의해 모듈 온도가 상

승할 경우에는 정기적으로 물을 뿌려 온도를 조절해 주면서 발전효율을 높일 수 있다.
⑤ 풍압이나 진동으로 인해 모듈과 형강의 체결 부위가 느슨해지는 경우가 있으므로 정기적으로 점검한다.

(3) 인버터 및 접속함
① 태양광발전설비의 고장 요인은 대부분 인버터에서 발생하므로 정기적으로 정상 가동 여부를 확인한다.
② 접속함에는 역류방지 다이오드, 차단기, T/D, CT, DT 단자대 등이 내장되어 있으므로 누수나 습기침투 여부에 대하여 정기점검을 한다.

(4) 구조물 및 전선
① 구조물이나 구조물 접합자재는 아연용융도금이 되어 있어 녹이 슬지 않지만, 장시간 노출될 경우에는 녹이 스는 경우도 있다. 부분적인 발청현상(녹, 부식 현상)이 있을 경우 페인트, 은분, 스프레이 등으로 도포 처리를 해주면 장기간 안전하게 사용할 수 있다.
② 전선 피복부나 연결부에 문제가 없는지 정기적으로 점검하고 문제가 발생한 경우 반드시 보수해야 한다.

(5) 응급조치 방법
① 태양광발전설비(시스템)가 작동되지 않는 경우
  ㉠ 접속함 내부 DC 차단기 개방(Off)
  ㉡ 배전반(또는 분전반) 내부 AC 차단기 개방(Off)
  ㉢ 인버터 정지 후 설비점검
② 점검 완료 후 복귀 순서 : 점검 완료 후에는 역으로 투입한다.
  ㉠ 배전반(또는 분전반) 내부 AC 차단기 투입(On)
  ㉡ 접속함 내부 DC 차단기 투입(On)
  ㉢ 한전전원(전압, 주파수) 정상 시 5분 후 정상작동 확인

2 태양광발전시스템의 조작방법

1) 운전 시 조작방법(특고압 계통연계 시)
① Main VCB반 전압 확인
② 접속반, 인버터 DC전압 확인
③ AC 측 차단기 On, DC용 차단기 On
④ 5분 후 인버터 정상작동 여부 확인

2) 정전 시 조작방법(특고압 계통연계 시)

① 메인 VCB반의 전압 확인 및 계전기를 확인하여 정전 여부를 우선 확인
② 태양광 인버터 상태 정지 확인
③ 한전 전원 복구 여부 확인
④ 인버터 DC전압 확인 후 운전 시 조작방법에 의해 재시동

3) 발전시스템 운영 시 비치 목록

① 핵심기기의 매뉴얼(인버터, PCS)
② 건설 관련 도면(토목 · 기계 · 건축도면, 전기배선도, 시스템배치도면)
③ 운영 매뉴얼
④ 시방서 및 계약서 사본
⑤ 부품 및 기기의 카탈로그
⑥ 구조물의 구조계산서
⑦ 한전계통 연계 관련 서류
⑧ 전기안전 관련 주의 명판 및 안전경고표시 위치도
⑨ 전기안전관리용 정기 점검표
⑩ 일반 점검표
⑪ 긴급복구 안내문
⑫ 안전교육 표지판

3 인버터에 표시되는 사항과 조치방법

모니터링	파워컨디셔너 표시	현상 설명	조치사항
태양전지 과전압	Solar cell OV fault	태양전지 전압이 규정 이상일 때 발생(H/W)	태양전지 전압 점검 후 정상 시 5분 후 재기동
태양전지 저전압	Solar cell UV fault	태양전지 전압이 규정 이하일 때 발생(H/W)	태양전지 전압 점검 후 정상 시 5분 후 재기동
태양전지 과전압 제한초과	Solar cell OV limit fault	태양전지 전압이 규정 이상일 때 발생(S/W)	태양전지 전압 점검 후 정상 시 5분 후 재기동
태양전지 저전압 제한초과	Solar cell UV limit fault	태양전지 전압이 규정 이하일 때 발생(S/W)	태양전지 전압 점검 후 정상 시 5분 후 재기동
한전계통 역상	Line phase sequence fault	계통전압이 역상일 때 발생	상회전 확인 후 정상 시 재운전
인버터 과전류	Inverter over current fault	인버터 전류가 규정값 이상으로 흐를 때 발생	시스템 정지 후 고장부분 수리 또는 계통 점검 후 운전

모니터링	파워컨디셔너 표시	현상 설명	조치사항
인버터 과온	Inverter over temperature	인버터 과온 시 발생	인버터 팬 점검 후 운전
인버터 MC 이상	Inverter M/C fault	전자접촉기 고장	전자접촉기 교체 점검 후 운전
인버터 출력전압	Inverter voltage fault	인버터 전압이 규정값을 벗어났을 때 발생	인버터 및 계통전압 점검 후 운전
한전계통 저주파수	Line under frequency fault	계통주파수가 규정값 이하일 때 발생	계통주파수 점검 후 정상 시 5분 후 재기동
한전계통 고주파수	Line over frequency fault	계통주파수가 규정값 이상일 때 발생	계통주파수 점검 후 정상 시 5분 후 재기동
누전 발생	Inverter ground fault	인버터 누전이 발생했을 때 발생	인버터 및 부하의 고장부분을 수리 또는 접지저항 확인 후 운전
RTU 통신계통 이상	Serial communication fault	인버터와 MMI의 통신이 되지 않을 경우 발생	연결단자 점검 (인버터는 정상 운전)

4 운전상태에 따른 시스템의 발생신호

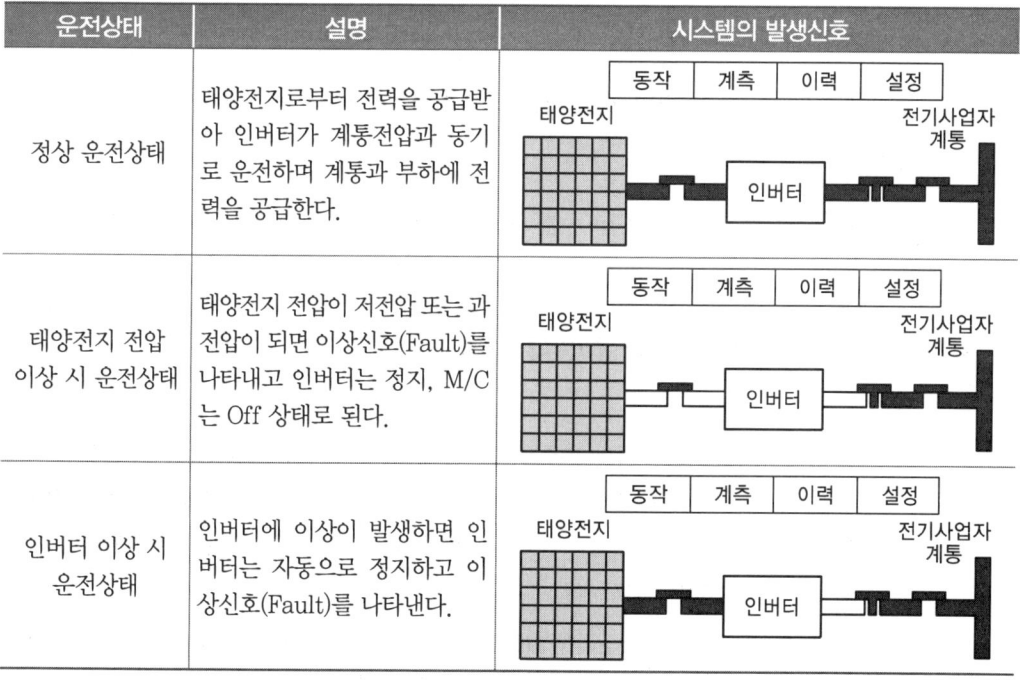

운전상태	설명	시스템의 발생신호
정상 운전상태	태양전지로부터 전력을 공급받아 인버터가 계통전압과 동기로 운전하며 계통과 부하에 전력을 공급한다.	
태양전지 전압 이상 시 운전상태	태양전지 전압이 저전압 또는 과전압이 되면 이상신호(Fault)를 나타내고 인버터는 정지, M/C는 Off 상태로 된다.	
인버터 이상 시 운전상태	인버터에 이상이 발생하면 인버터는 자동으로 정지하고 이상신호(Fault)를 나타낸다.	

5 태양광발전시스템 동작원리

태양광발전시스템의 동작원리는 시스템 구성이나 부하의 종류에 따라서 독립형, 계통연계형, 하이브리드형 시스템으로 크게 분류할 수 있다.

1) 독립형 시스템(Stand-alone System)

(1) 개념

독립형 시스템은 상용계통과 직접 연계되지 않고 분리된 발전방식으로 태양광발전시스템의 발전전력만으로 부하에 전력을 공급하는 시스템이다.

(2) 동작원리

독립형 태양광발전시스템의 동작원리에 대한 개념도를 나타내면 그림과 같다.

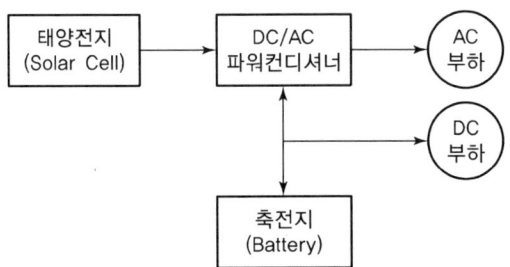

[독립형 태양광발전시스템의 동작원리에 대한 개념도]

(3) 이용

도서지역이나 오지, 유·무인 등대, 중계소, 가로등, 무선전화 기지국 등의 전력 공급용 또는 통신, 양수펌프, 안전표시 등 소규모 전력공급용으로 사용된다.

2) 계통연계형 시스템(Grid-connected System)

(1) 개념

① 계통연계형 시스템은 태양광발전시스템에서 생산된 전력을 지역 전력망에 공급할 수 있도록 구성되며 주택용이나 상업용 빌딩, 대규모 공단 복합형 태양광발전시스템에서 단순 복합형(태양광-풍력) 또는 다중 복합형 등으로 사용할 수 있는 태양광발전의 가장 일반적인 형태이다.

② 주택용 계통연계형 태양광발전설비는 주택 등에 설치하고 전기사업자의 저압전로와 연계한 태양전지출력 20[kW] 이하의 것을 말한다.

③ 이 시스템은 에너지를 공급하기 위해서 각각 병렬로 한국전력 등 전력 계통에 연결되므로 각각의 시스템이 작은 발전소 역할을 함으로써 공공전력, 개인 빌딩 등의 에너지 소비를 전부 충당하거나, 에너지 소비를 감소시킬 수 있다.

④ 초과 생산된 전력은 상용계통에 보내고, 야간 혹은 우천 시 전력생산이 불충분한 경우 상용계통으로부터 전력을 받을 수 있으므로 전력저장장치(축전지)가 필요하지 않아 시스템 가격이 상대적으로 낮다.

(2) 동작원리

계통연계형 태양광발전시스템의 동작원리에 대한 개념도를 나타내면 그림과 같다.

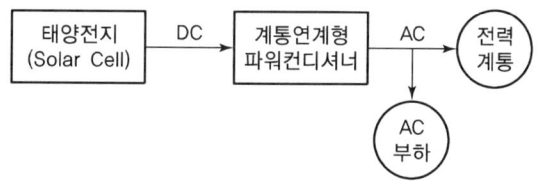

[계통연계형 태양광발전시스템의 동작원리에 대한 개념도]

3) 하이브리드형 시스템(Hybrid System)

(1) 개념

하이브리드형 시스템은 태양광발전시스템에 풍력발전, 열병합발전, 디젤발전 등 타 에너지원의 발전시스템과 결합하여 축전지, 부하 또는 상용계통에 전력을 공급하는 시스템이다.

(2) 동작원리

하이브리드형 태양광발전시스템의 동작원리에 대한 개념도를 나타내면 그림과 같다.

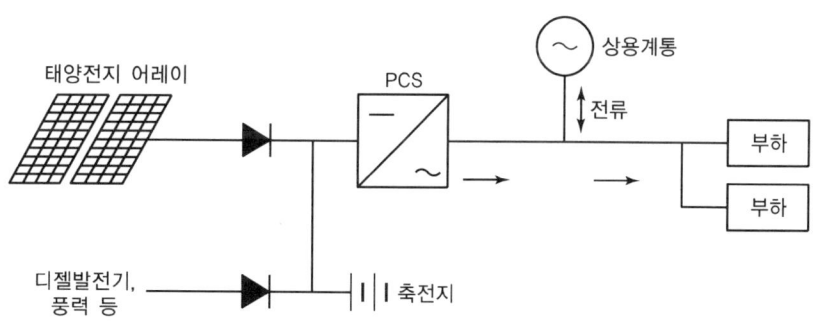

[하이브리드형 태양광발전시스템의 동작원리에 대한 개념도]

6 태양광발전시스템 운영 점검사항

건설된 태양광발전시스템의 제 기능을 유지하기 위해 수시점검, 일상점검, 정기점검을 통하여 사전에 유해요인을 제거하고 손상된 부분을 원상 복귀하여, 당초 건설된 상태를 유지함과 동시에 경년변화에 따라 요구되는 시설물의 개량을 통해 태양광발전량의 최적화를 이루고, 근무자 및 주변인의 안전을 확보하기 위해 시행하는 것이다.

1) 정기점검

(1) 태양전지 어레이
① 모듈의 유리 등 표면의 오염 및 파손 확인
② 가대의 부식 및 녹 확인
③ 외부배선(접속 케이블)의 손상 확인

(2) 접속함
① 외함의 부식 및 파손 확인
② 외부배선의 손상 및 접속단자 이완 확인
③ 접지선의 손상 및 접속단자 이완 확인
④ 절연저항 측정
㉠ 태양전지 모듈 – 접지선 : 0.2[MΩ] 이상, 측정전압 직류 500[V]
㉡ 출력단자 – 접지 간 : 1[MΩ] 이상, 측정전압 직류 500[V]

(3) 인버터
① 외함의 부식 및 파손 확인
② 외부배선(접속 케이블)의 손상 확인
③ 통풍(통풍구, 환기필터 등) 확인
④ 이음, 이취, 연기 발생 및 이상 과열 확인
⑤ 표시부의 이상표시 확인
⑥ 절연저항 측정
  인버터 입출력 단자 – 접지 간 : 1[MΩ] 이상, 측정전압 직류 500[V]
⑦ 표시부 동작 확인
⑧ 투입저지 시한 타이머 동작시험

(4) 축전지
축전지 외관, 전해액 비중, 전해액면 저하 확인

7 태양광발전시스템 계측

태양광발전시스템의 계측장치는 시스템의 운전상태 감시, 발전 전력량 파악, 성능평가를 위한 데이터의 수집을 통해 태양광발전시스템의 효율적인 운영관리를 위한 목적으로 설치한다.

1) 계측 · 표시장치의 설치목적

① 시스템의 운전상태 감시를 위한 계측 또는 표시
② 시스템에 의한 발전 전력량을 알기 위한 계측
③ 시스템 기기 또는 시스템 종합평가를 위한 계측
④ 시스템의 운전상황을 견학하는 사람 등에게 보여주고, 시스템의 홍보를 위한 계측 또는 표시

2) 계측기구 및 표시장치

계측 · 표시시스템에는 검출기(센서), 신호변환기(트랜스듀서), 연산장치, 기억장치, 표시장치 등이 있다.

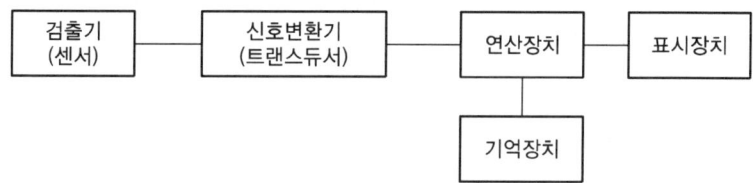

[계측 · 표시시스템의 구성도]

(1) 검출기(센서)

① 직류 : 전압은 분압기로 검출하고, 전류는 분류기로 검출한다.
② 교류(전압, 전류, 전력, 역률, 주파수) : 직접 계측하거나 PT, CT를 통해 검출하여 지시계기나 신호변화기 등에 신호를 공급한다.
③ 일사 강도, 기온, 태양전지 어레이의 온도, 풍향, 습도 등의 검출기를 필요에 따라 설치한다.
④ 일사 계측
  ㉠ 일사계 : 유리돔 내측에 흑체가 내장된 수광판이 설치되어 입사하는 빛의 거의 100[%]를 흡수하여 열로 바꾼다. 열전대를 사용하여 온도변화를 전기신호로 변환한다.
  ㉡ 일사계는 태양전지 어레이의 수광면과 같은 각도로 설치한다.
⑤ 기온 : 태양전지는 온도의 변화에 따라 변환효율의 변동이 크기 때문에 성능 평가에서 기온 계측이 중요하다.
⑥ 풍속 : 태양전지 모듈이나 가대는 강풍 시에 큰 풍하중이 작용하기 때문에 태양광발전시스템 시공이나 설치방식을 평가하는 경우 풍향과 풍속 등의 기상 데이터도 중요하다.

(2) 신호변환기(트랜스듀서)
   ① 신호변환기는 검출기로 검출된 데이터를 컴퓨터 및 먼 거리에 설치된 표시장치에 전송하는 경우에 사용된다.
   ② 신호 출력은 노이즈가 혼입되지 않도록 실드선을 사용하여 전송한다.

(3) 연산장치
   ① 연산장치에는 검출 데이터(직류전력)를 연산해야 하는 것에 사용하는 것이 있다.
   ② 또는 짧은 시간의 계측 데이터를 적산하여 일정 기간마다의 평균값 또는 적산값을 연산하는 것이 있다.

(4) 기억장치
   ① 기억장치는 연산장치로서 컴퓨터를 사용하는 경우 컴퓨터에 필요한 데이터를 복사 및 저장하여 보존하는 방법이 일반적이다.
   ② 계측장치 자체에 기억장치가 있는 것이 있어 메모리 카드 등에 데이터를 직접 기록할 수 있는 형태의 계측기도 있다.

(5) 표시장치
   ① 전광판 형태의 장치로 보통 견학하는 사람들을 대상으로 설치하는 경우가 있다.
   ② 순시 발전량, 누적 발전량, 석유 절약량, CO_2 삭감량, 기온 등을 표시한다.

3) 태양광발전 모니터링 시스템

(1) 개념

발전소의 현재 발전량 및 누적량, 각 장비별 경보 현황 등을 실시간 모니터링하여 체계적이고 효율적으로 관리하기 위한 태양광발전소 종합모니터링 시스템(Solar Plant Total Monitoring System)이다.

(2) 구성요소

시스템 구성, 사용환경, 운영체제 및 성능, 시스템 기능, 원격차단, 채널 모니터 감시, 동작상태 감시, 계통 모니터 감시, 그래프 감시, 일일 발전현황, 월간 발전현황, 이상 발생기록 화면, 운전상태 감시 및 측정 등

(3) 모니터링 시스템의 프로그램 기능
   ① 데이터 수집기능
   ② 데이터 저장기능
   ③ 데이터 분석기능
   ④ 데이터 통제기능

SECTION 04 출제예상문제

01 다음의 전기(발전)사업 허가권자는 누구인지 쓰시오.

1) 3,000[kW] 초과 설비
2) 3,000[kW] 이하 설비

> **해답**
> 1) 3,000[kW] 초과 설비 : 산업통상자원부장관
> 2) 3,000[kW] 이하 설비 : 특별시장, 광역시장, 도지사

02 태양광발전설비 시험성적서 확인 방법과 관련하여 국내 공인시험기관의 시험성적서(공인시험)를 확인함을 원칙으로 하는 국내 생산품과 수입품 모두 동일하게 적용하는 품목은 무엇인가?

> **해답**
> 고압 이상 전기기계 · 기구의 시험성적서

03 사업용 태양광발전소의 안정적인 운용을 위해 몇 년마다 정기적으로 검사를 해야 하며, 이에 대한 사업용 태양광발전설비에 대한 정기검사 항목 5가지를 쓰시오.

> **해답**
> 1) 4년
> 2) ① 태양전지 검사
> ② 전력변환장치 검사
> ③ 변압기 검사
> ④ 차단기 검사
> ⑤ 전선로(모선) 검사

04 다음은 주요 인허가 및 유관기관 업무협의 흐름도이다. (A), (B), (C)에 해당하는 업무와 기관은?

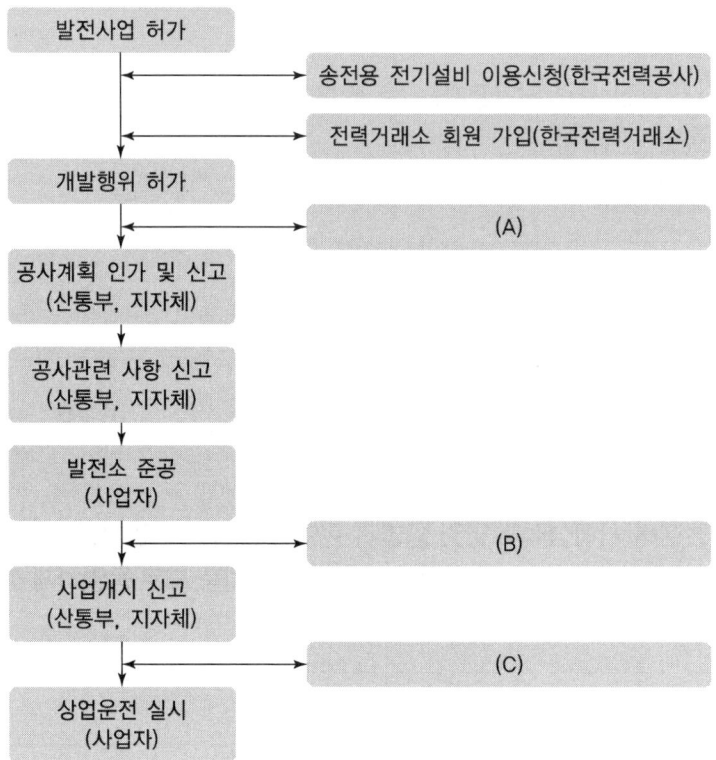

> **해답**
> (A) 발전사업을 위한 업무 협의(한국전력거래소)
> (B) 사업용 전기설비 사용 전 검사(한국전기안전공사)
> (C) 발전차액 지원을 위한 설치 확인(에너지관리공단)

05 다음은 인허가업무 흐름도이다. 다음 각 물음에 답하시오.

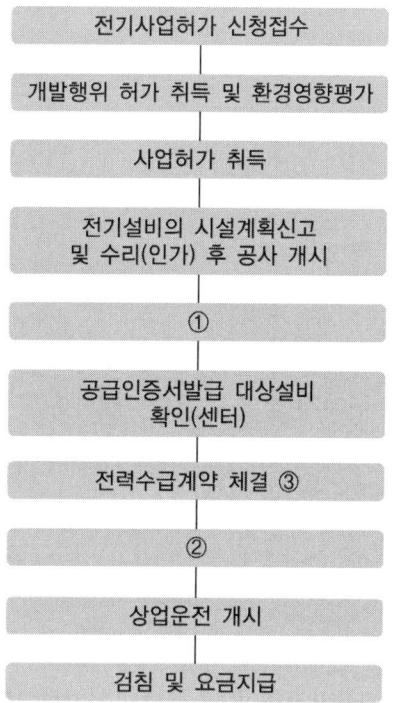

1) ①에 알맞은 내용을 쓰시오.
2) ②에 알맞은 내용을 쓰시오.
3) ③의 전력수급계약 체결 시, 용량에 따른 관할 행정기관을 구분하여 쓰시오.
   - 1[MW] 이상 :
   - 1[MW] 미만 :

> **해답**
> 1) 사용 전 검사
> 2) 사업개시 신고
> 3) • 1[MW] 이상 : 한국전력거래소
>   • 1[MW] 미만 : 한국전력거래소 또는 한국전력공사

06 사용 전 검사 및 점검 기준 중 일반용, 자가용, 사업용에 대해 용량 기준, 안전관리자 선임 기준에 대하여 쓰시오.

해답

1) 일반용(10[kW] 이하) : 미선임
2) 자가용(10[kW] 초과) : 선임(1,000[kW] 이하 대행업체 대행 가능)
3) 사업용(전용량 대상) : 선임(1,000[kW] 이하 대행업체 대행 가능)

07 발전사업 변경허가는 누구에게 받을 수 있는가?

해답

산업통상자원부장관 또는 시 · 도지사

08 태양광발전시스템 운영 시 비치해야 할 목록 5가지를 쓰시오.

해답

① 발전시스템에 사용된 핵심기기의 매뉴얼(인버터 등)
② 발전시스템 운영 매뉴얼
③ 발전시스템에 사용된 부품 및 기기의 카탈로그
④ 발전시스템 일반점검표
⑤ 발전시스템의 한전계통 연계 관련 서류

해설 ①~⑤ 외에
⑥ 발전시스템 건설 관련 도면
⑦ 발전시스템 시방서 및 계약서 사본
⑧ 발전시스템 구조물의 구조계산서
⑨ 전기안전 관련 주의 명판 및 안전경고표시 위치도
⑩ 전기안전관리용 정기점검표
⑪ 발전시스템 긴급복구 안내문
⑫ 발전시스템 안전교육 표지판

09 다음은 태양광발전시스템에 관한 설명이다. (   ) 안에 알맞은 내용을 쓰시오.

> 태양전지 모듈에서 생산되는 (①)을(를) (②)(으)로 변환하는 장치를 (③)(이)라 하며, 변환된 전력은 전력계통에 접속하여 부하설비에 공급한다.

해답
① 직류전력
② 교류전력
③ 인버터

해설 태양광발전시스템용 인버터는 태양전지에서 생산된 직류전력을 교류전력으로 변환하여 전력계통 및 부하에 교류전력을 공급하는 설비이다.

10 특고압 배전선로 연계에서 계통으로부터 분산형 전원 발전설비를 분리할 수 있는 분리개소를 3가지만 쓰시오.

해답
① 접속점 개폐기(ASS 또는 COS)
② 수용가 부하개폐기(LBS)
③ 수용가 특고압 차단기(VCB)

11 태양광발전시스템의 계측 및 표시장치의 사용(설치)목적 4가지를 쓰시오.

해답
① 시스템의 운전상태를 감시하기 위해
② 시스템에 의한 발전 전력량을 알기 위해
③ 시스템 기기 또는 시스템 종합평가를 위해
④ 시스템의 운전상황을 견학하는 사람 등에게 보여주고, 시스템의 홍보를 위해

12 태양광발전시스템을 설치한 후 주위환경(외부환경)에 의하여 발전량이 감소할 수 있다. 발전량 감소 원인을 2가지만 쓰시오.

> **해답**
> ① 수목 등에 의한 음영　　　　② 공해, 염해, 오염

13 태양광발전시스템의 모듈관리 운영방법에 대해서 3가지만 쓰시오.

> **해답**
> ① 모듈 표면에 충격이 발생되지 않도록 주의한다.
> ② 고압분사기를 이용하여 정기적으로 물을 뿌려주거나 부드러운 천으로 이물질을 제거한다.
> ③ 풍압이나 진동으로 인해 모듈과 형강의 체결부위가 느슨해지는 경우가 있으므로 정기적인 점검이 필요하다.

14 인터넷 기반의 태양광발전시스템 운영 분석 시스템의 데이터를 전달 및 분석하기 위하여 설정된 통상의 웹 표준 형식을 쓰시오.

> **해답**
> XML
>
> **해설** XML(eXtensible Markup Language)
> 웹이나 인트라넷 환경에서 데이터 교환과 공유의 수단으로 매우 편리하며, HTML(Hyper Text Markup Language)의 한계를 극복할 수 있다.

15 다음 그림은 태양광발전시스템에 사용되는 기기의 그림 기호이다. 각각의 명칭을 쓰시오.

그림 기호	 ✉	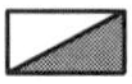 ◿	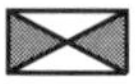 ✉
명칭	①	②	③

> **해답**
> ① 배전반　　　　② 분전반　　　　③ 제어반

16 전선 상호 및 전선과 다른 기기 간의 전기적 접속을 할 경우, 접속방법 선정을 위한 고려사항을 3가지만 쓰시오.

> **해답**
> ① 전선의 전기저항을 증가시키지 아니하도록 접속할 것
> ② 전선의 세기를 20[%] 이상 감소시키지 아니할 것
> ③ 접속부분은 금속관 기타의 기구를 사용할 것
>
> **해설** ①~③ 외에
> ④ 접속부분은 절연전선의 절연물과 동등 이상의 절연효력이 있는 것으로 피복할 것
> ⑤ 전기화학적 성질이 다른 도체를 접속하는 경우에는 접속부분에 전기적 부식이 생기지 아니하도록 할 것

PART 03 태양광발전 연계장치 준비

SECTION 001 태양광발전 수배전반 준비하기

1 분산형 전원 배전계통 연계 기술기준

1) 분산형 전원(DR : Distributed Resources)
대규모 집중형 전원과는 달리 소규모로 전력소비지역 부근에 분산하여 배치가 가능한 전원을 말한다.

2) 한전계통(Area EPS : Electric Power System)
구내계통에 전기를 공급하거나 그로부터 전기를 공급받는 한전의 계통을 말하는 것으로 접속설비를 포함한다.

3) 연계(Interconnection)
분산형 전원을 한전계통과 병렬운전하기 위하여 계통에 전기적으로 연결하는 것을 말한다.

4) 연계시스템(Interconnection System)
분산형 전원을 한전계통에 연계하기 위해 사용되는 모든 연계 설비 및 기능들의 집합체를 말한다.

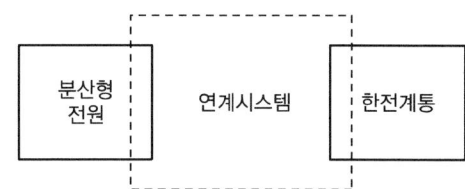

5) 동기화
분산형 전원의 계통연계 또는 가압된 구내계통의 가압된 한전계통에 대한 연계에 대하여 병렬연계장치의 투입 순간에 표의 모든 동기화 변수들이 제시된 제한범위 이내에 있어야 하며, 만일 어느 하나의 변수라도 제시된 범위를 벗어날 경우에는 병렬연계장치가 투입되지 않아야 한다.

[계통연계를 위한 동기화 변수 제한범위]

분산형 전원 정격용량 합계[kW]	주파수 차 (Δf, [Hz])	전압 차 (ΔV, [%])	위상각 차 ($\Delta \phi$, [°])
0~500	0.3	10	20
500 초과~1,500	0.2	5	15
1,500 초과~20,000 미만	0.1	3	10

6) 전압 범위별 고장제거시간 및 운전지속시간

전압 범위 (공칭전압에 대한 백분율[%])	분리시간[초]	운전지속시간[초]
$V < 50$	0.5	0.15
$50 \leq V < 70$	2.00	0.16
$70 \leq V < 90$	2.00	1.5
$110 < V < 120$	1.00	0.2
$V \geq 120$	0.16	−

※ 고장제거시간 : 계통에서 비정상 전압상태가 발생한 때로부터 전원 발전설비가 계통으로부터 완전히 분리될 때까지의 시간
※ 기준전압 : 계통의 공칭전압

7) 주파수

계통 주파수가 표와 같은 비정상 범위 내에 있을 경우 분산형 전원은 해당 분리시간 내에 한전계통에 대한 가압을 중지하여야 한다.

[비정상 주파수에 대한 분산형 전원 분리시간]

분산형 전원 용량	주파수 범위[Hz]	분리시간[초]
용량 무관	$f > 61.5$	0.16
	$f < 57.5$	300
	$f < 57.0$	0.16

주) 분리시간이란 비정상 상태의 시작부터 분산형 전원의 계통가압 중지까지의 시간을 말하며, 필요할 경우 주파수 범위 정정치와 분리시간을 현장에서 조정할 수 있어야 한다. 저주파수 계전기 정정치 조정 시에는 한전 계통 운영과의 협조를 고려하여야 한다.

8) 전기품질

(1) 직류 유입 제한

분산형 전원 및 그 연계시스템은 분산형 전원 연결점에서 최대 정격 출력전류의 0.5[%]를 초과하는 직류 전류를 계통으로 유입시켜서는 안 된다.

(2) 역률

① 분산형 전원의 역률은 90[%] 이상으로 유지함을 원칙으로 한다. 다만, 역송병렬로 연계하는 경우로서 연계계통의 전압상승 및 강하를 방지하기 위하여 기술적으로 필요하다고 평가되는 경우에는 연계계통의 전압을 적절하게 유지할 수 있도록 분산형 전원 역률의 하한값과 상한값을 고객과 한전이 협의하여 정할 수 있다.

② 분산형 전원의 역률은 계통 측에서 볼 때 진상역률(분산형 전원 측에서 볼 때 지상역률)이 되지 않도록 함을 원칙으로 한다.

(3) 플리커(Flicker)

분산형 전원은 빈번한 기동·탈락 또는 출력변동 등에 의하여 한전계통에 연결된 다른 전기사용자에게 시각적인 자극을 줄 만한 플리커나 설비의 오동작을 초래하는 전압요동을 발생시켜서는 안 된다.

(4) 고조파

특고압 한전계통에 연계되는 분산형 전원은 연계용량에 관계없이 한전이 계통에 적용하고 있는 「배전계통 고조파 관리기준」에 준하는 허용기준을 초과하는 고조파 전류를 발생시켜서는 안 된다.

9) 순시전압변동

① 특고압 계통의 경우, 분산형 전원의 연계로 인한 순시전압변동률은 발전원의 계통 투입·탈락 및 출력 변동 빈도에 따라 다음 표에서 정하는 허용 기준을 초과하지 않아야 한다. 단, 해당 분산형 전원의 변동 빈도를 정의하기 어렵다고 판단되는 경우에는 순시전압변동률 3[%]를 적용한다. 또한 해당 분산형 전원에 대한 변동 빈도 적용에 대해 설치자의 이의가 제기되는 경우, 설치자가 이에 대한 논리적 근거 및 실험적 근거를 제시하여야 하고 이를 근거로 변동 빈도를 정할 수 있으며, 제10조에 의한 감시설비를 설치하고 이를 확인하여야 한다.

[순시전압변동률 허용기준]

변동 빈도	순시전압변동률
1시간에 2회 초과 10회 이하	3[%]
1일 4회 초과 1시간에 2회 이하	4[%]
1일에 4회 이하	5[%]

② 저압계통의 경우, 계통 병입 시 돌입전류를 필요로 하는 발전원에 대해서 계통 병입에 의한 순시전압변동률이 6[%]를 초과하지 않아야 한다.
③ 분산형 전원의 연계로 인한 계통의 순시전압변동이 ① 및 ②에서 정한 범위를 벗어날 경우에는 해당 분산형 전원 설치자가 출력변동 억제, 기동·탈락 빈도 저감, 돌입전류 억제 등 순시전압변동을 저감하기 위한 대책을 실시한다.
④ ③에 의한 대책으로도 ① 및 ②의 순시전압변동 범위 유지가 불가할 경우에는 다음의 하나에 따른다.
- 계통용량 증설 또는 전용선로로 연계
- 상위전압의 계통에 연계

10) 단독운전

연계된 계통의 고장이나 작업 등으로 인해 분산형 전원이 공통 연결점을 통해 한전계통의 일부를 가압하는 단독운전 상태가 발생할 경우 해당 분산형 전원 연계시스템은 이를 감지하여 단독운전 발생 후 최대 0.5초 이내에 한전계통에 대한 가압을 중지해야 한다.

(1) 단독운전 검출방식

① 수동방식
  ㉠ 전압위상도약 검출방식
  ㉡ 주파수 변화율 검출방식
  ㉢ 제3고조파 전압급증 검출방식
② 능동방식
  ㉠ 주파수 시프트 방식
  ㉡ 부하변동방식
  ㉢ 유효전력 변동방식
  ㉣ 무효전력 변동방식

11) 상시전압 변동범위

(1) 저압의 표준전압 허용오차

표준전압	허용오차
220[V]	220[V]의 상하로 13[V] 이내
380[V]	380[V]의 상하로 38[V] 이내

(2) 분산형 전원의 저압 한전계통 연계 시 상시전압변동률 기준은 3[%], 순시전압변동률 기준은 4[%]이다.

(3) 수용가 설비의 전압강하

설비의 유형	조명[%]	기타[%]
A-저압으로 수전하는 경우	3	5
B-고압 이상으로 수전하는 경우	6	8

가능한 한 최종회로 내의 전압강하가 A유형의 값을 넘지 않도록 하는 것이 바람직하다. 사용자의 배선설비가 100[m]를 넘는 부분의 전압강하는 미터당 0.005[%] 증가할 수 있으나 이러한 증가분은 0.5[%]를 넘지 않아야 한다.

다음의 경우에는 위의 표보다 더 큰 전압강하를 허용할 수 있다.
① 기동시간 중의 전동기
② 돌입전류가 큰 기타 기기

2 태양광발전 수배전반 구성

1) 교류 측 기기

(1) 분전반
① 분전반은 계통에 연계하는 경우에, 파워컨디셔너의 교류출력을 계통으로 접속할 때 사용하는 차단기를 수납하는 함이다.
② 일반주택, 빌딩의 경우 대부분 분전반이나 배전반이 설치되어 있으므로 태양광발전 시스템의 정격출력전류에 적합한 차단기가 있으면 그것을 사용한다.
③ 기설치된 분전반 내 차단기의 여유가 없으면 별도의 분전반을 설치한다.
④ 차단기는 역접속 가능형 누전차단기를 설치한다(지락검출기능). 단, 기설치된 분전반의 계통 측에 지락검출기능이 부착된 과전류차단기가 이미 설치된 경우에는 교체할 필요가 없다.

(2) 적산전력량계

적산전력량계는 계통연계에서 역송전한 전력량을 계측하여 전력회사에 판매한 전력요금을 산출하는 계량기로서 계량법에 의한 검정을 받은 적산전력량계를 사용해야 한다.

① 적산전력량계의 설치
  ㉠ 종래 전력회사가 설치한 수요전력량계의 적산전력량계도 역송전이 있는 계통연계시스템을 설치할 때는 전력회사가 역송방지장치가 부착된 적산전력량계로 변경하게 된다.
  ㉡ 역송전력계량용의 적산전력량계는 전력회사가 설치한 수요전력량계의 적산전력량계에 인접하여 설치한다.
  ㉢ 적산전력량계는 옥외용의 경우 옥외용 함에 내장하는 것으로 하고 옥내용의 경우 창이 부착된 옥외용 수납함의 내부에 설치한다.

② 적산전력량계의 접속(결선)도

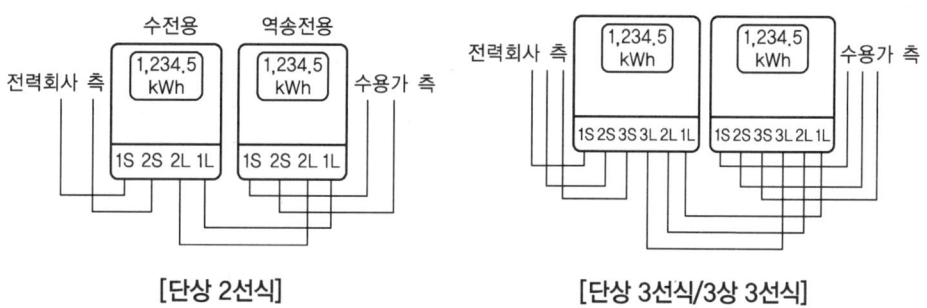

[단상 2선식]   [단상 3선식/3상 3선식]

역송전계량용의 적산전력계는 수요전력량계와는 역으로 수용가 측을 전원 측으로 접속한다.

2) 변전설비

(1) 변전소

높은 전압을 낮은 전압(부하에 알맞은 전압)으로 변환하는 장소

(2) 변전설비
  • 특고압 수전설비 결선도 : CB 1차 측에 PT를, CB 2차 측에 CT를 시설하는 경우

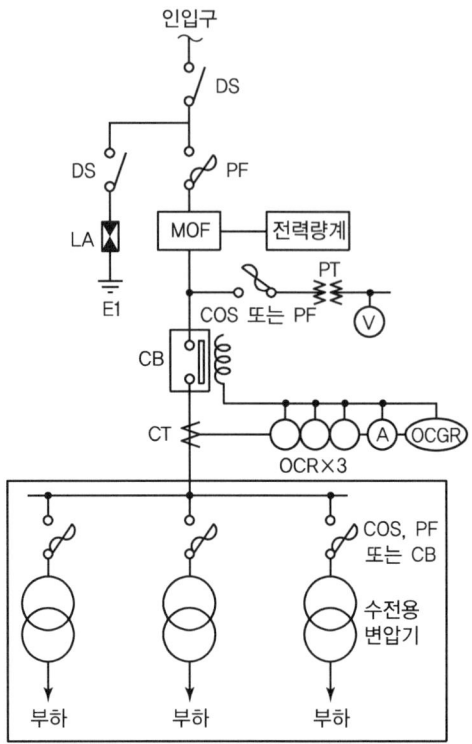

3) 책임분계점(재산한계점)

고객과 한전의 재산한계점을 접속점으로 한다. 다만, 다음의 경우에는 연계점을 책임분계점으로 할 수 있다.

① 한전 표준규격이 아닌 비표준규격 설비로 연계할 경우
② 발전기를 송전선로 1회선으로 연계할 경우
③ 향후 공용 송전망으로 활용 가능성이 없는 경우

4) 저압 연계계통 수배전반 구성 시 고려사항

(1) 전기실 면적 설계 시 고려사항(영향을 주는 요소)

① 수전전압 및 수전방식
② 변압기 용량
③ 강압방식
④ 기기 배치 및 유지보수 시 필요면적

(2) 건축적 고려사항

　① 장비의 반입, 반출 통로 확보

　② 천장높이

　③ 수변전실은 불연재료를 사용, 출입문은 방화문 시설

(3) 전기적 고려사항

　① 외부의 수전이 편리한 곳

　② 부하의 중심

　③ 간선 배선이 용이한 곳

(4) 환경적 고려사항

　① 환기가 잘되고 고온 다습한 곳이 아닌 장소

　② 화재 폭발 우려가 없는 장소

　③ 염해, 부식성 가스가 체류하지 않는 장소

　④ 침수 방지를 위해 예상 침수높이 이상으로 설치

5) 변압기

(1) 변압기의 종류

아몰퍼스 변압기, 유입변압기, 몰드변압기 등이 있다.

※ 아몰퍼스 변압기 : 철, 붕소, 규소 등이 혼합된 용융금속을 급랭시켜 만든 변압기로, 규소강판 변압기에 비해 철손을 1/3~1/4로 감소시킨 고효율 변압기

(2) 변압기의 역할

1차 전압(22.9[kV])을 2차 전압(부하에 알맞은 전압 220~380[V])으로 변성하는 기기

(3) 변압기의 결선

　① △-△ 결선　　　　　　② Y-Y 결선

　③ △-Y 결선　　　　　　④ Y-Y-△ 결선

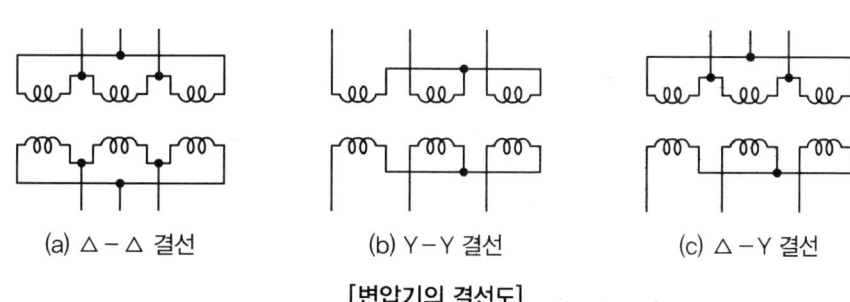

(a) △-△ 결선　　　(b) Y-Y 결선　　　(c) △-Y 결선

[변압기의 결선도]

(4) 변압기 용량 계산

$$변압기의 용량(Tr) = \frac{설비용량 \times 수용률}{부등률 \times 역률}(=합성최대수용전력)[kVA]$$

[변압기의 표준정격(KS규격)]

변압기의 표준용량[kVA]		주상 변압기의 표준용량[kVA]	
5	100	1	25
7.5	150	2	30
10	200	3	40
15	300	5	50
20	500	7.5	
30	750	10	
50	1,000	15	
75		20	

① 수용률(Demand Factor) : 전력소비 기기가 동시에 사용되는 정도

$$수용률 = \frac{최대수요전력[kW]}{부하설비용량[kW]} \times 100[\%]$$

② $$부등률 = \frac{각\ 부하의\ 최대수요전력의\ 합계[kW]}{합성최대전력[kW]} > 1$$

③ $$부하율 = \frac{평균수요전력[kW]}{최대수요전력[kW]} \times 100[\%]$$

(5) 변압기의 접지

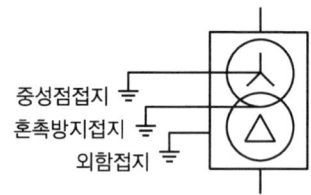

중성점접지
혼촉방지접지
외함접지

6) 차단기

차단기는 회로를 개방 투입하고 사고전류는 신속히 차단하여 기기 및 선로를 보호한다.

(1) 소호방식에 따른 차단기 종류

① OCB(Oil Circuit Breaker) : 유입차단기

② ABB(Air Blast Circuit Breaker) : 공기차단기

③ MBB(Magnetic Blast Circuit Breaker) : 자기차단기
④ VCB(Vacuum Circuit Breaker) : 진공차단기
⑤ GCB(Gas Circuit Breaker) : 가스차단기

(2) **차단기 용량 계산**

① 정격차단 용량 계산

㉠ 차단기의 차단 용량

$$P_s = 정격차단용량[MVA] = \sqrt{3} \times 정격전압[kV] \times 정격차단전류[kA]$$

㉡ $I_s = \dfrac{100}{\%Z} I_n [A]$

㉢ $I_n = \dfrac{P_n}{\sqrt{3}\, V}$

여기서, $\%Z$: 퍼센트 임피던스[%], I_s : 단락전류[A], I_n : 정격전류[A]
P_s : 단락용량[kVA], P_n : 기준용량[kVA], V : 전압[V]

② 계산순서

㉠ 기준 용량 P_n을 선정

㉡ 기준 용량에 대한 $\%Z$ 환산

기준 용량에 대한 $\%Z = \dfrac{기준용량}{자기용량} \times 자기용량에\ 대한\ \%Z$

㉢ 고장점까지 $\%Z$ 합산

㉣ 단락전류 I_s, 단락용량 P_s 계산

③ 차단기 표준동작 책무 : 동작책무란 1~2회 이상 투입차단하거나 또는 투입차단을 일정한 시간 간격으로 행하는 일련의 동작

종별	동작 책무
일반용	CO-15초-CO
고속도 재투입용	O-0.3초-CO-3분-CO

※ O : 차단기 개방, CO : 투입 후 즉시 개방

④ 단로기(DS : Disconnecting Switch) : 무부하 상태에서 선로를 분리하는 장치
⑤ MOF(계기용 변압변류기, 계기용 변성기함) : CT와 PT를 한 함 내에 넣어 계측
⑥ COS(Cut Out Switch) : 과부하 전류 차단
⑦ PF(Power Fuse) : 전력용 퓨즈(단락전류 차단)

7) 조상설비

(1) 조상설비의 특징
① 조상설비는 부하변동으로 인한 전압변동을 조정하여 수전단전압을 일정하게 유지한다.
② 역률을 개선하여 송전손실을 경감시킨다.
③ 조상설비는 회전기와 정지기로 구분한다.
  ㉠ 회전기 : 동기조상기
  ㉡ 정지기 : 전력용 콘덴서, 분로리액터

(2) 조상설비의 종류
① 전력용 콘덴서(진상용, 병렬)
  ㉠ 직렬콘덴서와 병렬콘덴서가 있다.
  ㉡ 직렬콘덴서는 사용하지 않는다.
  ㉢ 병렬(전력용, 진상용)콘덴서
    • 콘덴서를 부하와 병렬로 접속
    • 콘덴서는 전압보다 90° 위상이 빠른 진상무효전력을 공급하여 부하의 역률 개선
② 직렬리액터 : 콘덴서를 조상용으로 연결할 때 전압파형이 비틀려 콘덴서에 발생하는 고조파전압이 커지게 된다. 따라서 선로에 고조파돌입전류를 억제하고자 직렬리액터를 전력용 콘덴서와 직렬로 연결한다.
③ 방전코일(저항) : 콘덴서를 회로로부터 분리 시 잔류전하는 쉽게 자기방전을 할 수 없어 코일이나 저항을 통해 방전시킨다.
④ 분로리액터 : 지상전류를 얻어 전압 상승을 억제할 목적으로 분로리액터를 설치한다.

8) 보호계전방식

(1) 계통 보호 개요
① 이상 상태 항상 감시
② 고장 발생 시 고장구간 신속 분리

(2) 보호계전기 구비조건
① 보호동작이 정확할 것
② 고장 개소를 정확하게 선택할 것
③ 온도와 파형에 의한 오차가 적을 것
④ 장시간 사용해도 특성 변화가 없을 것
⑤ 열적·기계적으로 견고할 것

⑥ 보수 점검이 용이할 것
⑦ 가격이 싸고, 소비전력도 적을 것

(3) 보호계전기의 종류

① 형태상 분류
  ㉠ 아날로그형 : 전자기계형, 정지형
  ㉡ 디지털형 : 정해진 프로그램에 의거하여 마이크로프로세서로 계산해서 크기, 위상을 판단하여 동작

② 기능상의 분류
  ㉠ 전류 계전기
    • 과전류 계전기(OCR : Over Current Relay) : 전류가 일정값 이상일 때 동작
    • 부족전류 계전기(UCR : Under Current Relay) : 전류가 일정값 이하일 때 동작
  ㉡ 전압 계전기
    • 과전압 계전기(OVR : Over Voltage Relay) : 전압이 일정값 이상일 때 동작
    • 부족전압 계전기(UVR : Under Voltage Relay) : 전압이 일정값 이하일 때 동작
  ㉢ 차동 계전기(DCR : Differential Current Relay)
    유입전류와 유출전류의 차에 의해 동작
  ㉣ 주파수 계전기
    • 저주파수 계전기(UFR : Under Frequency Relay)
    • 과주파수 계전기(OFR : Over Frequency Relay)
  ㉤ 역전류 계전기(Reverse Current Protection)
    직류회로의 전류가 소정의 규정방향과는 역의 방향으로 흘렀을 때 동작하는 계전기

3 전력저장장치(축전지)

1) 축전지의 개요

① 축전지(Electric Storage Batteries)는 전기에너지를 화학에너지로 바꿔 저장하고, 필요할 때 다시 전기에너지로 바꿔 쓰는 장치로서 전력저장장치라 할 수 있다.
② 발전량 부족 시나 야간, 일조가 없을 때의 부하로 전력을 공급하기 위해 전력저장장치(축전지)를 설치한다. 독립형 태양광발전에서 섬 지방이나 산간지방 등 상용전원이 없는 곳에서 활용한다.
③ 계통연계형 태양광발전시스템에서도 축전지를 설치하여 재해 시 비상전원 공급, 발전전력 급변 시의 버퍼, 전력저장, 피크 시프트 등 시스템의 적용범위를 확대함으로써 비상전원의 확보, 전력품질의 유지, 경제성 등의 목적으로 설치하는 경우도 있다.

④ 최근에는 다수의 태양광발전시스템이 계통에 연계되었을 때 계통전압 안정화 및 피크 제어 목적으로 축전지를 이용한 ESS(Energy Storage System)를 도입하고 있다.

2) 축전지의 종류

(1) 연축전지
양극판(PbO_2), 음극판(Pb), 격리판, 전해액(H_2SO_4) 및 전조(Container)로 구성되어 있는 축전지로, 태양광발전시스템에서 가장 많이 사용된다.

(2) 알칼리축전지
수산화물질과 같은 알칼리용액으로 전해액이 구성된 축전지이다.

3) 축전지의 기대수명에 영향을 미치는 요소
① 방전심도(DOD) → 가장 영향을 크게 미침
② 방전횟수
③ 사용온도

4) 축전지의 선정

(1) 독립형 전원시스템용 축전지

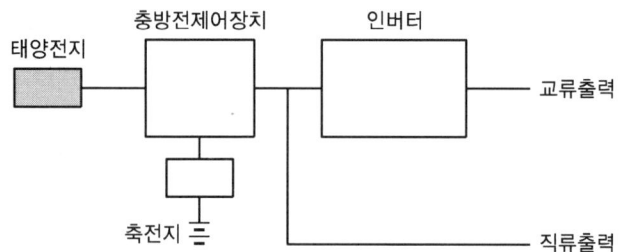

① 축전지 용량$(C) = \dfrac{1일\ 소비전력량 \times 불일조일수}{보수율 \times 방전심도 \times 축전지전압(방전종지전압)}$ [Ah]

　㉠ 방전심도(DOD : Depth Of Discharge) : 축전지의 잔존용량을 표현하는 방법
　㉡ 불일조일수 : 기상상태의 변화로 발전을 할 수 없을 때의 일수

② 직류부하 전용일 때는 인버터가 필요 없다.
③ 직류출력전압과 축전지의 전압을 서로 같게 한다.

(2) 계통연계시스템용 축전지
① 방재 대응형 : 재해 시 인버터를 자립운전으로 전환하고 특정 재해 대응 부하로 전력을 공급한다.

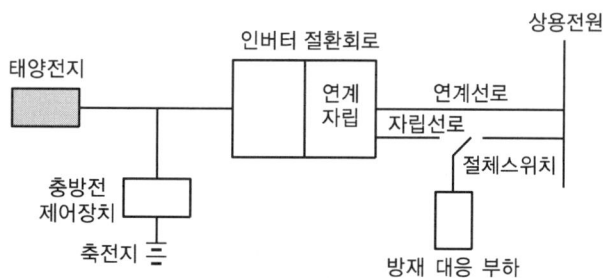

　㉠ 평상시에는 계통연계 운전을 한다.
　㉡ 정전 시에는 방재, 비상 부하 자립운전을 한다.
　㉢ 정전 회복 후나 야간에는 충전운전을 한다.

② 부하평준화 대응형(피크시프트형, 야간전력저장형) : 태양전지출력과 축전지출력을 병용하여 부하의 피크 시에 인버터를 필요 출력으로 운전하여 수전전력의 증대를 막고 기본전력요금을 절감하려는 시스템이다.

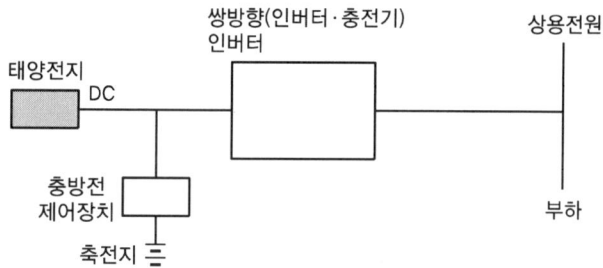

　㉠ 평상시에는 연계운전을 한다.
　㉡ 피크 시에는 태양전지＋축전지 겸용에 의해 피크부하를 부담한다.
　㉢ 정전 회복 후나 야간에는 충전운전을 한다.

③ 계통안정화 대응형 : 기후가 급변할 때나 계통부하가 급변할 때는 축전지를 방전하고, 태양전지출력이 증대하여 계통전압이 상승하도록 할 때에는 축전지를 충전하여 역류를 줄이고 전압의 상승을 방지하는 방식이다.

5) 축전지설비의 설치기준

축전지설비를 설치할 경우에는 다음 표와 같이 최소한의 이격거리를 확보할 필요가 있으므로 시스템의 설계 시에 이를 반영해야 한다.

이격거리를 확보해야 할 부분	이격거리[m]
큐비클 이외의 발전설비와의 사이	1.0
큐비클 이외의 변전설비와의 거리	1.0
옥외에 설치할 경우 건물과의 사이	2.0
전면 또는 조작면	1.0
점검면	0.6
환기면*	0.2

* 환기면 : 전면, 조작면 또는 점검면 이외에 환기구가 설치되는 면

6) 축전지 용량 산출식

(1) 계통연계형의 축전지 용량

$$C = \frac{KI}{L} \text{[Ah]}$$

여기서, C : 온도 25[℃]에서 정격 방전율 환산용량(축전지의 표시 용량)
K : 방전시간, 축전지 온도, 허용최저전압으로 결정되는 용량환산계수, K값은 축전지별 용량환산시간표 참조
I : 평균 방전전류
L : 보수율(수명 말기의 용량감소율 고려, 0.8 적용)

(2) 독립형 전원시스템용 축전지 용량

$$C = \frac{1일\ 소비전력량 \times 부조일수}{보수율 \times 방전심도 \times 방전종지전압} \text{[Ah]}$$

$$C = \frac{L_d \times D_r \times 1,000}{L \times V_b \times N \times DOD} \text{[Ah]}$$

여기서, L_d : 1일 적산 부하 전력량[kWh]
D_r : 일조가 없는 날의 일수[일]
L : 보수율(0.8 적용)
V_b : 공칭축전지 전압[V] ⇒ 납축전지 2[V]
N : 축전지 개수[개]
DOD : 방전심도[%](일조가 없는 날의 마지막 날을 기준하여 방전심도 결정)

① 방전심도(DOD : Depth of Discharge)

$$방전심도 = \frac{실제\ 방전량}{축전지의\ 정격용량} \times 100[\%]$$

축전지의 잔존용량(SOC : State Of Charge)을 표현하는 다른 방법으로, 방전심도를 30~40[%] 정도로 낮게 설정하면 전지 수명이 길어지고, 방전심도를 70~80[%]까지 설정하면 전지 이용률은 높아지는 대신 그만큼 전지 수명이 단축된다.

7) 축전지의 용도별 분류

구분		용도	특징
계통연계용	방재 대응형	정전 시 비상부하 공급	평상시 계통연계시스템으로 동작, 정전 시 인버터 자립운전, 복전 후 재충전
	부하평준화 대응형 (Peak Shift, 야간전력 저장)	전력부하 피크 억제	태양전지 출력과 축전지 출력을 병행, 부하피크 시 기본전력요금 절감, 피크전력 대응의 설비투자 절감
	계통안정화 대응형	계통 전압 안정	계통부하 급증 시 축전지 방전, 태양전지 출력 증대로 계통전압 상승 시 축전지 충전, 역전류 감소, 전압 상승 방지
독립형 시스템용		안정적인 전력 공급 및 부하 대응	잦은 충·방전 대응

8) 축전지가 갖추어야 할 조건

① 에너지 밀도가 높을 것
② 중량 대비 효율이 높을 것
③ 자기방전율이 낮을 것
④ 과충전·과방전에 강할 것
⑤ 가격이 저렴하고 장수명일 것

SECTION 002 태양광발전 주변기기 준비하기

1 접속함

1) 접속함의 설치목적

① 보수·점검 시 회로를 분리하거나 점검을 용이하게 하기 위해 설치
② 스트링별 고장 시 정지 범위를 분리하여 운전을 할 수 있도록 설치

2) 접속함의 내부회로 결선도

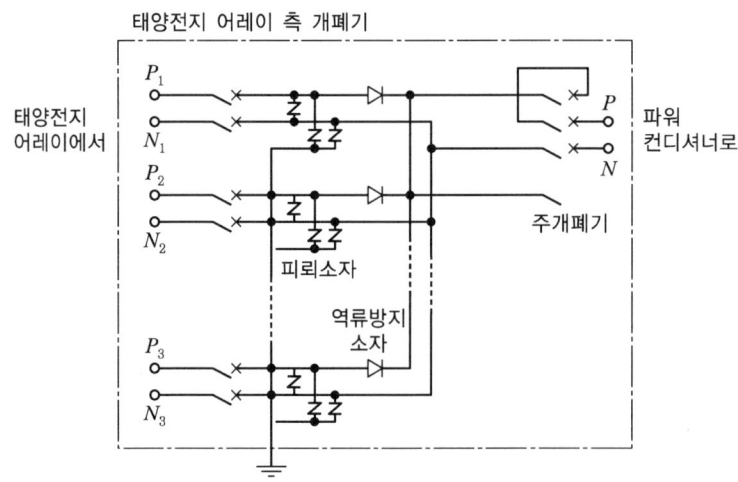

3) 접속함 내 설치되는 기기

① 태양전지 어레이 측 개폐기
② 주개폐기
③ 서지보호장치(SPD : Surge Protected Device)
④ 역류방지 소자
⑤ 출력단자대
⑥ 감시용 DCCT(Shunt), DCPT, T/D(Transducer)

4) 접속함의 연결전선

① 태양전지에서 옥내에 이르는 배선에 쓰이는 전선은 모두 모듈전용선(TFR-CV선)을 사용하여야 한다.
② 전선이 지면을 통과할 경우에는 피복에 손상이 발생되지 않게 별도의 조치를 취해야 한다.

③ 리드선의 극성 표시방법은 케이블에 (+), (−)의 마크 표시, 케이블 색은 적색(+), 청색(−)으로 구분한다.

5) 접속함 선정 시 고려사항

① 독립형 또는 계통연계형 태양광발전시스템에 사용되는 개폐장치 및 제어장치 부속품을 포함하는 직류 1,500[V]를 초과하지 않는 태양광발전용 접속함은 KS C 8567(2017)에 의한 인증제품을 사용하여야 한다.

② 접속함의 병렬 스트링 수에 의한 분류와 설치장소에 의한 보호등급은 다음과 같다.

[접속함의 분류 및 보호등급]

병렬 스트링 수	보호등급
소형(3회로 이하)	IP 54 이상
중대형(4회로 이상)	실내 : IP 20 이상
	실외 : IP 54 이상

6) 단자대

태양전지 어레이의 스트링별로 배선을 접속함까지 가지고 와서 접속 내부 단자대를 통해 접속

7) 접속함의 외부 · 내부

[외부]

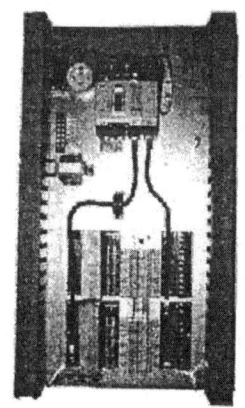

[내부]

8) 접속함 선정 시 주의사항

① 전압 : 접속함의 정격전압은 태양전지 스트링의 개방 시의 최대직류전압으로 선정
② 전류 : 정격입력전류는 접속함에 안전하게 흘릴 수 있는 전류값이며 최대전류를 기준하여 선정

9) 주개폐기

① 주개폐기는 태양전지 어레이의 출력을 1개소에 통합한 후 파워컨디셔너와 회로도 중에 설치한다.
② 주개폐기는 태양전지 어레이의 최대사용전압, 통과전류를 만족하는 것으로서 최대통과전류(표준태양전지 어레이 단락전류)를 개폐할 수 있는 것을 사용하면 좋다. 또한 보수도 용이하고 MCCB를 사용해도 좋지만 태양전지 어레이의 단락전류에서는 자동차단(트립)되지 않는 정격의 것을 사용하는 것이 좋다. 그리고 반드시 정격전압에 적정한 직류차단기를 사용하여야 한다.
③ 태양전지 어레이 측 개폐기로 단로기나 Fuse를 사용하는 경우에는 반드시 주개폐기로 MCCB를 설치하여야 한다.
④ 배선용 차단기(MCCB) : 개폐기구 트립장치 등을 절연물의 용기 내에 일체로 조립한 것

10) 어레이 측 개폐기

태양전지 어레이 측 개폐기는 태양전지 어레이의 점검·보수 또는 일부 태양전지 모듈의 고장 발생 시 스트링 단위로 회로를 분리시키기 위해 스트링 단위로 설치한다.

11) 피뢰소자

저압 전기설비의 피뢰소자는 서지보호장치(SPD : Surge Protective Device)라고도 한다.

(1) 서지보호장치(SPD)

① 서지로부터 각종 장비들을 보호하는 장치이다.
② SPD는 과도전압과 노이즈를 감쇄시키는 장치로서 TVSS(Transient Voltage Surge Suppressor)라고도 불린다.

(2) 서지보호장치 설치목적

① 피뢰침에 의한 직격뢰로부터 태양광발전설비를 보호한다.
② 유도 뇌서지가 태양전지 어레이 또는 파워컨디셔너 등에 침입한 경우에 전기설비 또는 장치를 뇌서지로부터 보호하기 위해 설치한다.

(3) 서지보호장치 설치위치

① 접속함에는 태양전지 어레이의 보호를 위해 스트링마다 서지보호소자(SPD)를 설치한다.
② 낙뢰 빈도가 높은 경우에는 주개폐기 측에도 설치한다.
③ 배선은 접지단자에서 최대한 짧게 하여야 하며, 서지보호소자의 접지 측 배선을 일괄해서 접속한다.

2 접지시스템

1) 접지의 정의 및 목적

(1) 정의

접지는 대지에 전기적 단자를 설치하여 절연대상물을 대지의 낮은 저항으로 연결하는 것이다.

(2) 목적

접지의 목적은 인축에 대한 안전과 설비 및 기기에 대한 안정이다. 즉, 전기설비나 전기기기 등의 이상전압제어 및 보호장치의 확실한 동작으로 인축에 대한 감전사고 방지와 전기·전자 통신설비 및 기기의 안정된 동작 확보를 위한 것이다.

2) 접지설비의 개요

1개의 건축물에는 그 건축물 대지전위의 기준이 되는 접지극, 접지선 및 주 접지단자를 그림과 같이 구성한다. 건축 내 전기기기의 노출도전성부분 및 계통 외 도전성부분(건축구조물의 금속제 부분 및 가스, 물, 난방 등의 금속배관설비)은 모두 주 접지단자에 접속한다. 또한, 손의 접근한계 내에 있는 전기기기 상호 간 및 전기기기와 계통 외 도전성부분은 보조등전위 접속용 선에 접속한다.

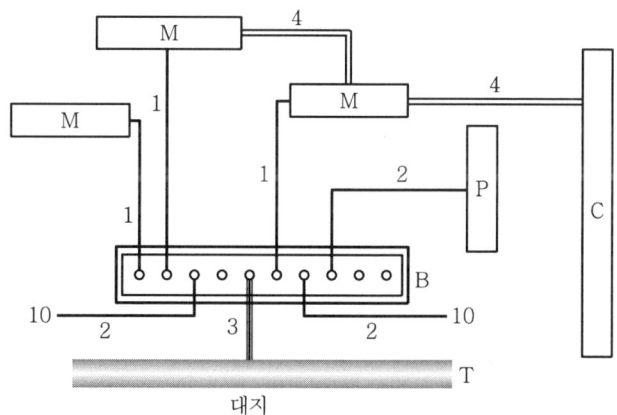

1 : 보호선(PE)
2 : 주등전위 접속용 선
3 : 접지선
4 : 보조등전위 접속용 선
10 : 기타 기기(예 통신설비)
B : 주접지단자
M : 전기기구의 노출도전성부분
C : 철골, 금속덕트의 계통 외 도전성부분
P : 수도관, 가스관 등 금속배관
T : 접지극

3) 접지시스템의 구분

(1) 계통접지
전력계통의 이상현상에 대비하여 대지와 계통을 접속

(2) 보호접지
감전보호를 목적으로 기기의 한 점 이상을 접지(전기기계외함과 대지면을 전선으로 연결)

(3) 피뢰시스템접지
뇌격전류를 안전하게 대지로 방류하기 위한 접지

4) 접지시스템의 시설 종류

(1) 단독접지
(특)고압계통의 접지극과 저압접지계통의 접지극을 독립적으로 시설하는 접지방식

(2) 공통/통합접지
① 공통접지 : (특)고압접지계통과 저압접지계통을 등전위 형성을 위해 공통으로 접지하는 방식
② 통합접지방식 : 계통접지·통신접지·피뢰접지의 접지극을 통합하여 접지하는 방식

5) 수전전압별 접지설계 시 고려사항

(1) 저압수전 수용가 접지설계
주상변압기를 통해 저압전원을 공급받는 수용가의 경우 지락전류 계산과 자동차단조건 등을 고려하여 접지설계

(2) (특)고압수전 수용가 접지설계
(특)고압으로 수전받는 수용가의 경우 접촉·보폭전압과 대지전위상승(EPR), 허용접촉전압 등을 고려하여 접지설계

6) 접지선

(1) 보호도체의 단면적
① 다음 표에서 정한 값 이상의 단면적으로 한다.

상도체의 단면적 S[mm²]	대응하는 보호도체의 최소 단면적 [mm²]	
	보호도체의 재질이 상도체와 같은 경우	보호도체의 재질이 상도체와 다른 경우
$S \leq 16$	S	$\dfrac{k_1}{k_2} \times S$
$16 < S \leq 35$	16	$\dfrac{k_1}{k_2} \times 16$
$S > 35$	$\dfrac{S}{2}$	$\dfrac{k_1}{k_2} \times \dfrac{S}{2}$

여기서, k_1 : 도체 및 절연의 재질에 따라 KS C IEC 60364-5-54 부속서 A(규정)의 표 A54.1 또는 IEC 60364-4-43의 표 43A에서 선정된 상도체에 대한 값

k_2 : KS C IEC 60364-5-54 부속서 A(규정)의 표 A54.2~A54.6에서 선정된 보호도체에 대한 값. PEN 도체의 경우 단면적의 축소는 중성선의 크기결정에 대한 규칙에만 허용된다.

② 계산에 의한 경우는 다음 계산식으로 구한다(이 식은 차단시간 5초 이하인 경우에 적용한다).

$$S = \frac{\sqrt{I^2 t}}{k}$$

여기서, S : 단면적[mm²]

I : 보호계전기를 통해 흐를 수 있는(임피던스를 무시 가능한 경우) 지락고장 전류값(교류실횻값 : A)

t : 차단기 동작시간[s]

k : 보호선, 절연 및 기타 부위의 재료 및 초기온도와 최종온도로 정해지는 계수

③ 위 식으로 표준규격에 일치하지 않은 크기가 나온 경우는 가장 가까운 상위 표준 단면적을 가진 선을 사용해야 한다.

④ 보호선이 전원케이블 또는 케이블 용기의 일부로 구성되어 있지 않은 경우는 단면적을 어떠한 경우에도 다음 값 이상으로 해야 한다.

㉠ 기계적 보호가 된 것 : 단면적 2.5[mm²] 동, 16[mm²] 알루미늄
㉡ 기계적 보호가 안 된 것 : 단면적 4.0[mm²] 동, 16[mm²] 알루미늄

(2) 보호선의 종류

① 다심케이블의 전선
② 충전전선과 공통 외함에 시설하는 절연전선 또는 나전선
③ 고정배선의 나전선 또는 절연전선

④ 금속케이블외장, 케이블차폐, 케이블외장
⑤ 금속관, 전선묶음, 동심전선

(3) 보호선의 전기적 연속성 유지
① 보호선을 기계적 · 화학적 열화 및 전기역학적 힘에 대해 적절히 보호해 주어야 한다 (**예** 합성수지관, 금속관 등에 포설).
② 보호선의 접속부는 콤파운드 충진 또는 캡슐(Capsule)에 수납한 경우를 제외하고 검사 및 시험 시에 접근 가능하도록 해야 한다.
③ 보호선은 개폐기를 삽입하지 않아야 한다. 다만, 시험을 위한 공구를 이용하여 분리하는 접속부 설치는 가능하다.

(4) PEN 선(PEN 도체)
① PEN 선은 고정전기설비에서만 사용되고, 기계적으로 단면적 10[mm^2] 이상의 동 또는 16[mm^2] 이상의 알루미늄을 사용할 수 있다.
② PEN 선은 사용하는 최고전압을 위해서 절연되어야 한다.
③ 설비의 한 지점에 중성선과 보호선으로 시설할 경우 중성선을 설비의 다른 접지부분(**예** PEN 선의 보호선)에 접속하여서는 안 된다. 다만, PEN 선은 각각 중성선과 보호선으로 구성하여야 한다. 별도의 단자 또는 바는 보호선과 중성선을 위해 시설한다. 이 경우에 PEN 선은 단자 또는 바에 접속하여야 한다.
④ 계통 외 도전성부분은 PEN 선으로 사용하지 않는다.

(5) 등전위접속선(등전위결합도체)
① 주 접지단자에 접속되는 등전위접속선의 단면적은 다음 값 이상이어야 한다.
  ㉠ 동 : 6[mm^2]
  ㉡ 알루미늄 : 16[mm^2]
  ㉢ 철 : 50[mm^2]
② 두 개의 노출도전성부분에 접속하는 등전위접속선은 노출도전성부분에 접속된 작은 보호선의 도전성보다 큰 도전성을 가져야 한다.
③ 노출도전성부분을 계통 외 도전성부분에 접속하는 등전위접속선은 보호선 단면적의 1/2 이상의 도전성을 가져야 한다.

(6) 중성선과 보호선의 식별
① 중성선 또는 중간선의 식별에는 청록색 또는 흰색이 사용된다.
② 보호선의 식별에는 녹색/황색 조합 또는 녹색이 사용된다.
③ PEN 선의 식별은 다음 중 하나로 표시한다.
  • 선의 전체 표시는 녹색/노란색, 선의 끝부분 표시는 청록색으로 한다.

(7) 최소단면적

① 접지선의 최소단면적은 내선규정에 따라야 하며, 지중에 매설하는 경우에는 아래 표에 따라야 한다.

[접지선의 규약 단면적]

구분	기계적 보호 있음	기계적 보호 없음
부식에 대한 보호 있음	2.5[mm^2] 동, 10[mm^2] 철	16[mm^2] 동, 16[mm^2] 철
부식에 대한 보호 없음	25[mm^2] 동, 50[mm^2] 철	

② 접지선이 외상을 받을 염려가 있는 경우에는 합성수지관(두께 2[mm] 미만의 합성수지제 전선관 및 난연성이 없는 CD관은 제외한다) 등에 넣어야 한다. 다만, 사람이 접촉할 우려가 없는 경우에는 금속관을 이용해서 보호할 수 있다.

③ 접지선과 접지극과의 접속은 튼튼하게 또는 전기적으로 충분해야 한다. 클램프를 사용하는 경우에는 접지극 또는 접지선이 손상되지 않도록 하여야 한다.

(8) 전선식별법 국제표준화(KEC 121.2)

전선 구분	KEC 식별색상
상선(L1)	갈색
상선(L2)	흑색
상선(L3)	회색
중성선(N)	청색
접지/보호도체(PE)	녹황교차

(9) 과전류차단기의 시설제한

접지공사의 접지선은 과전류차단기를 시설하여서는 안 된다.

(10) 피뢰침용 접지선과 거리

전등전력용, 소세력회로용 및 출퇴표시등 회로용의 접지극 또는 접지선은 피뢰침용의 접지극 및 접지선에서 2[m] 이상 이격하여 시설하여야 한다. 다만, 건축물의 철골 등을 각각의 접지극 및 접지선에 사용하는 경우에는 적용하지 않는다.

7) 접지극

접지극이란 접지선과 대지의 낮은 저항을 연결하여 주는 시설물이다.

(1) 접지극의 종류

① 접지극에는 다음의 것을 사용할 수 있다.

㉠ 접지봉 및 판
㉡ 접지판
㉢ 접지테이프 또는 선
㉣ 건축물 기초에 매입된 접지극
㉤ 콘크리트 내의 철근
㉥ 금속제 수도관설비

② 접지극의 종류 및 매설깊이는 토양의 건조 또는 동결에 따라 접지저항값이 소요값보다 증가되지 않도록 선정하여야 한다.

(2) 매설 또는 타입식 접지극

① 매설 또는 타입식 접지극은 동판, 동봉, 철관, 철봉, 동봉강관, 탄소피복강봉, 탄소접지 모듈 등을 사용하고 이들을 가급적 물기가 있는 장소와 가스, 산 등으로 인하여 부식될 우려가 없는 장소를 선정하여 지중에 매설하거나 타입하여야 한다.

② 접지극은 다음 사항을 원칙으로 한다.
㉠ 동판 : 두께 0.7[mm] 이상, 면적 90[cm^2] 편면(片面) 이상
㉡ 동봉, 동피복강봉 : 지름 8[mm] 이상, 길이 0.9[m] 이상
㉢ 철관 : 외경 25[mm] 이상, 길이 0.9[m] 이상의 아연도금가스철관 또는 후강전선관
㉣ 철봉 : 지름 12[mm] 이상, 길이 0.9[m] 이상의 아연도금
㉤ 동봉강관 : 두께 1.6[mm] 이상, 길이 0.9[m] 이상, 면적 250[cm^2] 편면 이상
㉥ 탄소피복강관 : 지름 8[mm] 이상의 강심이고 길이 0.9[m] 이상

③ 접지선과 접지극은 CAD WELDING, 접지클램프, 커넥터, 납땜(소회로) 또는 기타 확실한 방법에 의하여 접속하여야 한다. 이때 납땜은 은(銀) 납류에 의한 것이어야 하고 납과 주석의 합금은 바람직하지 못하다.

8) 계통접지의 방식

계통접지와 기기접지의 조합에 따라 접지방식에는 여러 가지 방식이 있는데 국내에서는 KS C IEC 60364 규정을 적용하여 TN 계통, TT 계통, IT 계통을 제안하고 있다.

(1) 계통접지방식의 분류

저압전로의 보호도체 및 중성선의 접속방식에 따라 다음과 같이 분류한다.
① TN 계통(TN System)
② TT 계통(TT System)
③ IT 계통(IT System)

(2) TN 계통(Terra Neutral System)

① TN 계통이란 전원의 한 점을 직접 접지하고 설비의 노출도전성부분을 보호선(PE)을 이용하여 전원의 한 점에 접속하는 접지계통을 말한다. 즉, 접지전류가 설비의 노출도전성부분에서 전원접지점으로 흐를 수 있는 금속경로가 형성된다.

② TN 계통은 중성선 및 보호선의 배치에 따라 TN-S 계통, TN-C-S 계통 및 TN-C 계통의 세 종류가 있다.

　㉠ TN-S 계통

　　계통 전체에 대해 별도의 중성선 또는 PE 도체를 사용한다.

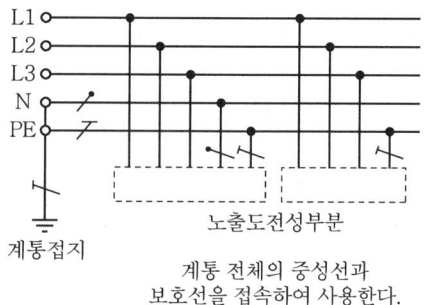

[계통 내에서 별도의 중성선과 보호도체가 있는 TN-S 계통]

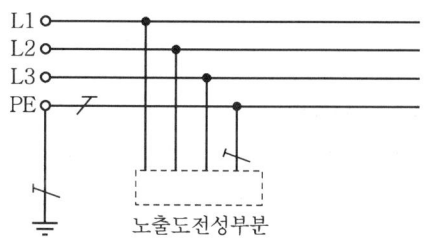

[계통 내에서 별도의 접지된 선도체와 보호도체가 있는 TN-S 계통]

　㉡ TN-C 계통

　　계통 전체에 대해 중성선과 보호도체의 기능을 동일 도체로 겸용한 PEN 도체를 사용한다.

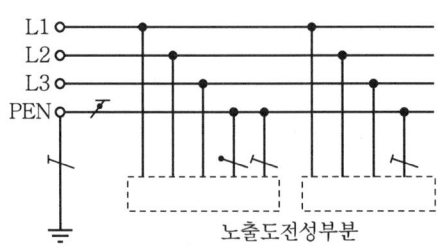

계통 전체의 중성선과 보호선을
동일 전선으로 사용한다.

[TN-C 계통]

ⓒ TN-C-S 계통

계통의 일부분에서 PEN 도체를 사용하거나 중성선과 별도의 PE 도체를 사용한다.

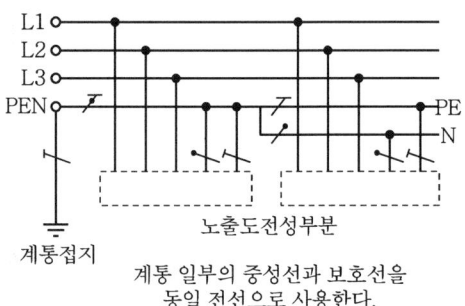

계통 일부의 중성선과 보호선을
동일 전선으로 사용한다.

[TN-C-S 계통]

(3) TT 계통(Terra Terra System)

TT 계통이란 전원의 한 점을 직접 접지하고 설비의 노출도전성부분을 전원계통의 접지극과는 전기적으로 독립한 접지극에 접지하는 접지계통을 말한다.

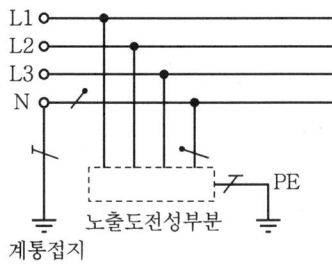

[설비 전체에서 별도의 중성선과 보호도체가 있는 TT 계통]

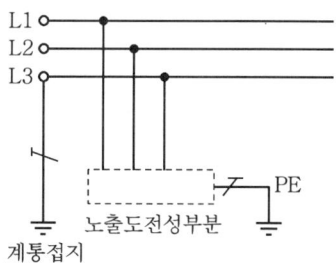

[설비 전체에서 접지된 보호도체가 있으나 배전용 중성선이 없는 TT 계통]

(4) IT 계통(Insulation Terra System)

IT 계통이란 충전부 전체를 대지로부터 절연시키거나, 한 점에 임피던스를 삽입하여 대지에 접속시키고, 전기기기의 노출도전성부분 단독 또는 일괄적으로 접지하거나 또는 계통접지로 접속하는 접지계통을 말한다.

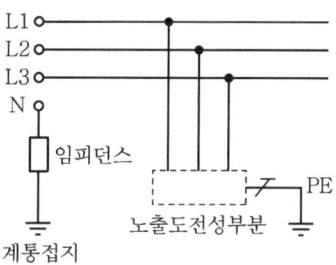

[계통 내의 모든 노출도전부가 보호도체에 의해 접속되어 일괄 접지된 IT 계통]

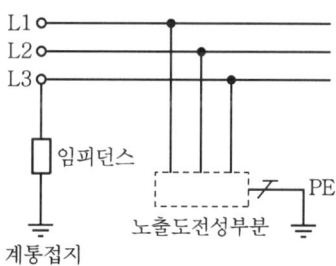

[노출도전부가 조합으로 또는 개별로 접지된 IT 계통]

9) 접지공사의 시설기준

① 접지극은 지하 75[cm] 이상의 깊이에 매설할 것
② 접지선은 지표상 60[cm]까지 절연전선 및 케이블을 사용할 것
③ 접지선은 지하 75[cm]부터 지표상 2[m]까지는 합성수지관 또는 절연몰드 등으로 보호한다.

10) 변압기 중성점접지

(1) 변압기의 중성점접지저항값은 다음에 의한다.

① 일반적으로 변압기의 고압·특고압 측 전로 1선 지락전류로 150을 나눈 값과 같은 저항값 이하

$$R = \frac{150}{\text{변압기의 고압 측 또는 특고압 측 1선 지락전류}}$$

② 변압기의 고압·특고압 측 전로 또는 사용 전압이 35[kV] 이하의 특고압전로가 저압 측 전로와 혼촉하고 저압전로의 대지전압이 150[V]를 초과하는 경우에는 저항값은 다음에 의한다.

㉠ 1초 초과 2초 이내에 고압·특고압 전로를 자동으로 차단하는 장치를 설치할 때는 300을 나눈 값 이하

㉡ 1초 이내에 고압·특고압 전로를 자동으로 차단하는 장치를 설치할 때는 600을 나눈 값 이하

(2) 전로의 1선 지락전류는 실측값에 의한다. 다만, 실측이 곤란한 경우에는 선로정수 등으로 계산한 값에 의한다.

11) 전로의 중성점접지 목적

① 보호장치의 확실한 동작 확보
② 이상전압 억제
③ 대지전압 저하

12) 전위차계 접지저항 측정방법

(1) 접지저항계 사용방법

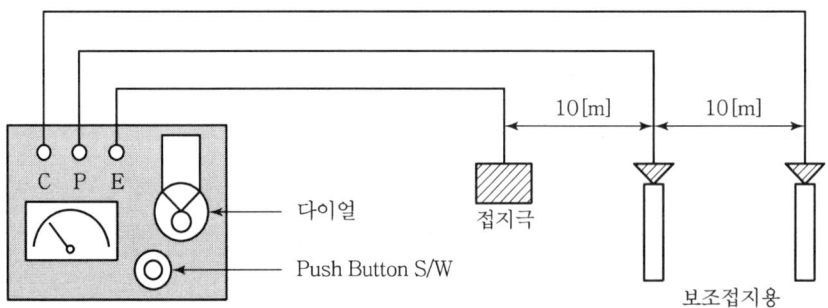

(2) 측정방법

① 계측기를 수평으로 놓는다.
② 보조접지용을 습기가 있는 곳에 직선으로 10[m] 이상 간격을 두고 박는다.
③ E 단자의 리드선을 접지극(접지선)에 접속한다.
④ P, C 단자를 보조접지용에 접속한다.
⑤ Push Button을 누르면서 다이얼을 돌려 검류계의 눈금이 중앙(0)에 지시할 때 다이얼의 값을 읽는다.

(3) 콜라우시 브리지법

접지극 E와 제1보조전극 P, 제2보조전극 C와의 간격을 10[m] 이상으로 하여 측정한다.

(4) 간이접지저항계 측정법

측정할 때 접지보조전극을 타설할 수 없는 경우에는 간이접지저항계를 사용하여 접지저항을 측정한다.

(5) 클램프온 측정법

전위차계식 접지저항계 대신 측정할 수 있는 방식으로 22.9[kV-Y] 배전계통이나 통신케이블의 경우처럼 다중접지시스템의 측정에 사용되는 방법이다.

3 태양광발전시스템 방화대책

태양광발전설비의 방범시스템에는 CCTV(폐쇄회로텔레비전)시스템과 출입통제시스템이 있으며, 태양광발전설비의 방재시스템은 뇌서지, 과전압, 방화, 지진 등에 대한 대책이다.

1) 뇌서지 대책

(1) 피뢰침

① 직격뢰에 대한 방지대책
② 태양광발전설비 주위에 접근한 뇌격전류를 흡입하여 대지로 방류

(2) 서지보호장치(SPD : Surge Protective Device)

① 과도·과전압을 제한하고 서지전류를 우회하게 하는 장치
② 간접뢰에 대한 방지대책
③ 뇌서지가 태양전지 어레이, 출력조절기 등에 침입 시 이 기기들을 보호하기 위한 장치
④ 어레이 보호 시 스트링마다 피뢰소자 설치
⑤ 어레이 전체 출력단에 설치

⑥ 접속함 및 분전반 내에 설치하는 피뢰소자는 방전내량이 큰 것(타입 Ⅰ) 선정
⑦ 어레이 주회로 내에 설치하는 피뢰소자는 방전내량이 작은 것(타입 Ⅱ, 타입 Ⅲ) 선정

(3) 피뢰시스템

태양광발전설비는 야외에 상시 노출되어 있으므로 직격뢰의 위험과 접지선, 전력선을 통한 간접뢰에 대한 방지대책을 강구하여야 한다.

건축물 상부에 어레이를 설치할 경우 지면으로부터 어레이의 높이 합산 20[m] 이상 시 피뢰설비 설치 의무 대상이며, 개방된 넓은 공간에 설치된 발전설비구조물은 직격뢰의 피격 대상이 될 가능성이 있으므로 피뢰시스템을 설치하여야 한다.

① 시스템 보호대책
  ㉠ 구조물(어레이 포함)
    단일 또는 조합으로 사용되는 다음 수단으로 구성된 LEMP(뇌전자계 임펄스) 보호대책시스템
    • 접지 및 본딩 대책
    • 자기차폐
    • 선로의 경로
    • 협조된 SPD 보호
  ㉡ 인입설비(전력선 등)
    • 선로의 말단과 선로상의 여러 위치에 설치된 서지보호장치
    • 케이블의 자기차폐

② 피뢰시스템의 역할
  ㉠ 외부 피뢰시스템
    • 수뢰부시스템 : 구조물의 뇌격을 받아들임
    • 인하도선시스템 : 뇌격전류를 안전하게 대지로 보냄
    • 접지시스템 : 뇌격전류를 대지로 방류시킴
  ㉡ 내부 시스템의 고장 보호(차폐, 본딩(Bonding) 및 접지, SPD)

ⓒ 외부 피뢰시스템의 구성 예

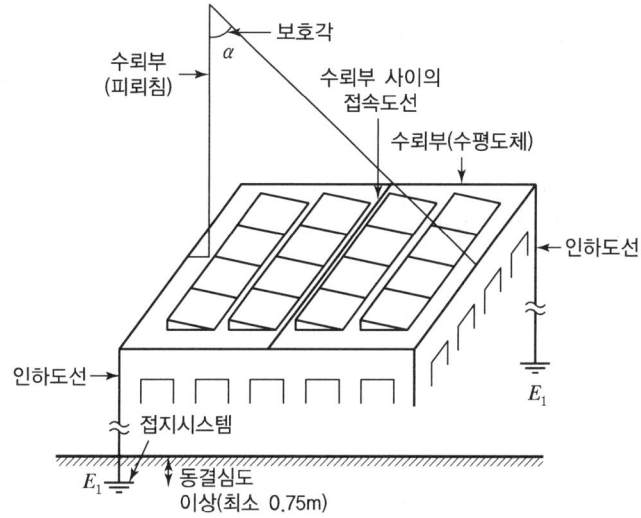

[외부 피뢰시스템의 구성]

③ 피뢰설비 수뢰부시스템
 ㉠ 수뢰부시스템을 적절하게 설계하면 뇌격전류가 구조물을 관통할 확률은 상당히 감소한다.
 ㉡ 수뢰부시스템은 다음 요소의 조합으로 구성된다.
  • 돌침(받쳐주는 구조물 없이 세워진 지지대(마스트) 포함)
  • 수평도체
  • 메시도체

2) 내진 대책
지진 발생 시 성능에 지장을 주지 않도록 시설

3) 방화 대책
① 배선 : 접속부 저항 측정, 난연케이블 설치
② 기기 : 큐비클 내 설치
③ 자동화재탐지기 시설

4 태양광발전 모니터링 시스템

1) 태양광발전 모니터링 시스템의 개요

태양광발전 모니터링 시스템은 태양광발전설비 설치 및 응용프로그램 설치에 관해 적용하며, 전기설비에서의 스마트 기능을 볼 수 있는 모듈, 부품별 이상 유무 상태, 부품에 걸리는 전위차 측정, 사용 전압, 정격전압, 전류, 사용 전력량, 역률의 자동계측, 경보, 알람, 상태 기록, Log 파일 저장 등을 행함으로써 설비의 감시제어 역할을 수행한다.

2) 태양광발전 모니터링 시스템의 구성요소

① PC : 로컬 모니터링 프로그램 내장
② 모니터 : LCD, 디지털 감시 화면, 계통도 화면, 경보화면, 보고서 화면 표시
③ 공유기
  ㉠ CCTV 저장(DVR) 데이터, 인터넷, 직렬서버 데이터 공유
  ㉡ TCP/IP 유선(UTP케이블) 연결
④ 직렬서버(Serial Server)
  ㉠ 기상수집 데이터, 발전, 고장, 경보 전력 기기 감시 등 데이터 수집, 공유기를 통해 사용자 PC로 전달
  ㉡ RS232/485 Serial Port로 연결
⑤ 기상수집 I/O 통신모듈
  일사량센서, 온도센서, 습도센서, 풍속센서 등으로부터 정보 수집
⑥ 각종 센서류 : 일사량, 온도, 습도, 풍속센서 등

3) 태양광발전 모니터링 시스템의 주요 기능

(1) 발전 진단
  ① 현재 발전전력, 누적 발전전력
  ② 금일 전력량, 금월 전력량, 전월 전력량, 이산화탄소 절감량
  ③ 설비용량, 설비이용률

(2) 고장 진단
  ① 직렬회로 상태 표시(전압, 전류, 전력, 스위치상태, 현재 발전량, 평균발전율)
  ② 직렬회로 고장 진단, 설비 용량
  ③ 직렬회로 고장 진단이력(고장일자, 고장시간, 해제일자, 해제시간)
  ④ 직렬회로 제어 이력(제어일자, 제어시간, 제어구분, 제어방법)
  ⑤ 파워컨디셔너 감시, 파워컨디셔너 이상 유무 진단

(3) 경보 현황

진행 경보 및 내역 조회(경보일자, 경보시간, 측정값, 경보내용)

(4) 기록 및 통계 기능

① 시간대, 월별, 주간별, 월별 정기적 자료 기록
② 경보발생 이력에 대한 기록

(5) 정보 분석

① 각 감시 요소별 아날로그 값을 라인, 막대, 면적 등 입체적으로 표시
② 파워컨디셔너 분석(전압, 전류, 전력, 전력량, 설비이용률)
③ 직렬회로 분석(전압, 전류, 전력, 평균발전량, 설비이용률)

(6) 보고서 화면

① 디지털 감시 화면
② 계통도화면
③ 경보화면
④ 보고서화면

4) 태양광발전 모니터링 시스템의 프로그램 기능

기능	설명
데이터 수집기능	각각의 인버터에서 서버로 전송되는 데이터는 데이터 수집 프로그램에 의하여 인버터로부터 전송받아 데이터를 가공 후 데이터베이스에 저장한다. 10초 간격으로 전송받은 데이터는 태양전지 출력전압, 출력전류, 인버터상 각상전류, 각상전압, 출력전력, 주파수, 역률, 누적전력량, 외기온도, 모듈표면온도, 수평면일사량, 경사면일사량 등 각각의 데이터로 분리하고, 데이터베이스의 실시간 테이블 형식에 맞도록 데이터를 수집한다.
데이터 저장기능	데이터베이스의 실시간 테이블 형식에 맞도록 수집된 데이터는 데이터베이스에 실시간 테이블로 저장되며, 매 10분마다 60개의 저장된 데이터를 읽어 산술평균값을 구한 뒤 10분 평균값으로 10분 평균데이터를 저장하는 테이블에 데이터를 저장한다.
데이터 분석기능	데이터베이스에 저장된 데이터를 표로 작성하여 각각의 계측요소마다 일일 평균값과 시간에 따른 각 계측값의 변화를 알 수 있도록 표의 테이블 형식으로 데이터를 제공한다.
데이터 통계기능	데이터베이스에 저장된 데이터를 일간과 월간의 통계기능을 구현하여 엑셀에서 지정날짜 또는 지정 월의 통계 데이터를 출력한다.

5) 태양광발전시스템의 계측

(1) 태양광발전시스템의 계측표시 사용목적

① 시스템의 운전상태 감시를 위한 계측 또는 표시

② 시스템의 발전전력량을 알기 위한 계측
③ 시스템 기기 및 시스템 종합평가를 위한 계측
④ 시스템 운전상황을 견학자에게 보여주고, 시스템의 홍보를 위한 계측 또는 표시

(2) 태양광발전시스템의 계측시스템 구성 및 요소
   ① 시스템 구성

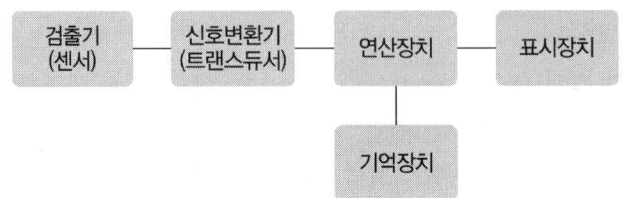

   ② 시스템 요소
      ㉠ 검출기 : 직류회로의 전압, 전류를 검출, 교류회로의 전압, 전류, 전력, 역률, 주파수 등을 검출한다.
      ㉡ 신호변환기 : 검출기로 측정한 데이터를 표시장치로 전송한다.
      ㉢ 연산장치 : 계측된 데이터를 적산하여 일정기간마다의 평균값, 적산값으로 얻는다.
      ㉣ 기억장치 : 컴퓨터 내의 메모리나 콤팩트 디스크를 사용하여 데이터를 저장한다.

SECTION 003 출제예상문제

01 분산형 전원의 연계변압기 결선으로 적합한 결선도를 그리시오.

해답

Y - △ 결선방식

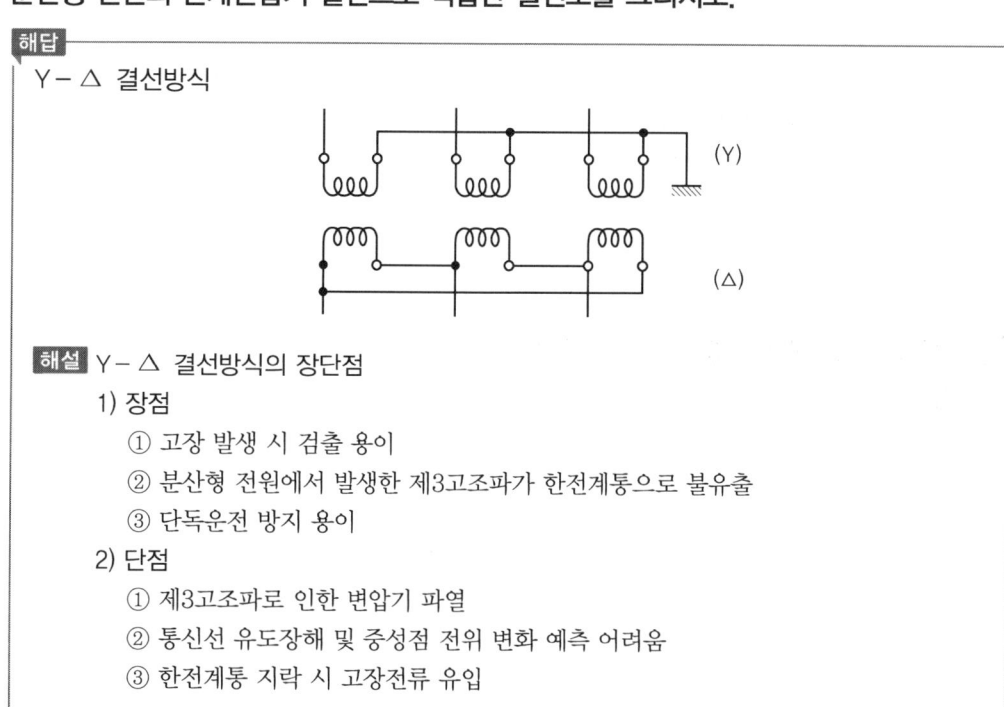

해설 Y - △ 결선방식의 장단점
  1) 장점
     ① 고장 발생 시 검출 용이
     ② 분산형 전원에서 발생한 제3고조파가 한전계통으로 불유출
     ③ 단독운전 방지 용이
  2) 단점
     ① 제3고조파로 인한 변압기 파열
     ② 통신선 유도장해 및 중성점 전위 변화 예측 어려움
     ③ 한전계통 지락 시 고장전류 유입

02 3상 부하에 전기를 공급하는 가장 일반적인 결선방식의 결선도를 그리시오.

해답

△ - Y 결선방식

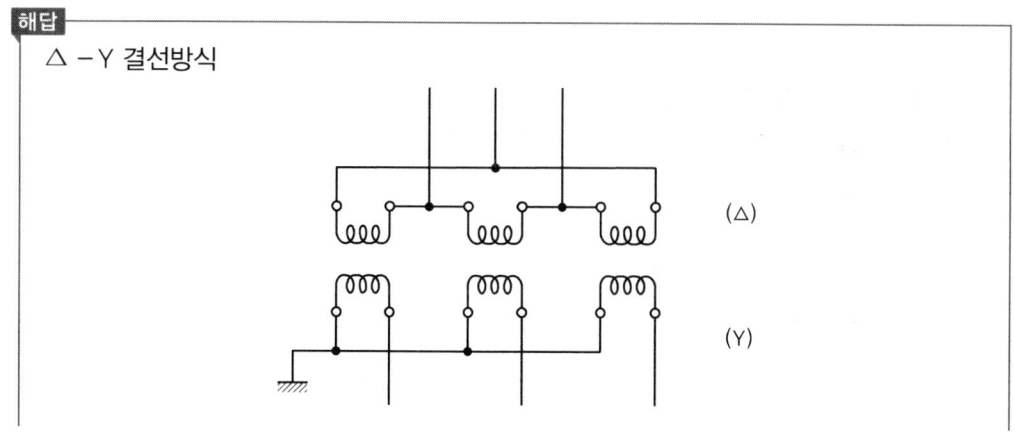

해설 △ − Y 결선방식의 장단점
1) 장점
① 분산형 전원의 제3고조파가 한전계통으로 유출되지 않음
② 한전계통의 1선 지락 고장 시 직접적으로 분산형 전원이 고장전류를 공급하지 않음
③ 분산형 전원 측 1선 지락 고장 시 한전계통으로 고장이 파급되지 않음
2) 단점
① 한전계통의 1선 지락 고장 또는 개방상태에서 단독운전 시 과전압 위험
② 한전계통 고장 시 개방된 상태에서 철공진 발생
③ 구내계통의 중성선에 제3고조파에 의한 과전류 발생 가능

03 분산형 전원 계통 연결 시 동기를 이루어야 하는 3가지 요소를 쓰시오.

해답
① 전압
② 주파수
③ 위상

04 분산형 전원이 유지해야 할 원칙적인 역률은?

해답
90[%] 이상

05 분산형 전원 연계로 인한 순시전압변동률 기준에서 저압계통의 경우, 계통병입 시 돌입전류를 필요로 하는 발전원에 대해서 계통병입에 대한 순시전압변동률은 몇 [%]를 초과하지 않아야 하며, 또한 상시전압변동률은 몇 [%]를 초과하지 않아야 하는가?

해답
1) 순시전압변동률 : 6[%]
2) 상시전압변동률 : 3[%]

06
다음 표에 들어갈 특고압계통의 분산형 전원의 연계로 인한 순시전압변동률이다. 표의 ( ) 안에 들어갈 순시전압변동률을 쓰시오.

변동빈도	순시전압 변동률
1시간에 2회 초과 10회 이하	(①)
1일 4회 초과 1시간 2회 이하	(②)
1일에 4회 이하	(③)

해답
① 3[%] ② 4[%] ③ 5[%]

해설 특고압 계통의 분산형 전원 순시전압변동률 허용기준

특고압 계통의 경우, 분산형 전원의 연계로 인한 순시전압변동률은 발전원의 계통 투입·탈락 및 출력 변동 빈도에 따라 다음 표에서 정하는 허용 기준을 초과하지 않아야 한다. 단, 해당 분산형 전원의 변동 빈도를 정의하기 어렵다고 판단되는 경우에는 순시전압변동률 3[%]를 적용한다. 또한 해당 분산형 전원에 대한 변동 빈도 적용에 대한 설치자의 이의가 제기되는 경우, 설치자가 이에 대한 논리적 근거 및 실험적 근거를 제시하여야 하고 이를 근거로 변동 빈도를 정할 수 있으며 제한 감시설비를 설치하고 이를 확인하여야 한다.

변동빈도	순시전압변동률
1시간에 2회 초과 10회 이하	3[%]
1일 4회 초과 1시간 2회 이하	4[%]
1일에 4회 이하	5[%]

07
태양광발전용 축전지가 갖추어야 할 요구 조건 5가지를 쓰시오.

해답
① 과충전, 과방전에 강할 것
② 자기방전율이 낮을 것
③ 방전전압 전류가 안정적일 것
④ 수명이 길 것
⑤ 에너지저장밀도가 높을 것

해설 ①~⑤ 외에
  ⑥ 유지보수가 용이할 것
  ⑦ 경제적일 것

08 다음 그림과 같은 축전시스템을 무엇이라 하는가?

1)

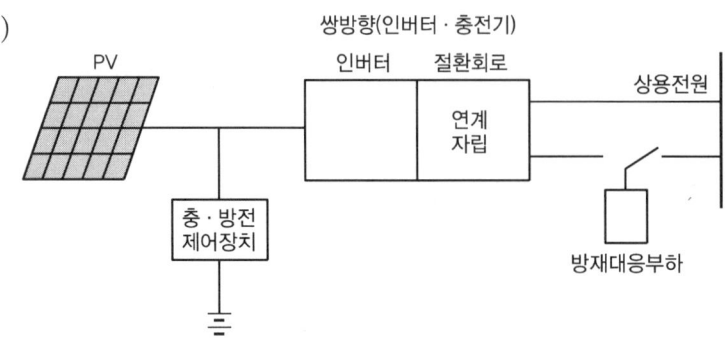

2)

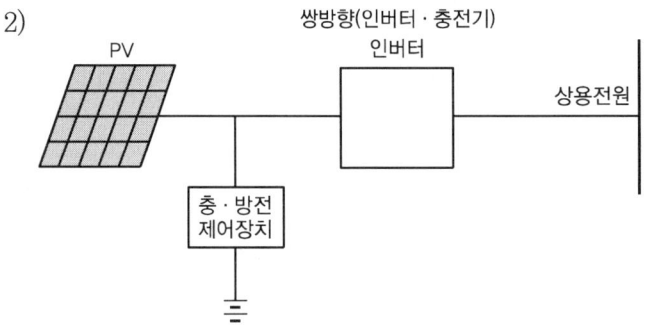

해답
1) 방재대응형
2) 부하평준화 대응형

해설
1) 방재대응형 : 방재 대응형 시스템은 계통연계 시스템으로 동작하고 재해 등의 정전 시에는 인버터 자립운전으로 절환함과 동시에 특정 재해대응 부하로 전력을 공급하도록 한다.
2) 부하평준화 대응형 : 태양전지 출력과 축전지 출력을 병용하여 부하의 피크 시에 인버터를 필요한 출력으로 운전하여 수전전력의 증대를 억제하고 기본전력요금을 절감시키려는 시스템이다. 본 시스템이 보급되면 수용가는 전력요금의 절감, 전력회사는 피크전력 대응의 설비투자를 절감할 수 있는 등의 큰 장점이 있다.

09 축전지의 공칭용량을 나타내는 식을 쓰시오.

해답
$C_N = I_n \times t_n$

해설 축전지의 공칭용량은 지속적인 방전전류 I_n과 방전시간 t_n의 곱이다.

10 축전지의 충방전 컨트롤러가 갖추어야 할 기능을 쓰시오.

> **해답**
> ① 역류 방지 기능
> ② 차단 기능(축전지가 일정 전압 이하로 떨어질 경우 부하와의 연결을 차단하는 기능)
> ③ 야간타이머 기능
> ④ 온도 보정(축전지의 온도를 감지해 충전전압을 보정)

11 충·방전 제어기가 과충전으로부터 축전지를 보호하기 위한 동작사항은 무엇인지 쓰시오.

> **해답**
> ① PV 어레이 스위치를 차단한다.
> ② PV 어레이 분로제어기를 단락시킨다.
> ③ MPP 충·방전 제어기로 전압을 제어한다.

12 다음 조건에 의한 독립형 전원시스템용 축전지의 설치 용량을 산출하시오.(단, 12[V] 축전지를 설치하는 것으로 하며, 용량은 400[Ah], 500[Ah], 600[Ah] 등과 같이 100[Ah] 단위로 반올림한다.)

- 1일 부하 적산량(L_d) : 5[kWh]
- 일조가 없는 날의 일수(D_f) : 10일
- DOD : 0.6
- 보수율(L) : 0.8
- 축전지 개수(N) : 20개

> **해답**
> 축전지 용량 $C = \dfrac{L_d \times D_f}{N \times V \times L \times DOD}$
> $= \dfrac{5 \times 10^3 \times 10}{20 \times 12 \times 0.8 \times 0.6} ≒ 434.0277$
>
> ∴ 용량은 반올림하여 500[Ah]로 선정

13 다음의 조건에 대하여 부하평준화 대응형 축전지 용량을 산출하시오.

- 인버터의 직류 입력전류 : 431[A]
- 방전종지전압 : 1.8[V/cell]
- 축전지 용량환산시간 : 3.30
- 보수율 : 0.8

해답

부하평준화 대응형 축전지 용량

$$C = \frac{IK}{L} = \frac{431 \times 3.3}{0.8} = 1,777.875 ≒ 1,777.86[Ah]$$

여기서, I : 직렬 입력전류, K : 용량환산시간, L : 보수율

14 태양광발전시스템을 전력망(Grid)과 병렬운전하기 위하여 인버터가 계통과 일치시켜야 하는 조건을 3가지만 쓰시오.

해답

① 전압　　　　② 주파수　　　　③ 위상각

해설 분산형 전원 배전계통 연계 기술기준 제8조(동기화)의 동기화 변수 제한 범위

분산형 전원 정격용량 합계[kW]	주파수 차 (Δf, Hz)	전압 차 (ΔV, %)	위상각 차 ($\Delta \phi$, °)
0~500	0.3	10	20
500 초과~1,500	0.2	5	15
1,500 초과~20,000 미만	0.1	3	10

15 1일 적산 부하량(L_d)이 3.0[kWh]인 부하에 설치된 독립형 태양광발전시스템의 축전지 용량[Ah]을 구하시오.(단, 보수율(L)=0.8, 일조가 없는 날(D_r)=6일, 공칭축전지 전압(V_b)=2[V], 축전지 직렬 개수(N)=50개, 방전심도(DOD)=60[%]이다.)

해답

- 계산과정 : $C = \dfrac{L_d \times 10^3 \times D_r}{L \times (V_b \times N) \times DOD}[Ah] = \dfrac{3.0 \times 10^3 \times 6}{0.8 \times (2 \times 50) \times 0.6} = 375[Ah]$
- 답 : 375[Ah]

16 납축전지 55셀(Cell)을 직렬 연결하여 축전지로 부하 공급 시 부하의 최종 허용전압이 110±10[V]이며, 즉 최저전압이 100[V]이고 선로의 전압강하가 5[V]일 때 전지(셀)당 방전종지전압을 구하시오.

> **해답**
> - 계산과정 : 셀당 방전종지전압 = $\dfrac{\text{부하의 최저전압} + \text{선로의 전압강하}}{\text{셀수}}$
>
> $= \dfrac{100+5}{55} = 1.909 ≒ 1.91[V]$
>
> - 답 : 1.91[V]

17 태양광발전시스템에서 축전지가 부착된 계통연계 시스템의 종류를 3가지 쓰시오.

> **해답**
> ① 방재대응형
> ② 계통안정화 대응형
> ③ 부하평준화 대응형
>
> **해설** 계통연계 시스템용 축전지의 종류
> - 방재대응형 : 재해 시 인버터를 자립운전으로 전환하고 특정 재해대응 부하로 전력을 공급한다.
> - 부하평준화 대응형(피크 시프트형, 야간전력 저장형) : 태양전지 출력과 축전지 출력을 병용하여 부하의 피크 시 인버터를 필요 출력으로 운전하여 수전전력 증대를 막고 기본전력 요금을 절감하려는 시스템이다.
> - 계통안정화 대응형 : 기후가 급변할 때나 계통부하가 급변할 때는 축전지를 방전하고, 태양전지 출력이 증대하여 계통전압이 상승할 때에는 축전지를 충전하여 역류를 줄이고 전압의 상승을 방지하는 역할을 한다.

18 고효율 변압기 1가지를 쓰시오.

> **해답**
> 아몰퍼스 변압기

19 수변전실의 특고압 관련 기기 5가지를 쓰시오.

> **해답**
> ① 부하개폐기(LBS)　　　② 계기용 변압변류기(MOF)
> ③ 피뢰기(LA)　　　　　 ④ 전력퓨즈
> ⑤ 진공차단기(VCB)

20 다음 특고압 용어를 쓰시오.

1) LBS　　　　2) LA　　　　3) MOF
4) VCB　　　　5) ACB

> **해답**
> 1) 부하개폐기　　　　　2) 피뢰기
> 3) 계기용 변성기　　　 4) 진공차단기
> 5) 기중차단기
>
> **해설** 1) LBS : 부하개폐기 – 부하전류개폐
> 　　　2) LA : 피뢰기 – 이상전압으로부터 기기 및 선로보호
> 　　　3) MOF : 계기용 변성기 – PT와 CT를 한 함 내에 넣어 측정하는 것
> 　　　4) VCB : 진공차단기 – 부하전류는 개폐하고 고장전류는 신속히 차단
> 　　　5) ACB : 기중차단기 – 저압의 집중부하를 가진 곳에 사용하여 고장전류 차단

21 전기실의 설치 시 고려사항을 5가지 쓰시오.

> **해답**
> ① 어레이 구성의 중심에 가깝고 배전에 편리한 장소
> ② 전력회사로부터 전원인출과 구내배전선의 인입이 편리한 곳
> ③ 기기의 반·출입이 편리할 것
> ④ 지반이 견고하고 침수 우려가 없을 것
> ⑤ 화재위험이 없고 부식성 가스, 먼지가 없는 곳
>
> **해설** ①~⑤ 외에
> 　　　⑥ 염해가 없는 곳
> 　　　⑦ 경제적일 것
> 　　　⑧ 고온다습한 곳은 피할 것

22 뇌서지 등의 피해로부터 PV 시스템(태양전지)을 보호하기 위한 대책을 3가지만 쓰시오.

해답
① 피뢰소자를 어레이 주회로 내부에 분산시켜 설치하고 접속함에도 설치
② 저압배전선에 침입하는 뇌서지에 대해서는 분전반에 피뢰소자 설치
③ 뇌우 다발지역에서는 교류전원 측으로 내뢰 트랜스를 설치

23 태양광발전 모니터링 시스템의 프로그램 기능의 목적 4가지를 쓰시오.

해답
① 데이터의 수집   ② 데이터의 저장
③ 데이터의 분석   ④ 데이터의 통계

24 CCTV 시스템을 구성하기 위한 기기 및 설비 6가지를 쓰시오.

해답
① 카메라   ② 저장장치(DVR)   ③ 영상선택기
④ 영상분배증폭기   ⑤ 전원   ⑥ 배관 및 배선

25 외부 피뢰시스템의 구성 요소(시스템)를 쓰시오.

해답
① 수뢰부 시스템   ② 인하도선 시스템
③ 접지 시스템

26 표준충격파 시험파형(8/20[μs])에서 8[μs]와 20[μs]의 의미를 쓰시오.

해답
1) 8[μs] : 시험파형의 피크값 도달 시까지 소요시간
2) 20[μs] : 시험파형의 피크값 도달 이후 피크값의 반치 도달 시까지 소요시간

27 태양광발전설비의 방화구획 관통부를 차단 처리하는 목적은 무엇을 방지하기 위한 것인지 답하시오.

해답

화재의 확산방지

해설 화재 발생 시 방화 대책물인 벽, 바닥, 기둥 등을 통과하는 전선배관의 관통부분에서 다른 설비로 불길이 번지거나 확대되는 것을 방지하기 위한 것이다.

28 그림은 어떤 차단기의 접속도를 나타낸 것인가?

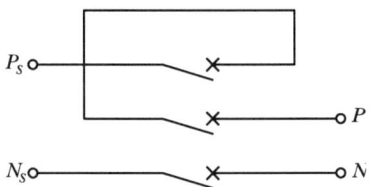

해답

MCCB(Molded Case Circuit Breaker : 배선용 차단기)

해설 배선용 차단기(MCCB)는 개폐기구, 트립장치 등을 절연물의 용기 내에 일체로 조립한 것이며, 통상 사용 상태의 전로를 수동 또는 절연물 용기 외부의 전기 조작장치 등에 의하여 개폐할 수가 있고, 또 과부하 및 단락 등일 경우 자동적으로 전로를 차단하는 기구를 말한다.

29 배선용 차단기에서 Amper Frame(AF)란?

해답

AF는 프레임용량으로 단락 등의 사고 시 화재 폭발 등이 발생하지 않고 흘릴 수 있는 최대용량의 전류, 즉 차단기의 프레임전류이다.

해설 AF는 차단기가 정격전류에 견디는 Frame의 정격 최대정격전류로 차단기 크기를 나타낸다.

30 인버터 한 대당 태양광발전 용량 500[kW]이 입력될 때에 Y－△－△ 변압기의 정격용량은?(단, 여유율 1.20배, 인버터 2대)

해답

정격용량 $= (500[kW] + 500[kW]) \times 1.2 = 1,200[kVA]$

31 태양광발전 용량 200[kW]에 대한 Y-△ 변압기의 정격용량은?(단, 여유율 1.25배)

> **해답**
> 정격용량＝200[kW]×1.25＝250[kVA]

32 아래의 그림은 태양광발전시스템의 계량기를 나타낸 것이다.
1) 시스템의 종류를 쓰시오.
2) 결선도를 그리시오.

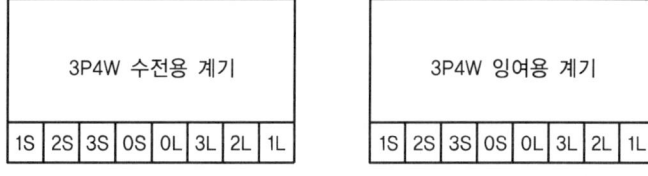

> **해답**
> 1) 역송병렬 계통연계형 시스템
> 2)
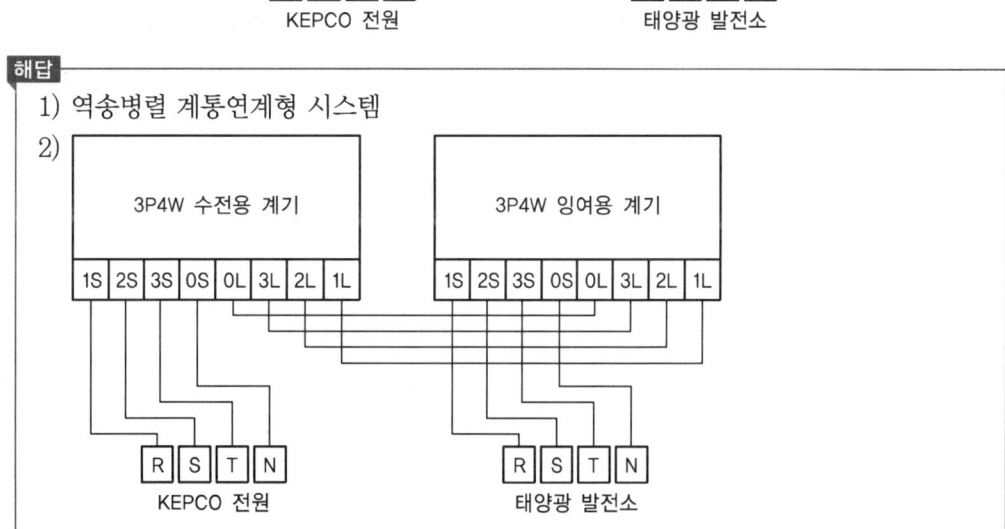

33 계통연계 시 주요 설비 3가지를 쓰시오.

해답
① VCB(Vaccum Circuit Breaker) : 진공차단기
② MOF(Metering Out Fitting) : 계기용 변성기
③ 전력량계

34 역송병렬 저압 계통연계형 태양광발전시스템의 기본적인 보호계전기 4가지를 쓰시오.

해답
① 과전압 계전기(OVR)
② 저전압 계전기(UVR)
③ 과주파수 계전기(OFR)
④ 저주파수 계전기(UFR)

35 변압기 용량 산정에 영향을 주는 Factor에서 알아야 할 3가지를 쓰시오.

해답
① 수용률
② 부등률
③ 부하율

해설 변압기 용량 산정에 영향을 주는 Factor
- 수용률(Demand Factor) : 수용 설비가 동시에 사용되는 정도를 나타내며 주상 변압기 등의 적정공급 설비용량을 파악하기 위하여 사용된다.
- 부등률(Diversity Factor) : 각 수용가에서의 최대수용전력의 발생 시각은 시간적으로 차이가 있으며 이 경우에 배전변압기 또는 간선에서의 합성 최대 수용전력은 각 수용가에서의 최대수용전력의 합보다 적게 되는데 이 비를 부등률이라 하며 이 값은 항상 1보다 크고 수용률과 더불어 배전변압기 또는 배전 간선 등의 공급 설비 계획 자료로 사용된다.
- 부하율 : 공급설비가 어느 정도 유효하게 사용되는가를 나타내며 부하율이 클수록 공급설비가 유효하게 사용된다.

36 접지극을 지중에 매설하여 설치하는 경우 매설 장소 조건 2가지를 쓰시오.

해답
① 가능한 한 물기가 있는 장소
② 가스나 산 등에 의한 부식의 우려가 없는 장소

37 역송병렬에 대해 간단히 설명하시오.

해답
분산형 전원을 한전계통에 연계하여 운전하되 생산한 전력의 전부 또는 일부가 한전계통으로 송전되는 형태

38 분산형 전원을 계통에 연계할 경우 전기품질의 검토항목 4가지를 쓰시오.

해답
① 직류유입제한
② 역률
③ 플리커(Flicker)
④ 고조파

39 축전지에 나타나는 다음과 같은 이상현상을 무엇이라 하는지 답하시오.

- 비중이 저하하고 충전용량이 감소한다.
- 충전 시 전압 상승이 빠르고 다량으로 가스가 발생한다.
- 극판이 백색으로 되거나 백색 반점이 생긴다.

해답
설페이션 현상

40 전기설비의 공급점 부근의 보기 쉬운 개소에 전기계통의 종류 및 접지 계통의 종류에 따라 표시방법이 다르다. 접지계통의 표 ①, ②, ③에 교류, ④, ⑤, ⑥에 직류의 접지계통의 종류를 쓰시오.

전기의 종류	접지계통의 종류
교류	①
	②
	③
직류	④
	⑤
	⑥

해답
① TN 계통　　② TT 계통
③ IT 계통　　④ TN 계통
⑤ TT 계통　　⑥ IT 계통

해설 ① TN 계통 : 전원의 한 점을 직접접지하고 설비의 노출도전성부분을 보호선을 이용하여 전원의 한 점에 접속하는 접지계통을 말한다.
② TT 계통 : 전원의 한 점을 직접 접지하고 설비의 노출도전성부분을 전원계통의 접지극과는 전기적으로 독립한 접지극에 접지하는 접지계통을 말한다.
③ IT 계통 : 충전부 전체를 대지로부터 절연시키거나, 한 점에 임피던스를 사입하여 대지에 접속시키고, 전기기기의 노출도전성부분 단독 또는 일괄적으로 접지하거나 또는 계통접지로 접속하는 접지계통을 말한다.

41 전선식별법에 국제적으로 표준화되고 있는 색상 ①~⑤를 적으시오.

전선구분	KEC 식별색상
상선(L1)	①
상선(L2)	②
상선(L3)	③
중성선(N)	④
접지/보호도체(PE)	⑤

해답
① 갈색 ② 흑색
③ 회색 ④ 청색
⑤ 녹황교차

해설 전선식별법 국제표준(KEC 121.2)

전선구분	KEC 식별색상
상선(L1)	갈색
상선(L2)	흑색
상선(L3)	회색
중성선(N)	청색
접지/보호도체(PE)	녹황교차

42 접지저항계를 이용, 접지전극 및 보조전극 2개를 사용하여 접지저항을 측정하려고 한다. 다음 설명의 (   ) 안에 알맞은 내용을 쓰시오.

접지전극과 보조전극의 간격은 (①)로 하고 (②)에 가까운 형태로 설치한다. 접지전극을 접지저항계의 (③)단자에 접속하고 보고전극을 (④)단자, (⑤)단자에 접속한다.

해답
① 10[m] ② 직선 ③ E
④ P   ⑤ C

해설
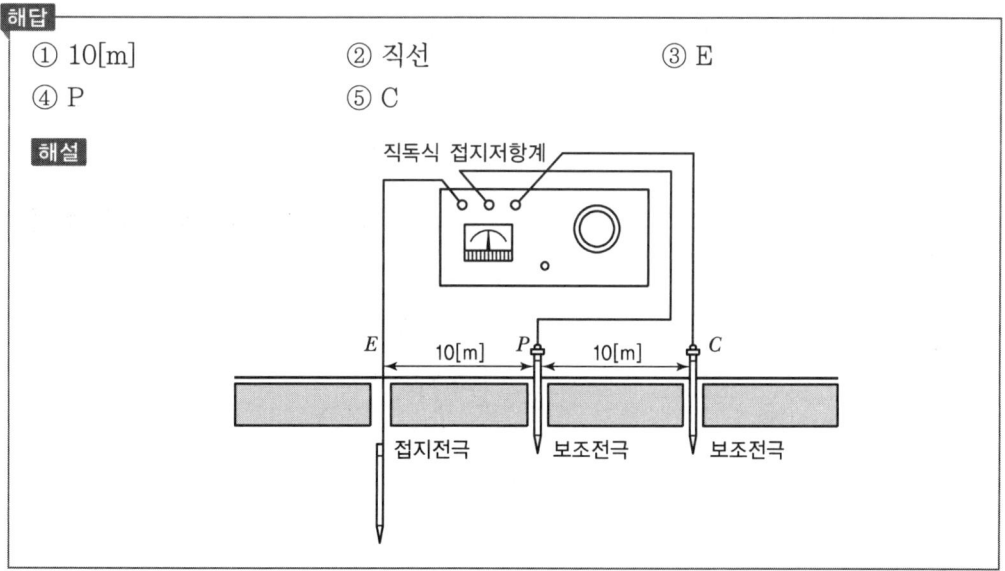

43 배전용 변전소의 꼭 필요 개소에 접지공사를 실시하였다. 이에 따른 접지목적 3가지를 쓰시오.

> **해답**
> ① 감전 방지
> ② 이상전압 억제
> ③ 보호계전기 동작 확보
>
> **해설** 접지목적
> - 감전 방지 : 절연 열화 등으로 누전 발생 시 인체 감전 방지
> - 이상전압 억제 : 외전류 고저압 혼촉 시 기기의 손상 방지
> - 보호계전기 동작 확보 : 지락사고 시 지락계전기 등의 동작을 확실하게 할 수 있다.

44 대지 저항률의 중요성에서 접지저항을 결정하는 주요 요인 4가지를 쓰시오.

> **해답**
> ① 접지극의 형상
> ② 접지극의 크기
> ③ 접지극의 매설깊이
> ④ 대지 저항률
>
> **해설** 이 중 가장 중요한 요인은 대지 저항률이다.

45 그림은 전류 동작형 누전 차단기의 원리를 나타낸 것이다. 여기에서 저항 R의 설치 목적을 쓰시오.

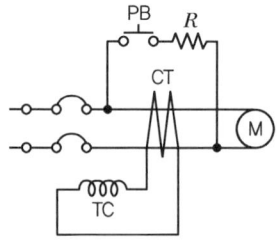

> **해답**
> 누전 차단기 자체 동작시험 시 흐르는 전류를 일정값 이상으로 흐르지 못하게 억제

46 전위차계 접지저항계의 대지저항 측정방법을 5단계로 쓰시오.

> **해답**
> ① 계측기를 수평으로 놓는다.
> ② 보조접지용을 습기가 있는 곳에 직선으로 10[m] 이상 간격을 두고 박는다.
> ③ E 단자의 리드선을 접지극에 접속한다.
> ④ PC 단자를 보조접지용에 접속한다.
> ⑤ Push Button을 누르면서 다이얼을 돌려 검류계의 눈금이 중앙(0)에 지시할 때 다이얼의 값을 읽는다.

47 분산형 전원의 이상 또는 고장 발생 시 이로 인한 영향이 연계된 계통으로 파급되지 않게 분산형 전원을 보호계전기 또는 동등의 기능을 가진 장치를 설치하여 계통과의 연계를 분리할 수 있도록 설비를 갖추어야 하는 계전기 5가지를 쓰시오.

> **해답**
> ① 과전압 계전기(OVR)
> ② 부족전압 계전기(UVR)
> ③ 과주파수 계전기(OFR)(역조류가 있는 경우)
> ④ 저주파수 계전기(UFR)
> ⑤ 역전력 계전기(RPR)(역조류가 없는 경우)

48 주택용 계통연계형 태양광발전설비의 시설에서 인버터, 절연변압기 및 계통연계보호장치 등 전력변환장치의 시설은 어떤 장소에 시설해야 하는지 답하시오.

> **해답**
> 점검이 가능한 장소

49 대규모 집중형 전원과 달리 소규모 전력소비지역 부근에 분산하여 배치가 가능한 전원인 발전설비를 무엇이라 하는가?

> **해답**
> 분산형 전원

50 분산형 전원을 한전계통에 연계하기 위해 사용되는 모든 연계 설비 및 기능들의 집합체를 무엇이라 하는가?

> **해답**
> 연계시스템(Interconnection System)

51 연계된 계통의 고장이나 작업 등으로 인해 분산형 전원이 공통 연결점을 통해 한전계통의 일부를 가압하는 단독운전 상태가 발생할 경우 해당 분산형 전원 연계시스템은 이를 감지하여 단독운전 발생 후 최대 몇 초 이내에 한전계통에 대한 가압을 중지해야 하는가?

> **해답**
> 0.5초
>
> > **해설** 단독운전
> > 연계된 계통의 고장이나 작업 등으로 인해 분산형 전원이 공통 연결점을 통해 한전계통의 일부를 가압하는 단독운전 상태가 발생할 경우 해당 분산형 전원 연계시스템은 이를 감지하여 단독운전 발생 후 최대 0.5초 이내에 한전계통에 대한 가압을 중지해야 한다.

52 분산형 전원 연계시스템은 안정상태의 한전계통 전압 및 주파수가 정상 범위로 복원된 후 그 범위 내에서 몇 분간 유지되지 않는 한 분산형 전원의 재병입이 발생하지 않도록 하는 지연기능을 갖추어야 하는가?

> **해답**
> 5분
>
> > **해설** 한전계통의 재병입
> > - 한전계통에서 이상 발생 후 해당 한전계통의 전압 및 주파수가 정상 범위 내에 들어올 때까지 분산형 전원의 재병입이 발생해서는 안 된다.
> > - 분산형 전원 연계시스템은 안정상태의 한전계통 전압 및 주파수가 정상 범위로 복원된 후 그 범위 내에서 5분간 유지되지 않는 한 분산형 전원의 재병입이 발생하지 않도록 하는 지연기능을 갖추어야 한다.

53 분산형 전원의 연계용량의 범위는 몇 [kW]인가?

해답
100~10,000[kW]

54 뇌서지 등의 피해로부터 PV 시스템을 보호하기 위해 피뢰소자 설치장소 3곳을 쓰시오.

해답
주회로 내부, 접속함, 분전반

해설
- 피뢰소자를 어레이 주회로 내부에 분산시켜 설치하고 접속함에도 설치한다.
- 저압 배전선에서 침입하는 뇌서지에 대해서는 분전반에 피뢰소자를 설치한다.
- 뇌우 다발지역에서는 교류전원 측으로 내뢰 트랜스를 설치한다.

55 태양광발전설비 모니터링 시스템에서 주요 구성 요소 5가지를 쓰시오.

해답
① PC
② 모니터
③ 공유기
④ 직렬서버
⑤ 기상수집 I/O 통신모듈

해설 ①~⑤ 외에
⑥ 각종 센서류

56 태양광발전설비 모니터링 시스템의 주요 기능 5가지를 쓰시오.

해답
① 발전 진단
② 고장 진단
③ 경보 현황
④ 기록 및 통계 기능
⑤ 정보 분석

해설 ①~⑤ 외에
⑥ 보고서 화면

57 태양광발전시스템 설치공사의 품질 확보를 위해 시공사가 설치공사 착공과 동시에 공인기관 검·교정 시험성적서를 제출하여야 한다. 이때 필수 보유 장비 5가지를 쓰시오.

해답
① 접지저항 측정기　　　② 절연저항 측정기(메거)
③ 전류계　　　　　　　④ 전압테스터
⑤ 검전기

해설 1) 품질 확보 보유 장비 일반사항
　　① 공사의 품질 확보를 위해 시공사는 다음 조건을 만족하는 장비를 구비하고, 시공에 임하여야 한다.
　　② 설비공사 착공과 동시에 사용 장비에 대한 목록과 공인기관 검·교정 시험성적서를 발주자에게 제출하여야 한다.
2) 필수 보유 장비 목록
　① 접지저항 측정기
　② 절연저항 측정기(메거 : Megger)
　③ 전류계
　④ 전압 Tester
　⑤ 검전기
　⑥ 상 Tester
　⑦ 각도계
　⑧ 수평 및 수직 일사량 측정기
　⑨ 오실로 스코프

58 태양광발전 모니터링 중 태양전지 과전압이 발생되는 원인과 조치사항에 대해서 쓰시오.

해답
1) 발생원인 : 태양전지 전압이 규정 이상일 때 발생
2) 조치사항 : 태양전지전압 점검 후 정상 시 5분 후 재기동

59 전력설비의 기기를 개폐 시 이상전압 또는 낙뢰로부터 보호하는 장치의 이름은?

해답
LA(피뢰기)

60 다음 ( ) 안에 들어갈 내용을 쓰시오.

분산형 전원 발전설비로부터 계통에 유입되는 고조파 전류는 10분 평균한 40차까지 (①)이 (②)[%]를 초과하지 않도록 각 차수별을 제어한다.

해답
① 종합전류 왜형률   ② 5

61 태양광발전시스템의 계측기구나 표시장치의 구성요소에 대해서 쓰시오.

해답
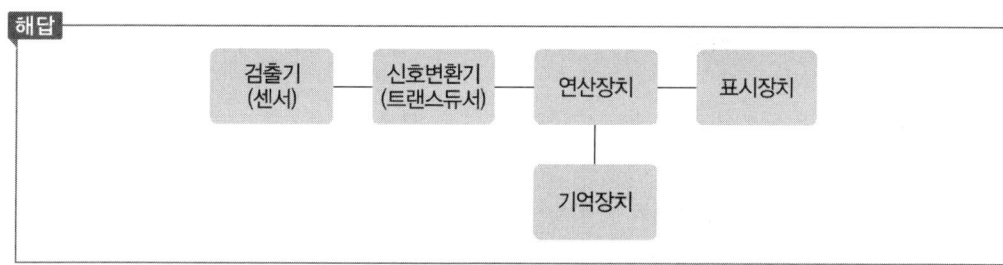

62 태양광발전시스템의 계측기구 중 검출기(센서)의 종류를 쓰시오.

해답
① 분압기, 분류기
② PT(계기용 변압기), CT(계기용 변류기)
③ 일사계, 온도계, 풍향풍속계

해설 검출기(센서)의 종류
- 분압기 : 직류회로의 전압은 직접 또는 분압기로 분압하여 검출
- 분류기 : 직류회로의 전류는 직접 또는 분류기를 사용하여 검출
- PT, CT : 교류회로의 전압 전류를 PT, CT를 통해서 검출

63 검출기로 검출된 데이터를 컴퓨터 및 먼 거리에 설치된 표시장치에 전송하기 위한 기기의 명칭을 쓰시오.

해답
신호변환기(Transducer)

64 시공 시 테이프 폭의 3/4~2/3 정도로 중첩해 감아놓으면 시간이 지남에 따라 융착하여 일체화되는 절연테이프의 명칭을 쓰시오.

> **해답**
> 자기융착 절연테이프

65 다음 〈보기〉에서 교류전압과 교류전류를 모두 공급해 주어야 동작하는 계측기의 명칭을 골라 모두 쓰시오.

〈보기〉
• 전압계   • 전력계   • 주파수계   • 역률계

> **해답**
> 전력계, 역률계
> **해설** 수 · 변전 설비용 계측기 중 전력계와 역률계는 교류전압과 교류전류를 공급해 주어야 한다.

66 전기설비기술기준에 따른 지중 선로 케이블의 시설방법 3가지를 쓰시오.

> **해답**
> ① 직접매설식   ② 관로식   ③ 암거식

67 다음 ( ) 안에 알맞은 값을 쓰시오.

> 지중 매설관은 중량물의 압력을 받을 우려가 있는 경우 매설깊이는 (①)[m] 이상으로 하여야 하며, 중량물의 압력을 받을 우려가 없는 경우 매설깊이는 (②)[m] 이상으로 할 수 있다.

> **해답**
> ① 1.0   ② 0.6
> **해설**
> • 지중매설방법은 직매식, 관로식, 암거식에 의해 시설
> • 직매식, 암거식에 의해 시설하는 경우 매설깊이는 1.0[m] 이상으로 하고 중량물의 압력을 받을 우려가 없는 곳은 0.6[m] 이상으로 한다.

68 다음 ( ) 안에 알맞은 값을 쓰시오.

전선관의 굵기는 동일 전선의 경우에는 피복을 포함한 단면적의 총합계가 관 내 단면적의 (①)[%] 이하로 할 수 있으며, 서로 다른 굵기의 전선을 동일 관 내에 넣은 경우 피복을 포함한 단면적의 총합계가 관 내 단면적의 (②)[%] 이하가 되도록 선정하는 것이 원칙이다.

해답
① 48   ② 32

69 매설 케이블의 보호방법으로 다음 그림과 같이 시공한다. ( ) 안에 알맞은 명칭을 쓰시오.

해답
① 모래   ② 트로프(Trough)

70 태양광발전시스템 등 전기설비에 접지공사를 실시하는 목적 2가지를 쓰시오.

해답
① 인축에 대한 안전(감전으로부터 보호)
② 설비 및 기기에 대한 안정성

71 전기사용 장소의 사용전압이 저압인 전로의 전선 상호 간 및 전로와 대지 사이의 절연저항은 개폐기 또는 과전류 차단기로 구분할 수 있는 전로마다 다음 표에서 정한 값 이상이어야 한다. ①~③에 알맞은 절연저항[MΩ]을 쓰시오.

전로의 사용전압[V]	DC 시험전압[V]	절연저항[MΩ]
SELV 및 PELV	250	①
FELV, 500[V] 이하	500	②
500[V] 초과	1,000	③

해답

① 0.5   ② 1   ③ 1

해설 저압전로의 절연성능

전기사용 장소의 사용전압이 저압인 전로의 전선 상호 간 및 전로와 대지 사이의 절연저항은 개폐기 또는 과전류차단기로 구분할 수 있는 전로마다 다음 표에서 정한 값 이상이어야 한다. 다만, 전선 상호 간의 절연저항은 기계기구를 쉽게 분리하기가 곤란한 분기회로의 경우 기기 접속 전에 측정할 수 있다.

또한, 측정 시 영향을 주거나 손상을 받을 수 있는 SPD 또는 기타 기기 등은 측정 전에 분리시켜야 하고, 부득이하게 분리가 어려운 경우에는 시험전압을 250[V] DC로 낮추어 측정할 수 있지만 절연저항값은 1[MΩ] 이상이어야 한다.

전로의 사용전압[V]	DC 시험전압[V]	절연저항[MΩ]
SELV 및 PELV	250	0.5
FELV, 500[V] 이하	500	1.0
500[V] 초과	1,000	1.0

※ 특별저압(Extra Low Voltage : 2차 전압이 AC 50[V], DC 120[V] 이하)으로 SELV(비접지회로 구성) 및 PELV(접지회로 구성)는 1차와 2차가 전기적으로 절연된 회로, FELV는 1차와 2차가 전기적으로 절연되지 않은 회로
- FELV(Functional Extra Low Voltage)
- SELV(Safety Extra Low Voltage)
- PELV(Protective Extra Low Voltage)

72 접속함의 분류와 설치장소에 따른 보호등급에 대해 ①~④에 알맞은 내용을 쓰시오.

병렬 스트링 수	보호등급
①	②
③	실내형 : IP 20 이상
	④

해답

① 소형(3회로 이하)
② IP 54 이상
③ 중대형(4회로 이상)
④ 실외형 : IP 54 이상

해설 접속함의 분류와 설치장소에 의한 보호등급

병렬 스트링 수	보호등급
소형(3회로 이하)	IP 54 이상
중대형(4회로 이상)	실내형 : IP 20 이상
	실외형 : IP 54 이상

73 전기설비기술기준에서 전압의 범위 중 저압과 고압의 범위에 대해 쓰시오.

해답
1) 저압 : 직류 1,500[V] 이하, 교류 1,000[V] 이하
2) 고압 : 직류 1,500[V] 초과 7,000[V] 이하, 교류 1,000[V] 초과 7,000[V] 이하

해설

분류	전압의 범위
저압	• 직류 : 1.5[kV] 이하 • 교류 : 1[kV] 이하
고압	• 직류 : 1.5[kV] 초과, 7[kV] 이하 • 교류 : 1[kV] 초과, 7[kV] 이하
특고압	7[kV]를 초과

74 접지선의 보호도체 단면적에 대한 다음 표의 내용을 채우시오.

상도체의 단면적 S[mm²]	대응하는 보호도체의 최소 단면적[mm²]	
	보호도체의 재질이 상도체와 같은 경우	보호도체의 재질이 상도체와 다른 경우
$S \leq 16$	①	$\dfrac{k_1}{k_2} \times S$
$16 < S \leq 35$	16	$\dfrac{k_1}{k_2} \times 16$
$S > 35$	②	$\dfrac{k_1}{k_2} \times \dfrac{S}{2}$

해답

① S ② $\dfrac{S}{2}$

해설 보호도체의 단면적

상도체의 단면적 $S\,[\text{mm}^2]$	대응하는 보호도체의 최소 단면적[mm²]	
	보호도체의 재질이 상도체와 같은 경우	보호도체의 재질이 상도체와 다른 경우
$S \leq 16$	S	$\dfrac{k_1}{k_2} \times S$
$16 < S \leq 35$	16	$\dfrac{k_1}{k_2} \times 16$
$S > 35$	$\dfrac{S}{2}$	$\dfrac{k_1}{k_2} \times \dfrac{S}{2}$

여기서, k_1 : 도체 및 절연의 재질에 따라 KS C IEC 60364-5-54 부속서 A(규정)의 표 A54.1 또는 IEC 60364-4-43의 표 43A에서 선정된 상도체에 대한 값
k_2 : KS C IEC 60364-5-54 부속서 A(규정)의 표 A54.2~A54.6에서 선정된 보호도체에 대한 값으로, PEN 도체의 경우 단면적의 축소는 중성선의 크기 결정에 대한 규칙에만 허용된다.

75 표준전압이 220[V] 및 380[V]일 때 허용오차와 표준주파수가 60[Hz]일 경우의 허용오차를 구하시오.

해답

1)

표준전압	허용오차
220[V]	220[V] ± 13[V] 이내
380[V]	380[V] ± 38[V] 이내

2)

표준주파수	허용오차
60[Hz]	60[Hz] ± 0.2[Hz] 이내

76 전선의 식별법에서 중성선의 색상은 무엇인지 쓰시오.

> **해답**
> 청색
>
> **해설** 전선식별법 국제표준화(KEC 121.2)
>
> | 전선 구분 | KEC 식별색상 |
> |---|---|
> | 상선(L1) | 갈색 |
> | 상선(L2) | 흑색 |
> | 상선(L3) | 회색 |
> | 중성선(N) | 청색 |
> | 접지/보호도체(PE) | 녹황교차 |

77 접지공사에서 매설 접지극으로 주로 사용하는 동판과 동봉의 규격에 맞게 ( ) 안을 채우시오.

- 동판 : 두께 (①) 이상
- 동봉 : 직경 (②) 이상, 길이 (③) 이상

> **해답**
> ① 0.7[mm]
> ② 8[mm]
> ③ 0.9[m]
>
> **해설** 접지극의 종류 및 수치
>
> | 종류 | 수치 |
> |---|---|
> | 동판 | 두께 0.7[mm] 이상, 면적 900[cm^2] 이상 |
> | 동봉, 동피복강복 | 직경 8[mm] 이상, 길이 0.9[m] 이상 |
> | 아연도금 가스철관 후강전선관 | 외형 25[mm] 이상, 길이 0.9[m] 이상 |
> | 아연도금 강봉 | 직경 12[mm] 이상, 길이 0.9[m] 이상 |
> | 동봉강판 | 두께 1.6[mm] 이상, 길이 0.9[m] 이상, 면적 250[cm^2] 이상 |
> | 탄소피복강복 | 직경 8[mm] 이상, 길이 0.9[m] 이상 |

78 서지보호기(SPD)의 설치목적에 대하여 쓰시오.

해답

뇌서지 등으로부터 보호대상 기기의 절연파괴를 방지한다.

해설
1) 서지보호기(SPD)의 정의 : 과도 과전압을 제한하고 서지전류를 우회시키는 장치
2) 서지보호기(SPD)의 설치목적 : 뇌서지 등으로부터 보호대상 기기의 절연파괴를 방지
3) 서지보호기(SPD)의 기능
   ① 서지가 없을 때 : 정상상태에서 SPD는 설치된 계통에 영향을 미치지 말아야 한다.
   ② 침입한 서지에 신속하게 응답하여 임피던스를 저하시켜 서지전류를 접지 측으로 흘려서 서지전압을 보호대상 기기의 임펄스내전압 이하로 제한한다.
   ③ 서지가 소멸될 때 : 서지가 소멸된 후 SPD는 높은 임피던스 상태로 복귀되며, 연속사용 전압에 견디어야 한다.

79 태양광발전시스템에서 사용되는 피뢰대책용 부품을 3가지만 쓰시오.

해답
① 서지 업소버
② 어레스터
③ 내뢰 트랜스

해설 피뢰대책용 부품
- 서지 업소버 : 전선로에 침입하는 이상전압의 높이를 완화하고 파고치를 저하시키는 장치이다.
- 어레스터 : 낙뢰에 의한 충격성 과전압에 대하여 전기설비의 단자전압을 규정치 이내로 저감시켜 정전을 일으키지 않고 원상태로 회귀하는 장치이다.
- 내뢰 트랜스 : 실드부착 절연 트랜스를 주체로 이에 어레스터 및 콘덴서를 부가시킨 것으로, 절연 트랜스에 의해 뇌서지의 흐름을 완전히 차단할 수 있도록 한 장치이다.

80 다음 ( ) 안에 알맞은 값을 쓰시오.

대지전압이 ( )[V]를 넘는 회로에 콘센트를 설치하는 경우에는 접지극이 있는 것을 사용하여야 한다.

해답
150

81 피뢰기가 구비해야 할 조건 4가지를 쓰시오.

해답
① 충격방전개시전압이 낮을 것
② 상용주파방전개시전압이 높을 것
③ 방전내량이 높고 제한전압이 낮을 것
④ 속류의 차단능력이 충분할 것

82 다음 ( ) 안에 알맞은 값을 쓰시오.

건축물의 설비기준 등에 관한 규칙 제20조(피뢰설비)에 의하면 공작물로서 설치높이 ( ) [m] 이상의 공작물에는 피뢰설비를 설치하여야 한다.

해답
20

83 전기설비의 전기적인 보호등급별 보호방법에 대한 기호를 그리시오.

보호등급	보호방법	기호
I	장치 접지됨	①
II	보호절연(2중/강화절연)	②
III	안전특별저전압(AC 50[V] 이하, DC 120[V] 이하)	③

해답
① 　② 　③

84 태양광발전시스템을 직격뢰로부터 보호하기 위해 설치하는 것이 무엇인지 쓰시오.

해답
피뢰침

85 한국전기설비규정(KEC)에 따라 저압접촉전선을 옥측 또는 옥외에 시설하는 경우 시설공사방법 3가지를 쓰시오.

> **해답**
> ① 애자사용공사
> ② 버스덕트공사
> ③ 절연트롤리공사
>
> **해설** 옥측 또는 옥외에 시설하는 접촉전선의 시설
> 저압접촉전선을 옥측 또는 옥외에 시설하는 경우에는 애자사용공사, 버스덕트공사 또는 절연트롤리공사에 의하여 시설하여야 한다(기계기구에 시설하는 경우 제외).

86 다음 조건을 참고하여 전압강하 간이 계산식에 의한 전선의 최소 공칭단면적을 구하시오.

- 전압강하율 2[%]
- 정격용량 : 5[kW]
- 전선의 길이 25[m]
- 교류 전압 : 220[V]

> **해답**
> - 계산과정 : 단상 2선식이므로 $A = \dfrac{35.6LI}{1,000e}[\text{mm}^2]$
>
> $$A = \dfrac{35.6LI}{1,000e} = \dfrac{35.6 \times 25 \times \dfrac{5 \times 1,000}{220}}{1,000 \times (220 \times 0.02)} = 4.597[\text{mm}^2]$$
>
> 전선의 공칭단면적은
> 1.5, 2.5, 4, 6, 10, 16, 25, 35, 50, 70, 95, 120, 150, 185, 240, 300, 400, 630
> 전선의 공칭단면적에서 6[mm²] 선정
> - 답 : 6[mm²]

87 독립형 태양광발전시스템 설계에 필요한 축전지의 수명에 영향을 주는 요소 3가지를 쓰시오.

> **해답**
> ① 방전심도   ② 방전횟수   ③ 온도

88 다음 (   ) 안에 알맞은 내용을 쓰시오.

- 태양광 발전소에 시설하는 태양전지 전선의 공칭단면적은 (①) 이상의 연동선 또는 이와 동등 이상의 세기 및 굵기의 것일 것
- 옥내에 시설할 경우에는 공사방법을 (②), (③), (④) 또는 케이블 공사로 시설할 것

해답
① 2.5[mm^2]
② 합성수지관 공사
③ 금속관 공사
④ 가요전선관 공사

89 태양광발전시스템의 시공절차의 구분에서 배선공사의 종류를 3가지만 쓰시오.

해답
① 태양전지 모듈 간 배선공사
② 어레이와 접속함의 배선공사
③ 접속함과 인버터 간 배선공사

해설 태양광발전시스템의 시공절차의 구분에서 배선공사의 종류

구분	시공절차 내용
전기 배선공사	• 태양전지 모듈 간 배선공사 • 어레이와 접속함의 배선공사 • 접속함과 인버터 간 배선공사 • 인버터와 분전반(배전반) 간 배선공사

90 다음 그림과 같이 태양전지가 병렬로 접속된 경우 총발전량을 구하시오.

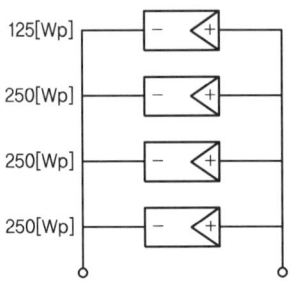

해답
- 계산과정 : 총발전량 $= 125 + 250 + 250 + 250 = 875[\text{Wp}]$
- 답 : $875[\text{Wp}]$

91 다음 그림과 같이 태양전지가 병렬로 접속된 경우 총발전량을 계산하시오.

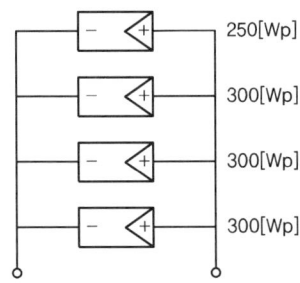

해답
- 계산과정 : 총발전량 $= 250 + 300 + 300 + 300 = 1,150[\text{Wp}]$
- 답 : $1,150[\text{Wp}]$

해설 태양전지 모듈이 병렬로 연결된 경우에는 모듈 각각의 출력 합이 총발전량이 되고, 직렬로 연결된 경우에는 가장 작은 출력의 모듈에 의해 전체 출력이 제한된다.

92 다음 그림과 같이 축전지가 접속되어 있을 때 A와 B 사이의 축전지 용량[Ah]과 단자전압 [V]을 구하시오.

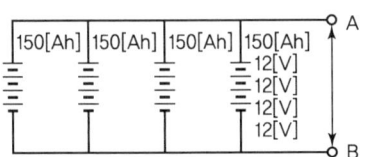

> **해답**
> 1) 축전지 용량(C)
>   - 계산과정 : $C = 150[\text{Ah}] \times 4(\text{병렬}) = 600[\text{Ah}]$
>   - 답 : 600[Ah]
> 2) 단자전압(V)
>   - 계산과정 : $V = 12[\text{V}] \times 4 = 48[\text{V}]$
>   - 답 : 48[V]
>
> **해설** 병렬연결은 축전지(모듈)의 용량을 증가시키고, 직렬연결은 축전지(모듈)의 전압을 증가시킨다.

93 태양전지가 직렬로 접속되어 각각의 출력이 그림과 같을 경우 총발전량을 구하시오.

> **해답**
> - 계산과정 : $200[\text{Wp}] \times 5 = 1,000[\text{Wp}]$
> - 답 : 1,000[Wp]
>
> **해설** 태양전지의 직렬접속의 총발전량은 최소출력과 태양전지의 개수의 곱으로 구하고, 병렬접속은 각각의 출력의 합과 같다.

94 직렬 스트링의 출력 전력이 아래와 같을 때 총발전량을 산출하시오.

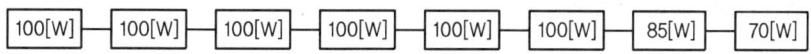

> **해답**
> - 계산과정 : $70[\text{W}] \times 8 = 560[\text{W}]$
> - 답 : 560[W]
>
> **해설** 직렬 스트링의 총발전량 = 직결된 모듈의 최소출력 × 직렬 모듈 수

95 다음과 같은 조건일 때 태양광발전시스템의 발전용량은 몇 [kW]인지 계산하시오.

- 모듈의 최대출력 : 260[Wp]
- 직렬 회로수 : 18개
- 병렬 회로수 : 26개

해답
- 계산과정 : 발전용량 = 모듈의 최대출력 × 직렬수 × 병렬수
  $= 260[Wp] \times 18 \times 26 = 121,680 \times 10^{-3}[kW]$
  $= 121.68[kW]$
- 답 : 121.68[kW]

96 역송병렬 계통연계형 인버터의 전류왜형률은 전부하 시, 전체 각 차수별로 몇 [%] 이하이어야 하는가?

해답
- 전체 : 5[%] 이하
- 각 차수별 : 3[%] 이하

97 1일 전력소비량이 2,500[Wh]이고, 전력손실률이 20[%]인 전력공급시스템에서 실제적으로 감당해야 할 1일 전력소비량은 몇 [kWh]인지 구하시오.

해답
- 계산과정 : 1일 전력소비량 $= 2,500[Wh] \times 1.2 \times 10^{-3}$
  $= 3[kWh]$
- 답 : 3[kWh]

98 태양광발전시스템을 500[m²] 부지에 하나의 어레이로 설치할 때, 생산되는 전력을 구하시오.(단, 모듈 효율 14[%], 일사량 600[W/m²], 기타 조건은 무시한다.)

> **해답**
> - 계산과정 : 생산되는 전력＝500[m²]×600[W/m²]×0.14＝42,000[W]
> - 답 : 42,000[W]
>
> **해설** 500[m²] 부지에 하나의 어레이로 설치하였다는 것은 모듈 간의 이격거리 없이 부지 전체에 모듈을 설치하였다는 의미이다.

99 다음은 계통연계형 태양광발전시스템의 세부구성도이다. 표의 빈칸의 번호에 알맞은 부품 명칭을 쓰시오.

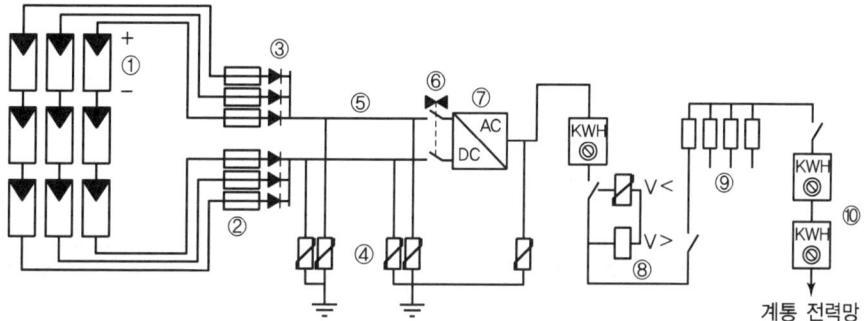

번호	명칭	번호	명칭
①		⑥	인버터 보호용 차단기
②		⑦	
③		⑧	
④	과전압 보호 다이오드(배리스터)	⑨	옥내 분배기
⑤	직류송전선	⑩	

> **해답**
> ① 태양전지　　　　② 단자대
> ③ 역류방지 다이오드　　⑦ 인버터
> ⑧ 자동전압조정장치　　⑩ 전력량계

100 다음의 표를 참고하여 전력소비량을 바탕으로 독립형 태양광발전시스템이 부담해야 할 각 항목(①, ②, ③)을 구하시오.

[표 1] 주택의 부하용량

구분		부하기기명	수량	소비전력[W]	사용시간[h]	1일 소비전력량[Wh]
교류	1	LED 전등1	2	7.1	5	71
	2	LED 전등2	1	4.4×2	5	44
	3	냉장고	1	주1) 참조		993
	4	청소기	1	800	15분	200
	5	TV(32″)	1	100	4	400
	6	세탁기(10kg)	1	주2) 참조	1일 1회	760
	7	컴퓨터	1	60	2	120
	8	전자레인지	1	800	20분	267
	9	기타	1	15	2	30
	소계(1일 소비전력량[Wh])					(①)
비고	주1 : 월간 소비전력 29.8[kWh]의 1/30=0.993[kWh] 주2 : 최대용량으로 1회 세탁 시 소비전력 760[Wh]					

[표 2] 1일 전력수요량 판단을 위한 계산표

전원 구분	1일 소비전력량[Wh]	×	손실률(20%)	=	1일 부하량[Wh]
교류	(①)	×	(②)	=	(③)

> **해답**
> ① 소계(1일 전력소비량)=71+44+993+200+400+760+120+267+30
>   =2,885[Wh]
> ② 1.2
> ③ 1일 부하량=2,885×1.2=3,462[Wh]

101 다음 그림의 회로시험기(멀티 테스터)를 이용하여 태양전지의 어떤 값을 측정할 수 있는지 각각 쓰시오.

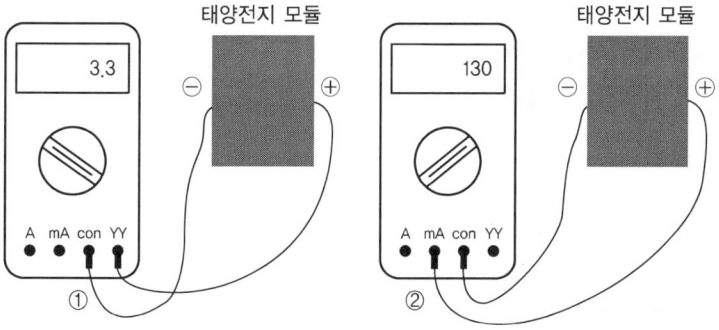

해답
① 개방전압 측정
② 단락전류 측정

해설
- 개방전압은 부하가 연결되지 않는 상태로 전류가 "0"인 상태의 모듈전압이다.
- 단락전류는 부하가 연결되지 않는 상태로 전압이 "0"인 상태의 모듈전류이다.

102 다음 ( ) 안에 알맞은 값을 쓰시오.

계통 주파수가 비정상 범위 내에 있을 경우 분산형 전원은 계통 주파수가 (①)[Hz]보다 크거나 (②)[Hz]보다 작을 경우 (③)[초] 이내에 한전계통에 대한 가압을 중지하여야 한다.

해답
① 61.5 ② 57.0 ③ 0.16

해설 비정상 주파수에 대한 분산형 전원 분리시간

분산형 전원 용량	주파수 범위[Hz]	분리시간[초]
용량 무관	$f > 61.5$	0.16
	$f < 57.5$	300
	$f < 57.0$	0.16

103 태양광발전시스템 접속함의 부품 3가지를 쓰시오.

해답
① 단자대
② 직류개폐기(어레이 측 개폐기, 주개폐기)
③ 역류방지소자, 피뢰 소자(서지보호장치)

해설 접속함
- 접속함의 설치목적 : 여러 개의 태양전지 모듈 접속을 효율적으로 하고 보수점검 시 회로를 분리하여 점검작업을 용이하게 한다.
- 접속함의 부품 : 단자대, 직류개폐기(어레이 측 개폐기, 주개폐기), 역류방지소자, 피뢰소자(서지보호장치)

104 다음은 태양광발전시스템의 접속함 내부 결선도이다. 그림의 (　) 안에 들어갈 부품의 명칭을 쓰시오.

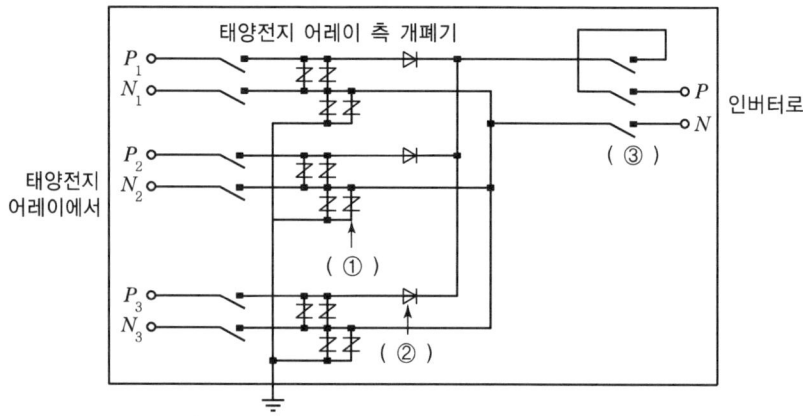

해답
① 피뢰소자(SPD)
② 역류방지소자(Diode)
③ 주개폐기

105 다음 〈보기〉는 태양광발전 모니터링 시스템의 일반적인 구성순서이다. ( ) 안에 알맞은 답을 쓰시오.

〈보기〉

모듈 → 인버터 → ( ) → 모니터

해답
전송장치

106 로컬(local) 태양광발전 모니터링 시스템 파워컨디셔너(PCS, 인버터)의 출력표시 항목을 다음 〈보기〉에서 3가지를 골라 쓰시오.

〈보기〉
- V_{dc}
- V_{ac}
- I_{dc}
- I_{ac}
- P_{dc}
- P_{ac}

해답
V_{ac}, I_{ac}, P_{ac}

해설 파워컨디셔너(PCS, 인버터)의 출력은 교류이므로 첨자 ac가 붙은 V_{ac}, I_{ac}, P_{ac}이어야 한다.

107 태양광발전 모니터링 시스템에서 신재생에너지센터 중앙서버(Central Server)에 접속하기 위한 인터넷 프로토콜의 명칭을 쓰시오.

해답
TCP/IP

해설 인터넷을 연결하기 위한 프로토콜(Protocol)은 TCP/IP(Transmission Control Protocol/Internet Protocol)이다.

108 태양광발전 모니터링 시스템에서 신재생에너지센터 중앙서버(Central Server)에 전송해야 할 기본 데이터의 종류 2가지를 쓰시오.

해답
① 일일 에너지 총생산량(시간별)
② 일일 에너지 생산시간

해설 모니터링 시스템 기본 데이터 및 전송간격은 다음과 같다.
- 일일 에너지 총생산량(시간별)
- 일일 에너지 생산시간
- 익일 중앙서버(신재생에너지센터) 요청 시 전송

109 태양광발전 모니터링 중 인버터 MC 이상이 발생되는 원인과 조치사항에 대해서 쓰시오.

해답
1) 발생원인 : 전자접촉기 고장
2) 조치사항 : 전자접촉기 교체 점검 후 운전

110 아날로그 신호를 디지털 신호로 변환하는 장비의 명칭을 쓰시오.

해답
AD 변환기(Converter)

111 로컬(Local) 태양광발전 모니터링 시스템에서 신재생에너지센터 중앙서버(Central Server)에 1일 전송할 데이터의 개수는 몇 개인가?

해답
25개

해설 일일 에너지 총생산량(시간별) 24개와 일일 에너지 생산시간 1개를 합하여 총 25개이다.

112 역송전이 있는 계통연계시스템에서 전력회사로 판매한 전력요금을 산출하기 위한 적산전력계를 수요전력계량용과 함께 접속하려 한다. 결선도를 완성하시오.(단, 연계전원방식은 단상 2선식이다.)

해답

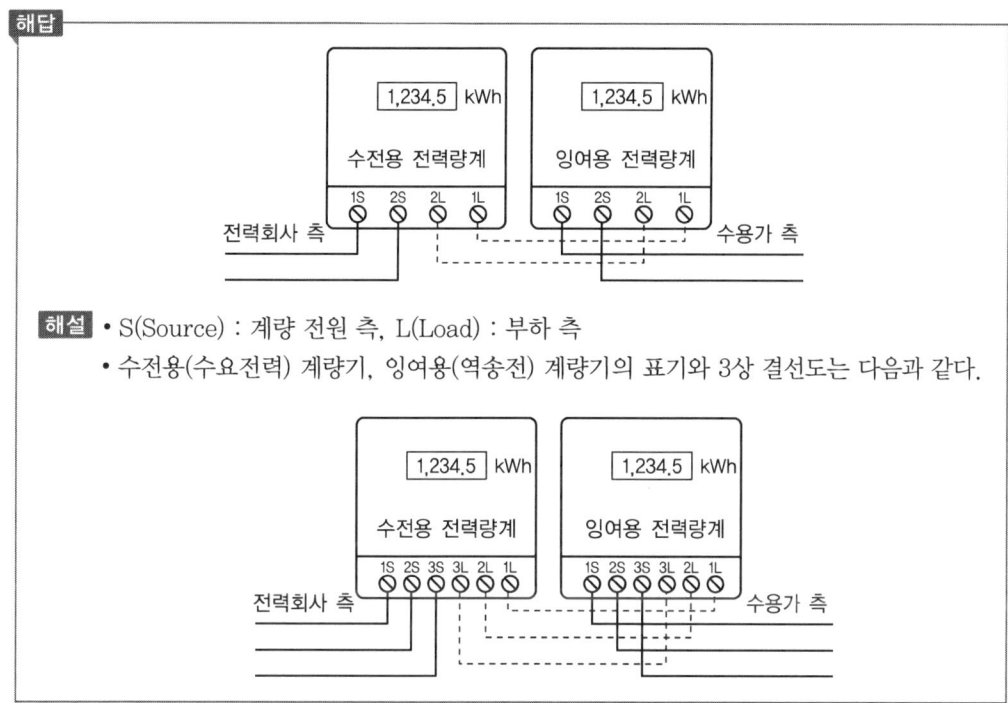

해설
- S(Source) : 계량 전원 측, L(Load) : 부하 측
- 수전용(수요전력) 계량기, 잉여용(역송전) 계량기의 표기와 3상 결선도는 다음과 같다.

PART 04

태양광발전 토목공사 및 구조물 시공

SECTION 001 태양광발전 토목공사 수행하기

1 관련 도서 목록

① 설계도면 및 시방서
② 구조계산서 및 각종 계산서
③ 계약내역서 및 산출근거(사업주체와 시공자가 다를 경우)
④ 공사계약서(사업주체와 시공자가 다를 경우)
⑤ 사업계획 승인조건 등

2 설계도면 검토

공통사항

① 사업승인(전기사업) 조건과 설계도면과의 일치 여부 확인
② 기본설계와 실시설계 비교
③ 공사설계서 상호 간의 모순되는 사항 : 특기시방서, 구조계산서 등
④ 현장 실정과의 부합 여부
⑤ 건축, 구조, 설비, 전기, 토목, 소방 등의 상호 Cross Check
⑥ 발주기관 결정을 필요로 하는 Item 발췌
⑦ 실제 시공 가능 여부
⑧ 설계도서에 누락, 오류 등 불명확한 부분의 존재 여부
⑨ 시공 시 예상 문제점
⑩ 산출내역서상의 수량과 도면 수량과의 일치 여부
⑪ 사용재료 및 제작기간의 적정성
⑫ 도면상의 치수, 메모(Note), 축척표기, 북향표기, 약호 및 기호에 대한 정확성, 일관성
⑬ 공법 및 시공자의 능력

3 토목시공 기준

1) 지질 및 지반조사

(1) 지반조사의 목적

① 구조물에 적합한 기초의 형식과 기초의 심도 결정
② 지반의 지내력 평가

③ 구조물의 예상침하량 평가
④ 지반 특성과 관련된 기초의 잠재적인 문제점 파악
⑤ 지하수위 결정
⑥ 기초지반의 변화에 따른 시공방법 결정

(2) 지반조사를 실시하는 과정에 반드시 포함되어야 할 내용
① 각 토층의 두께와 분포상태
② 지하수의 위치와 지하수와 관련된 특성
③ 토질시험을 위한 흙시료의 채취
④ 기초의 설계나 시공과 관련된 특이사항

2) 현장시험에 의한 지내력 검토 방안

지층의 구조를 알기 위한 가시적인 조사방법에는 시추조사가 있으며, 이 외에 얕은 기초에 적합한 지내력시험으로 표준관입시험, 콘관입시험, 평판재하시험 등이 있다.

(1) 시추조사
① 연속적인 지층의 분포현황을 파악하기 위한 시험으로 파쇄대 및 단층대의 확인, 지반 공학적 특성 파악 및 시료 채취를 목적으로 한다.
② 표준관입시험 : 63.5[kg]의 해머를 76[cm]의 높이에서 자유낙하시켜 정해진 규격의 원통분리형 시료채취기(Split Barrel Sampler)를 시추공 내에서 30[cm] 관입시키는 데 필요한 해머 타격 횟수 값(N값)을 측정하여 지반을 분류하거나 연·경도를 평가하고 나아가 지반강도, 상대밀도, 내부마찰각 등의 지반정수를 추정할 수 있는 시험방법이다.
③ 평판재하시험(PBT) : 예상 기초 위치까지 지반을 굴착한 다음에 재하판을 설치하고 하중을 가하면서 하중과 침하량을 측정하여 기초지반의 지지력을 구하는 시험(KS F 2444)이다.
④ 콘관입시험
㉠ 원추모양 콘의 관입저항으로 지반의 단단함, 다짐 정도를 조사하는 시험이다.
㉡ 깊은 세립토층(느슨하고 균질한 비점성)에 사용하도록 개발되었기 때문에 조밀하고 혼합된 토질에서는 시험이 어려울 수 있다.

3) 연약지반 여부 검토

연약지반은 토질분류상 점토·실트계열의 토질로서 지하수위가 높아 함수비가 클 경우 과도한 침하 발생과 측방변형으로 인하여 성토체와 구조물의 안전에 영향을 주는 지반이다.

(1) 연약지반의 문제점

　① 측방유동 및 액상화

　② 성토 및 굴착사면 파괴

　③ 지반 장기침하

　④ 주변지반 변형

　⑤ 구조물 부등침하

　⑥ 지하매설관 손상

　⑦ 사면활동

4) 지반 개량공법

주요 공법	내용
치환공법	연약층의 일부 또는 전부를 제거하여 양질의 토사로 치환하는 공법
선행재하공법	지반에 미리 설계하중 이상의 하중을 재하(성토)하여 압밀을 촉진시키는 공법
연직배수공법	지중에 적당한 간격으로 연직방향의 모래기둥, 페이퍼, 플라스틱 등 배수재의 설치로 수평방향 배수거리를 단축하여 압밀을 촉진시키는 공법
모래다짐공법	지중에 모래 또는 쇄석의 다짐말뚝을 만들어 탈수 촉진, 다짐, 모래기둥 등으로 지반의 지지력을 증가시키는 공법
동다짐공법	진동기나 중량의 추를 낙하시켜 사질토의 지반을 다지는 공법
동압밀공법	진동기나 중량의 추를 낙하시켜 점성토의 지반을 다지는 공법
약액주입공법	생석회, 시멘트밀크, 물유리 등의 약액을 연약지층에 주입시켜 지반강도를 증가시키는 공법

5) 선정부지 정지작업

(1) 흙의 성질

　흙은 흙입자, 물, 공기로 구성되어 있다.

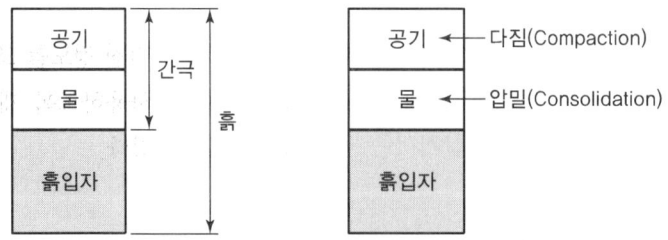

[흙의 간극, 다짐, 압밀]

(2) 흙의 전단강도

흙의 가장 중요한 역학적 성질로서 이것으로부터 기초의 극한 지지력을 알 수 있다. 기초의 하중이 그 흙의 전단강도 이상이면 흙은 "붕괴"되고 기초는 "침하"된다. 이하이면 흙은 "안정"되고 기초는 "지지"된다.

(3) 간극비, 함수비, 포화도

① 간극비(Void Ratio) = $\dfrac{간극의\ 용적}{토립자의\ 용적}$

② 함수비(Water Content) = $\dfrac{물의\ 중량}{토립자의\ 중량} \times 100[\%]$

③ 포화도(Degree of Saturation) = $\dfrac{물의\ 용적}{간극의\ 용적} \times 100[\%]$

(4) 흙의 압밀(Consolidation)

① 압밀침하 : 외력에 의하여 간극 내의 물이 빠져 흙 입자 간의 사이가 좁아지며 침하되는 것

② 예민비(Sensitivity Ratio) : 흙의 이김에 의해 약해지는 정도

예민비 = $\dfrac{자연\ 시료의\ 강도}{이긴\ 시료의\ 강도}$

6) 측량

(1) 측량의 목적

① 부지의 고저차를 파악한다.
② 설치 가능한 태양전지 모듈의 수량을 결정한다.
③ 최소한의 토목공사를 위한 시공기면을 결정한다.
④ 실제 부지와 지적도상의 오차를 파악한다.

(2) 측량의 종류

① 거리측량

㉠ 2점 간의 거리를 직접 또는 간접으로 1회 또는 여러 회로 나누어 측량한다.
㉡ 보측 : 보폭 75~80[cm]
㉢ 음측 : 340[m/sec]
㉣ 기구에 의한 측량 : 줄자, 스타디아(Stadia), 광파기

② 수준(고저)측량(레벨측량)

㉠ 기준면으로부터 구하고자 하는 점의 높이를 측정하거나, 두 지점 사이의 상대적인 고저차를 구하는 측량이다.

ⓒ 지표면에 있는 제 점의 고저차를 관측하여, 그 점들의 고저(표고)를 결정하고 지도 제작, 공사의 계획, 설계 및 시공에 필요한 고저(표고) 자료를 제공하는 중요한 측량이다.

③ 각도측량
ㄱ 두 방향선이 이루는 각을 구하는 측량으로, 일반적으로 트랜싯(Transit)·세오돌라이트(Theodolite) 등의 측각의를 사용하여 측각한다.
ⓒ 거리 측량·수준 측량 등과 함께 기본적인 측량의 하나이다.

④ 평판측량
ㄱ 사람의 시각에 의존하는 측량으로서 삼각위에 평판을 올려놓고 그 위에 제도지를 붙인 다음, 앨리데이드(Alidade : 평판 위에 얹어 지상의 목표방향을 정하는 측량기기)를 사용하여 현장에서 점이나 사물의 위치, 거리, 방향, 높이 등을 측정하여 도면 위에 직접 작도하는 측량이다.
ⓒ 지역이 넓지 않을 때, 복잡한 세부 측량을 할 때, 지형도를 작성할 때 사용하는 방법이다.

⑤ 지적 측량의 종목
ㄱ 경계복원측량 : 지적공부에 등록된 경계점을 지표상에 복원하는 측량으로 건축물을 신축, 증축, 개축하거나 인접한 토지와의 경계를 확인하고자 할 때 주로 이용하는 측량
ⓒ 분할측량 : 지적공부에 등록된 1필지를 2필지 이상으로 나누어 등록하기 위한 측량으로 소유권 이전, 매매, 지목변경 등을 할 때 주로 이용하는 측량
ⓒ 지적현황측량 : 지상건축물 등의 현황을 지적도 및 임야도에 등록된 경계와 대비하여 도면에 표시하는 측량
② 등록전환측량 : 임야대장 및 임야도에 등록된 토지를 토지대장 및 지적도에 옮겨 등록하기 위한 측량
ⓜ 신규등록전환측량 : 새로 조성된 토지와 지적공부에 등록되어 있지 아니한 토지를 지적공부에 등록하기 위한 측량

4 건설사업관리(CM)

건설사업관리(CM : Construction Management)란 건설의 전 과정에 걸쳐 프로젝트를 보다 효율적이고 경제적으로 수행하기 위하여 각 부분의 전문가들로 구성된 집단의 통합관리기술이다.

1) 주요 업무

   ① 사업관리 일반
   ② 계약관리
   ③ 사업비 관리
   ④ 공정관리
   ⑤ 품질관리
   ⑥ 안전관리
   ⑦ 사업정보관리

2) 장단점

   (1) 장점

   ① 설계자와 시공자 간의 의사소통이 개선된다.
   ② 단계적 시공을 통해 공기 단축이 가능하다.
   ③ 가치공학(VE) 적용으로 원가 절감이 가능하다.
   ④ 기술적 조언과 설계 및 시공성 검토로 공법 및 기술의 다양화가 이루어진다.

   (2) 단점

   ① 단계적 시공 적용 시 공사비가 증가한다.
   ② 프로젝트 성패가 건설사업 관리자의 능력에 의해 좌우된다.
   ③ 발주자의 신속한 의사 결정에 따라 성패가 좌우된다.
   ④ 일반적인 건설사업관리는 공사비, 공사품질에 책임을 지지 않는다.

SECTION 002 태양광발전 구조물 기초공사 수행하기

1 기초

1) 기초의 조건
① 구조적 안정성 확보 : 설계하중에 대한 안정성 확보
② 허용침하량 이내
③ 최소 깊이 유지 : 환경변화, 국부적 지반 쇄굴 등에 저항
④ 시공 가능성 : 현장 여건 고려

2) 기초의 형식 결정을 위한 고려사항
① 지반조건 : 지반 종류, 지하수위, 지반의 균일성, 암반의 깊이
② 상부 구조물의 특성 : 허용침하량, 구조물의 중요도, 특이 요구조건
③ 상부 구조물의 하중 : 기초의 설계하중
④ 기초형식에 따른 경제성을 비교 검토

2 기초의 종류 구분

1) 기초의 종류
(1) **직접기초** : 지지층이 얕을 경우 기초
  ① 독립기초 : 지지물의 응력을 개개별로 지지하는 기초

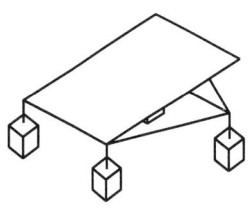 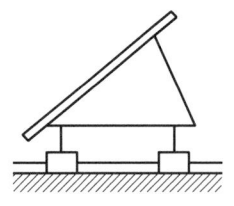 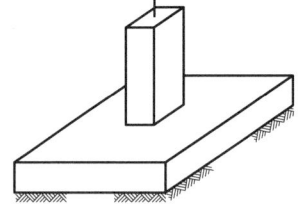

[독립기초]

② 복합기초 : 2개 이상 지지물의 응력을 단일로 지지하는 기초

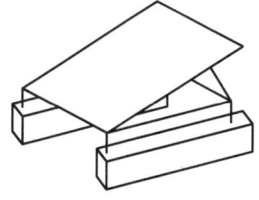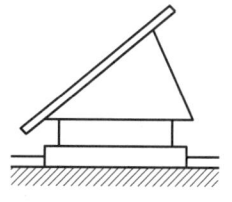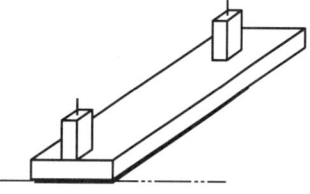

[복합기초]

(2) 말뚝기초 : 지지층이 깊을 경우 기초

(3) 주춧돌기초 : 철탑 등의 기초에 자주 쓰임

(4) 케이슨 기초 : 하천 내의 교량 기초

(5) 연속기초 : 지지층이 매우 깊은 기초

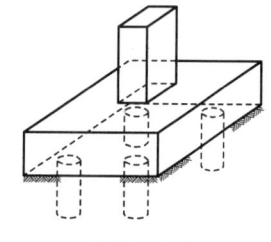

[말뚝기초]

2) 태양광발전에 적용 가능한 기초의 종류

종류	특징
독립기초	• 지지대 1대당 1개의 얕은 기초 • 지지층이 얕을 때 적용 • 소형, 소규모 어레이에 적용
복합기초	• 지지대 2대 이상 연결 • 지지층이 얕을 때 적용 • 중대형 어레이에 적용
말뚝기초	• 지지층이 깊을 때 적용 • 독립기초 시공 전 말뚝 시공
무기초(스크루)	콘크리트 기초 없이 스크루강(내식)을 직접 삽입
무기초(형강)	콘크리트 기초 없이 타격에 의해 삽입
무기초(앵커)	슬래브나 기존 시멘트 바닥면에 앵커를 삽입
무기초(루프형)	• 평면 또는 경사면 지붕에 내식성 루프패널을 설치 • 모듈을 루프패널에 부착

3) 얕은 기초와 깊은 기초의 구분

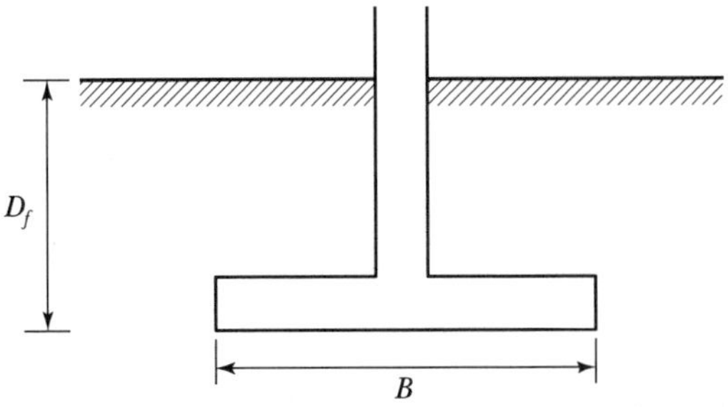

- $D_f/B \leq 1$: 얕은 기초
- $D_f/B > 1$: 깊은 기초
- B : 기초의 폭
- D_f : 기초의 관입 깊이

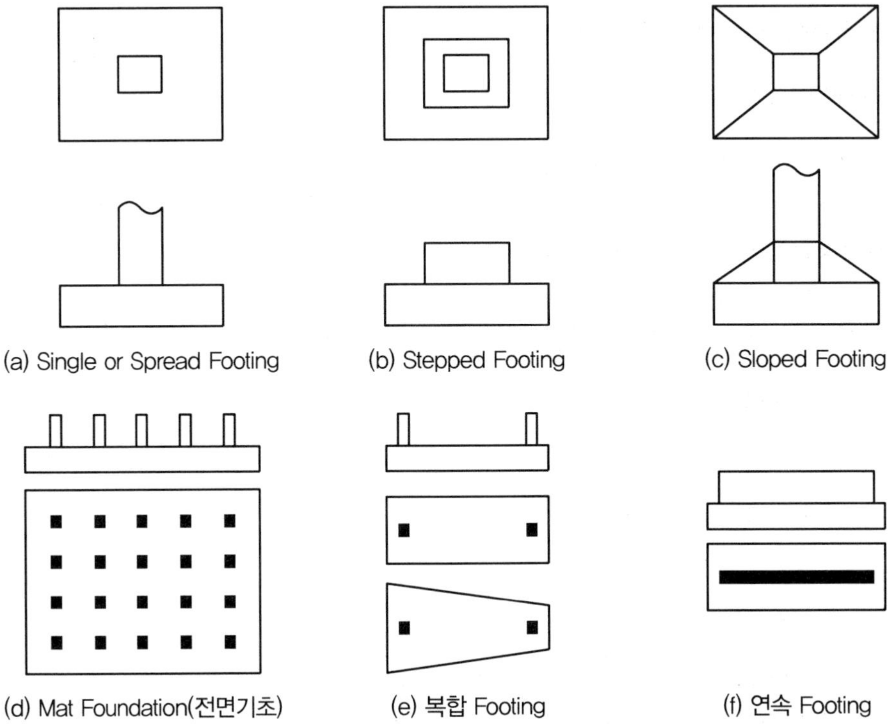

(a) Single or Spread Footing

(b) Stepped Footing

(c) Sloped Footing

(d) Mat Foundation(전면기초)

(e) 복합 Footing

(f) 연속 Footing

[얕은 기초의 종류 구분]

❸ 기초의 면적 및 터파기량

1) 정방향 독립기초 면적 A

$$A = \frac{Q_a}{q_a}[\text{m}]$$

여기서 Q_a : 총허용하중(축방향력+기초자중)[kN]
q_a : 허용지내력(현장지내력)([kgf]×9.8=[N])

실제 설치될 기초판의 넓이는 계산값보다 크거나 같아야 한다.

2) 독립기초 터파기량 V_o

$$V_o = \frac{H}{3}(A_1 + A_2 + \sqrt{A_1 A_2})[\text{m}^3]$$

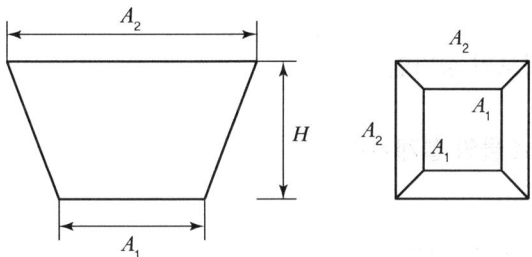

3) 줄기초 터파기량 V_o

$$V_o = \left(\frac{a+b}{2}\right) \times h \times 줄기초\ 길이\,[\text{m}^3]$$

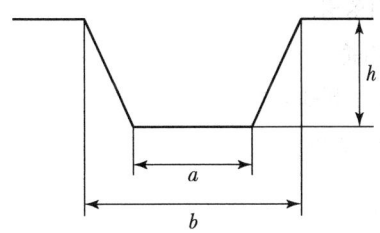

SECTION 003 태양광발전 구조물 시공하기

1 태양광발전 구조물 시공

1) 태양전지 어레이용 가대 및 지지대 설치

① 태양광 어레이용 가대 및 지지대 설치순서 결정
② 태양광 어레이용 가대, 모듈고정용 가대, 케이블 트레이용 채널 순으로 조립
③ 구조물은 현장조립을 원칙으로 함
④ 모듈의 지지물은 자중, 적재하중 및 구조하중은 물론 풍압, 적설 및 지진, 기타 진동과 충격에 견딜 수 있는 안전한 구조의 것으로 할 것
⑤ 볼트는 와셔 등을 사용하여 헐겁지 않도록 단단히 조립하고 지붕설치형의 경우에는 건물의 방수 등에 문제가 없도록 설치
⑥ 체결용 볼트, 너트, 와셔(볼트캡 포함)는 아연도금 처리 또는 동등 이상의 녹 방지. 기초 콘크리트 앵커볼트의 돌출부분은 반드시 볼트캡 착용
⑦ 태양전지 모듈의 유지보수를 위한 공간과 작업안전을 위한 발판 및 안전난간 설치(단, 안전성이 확보된 설비인 경우 예외)

2) 태양광발전 구조물의 설계기준에 따른 시공

(1) 구조시공의 기본

① 안정성 : 내진, 내풍, 상정하중, 천재지변에 안전
② 시공성 : 부재의 재질, 접합방법 동일, 규격화 등
③ 사용성 및 내구성 : 경년 변화, 지반상태, 환경 등 고려
④ 경제성 : 과다 설계 배제, 공사비 절감 등

(2) 구조물 시공 시 적용기준

① 건축법 및 동 시행령, 건축물의 구조기준 등에 관한 규칙
② 건축구조 설계기준
③ 강구조 설계기준 : 하중저항계수 설계법
④ 콘크리트구조 설계기준

(3) 구조물의 설치 순서

어레이 기초공사 → 어레이 가대공사 → 어레이 설치공사 → 배선공사 → 점검 및 검사

(4) 태양전지 어레이용 구조물의 구성

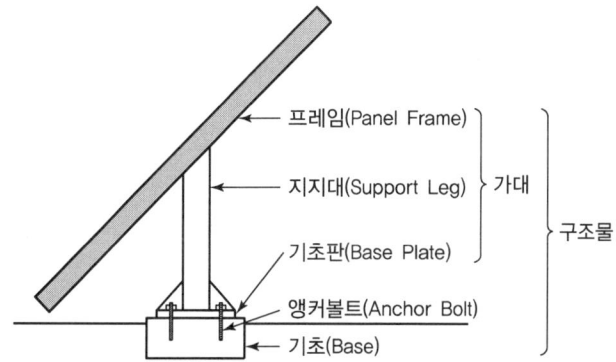

(5) 지지대의 구분

① 추적식

㉠ 추적 방향에 따른 분류
- 단축 추적식(Single Axis Tracking) : 방위각 변화, 경사각 변화(좌우 또는 상하)
- 양축 추적식(Double Axis Tracking) : 방위각과 경사각 모두 변화(좌우상하)

㉡ 추적방식에 따른 분류
- 감지식 추적법(Sensor Tracking) : 센서를 이용, 정확한 태양 궤도 추적이 어려움
- 프로그램 추적법(Program Tracking) : 프로그램에 따른 태양의 위치 추적
- 혼합식 추적법(Mixed Tracking) : 감지식+프로그램 추적법, 가장 이상적인 추적방식

② 반고정식 : 수동으로 사계절에 한 번씩 어레이의 경사각을 변화시킴

③ 고정식 : 어레이 지지형태가 가장 값싸고 안정된 구조

(6) 구조물의 설계하중

① 고정하중 : 자체하중+적재하중

② 적설하중

③ 풍하중

3) 구조물 조립공사

(1) 일반 볼트 접합

① 사용 장소

높이 9[m], 스팬 13[m] 이하의 구조물에만 적용

② 너트 풀림 방지법
  ㉠ 이중너트 사용
  ㉡ 스프링와셔(Spring Washer) 사용
  ㉢ 너트를 용접
  ㉣ 콘크리트에 매립

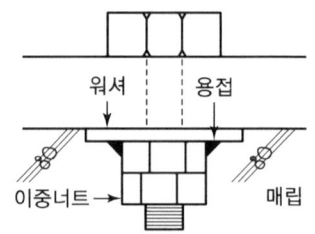

(2) 고력볼트(High Tension Bolt) 접합

① 정의

고탄소강 또는 합금강을 열처리한 항복강도 7[tonf/cm^2] 이상, 인장강도 9[tonf/cm^2] 이상의 고장력 볼트를 조여서, 부재 간의 마찰력에 의하여 응력을 전달하는 접합방식으로 시공이 간편하고 접합부의 강도가 크므로 구조체의 접합에 가장 많이 사용되나, 가격이 고가이고 숙련공이 필요하다.

② 고력볼트 접합 시 주의사항
  ㉠ 고력볼트 접합면을 거칠게 해야 한다.
  ㉡ 접촉면의 밀착과 뒤틀림, 구부림이 없게 한다.
  ㉢ 표준 볼트 장력이 얻어지게 한다.

③ 고력볼트 접합 시 일반사항
  ㉠ 조임기구 : 임팩트렌치, 토크렌치
  ㉡ 조임부검사 : 볼트수의 10[%] 이상 또는 각 볼트군의 1개 이상
  ㉢ 마찰면의 처리 : 마찰계수는 0.45 이상의 붉은 녹상태로 거친 면이 되게 한다.
  ㉣ 조임방법
    • 1차 조임은 표준장력의 80[%]로 한다.
    • 조임은 중앙에서 단부로 조여 나간다.

(3) 강재의 종류
① 형강 : ㄷ형강, C형강, I형강, H형강, L형강, T형강, Z형강
② 기타 강재 : 강판, 평강, 봉강, 강관, 경량형강

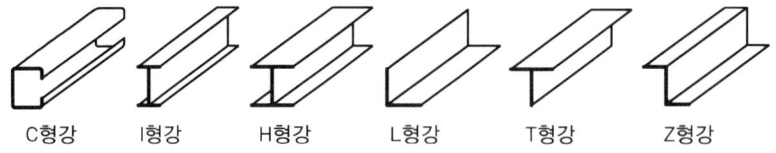

(4) 용융아연도금의 특징
① 내식성이 우수하다(용융아연도금 600[g/m^2]의 수명은 해안지역 20~25년, 농촌지역 50년 이상).

② 다양한 제품 생산이 가능하다.
③ 밀착성이 우수하다.
④ 제품 형상에 제약이 없다.
⑤ 다양한 색상 표현이 가능하다.
⑥ 경제성이 높다.

(5) 가대의 운반
① 공장검사 완료 후 현장반입
② 가대 운반 시 조사 및 검토사항
　㉠ 운반차의 용량
　㉡ 길이 제한
　㉢ 수송 중 장애물
　㉣ 교량
　㉤ 도로의 강약

(6) 철골 세우기
① 기초부
　콘크리트 타설 → 기초중심 먹매김 → 앵커볼트 설치 → 기초상부 고름질

② 지상부
　철골부 → 가조립 → 변형 바로잡기 → 정조립 → 접합(볼트조임) → 접합부 검사 → 완료

2 울타리 설치공사

1) 발전소 등의 울타리 · 담 등의 시설

(1) 고압 또는 특고압의 기계기구 · 모선 등을 옥외에 시설하는 경우

고압 또는 특고압의 기계기구 · 모선 등을 옥외에 시설하는 발전소 · 변전소 · 개폐소 또는 이에 준하는 곳에는 취급자 이외의 사람이 들어가지 아니하도록 시설하여야 한다. 다만, 토지의 상황에 의하여 사람이 들어갈 우려가 없는 곳은 그러하지 아니하다.

① 울타리 · 담 등을 시설할 것
② 출입구에는 출입금지의 표시를 할 것
③ 출입구에는 자물쇠장치, 기타 적당한 장치를 할 것

(2) 울타리 · 담 등의 시공기준

① 울타리 · 담 등의 높이는 2[m] 이상으로 하고 지표면과 울타리 · 담 등의 하단 사이의 간격은 0.15[m] 이하로 할 것

② 울타리 · 담 등과 고압 및 특고압의 충전 부분이 접근하는 경우에는 울타리 · 담 등의 높이와 울타리 · 담 등으로부터 충전부분까지 거리의 합계는 다음 표 값 이상으로 할 것

사용 전압의 구분	울타리 · 담 등의 높이와 울타리 · 담 등으로부터 충전부분까지의 거리의 합계
35[kV] 이하	5[m]
35[kV] 초과 160[kV] 이하	6[m]

(3) 고압 또는 특고압의 기계기구 · 모선 등을 옥내에 시설하는 경우

고압 또는 특고압의 기계기구 · 모선 등을 옥내에 시설하는 발전소 · 변전소 · 개폐소 또는 이에 준하는 곳에는 취급자 이외의 자가 들어가지 아니하도록 시설하여야 한다. 다만, 울타리 · 담 등의 내부는 그러하지 아니하다.

① 울타리 · 담 등을 (2)의 규정에 준하여 시설하고 또한 그 출입구에 출입금지의 표시와 자물쇠장치, 기타 적당한 장치를 할 것

② 견고한 벽을 시설하고 그 출입구에 출입금지의 표시와 자물쇠장치, 기타 적당한 장치를 할 것

(4) 고압 또는 특고압 가공전선(전선에 케이블을 사용하는 경우는 제외함)과 금속제의 울타리 · 담 등이 교차하는 경우에 금속제의 울타리 · 담 등에는 교차점과 좌, 우로 45[m] 이내의 개소에 KEC 320(접지설비)에 의한 접지공사를 하여야 한다. 또한 울타리 · 담 등에 문 등이 있는 경우에는 접지공사를 하거나 울타리 · 담 등과 전기적으로 접속하여야 한다. 다만, 토지의 상황에 의하여 KEC 320에 의한 접지저항값을 얻기 어려울 경우에는 100[Ω] 이하로 하고 또한 고압 가공전선로는 고압보안공사, 특고압 가공전선로는 제2종 특고압 보안공사에 의하여 시설할 수 있다.

3 구조계산서

1) 설계하중

(1) **고정하중(자중)** : 어레이 + 프레임 + 서포트 하중

(2) 적설하중

$$S_s = C_s \cdot S_f = C_s \cdot (C_b \cdot C_e \cdot C_t \cdot I_s \cdot S_g)[\text{kN/m}^2]$$

여기서, C_s : 지붕경사도계수　　C_b : 기본적설하중계수
　　　　C_e : 노출계수　　　　　C_t : 온도계수
　　　　I_s : 중요도계수　　　　S_g : 지상 적설하중

(3) 풍하중

설계풍하중 $P_c = q \times G_f \times C_f$

설계속도압 $q = \rho \times \dfrac{1}{2} V^2$

설계풍속 $V = V_o \times K_{zr} \times K_{zt} \times I_w$

여기서, G_f : 가스트 영향계수　　C_f : 풍력계수
　　　　K_{zr} : 고도분포계수　　　K_{zt} : 풍속할증계수
　　　　I_w : 중요도계수　　　　ρ : 밀도
　　　　V_o : 기본풍속

SECTION 004 출제예상문제

01 기초 구조물의 명칭 5개를 쓰시오.

해답
프레임, 지지대, 기초판(베이스 플레이트), 앵커볼트, 기초

해설

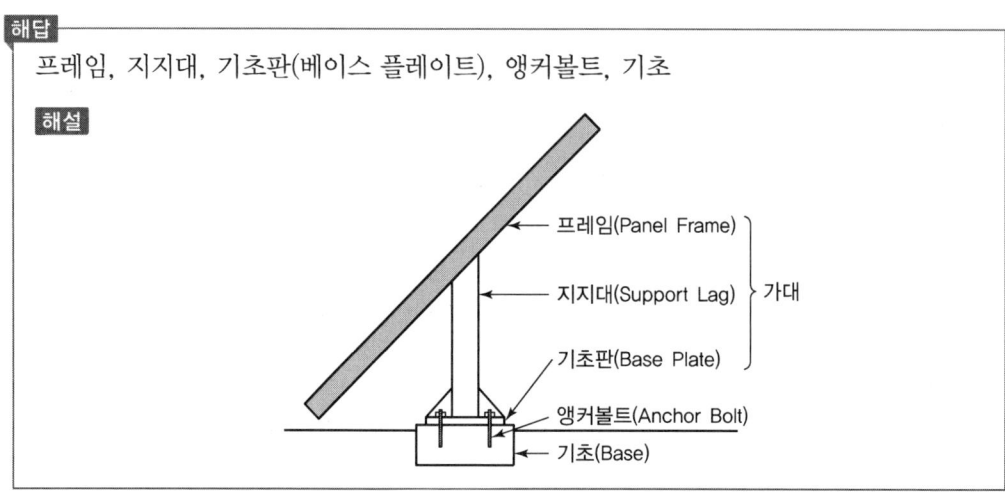

02 구조물 설계에서 기초의 요구조건 4가지를 쓰시오.

해답
① 구조적 안정성 확보　　② 허용침하량 이내
③ 최소 근입깊이 보유　　④ 시공 가능성

해설 기초의 요구조건
- 구조적 안정성 확보 : 설계하중에 대한 안정성 확보
- 허용침하량 이내 : 구조물의 허용침하량 이내의 침하
- 최소 근입깊이 보유 : 환경변화, 국부적 지반 쇄굴 등에 저항
- 시공 가능성 : 현장 여건 고려

03 구조설계에서 기초형식 결정을 위한 고려사항 4가지를 쓰시오.

해답
① 지반조건　　② 상부 구조물의 특성
③ 상부 구조물의 하중　　④ 기초형식에 따른 경제성 비교

해설 기초형식 결정을 위한 고려사항
- 지반조건 : 지반 종류, 지하수위, 지반의 균일성, 암반의 깊이
- 상부 구조물의 특성 : 허용침하량, 구조물의 중요도, 특이요구조건
- 상부 구조물의 하중 : 기초의 설계하중
- 기초형식에 따른 경제성 비교 검토

04 태양광발전시스템을 건설하기 위한 최적 후보지 선정기준 중 지리적인 요소 2가지를 쓰시오.

해답
① 부지의 접근성
② 주변환경 및 자연환경 요소

해설 태양광발전시스템 부지 선정 시 일반적 고려사항
- 지정학적 조건 : 일조량, 일조시간 등
- 설치, 운영상의 조건 : 부지의 접근성, 주변환경, 자연환경 요소 등(지리적인 조건)
- 행정상의 조건 : 발전사업허가, 개발행위허가 등 인허가 관련 규제
- 전력계통과의 연계조건 : 전력계통 연계점(인입선로) 위치, 계통병입 가능용량
- 경제성 : 부지매입비 및 공사비, RPS 공급인증서 가중치 적용 여부
- 기타 : 주민 협의 및 민원발생 가능성 여부

05 태양광발전시스템 최적 후보지의 선정기준 중 지정학적 고려사항을 2가지만 쓰시오.

해답
① 일조량
② 일조시간

해설 태양광발전시스템 부지선정 시 일반적 고려사항
- 지정학적 조건 : 일조량, 일조시간 등
- 설치, 운영상의 조건 : 부지의 접근성, 주변환경, 자연환경 요소 등(지리적인 조건)
- 행정상의 조건 : 발전사업허가, 개발행위허가 등 인허가 관련 규제
- 전력계통과의 연계조건 : 전력계통 연계점(인입선로) 위치, 계통병입 가능용량
- 경제성 : 부지매입비 및 공사비, RPS 공급인증서 가중치 적용 여부
- 기타 : 주민 협의 및 민원발생 가능성 여부

06 포화 점토층의 공극을 통해 공극수가 빠져나감으로써 발생하는 침하를 무슨 침하라 하는가?

> **해답**
> 압밀침하

07 기초의 종류 중 직접 기초(얕은 기초)의 종류 2가지를 쓰시오.

> **해답**
> ① 푸팅 기초
> ② 전면 기초
>
> **해설** 기초의 종류는 다음과 같다.
>
>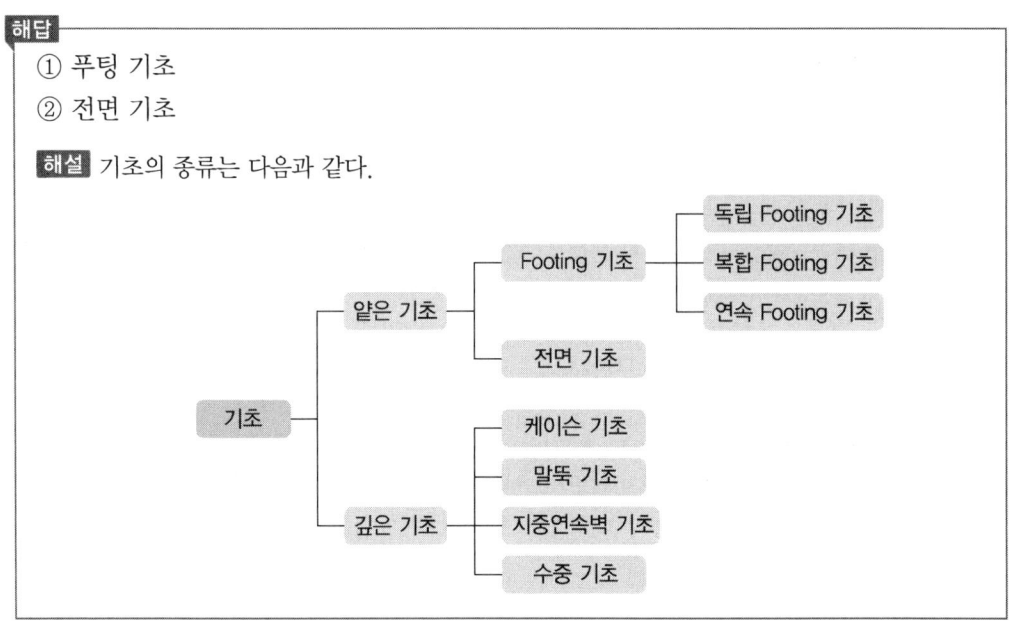

08 그림에서 얕은 기초와 깊은 기초의 구분 기준을 쓰시오.

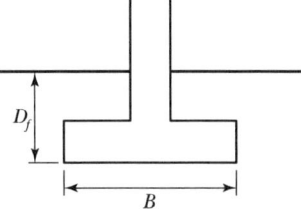

> **해답**
> 1) 얕은 기초 : $\dfrac{D_f}{B} \leq 1$ 2) 깊은 기초 : $\dfrac{D_f}{B} > 1$

09 다음은 지상 설치 시 기초형식에 대한 그림이다. 어떤 기초형식인지 명칭을 쓰고 설명하시오.

1)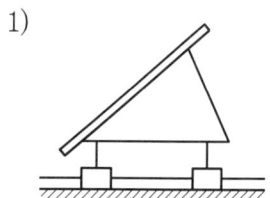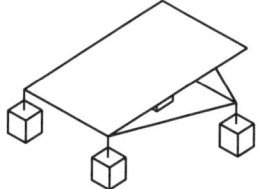

2)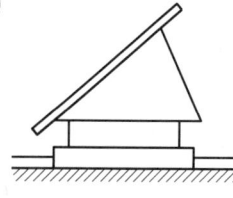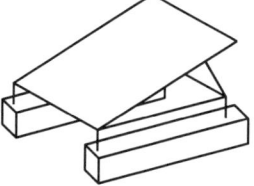

> 해답
> 1) 독립 푸팅 기초 : 도로 표시 등의 기초에 쓰이는 블록기초를 말한다.
> 2) 복합 푸팅 기초 : 2개 이상의 기둥으로부터의 응력을 단일 기초로 지지한 것이다.

10 그림은 태양광발전설비에 사용되는 지상설치의 기초형식이다. 어떤 기초형식인가?

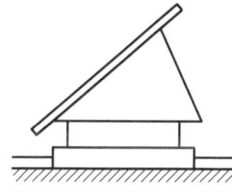 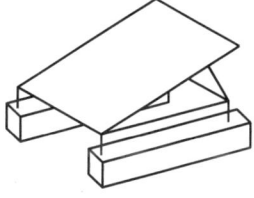

> 해답
> 복합기초
>
> 해설 복합기초는 2개 이상의 기둥으로부터의 응력을 단일 기초로 지지한 것이다.

11 기초의 종류 5가지를 쓰시오.

> 해답
> 직접기초, 말뚝기초, 주춧돌기초, 케이슨 기초, 연속기초

해설 기초의 종류
- 직접기초 : 지지층이 얕을 경우 자주 쓰인다.
- 말뚝기초 : 지지층이 깊을 경우 자주 쓰인다.
- 주춧돌기초 : 철탑 등의 기초에 자주 쓰인다.
- 케이슨 기초 : 하천 내의 교량 등에 자주 쓰인다.
- 연속기초 : 지지층이 매우 깊은 경우에 자주 쓰인다.

12 태양전지 구조물 기초공사의 분류에서 깊은 기초에 해당하는 3가지를 쓰시오.

해답
① 말뚝기초
② 피어 기초
③ 케이슨 기초

해설 기초의 종류는 다음과 같다.

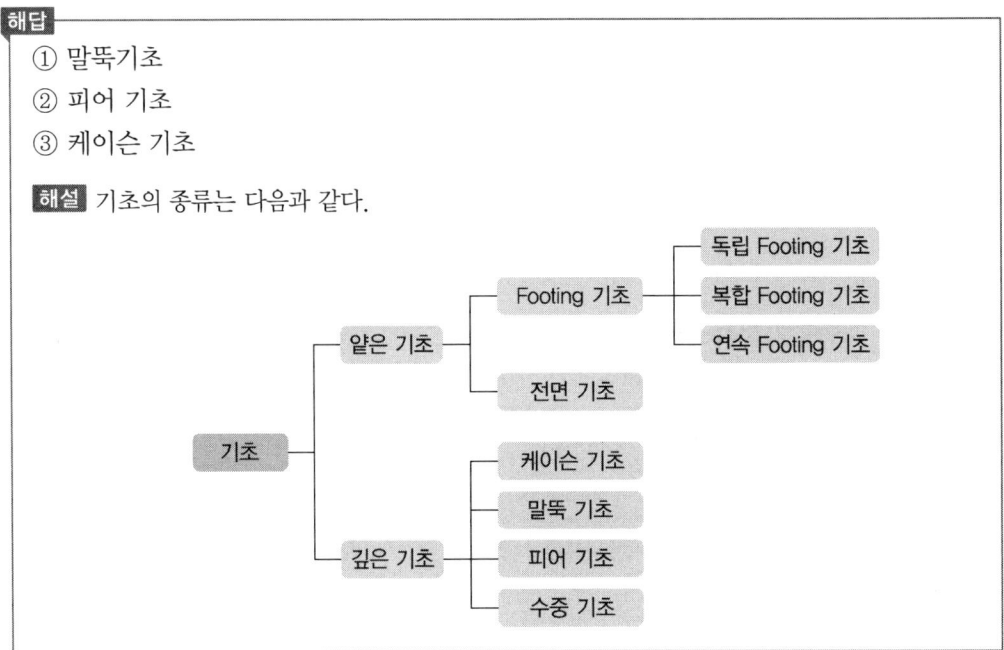

13 다음 그림의 $a=0.5[m]$, $b=1.22[m]$, $h=1.2[m]$, 길이 20[m]를 터파기할 때 터파기량을 계산하시오.

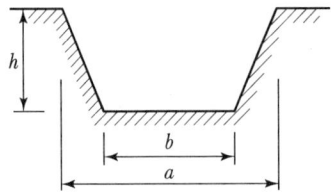

> **해답**
> - 계산과정 : 터파기량 $= \dfrac{a+b}{2} \times h \times$ 줄기초 길이$[\text{m}^3]$
> $\qquad\qquad\quad = \dfrac{0.5+1.22}{2} \times 1.2 \times 20 = 20.64\,[\text{m}^3]$
> - 답 : $20.64\,[\text{m}^3]$

14 구조계산의 방법 중에서 설계하중(사용하중)에 의한 실제 응력이 허용응력을 초과하지 않도록 설계하는 것을 무엇이라 하는가?

> **해답**
> 허용응력설계법

15 어레이 구조물의 지지대(기둥)로 사용 가능한 형강 3가지를 쓰시오.

> **해답**
> ① H형강 ② 각형 강관 ③ 원형 강관

16 거푸집의 역할 3가지를 쓰시오.

> **해답**
> ① 콘크리트의 일정한 형상 및 치수 유지
> ② 경화에 필요한 수분 노출 방지
> ③ 외기의 영향 방지

17 거푸집 널로 사용 가능한 재료 3가지를 쓰시오.

> **해답**
> ① 목재 ② 합판 ③ 패널(Panel)

18 축방향력 $N=20[t]$이고 기초 자중이 $2[t]$일 때 허용지내력 $f_e=10[t/m^2]$이면 가장 경제적인 정방형 독립기초의 크기를 구하시오.

> **해답**
> 기초판 넓이
> 총허용하중 $Q_a = A \times q_a$
>   여기서, A : 면적
> q_a : 허용지내력
>
> $A = \dfrac{Q_a}{q_a} = \dfrac{20 + 2(기초자중)}{10} = 2.2$
> $\sqrt{A} = \sqrt{2.2} = 1.483$
> $\therefore A = 1.5 \times 1.5 [m]$
>
> **해설** 실제 설치될 기초판의 넓이는 계산값보다 크거나 같아야 한다. 이를 위해서 소수점 첫 번째 자리까지 표현하면 $1.5[m]$로 나타낼 수 있다.

19 어레이 설치지역의 설계속도압이 $1,000[N/m^2]$, 유효수압면적이 $7[m^2]$인 어레이의 풍하중$[kN]$은 얼마인가?(단, 가스트 영향계수는 1.8, 풍력계수는 1.3이다.)

> **해답**
> 어레이 설계풍압하중 P_c
> $P_c = q_z \cdot G_f \cdot C_f \cdot A = 1,000 \times 1.3 \times 1.8 \times 7 \times 10^{-3} = 16.38[kN]$
>   여기서, q_z : 설계속도압 $= \dfrac{1}{2}\rho V_2^2$
> G_f : 가스트 영향계수
> C_f : 풍력계수
> A : 면적

20 어레이 설치지역 설계속도압이 $50[N/m^2]$, 유효수압면적이 $0.6[m^2]$인 어레이의 풍하중$[N]$은?(단, 풍압계수는 1.3이다.)

> **해답**
> 어레이의 풍하중
> $P_c = q_z \cdot G_f \cdot C_f \cdot A = 50 \times 1.3 \times 0.6 = 39[N]$

21 태양전지 모듈의 지지물은 무엇에 대하여 안전한 구조의 것이어야 하는지 5가지를 쓰시오.
(단, 전기설비기술기준에 의거)

> **해답**
> ① 자중 ② 적재하중
> ③ 풍압 ④ 적설
> ⑤ 지진

22 태양광발전설비의 구조물 구조계산에 적용되는 설계하중 4가지를 쓰시오.

> **해답**
> ① 고정하중 ② 풍하중
> ③ 적설하중 ④ 지진하중

23 지붕 경사도 계수를 구분하는 주요 요소는 무엇인가?

> **해답**
> 온도(열전달)
> **해설** 지붕 경사도 계수는 따뜻한 지붕의 경사도 계수와 차가운 지붕의 온도계수로 나뉜다.

24 경사지붕 적설하중에 영향을 미치는 지붕 경사도 계수의 종류 2가지를 쓰시오.

> **해답**
> ① 따뜻한 지붕 경사도 계수
> ② 차가운 지붕 경사도 계수

25 태양광 어레이용 가대를 옥상에 설치할 경우 고려해야 할 설계 사항 2가지를 쓰시오.

> **해답**
> ① 자중(자체하중) ② 풍압의 최대하중

26 구조물 계산에서 경사지붕 적설하중 계산식을 쓰고 계수의 의미를 쓰시오.

> **해답**
> 적설하중 $S_s = C_s \cdot S_f = C_s \cdot (C_b \cdot C_e \cdot C_t \cdot I_s \cdot S_g)[\text{kN/m}^2]$
> 여기서, C_s : 지붕경사도계수　　C_b : 기본적설하중계수
> 　　　　C_e : 노출계수　　　　　C_t : 온도계수
> 　　　　I_s : 중요도계수　　　　S_g : 지상적설하중

27 흙의 성질을 나타낸 것으로 간극비, 함수비, 포화도가 있다. 이들 공식을 쓰시오.

> **해답**
> 1) 간극비 $= \dfrac{\text{간극의 용적}}{\text{토립자의 용적}}$　　2) 함수비 $= \dfrac{\text{물의 중량}}{\text{토립자의 중량}} \times 100[\%]$
> 3) 포화도 $= \dfrac{\text{물의 용적}}{\text{간극의 용적}} \times 100[\%]$

28 흙의 구성요소 3가지를 쓰시오.

> **해답**
> ① 흙입자　　② 물　　③ 공기

29 다음 (　) 안에 알맞은 내용을 쓰시오.

> 흙의 가장 중요한 역학적 성질인 전단강도는 기초의 (①)을 알 수 있다. 기초의 하중이 그 흙의 전단강도 이상이면 흙은 (②)되고 기초는 (③)되며, 이하이면 흙은 (④)되고 기초는 (⑤)된다.

> **해답**
> ① 극한지지력　　② 붕괴
> ③ 침하　　　　　④ 안정
> ⑤ 지지

30 다음 ( ) 안에 알맞은 내용을 쓰시오.

> 특수한 토질을 제외하고 터파기 깊이가 ( )[m] 미만일 때에는 휴식각을 고려하지 않고, 수직터파기로 계산함을 원칙으로 한다.

해답
1

31 다음은 태양광발전시스템의 구조물 지지대 연결부에 대한 내용이다. ( ) 안에 알맞은 내용을 쓰시오.

> 태양전지 모듈 지지대 제작 시 형강류 및 기초지지대에 포함된 철판 부위는 ( ) 또는 동등 이상의 녹 방지처리를 해야 하며, 용접부위는 방식처리를 해야 한다.

해답
용융아연도금

32 태양광발전시스템의 모든 구조물 및 연결철물은 염해로부터 부식되지 않도록 어떤 도금처리를 하는지 쓰시오.

해답
용융아연도금

해설 태양광발전시스템의 구조물 및 연결철물은 염해 등으로부터 강제의 부식방지를 위해 용융아연도금(규격 600[g/m^2]) 처리를 한다. 수명은 농촌지역에서는 50년 이상, 도서나 해안지역에서는 20~25년이다.

33 태양광발전용 가대(철 구조물)의 방식방법으로 사용되는 용융아연도금의 수명을 도서나 해안지역에서 20~25년으로 하기 위해서는 아연 도금량을 몇 [g/m^2] 이상으로 하여야 하는가?

해답
600[g/m^2] 이상

34 태양광발전용 가대(철 구조물)의 방식방법으로 사용되는 용융아연도금의 장점 5가지를 쓰시오.

해답
① 내식성이 우수하다.
② 다양한 제품생산이 가능하다.
③ 희생방식 작용을 한다.
④ 밀착성이 우수하다.
⑤ 제품형상의 제약이 적다.

해설 ①~⑤ 외에
⑥ 물성의 변화가 적다.
⑦ 다양한 색상표현이 가능하다.
⑧ 경제성이 높다.

35 다음은 태양광발전시스템의 시공절차이다. ( ) 안에 알맞은 내용을 쓰시오.

현장 여건 분석 → 시스템 설계 → (①) → 기초공사 → (②) → 모듈 설치 → (③) → (④) → 시운전 → 운전 개시

해답
① 구성요소 제작
② 가대 설치
③ 간선공사
④ 인버터 설치

36 다음은 기초부 및 지상부 현장 철골 세우기 순서이다. ( ) 안에 알맞은 내용을 쓰시오.

• 기초부 : 콘크리트 타설 → 기초 중심 먹매김 → (①) → 기초 상부 고름질
• 지상부 : 철골세우기 → (②) → 변형 바로잡기 → (③) → 접합(볼트조임) → 도장(용융아연도금 구조물은 생략) → 접합부검사 → 완료

해답
① 앵커볼트 설치
② 가조립(가조임)
③ 정조립(정조임)

37 태양광발전용 가대(철 구조물)의 운반 시 조사 및 검토사항 5가지를 쓰시오.

해답
① 운반차의 용량
② 길이제한
③ 운반 시 장애물
④ 교량
⑤ 도로의 강약

38 볼트 접합으로 사용 가능한 철구조물의 높이와 스팬을 쓰시오.

1) 높이 (   )[m] 이하
2) 스팬 (   )[m] 이하

해답
1) 9
2) 13

39 다음은 배토·정비용 장비에 대한 설명이다. 해당 장비를 〈보기〉에서 고르시오.

〈보기〉
앵글도저, 그레이더, 스크레이퍼

1) 토사의 운반과 100~150[m]의 중거리 정지공사에 적합한 장비
2) 정지작업(땅고르기, 노면정리)에 적합한 장비
3) 산허리 등을 깎는 데 유용, 배토판 30° 회전 가능한 장비

해답
1) 스크레이퍼
2) 그레이더
3) 앵글도저

40 다음 ( ) 안에 알맞은 내용을 쓰시오.

태양광발전소의 울타리·담 등의 높이는 (①)[m] 이상으로 하고, 지표면과 울타리·담 등의 하단 사이의 간격은 (②)[cm] 이하로 하여야 한다.

해답
① 2   ② 15

41 너트의 풀림방지방법 4가지를 쓰시오.

해답
① 이중너트 사용
② 스프링와셔 사용
③ 너트를 용접
④ 콘크리트에 매립

42 태양전지 모듈을 취부하기 위한 지지물을 쓰시오.

해답
태양전지 가대

43 임팩트렌치, 토크렌치로 조임 작업 시 "조임부 검사 및 마찰면 처리, 조임방법"은 다음과 같다. ( ) 안에 알맞은 값을 쓰시오.

1) 조임부 검사 : 볼트수의 (   )[%] 이상 또는 각 볼트군의 1개 이상
2) 마찰면 처리 : 마찰계수는 (   ) 이상의 붉은 녹상태로 거친 면이 되게 한다.
3) 1차 조임은 표준장력의 (   )[%]로 한다.

해답
1) 10
2) 0.45
3) 80

44 고력볼트(High Tension Bolt) 접합 시 주의사항 3가지를 쓰시오.

> **해답**
> ① 고력볼트 접합면을 거칠게 한다.
> ② 접촉면의 밀착과 뒤틀림, 구부림이 없게 한다.
> ③ 표준 볼트 장력이 얻어지게 한다.

45 태양전지 모듈과 가대의 접합 시 전식 방지를 위해 사용하는 것은?

> **해답**
> 개스킷

46 태양전지 어레이의 설치방식 중 추적식의 3가지 방법을 쓰시오.

> **해답**
> ① 감지식 추적법(Sensor Tracking)
> ② 프로그램식 추적법(Program Tracking)
> ③ 혼합식 추적법(Mixed Tracking)

47 태양광발전시스템에서 발전량을 극대화하기 위하여 추적식 어레이를 적용하고 있다. 추적방향에 따른 분류방식과 추적방식에 따른 분류방식을 구분하여 각각 쓰시오.
1) 추적방향에 따른 분류방식(2가지)
2) 추적방식에 따른 분류방식(3가지)

> **해답**
> 1) 추적방향에 따른 분류방식(2가지)
>   ① 단방향 추적식
>   ② 양방향 추적식
> 2) 추적방식에 따른 분류방식(3가지)
>   ① 감지식 추적법
>   ② 프로그램식 추적법
>   ③ 혼합식 추적법

PART 05 태양광발전 전기시설 공사 및 시공

SECTION 001 태양광발전 어레이 시공하기

1 태양광발전시스템의 적용가능 장소

1) 지면(Ground)

① 지면에 설치할 경우 면적확보가 가장 중요함
② 어레이 간 음영이 지지 않는 충분한 거리 확보
③ 건물의 이미지와 별도로 설치 가능함(기존/신축 건축물에 적용 가능)

구분		설치방식
지면	별치형	• 건축물과 관계없이 태양광발전시스템 별도 설치 • 조형물 및 Shelter 등으로 활용
	조형물형	• 상징물 형상화 및 부대시설과 연계 설치 • 분수, 조명 등의 전원으로 활용
	대체형	• 태양전지 모듈을 부대시설로 활용 • 담, 울타리, 난간, 방음벽 등에 활용

2) 벽면(Facade & Shade)

① 벽면 적용 시 모듈의 설치각이 수직이므로 발전량 저하 우려
② 창호재의 BIPV 적용 시 설계 단계에서부터 적용

구분		설치방식
벽면	차양형	• 모듈을 건물의 차양재로 활용 • 하부 음영을 고려하여 모듈의 경사각 산정
	벽부	• 모듈을 건물의 외장재로 활용 • 경사각이 90°로 효율 약 30[%] 감소
	창호형	• 자연채광이 가능한 건물 외장재 및 창호재로 활용 • 대부분 90° 경사각으로 발전량 감소

3) 지붕(Roof)

① 기존 건축물 적용 시 태양전지 및 구조물의 무게에 따른 하중 검토 필요
② 아트리움 등의 BIPV 적용 시 설계 단계에서부터 적용

구분		설치방식
지붕	평지붕형	• 건축형태에 따라 태양광발전시스템 옥상에 설치 • 별도 기초/구조물 필요 • 적용성 용이
	경사지붕형	• 경사 지붕에 모듈 부착 • 지붕과 통합/이미지 형상화 불가 • 종전에는 지붕 덧붙이기 방식이 주로 사용되었으나 점차 지붕자재와 일체로 시공
	아트리움형	• 지붕 자연 채광 • 지붕재와 태양전지 모듈의 통합

2 태양전지 어레이 설정

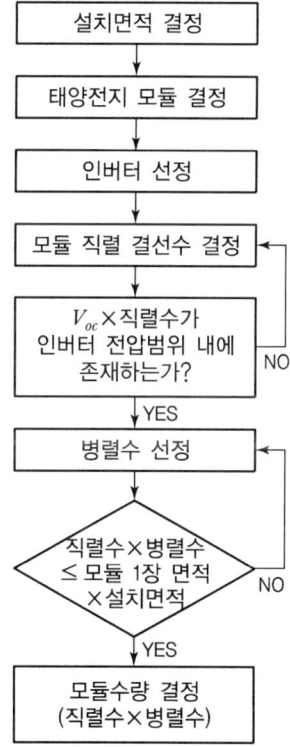

① 어레이 용량 : 설치면적에 따라 결정
② 직렬 결선
  ㉠ 인버터의 동작전압에 따라 결정
  ㉡ 어레이의 직렬 결선수×태양전지 모듈 1장의 개방전압(V_{oc})이 인버터 동작 전압 범위 내

③ 병렬수와 어레이 용량(직렬수×병렬수) : 어레이 직렬 결선수에 따라 정수배의 병렬수가 설치면적 내
④ 어레이 간 간선 : 모듈 1장의 최대전류(I_{mp})가 전선의 허용전류 내

3 태양전지 어레이의 방위각과 경사각 시공

[방위각 및 경사각 시공 시 고려사항]

구분	개념	시공 시 고려사항
방위각	• 어레이가 정남향과 이루는 각 • 정남향이 최적효율	• 발전시간 내 음영이 생기지 않도록 배치할 것 • 최소의 설치 면적
경사각	• 어레이가 지평면과 이루는 각 • 고정식은 그 지방의 위도	• 발전전력량이 연간 최대가 되도록 배치 • 적설을 고려하여 결정 • 경사각에 따른 이격거리 확보

① 남중고도 : 우리나라는 지구의 북반부에 위치하므로 남중고도는 하루 중에 태양이 정남쪽에 있을 때 고도

② 남중고도＝90°－관측자의 위도(ϕ)＋태양의 적위(δ)
  ㉠ 춘추분＝90°－ϕ
  ㉡ 동지＝90°－ϕ－23.5°
  ㉢ 하지＝90°－ϕ＋23.5°

4 태양전지 어레이용 가대 조건

1) 가대의 재질 및 형태

① 염해, 공해 등을 고려하여 부식(녹)이 발생하지 않을 것
② 최소 20년 이상의 내구성을 가질 것
③ 어레이의 자체하중에 풍압하중을 더한 하중에 견딜 수 있을 것
④ 어레이를 단단히 고정할 수 있도록 할 것
⑤ 절삭 등 가공이 쉽고 가벼울 것
⑥ 수급이 용이하고 경제적일 것
⑦ 불필요한 가공을 피할 수 있도록 규격화되어 있을 것
⑧ 부재의 접합은 볼트 접합, 용접 접합 및 이들과 동등 이상의 품질을 확보할 수 있는 방법을 사용

2) 가대의 분류

① 재질에 따른 분류 : 가대의 종류는 재질에 따라 강제+도장, 강제+용융아연도금, 스테인리스(SUS), 알루미늄 합금제 등으로 나뉜다.
② 어레이 설치 방식에 따른 분류 : 고정식, 경사 가변식, 추적식
③ 설치장소에 따른 분류 : 평지, 경사지, 평지붕, 경사지붕, 건물외벽 등

5 태양전기 어레이용 가대 시공

1) 가대의 구성

프레임(수평부재, 수직부재), 지지대, 기초판으로 구성

2) 태양전지 어레이용 가대 및 지지대 설치

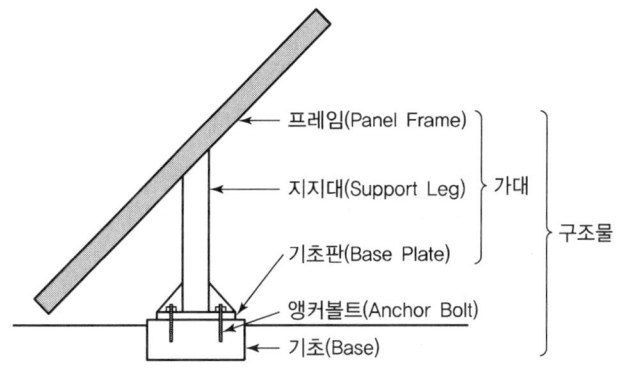

[태양전지 어레이용 가대 및 구조물 시공]

3) 상정하중

① 시공 및 설계 시 검토된 하중인 고정하중(자중), 적설하중, 활하중, 풍하중(풍압하중), 지진하중 등을 고려한다.

② 하중의 조합
　㉠ 적설하중 : 고정+적설하중
　㉡ 풍하중 : 고정+풍압하중
　㉢ 지진하중 : 고정+지진하중

③ 하중의 크기 : 풍하중>적설하중>지진하중

6 태양전지 모듈의 설치

1) 제품

태양광발전 모듈(이하 모듈)은 인증받은 제품을 설치하여야 한다. 다만, 건물일체형 태양광 시스템은 센터의 장이 별도로 정하는 품질기준(KS C 8561 또는 8562 일부 준용)에 따라 '발전성능' 및 '내구성' 등을 만족하는 시험결과가 포함된 시험성적서를 센터로 제출할 경우, 인증받은 설비와 유사한 형태(모듈의 종류 및 구조가 동일한 형태)의 모듈을 사용할 수 있다.

2) 모듈 설치용량

모듈의 설치용량은 사업계획서상의 모듈 설계용량과 동일하여야 한다. 다만, 단위모듈당 용량에 따라 설계용량과 동일하게 설치할 수 없을 경우에 한하여 설계용량의 110[%] 이내까지 가능하다.

3) 설치상태

① 모듈의 일조면은 정남향 방향으로 설치되어야 한다. 정남향으로 설치가 불가능할 경우에 한하여 정남향을 기준으로 동쪽 또는 서쪽 방향으로 45° 이내에 설치하여야 한다.
② 모듈의 일조시간은 장애물로 인한 음영에도 불구하고 일조시간은 1일 5시간(춘계(3~5월)·추계(9~11월) 기준) 이상이어야 한다. 다만, 전깃줄, 피뢰침, 안테나 등 경미한 음영은 장애물로 보지 아니한다.
③ 태양광 모듈 설치열이 2열 이상일 경우 앞열은 뒷열에 음영이 지지 않도록 설치하여야 한다.

4) 설치 시 고려사항

① 태양광설비를 일반 부지에 설치 시에는 배수가 용이하고 태양광설비의 구조물과 기초의 안전성을 확보해야 하며, 건축물 또는 구조물 등에 설치 시에는 방수 등에 문제가 없도록 설치하여야 한다.
② 모듈을 지붕에 직접 설치하는 경우 배면환기를 위하여 모듈과 지붕면 간 이격거리는 10[cm] 이상이어야 하며, 배선처리는 바닥에 닿지 않도록 단단하게 고정해야 한다.

5) 태양전지 모듈 운반 시 주의사항

① 태양전지 모듈의 파손방지를 위해 충격이 가해지지 않도록 한다.
② 태양전지 모듈의 인력 이동 시 2인 1조로 한다.
③ 접속하지 않는 모듈의 리드선은 빗물 등 이물질이 유입되지 않도록 조치한다.

6) 태양전지 모듈의 설치방법

① 가로깔기 : 모듈의 긴 쪽이 상·하가 되도록 설치
② 세로깔기 : 모듈의 긴 쪽이 좌·우가 되도록 설치

7) 태양전지 모듈의 설치

① 태양전지 모듈의 직렬매수(스트링)는 직류 사용전압 또는 파워컨디셔너(PCS)의 입력전압범위에서 선정한다.
② 태양전지 모듈의 설치는 가대의 하단에서 상단으로 순차적으로 조립한다.
③ 태양전지 모듈과 가대의 접합 시 전식 방지를 위해 개스킷(Gasket)을 사용하여 조립한다.

8) 태양전지 모듈 및 어레이 설치 후 확인·점검사항

태양전지 모듈의 배선이 끝나면, 각 모듈의 극성 확인, 전압 확인, 단락전류 측정 확인, 양극 중 어느 하나라도 접지되어 있지는 않은지 확인한다. 체크리스트에 확인사항을 기입하고 차후 점검을 위해 보관해둔다.

① 전압·극성 확인 : 태양전지 모듈이 바르게 시공되어, 설명서대로 전압이 나오고 있는지 양극, 음극의 극성이 바른지의 여부 등을 테스터, 직류전압계로 확인한다.
② 단락전류의 측정 : 태양전지 모듈의 설명서에 기재된 단락전류가 흐르는지 직류전류계로 측정한다. 타 모듈과 비교해 측정치가 현저히 다른 경우는 배선을 재차 점검한다.
③ 비접지 확인 : 태양광발전설비 중 인버터는 절연변압기를 시설하는 경우가 드물기 때문에 일반적으로 직류 측 회로를 비접지로 하고 있다. 비접지의 확인방법은 다음 그림과 같다. 또한, 통신용 전원에 사용하는 경우는 편단접지를 하는 경우가 있으므로 통신기기 제작사와 협의할 필요가 있다.

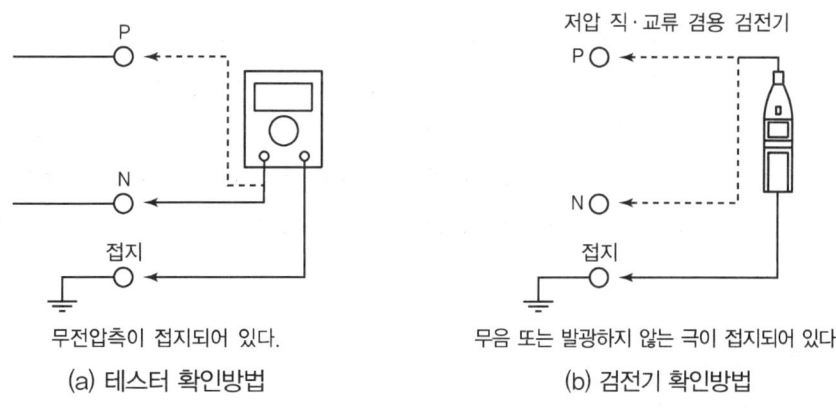

[비접지 확인방법]

※ 테스터나 검전기 측정으로 비접지 여부를 확인한다. 직류 측 회로의 1선이 접지되어 있으면 접지된 곳을 찾아 비접지 상태로 한다.

④ 접지의 연속성 확인 : 모듈의 구조는 설치로 인해 접지의 연속성이 훼손되지 않는 것을 사용해야 한다.

7 접속함 설치

1) 접속함 설치 전 검토사항

① 설계도면(설치 상세도) 및 특기시방서의 접속함 설치방법을 확인한다.
② 태양전지 어레이의 접속함에 접속되는 스트링 회로수 및 번호를 확인한다.
③ 접속함 제조사에서 제공하는 설치 매뉴얼(기계적 · 전기적 설치방법)을 검토한다.

2) 접속함 설치공사

① 접속함 설치위치는 어레이 근처가 적합하다.
② 접속함은 풍압 및 설계하중에 견디고 방수 · 방부형으로 제작되어야 한다.
③ 태양전지 어레이 측 전선은 접속함 배선 홀에 맞추어 압착단자를 사용하여 견고하게 전선을 연결해야 하며, 접속 배선함 연결부위는 방수용 커넥터를 사용한다.
④ 접속함 내부에는 직류 출력개폐기, 서지보호장치, 역류방지 다이오드, 단자대 등이 설치되므로 구조, 미관, 추후 점검 및 보수 등을 고려하여 설치한다.
⑤ 접속함은 내부과열을 피할 수 있게 제작되어야 하며, 역류방지 다이오드용 방열판은 다이오드에서 발생된 열이 접속부분으로 전달되지 않도록 충분한 크기로 하거나, 별도의 분전반에 설치해야 한다.
⑥ 역류방지 다이오드의 용량은 모듈 단락전류의 1.4배 이상으로 한다(개방전압 V_{oc}의 1.2배 이상).
⑦ 접속함 입 · 출력부는 견고하게 고정을 하여 외부 충격에 전선이 움직이지 않도록 한다.
⑧ 태양전지의 각 스트링(String) 단위로 인입된 직류전류를 역전류방지 다이오드 및 배선용 차단기 말단을 병렬로 연결하여 파워컨디셔너(PCS) 입력단에 직류전원을 공급하는 기능과 모니터링 설비를 위한 각종 센서류의 신호선을 입력받아 태양전지 어레이 계측장치에 공급하는 외함으로써 재질은 가급적 SUS304 재질로 제작 · 설치하는 것이 바람직하다.

3) 접속함 결선

(1) 접속함 결선 전 검토사항

① 설계도면(설치 상세도) 및 특기시방서의 접속함 결선방법을 확인한다.
② 태양전지 어레이의 접속함에 접속되는 스트링 회로수 및 번호를 확인한다.

③ 접속함 제조사에서 제공하는 매뉴얼(접속함 결선)을 검토한다.

(2) 접속함 결선 시 고려사항

① 태양전지 모듈의 뒷면으로부터 접속용 케이블 2가닥씩이므로 반드시 극성을 확인하여 결선한다.
② 케이블은 건물마감이나 러닝보드의 표면에 가깝게 시공해야 하며, 필요할 경우 전선관을 이용하여 물리적 손상으로부터 보호해야 한다.
③ 태양전지 모듈은 파워컨디셔너(PCS) 입력전압 범위 내에서 스트링 필요매수를 직렬 결선하고, 어레이 지지대 위에 조립한다.
④ 케이블을 각 스트링으로부터 접속함까지 배선하고 접속함 내에서 병렬로 결선한다. 이 경우 케이블에 스트링 번호를 기입해 두면 차후 점검 및 보수 시 편리하다.
⑤ 옥상 또는 지붕 위에 설치한 태양전지 어레이로부터 처마 밑 접속함으로 배선할 경우, 물의 침입을 방지하기 위한 물빼기를 반드시 해야 한다.
⑥ 케이블 차수 시공의 예는 다음과 같다.

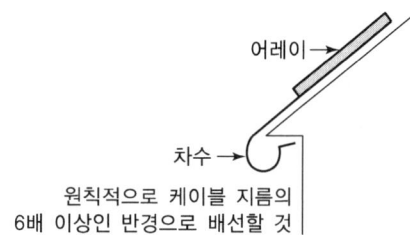

⑦ 접속함은 일반적으로 어레이 근처에 설치한다. 그러나 건물의 구조나 미관상 설치 장소가 제한될 수 있으며, 이때에는 점검 및 유지보수 등을 고려하여 설치해야 한다.
⑧ 태양광발전시스템의 직류전원과 교류전원은 격벽에 분리되거나 함께 접속되어 있지 않은 경우 동일한 전선관, 케이블 트레이, 접속함 내에 시설하지 않아야 한다.

SECTION 002 태양광발전 계통연계장치 시공하기

1 인버터와 제어장치 설치

1) 인버터 설치

① 인버터는 보수점검에 편리하도록 시설하여야 한다.
② 국부적인 온도상승이나 직사광을 피하여 시설하여야 한다.
③ 장치의 발열량을 검토하여 필요시 환기설비 또는 공조설비를 하여야 한다.
④ 배전반 등은 기초 및 설치대 등에 앵커볼트로 확실히 고정하고, 배전반의 형상에 따라 천장 또는 벽 등에 지지하여야 한다.
⑤ 지진 시 수평이동 및 전도 등 사고를 방지할 수 있도록 내진시공을 하여야 한다.
⑥ 인버터 시공의 상세사항은 공사시방서에 따른다.

2) 계통연계제어반 설치

① 계통연계제어반은 설비의 고장 또는 전력계통 사고 시에 사고의 제거 및 사고 범위의 최소화 등을 행하기 위한 계통연계 보호기능을 보유하여야 한다.
② 계통연계제어반의 상세사항은 설계도 및 공사시방서에 따른다.

2 수배전반 설치

1) 배전반 및 기기 설치 시 고려사항

① 전기 기기가 옥외에 설치될 경우에는 침수에 주의하여야 한다.
② 기기의 조작, 취급에 주의할 사항이 있는 경우에는 잘 보이는 위치에 취급 또는 조작주의 명판을 설치해야 한다.
③ 고압 기기 및 전선은 사람이 쉽게 접촉할 염려가 없도록 시설하여야 한다.
④ 전기 기기로부터 발열 등으로 실온이 상승될 염려가 있는 경우에는 환기 구멍 또는 환기 장치를 설치하여야 한다.
⑤ 기기 및 기초의 계산 하중을 구하여 부동 침하가 일어나지 않도록 바닥 강도를 확인하여야 한다.
⑥ 수배전반 등 각종 폐쇄 배전반은 견고하게 설치하고, 수직 수평이 되도록 하여야 하며, 제작하기 전에 장비의 진입 경로와 진입로 상의 개구부의 크기, 높이 및 계단 여부 등을 확인하여 자재반입이 가능토록 하여야 한다. 또한 설치 후 임시전원을 이용하여 기기의 투입 및 차단 시험을 하여 이상 유무를 확인하여야 한다.

⑦ 습기 또는 결로 등에 의한 절연 저하의 염려가 있는 경우에는 Space Heater를 설치하여야 하며, Space Heater는 습도 감지기에 의하여 동작되어야 한다.
⑧ 대지 전압이 150[V]를 넘는 회로에 콘센트를 설치하는 경우에는 접지극이 있는 것을 사용하여야 한다.

2) 변압기 설치

(1) 일반사항

① 변압기의 진동 방지를 위하여 방진고무(두께 12[mm] 이상)를 설치하여야 한다.
② 변압기와 동대의 접속은 가요 도체를 사용하여 변압기의 진동이 모선에 전달되지 아니하도록 하여야 한다.
③ 예비용 변압기는 먼지 또는 습기로 인한 손상이 없도록 보호 시설을 하여야 한다.

(2) 기초공사

기기의 기초는 시공 도면대로 설치되었는지를 확인하고 콘크리트 바닥면의 수평도를 조사하여 수평이 되도록 하고 돌기면이 없도록 하여야 한다.

① 기초의 제작 : 설치용 기초는 판넬 또는 앵글로 제작하고 기초 콘크리트에 매입되는 것은 녹막이 도장을 하지 않아야 한다.
② 설치용 기초의 마감 : 기초 설정 후의 마감은 배전반의 및 부분과 바닥면이 완전 밀착될 수 있도록 해서 배전반 구조에 악영향을 주지 않도록 해야 한다.

(3) 설치

기기의 설치는 앵커볼트 설치 등으로 바닥과 고정이 되도록 하여 내진에 대비하여야 한다. 기기의 반입은 작업 능률을 높이기 위하여 시공 도면을 검토하여 반입구측에서 먼 쪽의 기기부터 반입설치를 하고, 기기는 운반 중에 손상을 막기 위해 포장상태로 반입해서 실내에서 해체하여야 한다. 설치 순서는 변압기 설치 후 변압기반 외함이 설치되어야 한다.

3 태양광발전 출력단에서 계통연계 시공

1) 저압 계통연계 시 직류유출방지 변압기의 시설

태양광발전전원을 인버터를 통하여 배전사업자의 저압 전력계통에 연계하는 경우 접속점과 인버터 사이에 상용주파수 변압기(단권변압기를 제외한다)를 시설하여야 한다. 다만, 다음 각 호를 모두 충족하는 경우에는 예외로 한다.

① 인버터의 직류 측 회로가 비접지인 경우 또는 고주파 변압기를 사용하는 경우
② 인버터의 교류출력 측에 직류 검출기를 구비하고, 직류 검출 시에 교류출력을 정지하는 기능을 갖춘 경우

2) 단락전류 제한장치의 시설

태양광발전전원을 전력계통에 연계하는 경우 전력계통의 단락용량이 다른 자의 차단기의 차단용량 또는 전선의 순시허용전류 등을 상회할 우려가 있을 때에는 한류리액터 등 단락전류 제한장치를 시설하여야 하며, 이러한 장치로도 대응할 수 없는 경우에는 그 밖에 단락전류 제한대책을 강구하여야 한다.

3) 계통연계용 보호장치의 시설

① 태양광발전전원을 계통에 연계하는 경우 다음에 해당하는 이상 또는 고장 발생 시 자동적으로 태양광발전전원을 전력계통으로부터 분리하기 위한 장치를 시설하여야 한다.
  ㉠ 태양광발전전원의 이상 또는 고장
  ㉡ 연계한 전력계통의 이상 또는 고장
  ㉢ 태양광발전설비의 단독운전 상태

② 연계한 전력계통의 이상 또는 고장발생 시 태양광발전전원의 분리시점은 해당 계통의 재폐로 시점 이전이어야 하며, 이상 발생 후 해당 계통의 전압 및 주파수가 정상 범위 내에 들어올 때까지 계통과의 분리 상태를 유지하는 등 연계한 계통의 재폐로 방식과 협조를 이루는 시설하여야 한다.

③ 단순 병렬운전인 경우에는 역전력계전기를 설치하여야 한다. 단, 신에너지 및 재생에너지 개발·이용·보급촉진법에 의한 신재생에너지를 이용하여 동일 전기사용장소에서 전기를 생산하는 합계 용량이 50[kW] 이하의 소규모 분산형 전원(단, 해당 구내계통 내의 전기사용 부하의 수전 계약전력이 분산형 전원 용량을 초과하는 경우에 한한다)으로서 단독운전 방지기능을 가진 단순병렬로 연계하는 경우에는 역전력 계전기 설치를 생략할 수 있다.

4) 특고압 송전 계통연계 시 분산형 전원 운전제어장치의 시설

태양광발전전원을 송전사업자의 특고압 전력계통에 연계하는 경우 계통안정화 또는 조류억제 등의 이유로 운전제어가 필요할 때에는 그 분산형 전원에 필요한 운전제어장치를 시설하여야 한다.

5) 연계용 변압기 중성점의 접지

태양광발전전원을 특고압 전력계통에 계통연계하는 경우 연계용 변압기 중성점의 접지는 전력계통에 연결되어 있는 다른 전기설비의 정격을 초과하는 과전압을 유발하거나 전력계통의 지락고장 보호협조를 방해하지 않도록 시설하여야 한다.

6) 분산형 전원 이상 시 보호협조

태양광발전전원의 이상 또는 고장 시 이로 인한 영향이 연계된 한전계통으로 파급되지 않도록 태양광발전전원을 해당 계통과 신속히 분리하기 위한 보호협조 가능 여부를 확인한다.

※ 분산형 전원 연계시스템의 보호도면과 제어도면은 사전에 반드시 한전과 협의하여야 한다.

SECTION 003 수배전반 설치하기

1 전기용량에 적합한 차단기 설치

1) 차단기 용량
① 차단기는 단락 시 통과하는 최대단락전류에 의한 전자기계력에 견디며, 보호계전기 동작 시 단락전류를 차단해야 한다.
② 저압차단기의 경우는 고장회로만 구분하는 선택 차단방법으로 한다. 다만, 건축 공간이나 경제성을 고려하여 캐스케이드 차단방법에 의할 수 있다.

2) 차단기의 정격 선정 시 고려사항
① 정격전압은 규정한 조건에 따라 그 차단기에 인가할 수 있는 사용회로 전압의 상한을 말하며, 다음 식으로 나타낸다.

$$정격전압 = 공칭전압 \times \frac{1.2}{1.1} [V]$$

② 정격전류는 정격전압 및 정격주파수에서 규정의 온도상승 한도를 초과하지 않고 차단기에 연속적으로 흘릴 수 있는 전류의 상한값을 말하며, 정격전류의 선정은 부하전류에 의하여 결정하지만 장래의 증설계획을 고려하여 여유가 있는 차단기를 선정한다.
③ 정격차단전류 또는 정격차단용량은 정격전압, 정격주파수 및 규정한 회로 조건하에서 규정의 표준동작책무와 동작상태에 따라 차단할 수 있는 늦은 역률의 차단전류의 한도를 말하며, 교류분(실횻값)으로 표시한다. 3상의 경우에는 다음과 같이 계산한다.

$$차단용량[MVA] = \sqrt{3} \times 정격전압[kV] \times 정격차단전류[kA]$$

$$차단용량[MVA] = \frac{기준용량}{\%Z} \times 100$$

④ 기타 정격투입전류, 정격단시간전류, 정격차단시간 등을 고려하여야 한다.

3) 전력퓨즈의 정격 선정 시 고려사항
① 정격전압은 선로의 계통접지방식에 관계가 없고 계통 최대선간전압에 의해 선정하며, 다음 식으로 나타낸다.

$$\text{정격전압} = \text{공칭전압} \times \frac{1.2}{1.1} [\text{V}]$$

② 정격전류는 전력퓨즈가 온도상승 한도를 초과하지 않고 연속적으로 흘려 보낼 수 있는 전류값이며, 실횻값으로 표시한다. 일반적으로 회로 또는 기기의 전부하 전류보다 큰 정격전류값의 퓨즈를 선정한다.

③ 전력퓨즈의 차단시간-전류특성이 부하 측 보호기기의 동작특성보다 빠르고, 또 전력퓨즈의 단시간허용전류-시간특성이 부하 측 보호기기의 차단시간-전류특성보다 늦도록 선정한다.

2 고압 연계계통에 사용할 변압기 설치

1) 특고압용 변압기의 시설 장소(KEC 341.1)

특고압용 변압기는 발전소 · 변전소 · 개폐소 또는 이에 준하는 곳에 시설하여야 한다. 다만, 다음의 변압기는 각각의 규정에 따라 필요한 장소에 시설할 수 있다.

① 341.2에 따라 시설하는 배전용 변압기

② 333.32의 1과 4에서 규정하는 다중접지방식 특고압 가공전선로에 접속하는 변압기

③ 교류식 전기철도용 신호회로 등에 전기를 공급하기 위한 변압기

2) 특고압 배전용 변압기의 시설(KEC 341.2)

특고압 전선로(333.32의 1과 4에서 규정하는 특고압 가공전선로를 제외한다)에 접속하는 배전용 변압기(발전소 · 변전소 · 개폐소 또는 이에 준하는 곳에 시설하는 것을 제외한다. 이하 같다)를 시설하는 경우에는 특고압 전선에 특고압 절연전선 또는 케이블을 사용하고 또한 다음에 따라야 한다.

① 변압기의 1차 전압은 35[kV] 이하, 2차 전압은 저압 또는 고압일 것

② 변압기의 특고압 측에 개폐기 및 과전류차단기를 시설할 것. 다만, 변압기를 다음에 따라 시설하는 경우는 특고압 측의 과전류차단기를 시설하지 아니할 수 있다.

　㉠ 2 이상의 변압기를 각각 다른 회선의 특고압 전선에 접속할 것

　㉡ 변압기의 2차 측 전로에는 과전류 차단기 및 2차 측 전로로부터 1차 측 전로에 전류가 흐를 때에 자동적으로 2차 측 전로를 차단하는 장치를 시설하고 그 과전류 차단기 및 장치를 통하여 2차 측 전로를 접속할 것

③ 변압기의 2차 전압이 고압인 경우에는 고압 측에 개폐기를 시설하고 또한 쉽게 개폐할 수 있도록 할 것

3) 특고압을 직접 저압으로 변성하는 변압기의 시설(KEC 341.3)

특고압을 직접 저압으로 변성하는 변압기는 다음의 것 이외에는 시설하여서는 아니 된다.
① 전기로 등 전류가 큰 전기를 소비하기 위한 변압기
② 발전소 · 변전소 · 개폐소 또는 이에 준하는 곳의 소내용 변압기
③ 333.32의 1과 4에서 규정하는 특고압 전선로에 접속하는 변압기
④ 사용전압이 35[kV] 이하인 변압기로서 그 특고압 측 권선과 저압 측 권선이 혼촉한 경우에 자동적으로 변압기를 전로로부터 차단하기 위한 장치를 설치한 것
⑤ 사용전압이 100[kV] 이하인 변압기로서 그 특고압 측 권선과 저압 측 권선 사이에 142.5의 규정에 의하여 접지공사(접지저항값이 10[Ω] 이하인 것에 한한다)를 한 금속제의 혼촉방지판이 있는 것
⑥ 교류식 전기철도용 신호회로에 전기를 공급하기 위한 변압기

4) 전력용 변압기

수전설비용량은 특고압/저압(직강하) 변압방식인 경우 1차 변압기 합계 용량을 말하고, 특고압/고압/저압(2단 강하) 변압방식인 경우는 변압기 용량(합계 용량)이다.

(1) 직강하방식인 경우 용량 계산

직강하방식에서 변압기에 수용된 부하가 용도별로 구분된 수용률을 적용한다. 다만, 용도별 구분이 되지 않거나 혼재된 경우는 부등률까지 적용할 수 있다.

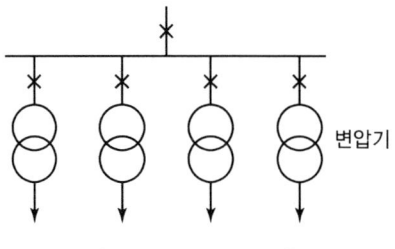

[직강하방식인 경우]

(2) 이단강하방식인 경우 용량 계산

이단강하방식에서 1차 변압기는 각 변압기 수요전력 합계에 부등률을 적용한 합성최대수요전력으로 산정하고, 2차 변압기는 일반적으로 부하가 용도별로 구분되므로 부하용량 합계에 수용률을 적용한 최대수요전력으로 산정한다.

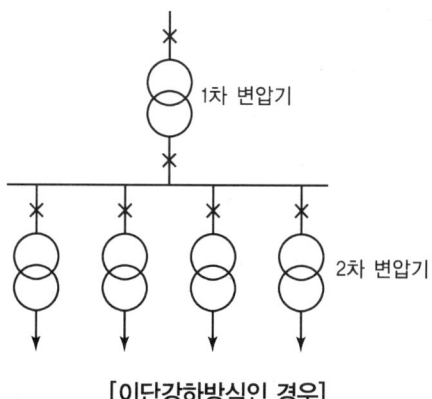

[이단강하방식인 경우]

(3) 수용률(Demand Factor)

수용률은 최대수요전력을 구하기 위한 것으로 최대수요전력의 총부하용량에 대한 비율이다.

$$수용률 = \frac{최대수요전력}{총부하용량} \times 100[\%]$$

(4) 부등률(Diversity Factor)

부등률은 합성 최대수요전력을 구하는 계수로서 부하종별 최대수요전력이 생기는 시간차에 의한 값이므로 최대수요전력의 합계는 항상 합성최대수요전력 값보다 크다(≥ 1.0).

$$부등률 = \frac{각\ 부하의\ 최대수요전력\ 합계}{합성최대수요전력}$$

3 계통연계용 수배전반 설치

1) 계통연계 보호계전기

배전계통에 연계되어 운전하는 태양광발전시스템에서는 한전계통 측의 정전, 주파수 변동, 지락 등의 고장과 인버터 내부의 고장이 발생하는 경우 이를 검출하여 신속히 인버터를 정지시켜 배전계통 안전을 확보해야 한다.

(1) 저압 연계 시스템

과전압 계전기(OVR), 저전압 계전기(UVR), 과주파수 계전기(OFR), 저주파수 계전기(UFR)를 설치해야 한다.

(2) 특고압 연계 시스템

저압 연계 보호장치에 지락과전류 계전기의 추가 설치가 필요하다.

① 유효전력 계전기(32P) : 유효전력 역송 방지
② 무효전력 계전기(32Q) : 단락사고 보호
③ 부족전력 계전기(32U) : 부족전력 검출
④ 과전압 계전기(59) : 과전압 보호, 순시 정정치의 120%
⑤ 저전압 계전기(27) : 사고 검출 또는 무전압 검출
⑥ 주파수 계전기(81O/81U) : 주파수 변동 검출
⑦ 과전류 계전기(50/51) : 과전류 보호, TR 2차 3상 단락 시

2) 분산형 전원 배전계통 연계 기술기준

(1) 분산형 전원(DER : Distributed Energy Resources)

대규모 집중형 전원과는 달리 소규모로 전력소비지역 부근에 분산하여 배치가 가능한 전원이다.

(2) Hybrid 분산형 전원

태양광, 풍력발전 등의 분산형 전원에 ESS 설비(배터리, PCS 등 포함)를 혼합하여 발전하는 유형을 말한다.

(3) 분산형 전원 계통연계

분산형 전원의 연계용량은 500[kW] 미만이고 배전용 변압기 누적연계용량이 해당 배전용 변압기 용량의 50[%] 이하인 경우 상황에 따라 저압 계통에 연계할 수 있다.

(4) 연계 기술기준

분산형 전원의 전기방식은 연계하고자 하는 계통의 전기방식과 동일하게 함을 원칙으로 한다. 단, 3상 수전고객이 단상 인버터를 설치하여 분산형 전원을 계통에 연계한다.

(5) 동기화

분산형 전원의 계통연계 또는 가압된 구내 계통의 가압된 한전계통에 대한 연계에 대하여 병렬연계장치의 투입순간에 모든 동기화 변수들이 제시된 제한범위 이내에 있어야 하며, 만일 어느 하나의 변수라도 제시된 범위를 벗어날 경우에는 병렬연계장치가 투입되지 않아야 한다.

(6) 감시설비

① 분산형 전원 연결점의 연계상태, 유·무효전력 출력, 운전 역률 및 전압 등의 전력품질을 감시하기 위한 설비를 갖추어야 하는 대상은 다음과 같다.

⊙ 특고압 또는 전용 변압기를 통해 저압 한전계통에 연계하는 역송병렬의 분산형 전원이 하나의 공통연결점에서 단위 분산형 전원의 용량 또는 분산형 전원 용량의 총합이 90[kW] 이상일 경우
ⓒ 선접속 후제어 조건부로 접속하는 경우
② 한전계통 운영상 필요할 경우 한전은 분산형 전원 설치자에게 ①에 의한 감시설비와 한전계통 운영시스템의 실시간 연계를 요구하거나 실시간 연계가 기술적으로 불가할 경우 감시기록 제출을 요구할 수 있으며, 분산형 전원 설치자는 이에 응하여야 한다.

(7) 분리장치
① 접속점에는 접근이 용이하고 잠금이 가능하며 개방상태를 육안으로 확인할 수 있는 분리장치를 설치하여야 한다.
② 제4조 제3항에 따라 역송병렬 형태의 분산형 전원이 특고압 한전계통에 연계되는 경우 ①에 의한 분리장치는 연계용량에 관계없이 전압·전류 감시기능, 고장표시(FI : Fault Indication) 기능 등을 구비한 자동개폐기를 설치하여야 한다. 단, 제2장에 따른 기술검토 결과 보호기기 부동작 발생이 예상되는 특고압 분산형 전원 또는 3,000[kW] 이상의 특고압 분산형 전원의 경우 분리장치로 전압·전류 감시 기능, 고장표시(FI : Fault Indication) 기능, 고장전류 감지 및 자동차단 기능 등을 구비한 자동차단기를 설치하여야 한다.
③ 단순병렬 분산형 전원은 ①의 조건을 만족하는 경우 책임분계점 개폐기로 대체할 수 있다.
④ 전용 변압기를 통해 한전계통에 연계하는 단독 또는 합산용량 100[kW] 이상 저압 분산형 전원의 경우 ①에 의한 분리장치로 공중지역의 경우는 주상변압기의 컷아웃 스위치(COS : Cut Out Switch)를 사용하며 지중지역의 경우는 지상개폐기를 설치한다.

(8) 연계 시스템의 건전성
① 연계 시스템은 전자기 장해 환경에 견딜 수 있어야 하며, 전자기 장해의 영향으로 인하여 연계 시스템이 오작동하거나 그 상태가 변화되어서는 안 된다.
② 연계 시스템은 서지를 견딜 수 있는 능력을 갖추어야 한다.

(9) 한전계통 이상 시 분산형 전원 분리 및 재병입
① 분산형 전원은 연계된 한전계통 선로의 고장 시 해당 한전계통에 대한 가압을 즉시 중지하여야 한다.
② ①에 의한 분산형 전원 분리시점은 해당 한전계통의 재폐로 시점 이전이어야 한다.

SECTION 004 배관 · 배선 시공하기

1 태양광 모듈과 태양광 인버터 간의 배관 · 배선

1) 인버터의 설치

① 제품 : 신재생에너지센터에서 인증한 인증제품을 설치해야 하며 해당 용량이 없을 경우에는 국제공인시험기관(KOLAS), 제품인증기관(KAS) 또는 시험기관 등의 시험성적서를 받는 제품을 설치해야 한다.

② 설치상태 : 옥내 · 옥외용을 구분하여 설치해야 한다. 단, 옥내용을 옥외에 설치하는 경우는 용량이 5[kW] 이상일 경우에만 가능하며 이 경우 빗물의 침투를 방지할 수 있도록 옥내에 준하는 수준(외함 등)으로 설치해야 한다.

③ 정격용량 : 정격용량은 인버터에 연결된 모듈의 정격용량 이상이어야 하며 각 직렬군의 태양전지 모듈의 출력전압은 인버터 입력전압 범위 내에 있어야 한다.

2) 태양광 모듈과 인버터 간 배선

① 태양전지 모듈의 이면으로부터 접속용 케이블이 2가닥씩 나오기 때문에 반드시 극성을 확인한 후 결선한다.

② 케이블은 건물마감이나 런닝보드의 표면에 가깝게 시공해야 하며, 필요할 경우 전선관을 이용하여 물리적 손상으로부터 보호해야 한다.

③ 태양전지 모듈은 스트링 필요매수를 직렬로 결선하고, 어레이 지지대 위에 조립한다. 케이블을 각 스트링으로부터 접속함까지 배선하여 접속함 내에서 병렬로 결선한다. 이 경우 케이블에 스트링 번호를 기입해 두면 차후의 점검에 편리하다.

④ 옥상 또는 지붕 위에 설치한 태양전지 어레이로부터 접속함으로 배선할 경우 처마 밑 배선을 실시한다. 이 경우 그림과 같이 물의 침입을 방지하기 위한 차수처리를 반드시 해야 한다. 직렬로 조립하는 케이블 선단에 케이블 번호를 표시해 두면 중계단자에 접속할 때 잘못 결선하는 오류를 막을 수 있다.

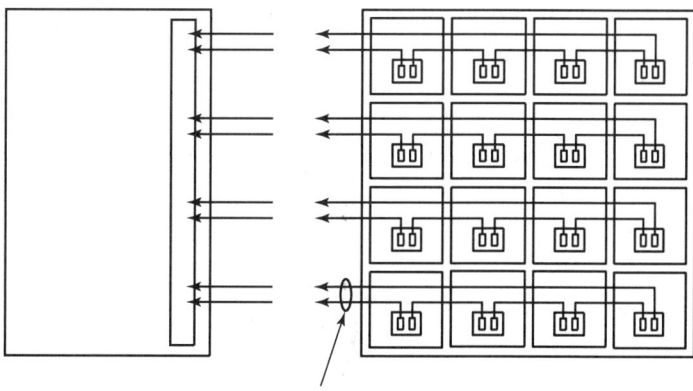

[어레이 배선 시공도]

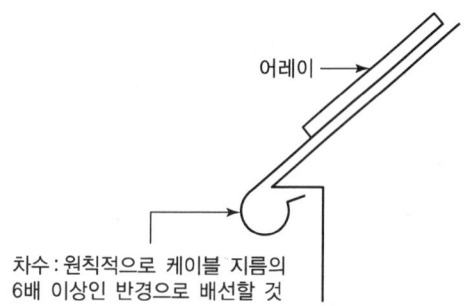

[케이블 차수]

⑤ 엔트런스 캡에 의한 차수 시공 예는 다음과 같다.
  ㉠ 전선관 굵기는 전선피복물을 포함한 단면적의 총합계가 관 내 단면적의 48[%] 이하가 되도록 한다.
  ㉡ 굵기가 다른 케이블의 경우는 32[%] 이하를 원칙으로 한다.
  ㉢ 굴곡반경은 관 내경의 6배 이하가 되어서는 안 된다.

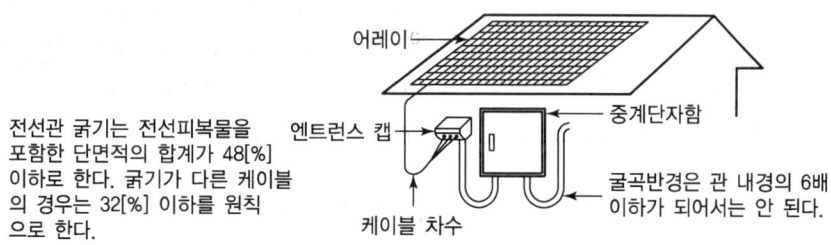

[케이블의 물 빼기 및 엔트런스 캡에 의한 탈수]

⑥ 접속함으로부터 파워컨디셔너(PCS)까지의 배선은 전압강하율 2[%] 이하로 상정한다.
  ㉠ 전압강하율

  $$전압강하율(e) = \frac{전압강하}{수전단전압} \times 100[\%]$$
  $$= \frac{송전단전압 - 수전단전압}{수전단전압} \times 100[\%]$$
  $$= \frac{e}{송전단전압 - e} \times 100[\%]$$

  여기서, e : 전압강하[V]

  ㉡ 전압변동률

  $$전압변동률(\Delta V) = \frac{무부하 \ 시 \ 전압 - 정격부하 \ 시 \ 전압}{정격부하 \ 시 \ 전압} \times 100[\%]$$

⑦ 태양전지 어레이를 지상에 설치하는 경우에는 지중배선을 할 수 있다. 케이블을 직접 매설하는 경우 시공방법은 다음 그림과 같으며, 관로식에 의하여 시설하는 경우에는 매설깊이를 1.0[m] 이상으로 하되, 매설 깊이가 충분하지 못한 장소에는 견고하고 차량 및 기타 중량물의 압력에 견디는 것을 사용한다. 다만, 중량물의 압력을 받을 우려가 없는 곳은 60[cm] 이상으로 한다.

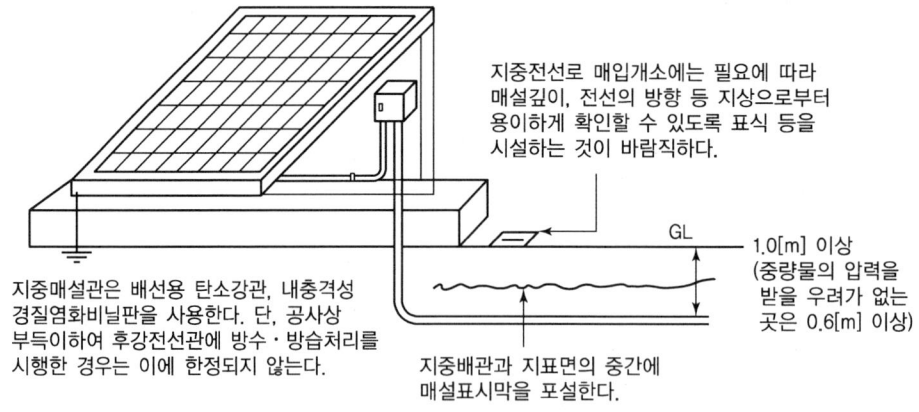

[지중배선의 시설]

⑧ 지중배선 또는 지중배관은 중량물의 압력을 받을 우려가 없도록 하고 그 길이가 30[m]를 초과하는 경우는 개소에 지중함을 설치하여야 한다.

3) 케이블 트레이 시공기준

(1) 태양광 저압 옥내배선 케이블 트레이 시공기준

케이블 트레이(케이블을 지지하기 위하여 사용하는 금속제 또는 불연성 재료로 제작된 유닛 또는 유닛의 집합체 및 그에 부속하는 부속재 등으로 구성된 견고한 구조물을 말하며 사다리형, 펀칭형, 통풍 채널형, 바닥밀폐형, 기타 이와 유사한 구조물을 포함한다.)에 의한 저압 옥내배선은 다음에 따라 시설하여야 한다.

전선은 연피 케이블, 알루미늄피 케이블 등 난연성 케이블, 기타 케이블(적당한 간격으로 연소(延燒)방지 조치를 하여야 한다.) 또는 금속관 혹은 합성수지관 등에 넣은 절연전선을 사용하여야 한다.

(2) 케이블 트레이 공사에 사용하는 케이블 트레이의 기준

① 수용된 모든 전선을 지지할 수 있는 적합한 강도의 것이어야 한다. 이 경우 케이블 트레이의 안전율은 1.5 이상으로 하여야 한다.
② 금속제 케이블 트레이 계통은 기계적 및 전기적으로 완전하게 접속하여야 하며 저압 옥내배선의 경우에는 금속제 트레이에 접지공사를 하여야 한다.

2 태양광 인버터에서 옥내 분전반 간의 배관·배선

1) 태양광 인버터에서 옥내 분전반 간 배선

인버터 출력의 전기방식으로는 단상 2선식, 3상 3선식 등이 있고 교류 측의 중성선을 구별하여 결선한다. 단상 3선식의 계통에 단상 2선식 220[V]를 접속하는 경우는 다음과 같이 시설한다.

① 부하 불평형에 의해 중성선에 최대전류가 발생할 우려가 있을 경우에는 수전점에 3극 과전류 차단소자를 갖는 차단기를 설치한다.
② 수전점 차단기를 개방한 경우 등, 부하 불평형으로 인한 과전압이 발생한 경우 인버터가 정지되어야 한다.
③ 누전에 의해 동작하는 누전차단기와 낙뢰 등의 이상전압에 의해 동작하는 서지보호장치(SPD) 등을 설치하는 것이 바람직하다.

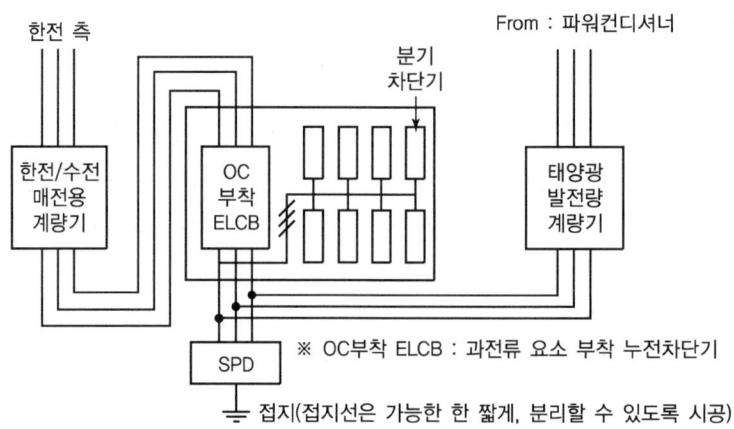

[분전반의 서지보호장치의 설치 예]

2) 전압강하

① 태양전지 모듈에서 인버터 입력단 및 인버터 출력단과 계통연계 점 간의 전압강하는 각 3[%]를 초과하지 말아야 한다(60[m] 이하).
② 전선 길이에 따른 전압강하 허용치는 다음과 같다(전선의 길이가 60[m]를 초과하는 경우).

전선의 길이	전압강하
120[m] 이하	5[%]
200[m] 이하	6[%]
200[m] 초과	7[%]

③ 전압강하 및 전선 단면적 계산식

회로의 전기방식	전압강하	전선의 단면적
직류 2선식 교류 2선식	$e = \dfrac{35.6 \times L \times I}{1,000 \times A}$	$A = \dfrac{35.6 \times L \times I}{1,000 \times e}$
3상 3선식	$e = \dfrac{30.8 \times L \times I}{1,000 \times A}$	$A = \dfrac{30.8 \times L \times I}{1,000 \times e}$
단상 3선식 3상 4선식	$e = \dfrac{17.8 \times L \times I}{1,000 \times A}$	$A = \dfrac{17.8 \times L \times I}{1,000 \times e}$

여기서, e : 각 선 간의 전압강하[V]
A : 전선의 단면적[mm^2]
L : 도체 1본의 길이[m]
I : 전류[A]

SECTION 005 출제예상문제

01 인버터의 육안 점검사항 4가지를 쓰시오.

해답
① 외함의 부식 및 손상
② 외부배선(접속 케이블)의 손상
③ 환기확인(환기구멍, 환기필터)
④ 이상음, 악취, 이상 과열

해설 일상점검
주로 육안점검에 의해서 매월 1회 정도 실시한다.

구분	점검항목	점검요령
인버터	외함의 부식 및 손상	부식 및 녹이 없고 충전부가 노출되지 않을 것
	외부배선(접속 케이블)의 손상	인버터에 접속된 배선에 손상이 없을 것
	환기확인(환기구멍, 환기필터)	환기구를 막고 있지 않을 것
	이상음, 악취, 이상 과열	운전 시 이상음, 악취, 이상 과열이 없을 것
	표시부의 이상 표시	표시부에 이상 표시가 없을 것
	발전현황	표시부의 발전상황에 이상이 없을 것

02 태양광발전시스템 준공 시 인버터(파워컨디셔너) 취부항목의 육안 점검사항을 5가지만 쓰시오.

해답
① 외함의 부식 및 손상
② 외부배선(접속 케이블)의 손상
③ 환기확인(환기구멍, 환기필터)
④ 이상음, 악취, 이상 과열
⑤ 표시부의 이상 표시

03 태양광발전시스템의 인버터 부품 중 고장의 주된 원인이 되는 부품을 1가지만 쓰시오.

> **해답**
> 알루미늄 전해콘덴서
>
> > **해설** 인버터의 고장 원인이 되는 소자
> > 태양광발전시스템의 인버터 부품 중 IC 등 반도체 부품의 고장은 일반적으로 내용연수가 길어 부품 중에서는 고장률로 취급되며 알루미늄 전해콘덴서, 냉각팬, 릴레이 등은 유효수명 부품의 대표적인 것으로 취급된다.

04 태양광발전시스템을 전력망(Grid)과 병렬운전하기 위하여 인버터가 계통과 일치시켜야 하는 조건을 3가지만 쓰시오.

> **해답**
> ① 전압   ② 주파수   ③ 위상각
>
> > **해설** 분산형 전원 배전계통 연계 기술기준 제8조(동기화)의 동기화 변수 제한 범위
> >
> > | 분산형 전원 정격용량 합계[kW] | 주파수 차 (Δf, Hz) | 전압 차 (ΔV, %) | 위상각 차 ($\Delta \phi$, °) |
> > |---|---|---|---|
> > | 0~500 | 0.3 | 10 | 20 |
> > | 500 초과~1,500 | 0.2 | 5 | 15 |
> > | 1,500 초과~20,000 미만 | 0.1 | 3 | 10 |

05 태양광발전시스템에서 개방전압을 측정하는 목적을 쓰시오.

> **해답**
> 태양전지 모듈의 불량검출 및 직렬접속선의 오접속(극성, 누락) 확인

06 태양전지 어레이의 개방전압을 측정하는 계기와 태양전지 회로의 절연저항을 측정하는 계기를 각각 쓰시오.

> **해답**
> 1) 태양전지 어레이의 개방전압 측정 : 전압계(직류) 또는 멀티테스터
> 2) 태양전지 회로의 절연저항 측정 : 절연저항계 또는 메거

07 다음은 태양광발전시스템의 송변전설비 유지관리 점검에 대한 설명이다. 각 항목에 맞는 점검방식을 쓰시오.

1) 유지보수 요원의 감각에 의거하여 점검한다.
2) 원칙적으로 정전을 시키고, 무전압 상태에서 기기의 이상 상태를 점검하고 필요에 따라 기기를 분해하여 점검한다.

> **해답**
> 1) 일상점검(일상순시점검)
> 2) 정기점검
>
> **해설** 송변전설비의 유지관리 점검
> - 일상순시점검 : 매일의 일상순시점검은 문을 열어 점검하든지 커버를 해체한 후 점검한다든지 하는 것이 아니고 이상한 소리, 냄새, 손상 등을 배전반 외부에서 점검항목의 대상항목에 따라서 점검한다.
> - 정기점검 : 원칙적으로 정전을 시키고 무전압 상태에서 기기의 이상 상태를 점검하고 필요에 따라 기기를 분해하여 점검한다.
> - 일시점검 : 상세하게 점검할 필요가 발생되는 경우에 실시하는 점검이다.

08 일상점검 시 태양전지 어레이의 점검항목 3가지를 쓰시오.

> **해답**
> ① 표면의 오염 및 파손
> ② 지지대의 부식 및 녹
> ③ 외부배선(접속 케이블)의 손상

09 현장시험 및 검사에서 현장시험 세부내용 중 절연저항 측정개소 3가지를 쓰시오.

> **해답**
> ① 태양전지 어레이   ② 인버터   ③ 절연변압기
>
> **해설** 태양광발전시스템의 절연저항 측정개소
> - 태양전지 어레이
> - 절연변압기
> - 차단기
> - 접속함
> - 인버터
> - 전선로
> - 제어 및 경보장치

10 태양광발전설비의 개방전압을 측정할 때 유의할 사항 4가지를 쓰시오.

해답
① 태양전지 어레이의 표면을 청소할 필요가 있다.
② 각 스트링의 측정은 안정된 일사강도가 얻어질 때 실시한다.
③ 측정시각은 일사강도, 온도의 변동을 극히 적게 하기 위해 맑을 때, 남쪽에 있을 때의 전후 1시간에 실시하는 것이 바람직하다.
④ 태양전지 셀은 비 오는 날에도 미소한 전압을 발생하고 있으므로 매우 주의해서 측정해야 한다.

11 태양광발전설비의 개방전압 측정순서를 〈보기〉에서 골라 차례대로 기호를 쓰시오.

〈보기〉
① 각 모듈이 그늘져 있는지 확인한다.
② 측정하고자 하는 스트링의 MCCB를 투입(On)한다.
③ 접속함의 출력 개폐기를 개방한다.
④ 접속함의 각 스트링의 MCCB를 개방한다.

해답
③ → ④ → ① → ②

12 태양광발전설비 유지보수 시 점검의 종류 3가지를 쓰시오.

해답
① 일상점검   ② 정기점검   ③ 임시점검

13 원칙적으로 정전을 시키고, 무전압 상태에서 기기의 이상 상태를 점검하고, 필요시 기기를 분해하여 실시하는 점검을 무엇이라 하는가?

해답
정기점검

14 태양광발전설비의 점검의 분류 중 유지관리를 위해 매년 1~2회 정도 설비를 정지하고 이상 유무 확인 및 각종 측정시험을 실시하는 점검방식을 쓰시오.

> **해답**
> 정기점검
>
> > **해설** • 100[kW] 미만의 경우는 매년 2회 이상, 100[kW] 이상의 경우는 격월 1회씩 실시한다.
> > • 일반 가정 3[kW] 미만의 소출력 태양광발전시스템의 경우에는 법적으로 정기점검을 하지 않아도 되지만 자주 점검하는 것이 좋다.

15 일상점검 등에서 발견된 이상 등의 문제나 사고가 발생한 경우에 실시하는 점검을 무엇이라 하는가?

> **해답**
> 임시점검

16 태양광발전설비의 운영 시 발전설비의 점검과 유지보수를 위하여 발전시스템 도면과 함께 갖추어야 하는 계측기(계측장비)의 종류 3가지를 쓰시오.

> **해답**
> ① 절연저항계
> ② 접지저항계
> ③ 일사량계
>
> > **해설** ①~③ 외에
> > ④ 전력품질분석계 ⑤ 오실로스코프
> > ⑥ 멀티테스터 ⑦ 열화상카메라
> > ⑧ 클램프미터 ⑨ 모듈분석기

17 다음에서 설명하고 있는 점검방식의 명칭을 쓰시오.

> • 유지보수 요원의 감각에 의하여 점검하는 방식으로 시각점검, 비정상적인 소리, 냄새, 손상 등을 시설물 외부에서 점검항목의 대상항목에 따라서 점검을 실시하는 방식
> • 이상 상태를 발견한 경우에는 시설물의 문을 열고 이상의 정도를 확인하는 방식

해답
일상점검

---

18 무정전 상태에서 실시하는 점검을 무엇이라 하는가?

해답
일상점검

해설 일상점검과 무정전

점검분류 \ 제약조건	Door 개방	Cover 개방	무정전	회로 정전	모선 정전	차단기 인출	점검 주기
일상점검			○				매일
	○		○				1회/월

---

19 태양광발전설비의 태양광 전기실의 점검 대상물 중 차단기의 일상점검 항목 5가지를 쓰시오.

해답
① 개폐표시기의 표시 확인
② 이상한 냄새, 소리의 발생 유무
③ 녹, 변형, 오손의 유무
④ 과열 변색의 유무
⑤ 애자류의 균열·파손의 유무

해설 차단기의 일상점검
배전반에 수납되어 있는 것은 뚜껑을 열지 않고 점검할 수 있는 항목을 점검하는 것을 원칙적으로 하고 이상을 발견한 경우는 필요에 따라서 임시점검으로 전환한다. 진공차단기의 일상점검은 다음과 같은 항목을 들 수 있다.
• 개폐표시기의 표시 확인
• 이상한 냄새, 소리의 발생 유무

- 과열 변색의 유무
- 애자류의 균열, 파손의 유무
- 녹, 변형, 오손의 유무
- 공기조작 방식에 있어 누기음의 유무

20 인버터의 절연저항 측정 시 시험기자재를 쓰시오.

1) 인버터 정격전압 300[V] 이하
2) 인버터 정격전압 300[V] 초과 600[V] 이하

해답
1) 인버터 정격전압 300[V] 이하 : 500[V] 절연저항계(메거)
2) 인버터 정격전압 300[V] 초과 600[V] 이하 : 1,000[V] 절연저항계(메거)

21 태양광발전시스템의 유지보수 계획 시 점검의 내용 및 주기를 결정하기 위한 고려사항 5가지를 쓰시오.

해답
① 설비의 사용기간
② 설비의 중요도
③ 고장이력
④ 환경조건
⑤ 부하상태

22 보수점검 작업 시 유의사항 중 준비작업항목 2가지를 쓰시오.

해답
① 응급처치방법
② 설비, 기계의 안전확인

23 자가용 태양광발전설비의 정기검사항목 4가지를 쓰시오.

해답

① 태양광전지 검사
② 전력변환장치 검사
③ 종합연동시험 검사
④ 부하운전시험

해설 자가용 태양광발전설비의 정기검사항목

검사항목		세부 검사내용	수검자 준비자료
1. 태양광전지 검사			• 전회 검사 성적서 • 단선결선도 • 태양전지 트립 인터록 도면 • 시퀀스 도면 • 보호장치 및 계전기 시험 성적서 • 절연저항시험 성적서
	• 태양광전지 일반 규격	• 규격 확인	
	• 태양광전지 검사	• 외관검사 • 전지 전기적 특성시험 • 어레이	
2. 전력변환장치 검사			• 단선결선도 • 시퀀스 도면 • 보호장치 및 계전기 시험 성적서 • 절연저항시험 성적서 • 절연내력시험 성적서 • 경보회로시험 성적서 • 부대설비시험 성적서
	• 전력변환장치 일반 규격	• 규격 확인	
	• 전력변환장치 검사	• 외관검사 • 절연저항 • 제어회로 및 경보장치 • 단독운전 방지 시험 • 인버터 운전 시험	
	• 보호장치 검사	• 보호장치 시험	
	• 축전지	• 시설상태 확인 • 전해액 확인 • 환기시설 상태	
3. 종합연동시험 검사		• 검사 시 일사량을 기준으로 가능 출력 및 발전량 이상 유무 확인(30분)	
4. 부하운전시험		• 부하운전시험 의견	• 출력 기록지 • 전회 검사 이후 총운전 및 기동횟수 • 전회 검사 이후 주요 정비 내용

24 태양광발전시스템의 전기실은 매우 중요한 건축적 요소이다. 이 전기실의 역할을 담당하는 통풍상태 점검사항을 3가지만 쓰시오.

> **해답**
> ① 전기실의 온도가 설정온도를 유지하는지 확인한다.
> ② 급기 팬과 배기 팬은 정상적으로 동작하는지 확인한다.
> ③ 부식성 가스나 폭발성 가스의 유입은 없는지 확인한다.

25 태양광발전시스템의 점검은 크게 분공 시의 점검과 일상점검 및 정기점검 등 3가지로 구별된다. 이 중 용량 1,000[kW]를 기준으로 용량별 법적 점검횟수(안전관리대행사업자)를 쓰시오.

> **해답**
> 태양광발전설비 용량별 법적 점검횟수(안전관리대행사업자)
>
> | 용량[kW] | 300 이하 | 500 이하 | 700 이하 | 1,500 미만 |
> |---|---|---|---|---|
> | 횟수[월] | 1회 | 2회 | 3회 | 4회 |

26 정기점검 시 잔류전하를 반드시 방전시키고, 접지를 실시한 후 점검하여야 하는 점검 대상물 2가지를 쓰시오.

> **해답**
> ① 콘덴서
> ② 케이블의 접속부
>
> **해설** 콘덴서 및 Cable의 접속부를 점검할 경우에는 잔류전하를 방전시키고 접지를 실시한 후 점검을 하여야 한다.

27 진공차단기의 정기점검 시험항목 4가지를 쓰시오.

> **해답**
> ① 무부하 개폐시험
> ② 트립자유 시험
> ③ 진공밸브의 접점 소모량 측정
> ④ 진공도 판정

28 태양광발전 모듈의 절연저항 측정 시 필요한 시험기자재를 3가지만 쓰시오.

> **해답**
> ① 절연저항계 ② 온도계 ③ 습도계
>
> **해설** 모듈의 절연저항 측정 시 필요한 시험기자재
> - 절연저항계
> - 온도계
> - 습도계
> - 단락용 개폐기

29 태양전지 어레이의 절연저항 측정 시 출력단의 피뢰소자는 어떤 조치를 취해야 하는지 쓰시오.

> **해답**
> 피뢰소자의 접지 측 단자를 분리시킨다.
>
> **해설** 절연저항 측정 시 피뢰소자에 전압이 인가된 경우 소자의 소손이 발생될 수 있으므로 반드시 접지 측 단자를 분리시킨다.

30 전기사용 장소의 사용전압이 저압인 전로의 전선 상호 간 및 전로와 대지 사이의 절연저항은 개폐기 또는 과전류 차단기로 구분할 수 있는 전로마다 다음 표에서 정한 값 이상이어야 한다. ①~④에 알맞은 내용을 쓰시오.

전로의 사용전압[V]	DC 시험전압[V]	절연저항[MΩ]
①	250	③
②	500	④
500 초과	1,000	1

> **해답**
> ① SELV 및 PELV ② FELV, 500[V] 이하
> ③ 0.5 ④ 1
>
> **해설** 저압전로의 절연성능
> 전기사용 장소의 사용전압이 저압인 전로의 전선 상호 간 및 전로와 대지 사이의 절연저항은 개폐기 또는 과전류 차단기로 구분할 수 있는 전로마다 다음 표에서 정한 값 이상이어야 한다. 다만, 전선 상호 간의 절연저항은 기계기구를 쉽게 분리하기가 곤란한 분기회로의 경우 기기 접속 전에 측정할 수 있다.

또한, 측정 시 영향을 주거나 손상을 받을 수 있는 SPD 또는 기타 기기 등은 측정 전에 분리시 켜야 하고, 부득이하게 분리가 어려운 경우에는 시험전압을 250[V] DC로 낮추어 측정할 수 있지만 절연저항값은 1[MΩ] 이상이어야 한다.

전로의 사용전압[V]	DC 시험전압[V]	절연저항[MΩ]
SELV 및 PELV	250	0.5
FELV, 500[V] 이하	500	1.0
500[V] 초과	1,000	1.0

※ 특별저압(Extra Low Voltage : 2차 전압이 AC 50[V], DC 120[V] 이하)으로 SELV(비 접지회로 구성) 및 PELV(접지회로 구성)는 1차와 2차가 전기적으로 절연된 회로, FELV 는 1차와 2차가 전기적으로 절연되지 않은 회로
 • FELV(Functional Extra Low Voltage)
 • SELV(Safety Extra Low Voltage)
 • PELV(Protective Extra Low Voltage)

31 강우라든지 낙뢰의 계절, 태풍 내습을 방지하기 위한 점검을 무슨 점검이라 하는가?

해답
임시점검(긴급점검)

해설 임시점검
 • 전기사고나 전기설비의 이상이 발생했을 때 점검, 측정, 시험에 의해서 원인을 조사하여 보수하고 재발 방지의 대책을 수립하기 위한 점검이다.
 • 강우나 낙뢰의 계절, 태풍 내습을 방지하기 위한 점검도 임시점검이라고 부른다.

32 인버터의 정격출력전압이 440[V]일 때 절연변압기 부착 인버터 회로의 절연저항을 측정하기 위해 몇 [V] 절연저항계를 사용하여야 되는지 전압을 쓰시오.

해답
1,000[V]

해설 절연변압기 부착 인버터 회로 절연저항 시험기자재
 • 인버터 정격전압 300[V] 이하 : 500[V] 절연저항계(메거)
 • 인버터 정격전압 300[V] 초과 600[V] 이하 : 1,000[V] 절연저항계(메거)

33 주회로 단로기의 주도전부 절연저항을 측정하기 위해서는 몇 [V] 절연저항계를 사용하여야 하는가?

> **해답**
> 1,000[V]
>
> **해설** 주회로 차단기, 단로기 절연저항 참고값
>
> | 구분 | 측정장비 | 절연저항값[MΩ] |
> |---|---|---|
> | 주도전부 | 1,000[V] 메거 | 500 이상 |
> | 저압제어회로 | 500[V] 메거 | 2 이상 |

34 배전반의 고압회로 각 상 일괄과 대지 간에 유지되어야 할 절연저항값은 몇 [MΩ] 이상이어야 하는가?

> **해답**
> 5[MΩ]
>
> **해설** 배전반 절연저항의 참고값
>
> | 구분 | 절연저항값[MΩ] |
> |---|---|
> | 고압회로 | 5[MΩ] 이상(각 상 일괄 – 대지 간) |

35 태양광발전설비의 유지관리항목을 2가지만 쓰시오.

> **해답**
> ① 태양전지 모듈, 태양전지 어레이 점검
> ② 접속함 인버터
>
> **해설** 태양광발전설비의 유지관리항목
> - 태양전지 모듈, 태양전지 어레이 점검
> - 접속함 인버터
> - 배선케이블의 점검
> - 축전지 및 주변기기 점검

36 현장시험 및 검사에서 현장시험 세부내용 중 절연저항을 측정하는 3개소를 쓰시오.

해답
① 인버터
② 접속함
③ 태양전지 어레이 또는 태양전지 모듈

해설 절연저항 측정
태양광발전시스템의 각 부분의 절연상태를 운전하기 전에 충분히 확인할 필요가 있다. 운전 개시나 정기점검의 경우는 물론 사고 시에도 불량개소를 판정하고자 하는 경우에 실시한다.

37 태양광발전시스템 인버터 회로의 절연내압(내력) 측정기준을 1가지만 설명하시오.

해답
태양전지 어레이 개방전압을 최대사용전압으로 간주하여 최대사용전압의 1.5배의 직류전압을 10분간 인가하여 절연파괴 등 이상이 없어야 한다.

해설 절연저항은 [1MΩ] 이상일 것

38 인버터 출력회로 절연저항 측정순서를 〈보기〉에서 골라 차례대로 기호를 쓰시오.

〈보기〉
① 분전반 내의 분기차단기(인버터 출력 측)를 개방한다.
② 태양전지 회로를 접속함에서 분리한다.
③ 직류 측의 모든 입력단자 및 교류 측의 전체 출력단자를 각각 단락한다.
④ 교류단자와 대지 간의 절연저항을 측정한다.

해답
② → ① → ③ → ④

39 절연저항 측정결과 점검일지에 기록하여야 할 항목 3가지를 쓰시오.

해답
① 절연저항　　　② 온도　　　③ 습도

해설 절연저항 측정 시 필요한 시험기자재
- 절연저항계(메거)
- 온도계
- 습도계
- 단락용 개폐기

40 자가용 태양광발전설비 정기검사항목 중 종합연동시험 검사의 세부 검사내용은 다음과 같다. ( ) 안에 알맞은 값을 쓰시오.

> 검사 시 일조량을 기준으로 가능 출력을 확인하고, ( )분 이상 발전량 이상 유무를 확인한다.

해답
30

해설 자가용 태양광발전설비 정기검사 종합연동시험 검사

검사항목	세부 검사내용
종합연동시험 검사	검사 시 일조량을 기준으로 가능 출력 및 발전량 이상 유무 확인(30분)

41 태양광발전시스템의 접속함에서 500[V] 절연저항계로 태양전지 모듈과 접지선 간을 측정하였을 때 절연저항값이 몇 [MΩ] 이상이어야 정상이라고 볼 수 있는가?

해답
0.2[MΩ] 이상

해설 접속함 측정항목

점검항목		점검요령
측정 및 시험	절연저항	태양전지 모듈-접지선 : DC 500[V]로 측정 시 0.2[MΩ] 이상
		출력단자-접지선 : DC 500[V]로 측정 시 1[MΩ] 이상
	개방전압	태양전지에서 배선의 극성이 바뀌지 않을 것
		확실히 취부되고 나사의 풀림이 없을 것

42 태양광발전시스템의 접속함에서 500[V] 절연저항계로 출력단자와 접지선 간을 측정하였을 때 절연저항값이 몇 [MΩ] 이상이어야 정상이라고 볼 수 있는가?

> **해답**
> 1[MΩ] 이상
>
> **해설** 출력단자 – 접지선 간에는 DC 500[V]로 측정 시 1[MΩ] 이상이어야 한다.

43 태양광발전시스템의 인버터 점검 중 투입저지 시한 타이머 동작시험에 대한 점검요령은 다음과 같다. (   ) 안에 알맞은 값을 쓰시오.

> 한전 전원이 정전되면 (①)초 이내 정지하고, 복전이 되면 (②)분 후에 자동으로 시동되어야 한다.

> **해답**
> ① 0.5　　　　　　　　　② 5

44 다음 (   ) 안에 알맞은 값을 쓰시오.

> 태양광발전시스템 절연내력 측정은 절연저항 측정과 같은 회로조건으로서 표준 태양전지 어레이 개방전압을 최대사용전압으로 간주하여 최대사용전압의 (①)배의 직류전압이나 (②)배의 교류전압(500[V] 미만일 때는 500[V])을 (③)분간 인가하여 절연파괴 등의 이상이 발생하지 않을 것을 확인한다.

> **해답**
> ① 1.5　　　　　② 1　　　　　③ 10

45 태양광발전시스템 인버터 회로의 절연저항 측정을 위한 절연저항계의 종류에는 500[V] 절연저항계와 1,000[V] 절연저항계가 있다. 이들 절연저항계로 측정 가능한 인버터 정격전압범위를 쓰시오.
1) 500[V] 절연저항계(메거)
2) 1,000[V] 절연저항계(메거)

> **[해답]**
> 1) 500[V] 절연저항계(메거) : 인버터 정격전압 300[V] 이하
> 2) 1,000[V] 절연저항계(메거) : 인버터 정격전압 300[V] 초과 600[V] 이하

46 태양광발전시스템의 수변전설비의 부품 중 고압 변압기 1차 측의 교류전압 및 교류전류를 변성하여 2차 측의 낮은 전압 및 전류로 바꾸어 계측 장치나 계전기 등의 낮은 전압 및 전류를 공급하는 장치의 명칭을 〈보기〉에서 찾아 쓰시오.

> 〈보기〉
> CB,   COS,   DS,   PT,   MCCB,   CT

1) 계기에서 수용 가능한 전압으로 변압
2) 계기에서 수용 가능한 전류로 변류

> **[해답]**
> 1) PT   2) CT
>
> **[해설]**
> - CB(Circuit Breaker, 차단기) : 부하전류를 개폐함과 동시에 단락 및 지락사고 발생 시 각종 계전기와 조합으로 전로를 차단하여 기기 및 전선을 보호하는 장치
> - COS(Cut Out Switch, 컷아웃스위치) : 변압기 및 주요기기 1차 측에 시설하여 단락보호용으로 사용
> - DS(Disconnector Switch, 단로기) : 차단기와 조합하여 사용하며, 전류가 통하고 있지 않는 상태에서 개폐 가능하고 부하전류를 개폐할 수 없음
> - PT(Potential Transformer, 계기용 변압기) : 계기에서 수용 가능한 전압으로 변압
> - CT(Current Transformer, 계기용 변류기) : 계기에서 수용 가능한 전류로 변류
> - MCCB(Molded Case Circuit Breaker, 배선용 차단기) : 과전류 및 사고전류를 차단

47 태양광발전시스템에서 1차 측의 높은 교류전압을 2차 측 110[V]로 변성하는 검출기(센서)의 명칭을 쓰시오.

> **[해답]**
> 계기용 변압기(PT)

48 태양광발전시스템에서 1차 측의 높은 교류전류를 2차 측 5[A]로 변성하는 검출기(센서)의 명칭을 쓰시오.

> **해답**
> 계기용 변류기(CT)

49 태양광발전시스템의 계측기구 중 직류계측기의 정격전류보다 1배를 초과하는 전류를 측정하기 위하여 사용하는 검출기(센서)의 명칭을 쓰시오.

> **해답**
> 분류기

50 태양광발전시스템의 계측기구 중 직류계측기의 정격전압보다 1배를 초과하는 전압을 측정하기 위하여 사용하는 검출기(센서)의 명칭을 쓰시오.

> **해답**
> 분압기

51 점검 전 인출형 차단기 및 단로기는 쇄정 후 "점검 중" 표찰을 부착하여야 한다. 그 이유를 쓰시오.

> **해답**
> 오조작 방지

52 태양광발전시스템의 시공 시 태양전지 모듈 배선이 끝난 후, 측정 및 확인하여야 하는 사항 3가지를 쓰시오.

> **해답**
> ① 전압극성 확인
> ② 단락전류 측정
> ③ 비접지 확인

53 다음은 태양광발전시스템의 운전 시 조작방법이다. ( ) 안에 들어갈 내용을 쓰시오.

Main VCB반 전압 확인 → 접속반, 인버터 DC 전압 확인 → ( ) → DC 차단기 On → 5분 후 인버터 정상작동 여부 확인

해답
AC 차단기 On

54 태양광발전시스템의 운영방법에 대한 내용이다. 각 물음에 답하시오.
1) 태양광발전설비가 작동되지 않는 경우 조치하여야 할 사항을 순서대로 쓰시오.
2) 태양광발전시스템 점검 완료 후 차단기 복귀 순서를 쓰시오.

해답
1) 접속함 내부 DC 차단기 개방(Off) → 배전반(또는 분전반) 내부 AC 차단기 개방(Off) → 인버터 정지 후 점검
2) 배전반(또는 분전반) 내부 AC 차단기 투입(On) → 접속함 내부 DC 차단기 투입(On)

55 태양광발전설비의 계통연계형 특고압 수변전설비에서 개폐기 및 차단기의 조작은 전기안전관리책임자의 승인을 받아 담당자가 조작한다. 개폐기 등의 조작순서를 투입 시와 차단 시로 구분하여 번호(①~④)를 쓰시오.

〈수전계통 순서〉
① LS → ② CB → ③ COS → TR → ④ MCCB

해답
- 투입순서 : ③ → ① → ② → ④
- 차단순서 : ④ → ② → ③ → ①

해설 스위치(LS, COS)는 무부하 상태에서 조작·차단 시에는 차단기(CB, MCCB)를 먼저 차단하고, 스위치류 조작·투입 시에는 스위치류를 먼저 투입한다.

56 고압 이상 수전설비의 개폐기 및 차단기 조작은 책임자의 승인을 받아 담당자가 조작순서에 의해 조작하여야 한다. 투입순서 및 차단순서를 기호로 쓰시오.

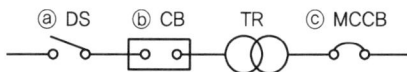

해답
- 투입순서 : ⓐ → ⓑ → ⓒ
- 차단순서 : ⓒ → ⓑ → ⓐ

해설 차단기의 차단순서는 저압 측에서 고압 측으로 하며, 차단기의 투입순서는 고압 측에서 저압 측으로 조작한다. 또한, 단로기(DS)는 차단 능력이 없으므로 차단기와 비교하여 차단 시는 후 차단, 투입 시는 선 투입하여야 한다.

57 태양광발전시스템의 운영조작방법 중 정전 시 조작순서를 〈보기〉에서 골라 차례대로 기호를 쓰시오.

〈보기〉
① 주차단기(Main VCB)반 전압 확인 및 계전기를 확인하여 정전 여부 확인, 부저 Off
② 인버터 DC 전압 확인 후 운전 시 조작방법에 의해 재시동
③ 태양광 인버터 상태 확인(정지)
④ 인입 계통전원의 복구 여부 확인

해답
① → ③ → ④ → ②

58 태양전지 인버터 회로의 절연내압 측정기준을 1가지만 설명하시오.

해답
절연저항은 1[MΩ] 이상일 것

해설
- 절연저항시험 시 시험품의 정격전압이 300[V] 미만에서는 500[V] 이상, 600[V] 이하에서는 1,000[V]의 절연저항계를 사용해 측정한다.
- 태양전지 어레이 개방전압을 최대사용전압으로 간주하여 최대사용전압의 1.5배의 직류전압을 10분간 인가하여 절연파괴 등 이상이 없어야 한다.

59 태양광발전소를 평지에 설치하는 경우 고려할 상정하중 4가지를 쓰시오.

해답
① 고정하중
② 적설하중
③ 풍하중
④ 지진하중

해설 • 상정하중

구분		내용
수직 하중	고정하중	어레이 + 프레임 + 서포트하중
	적설하중	경사계수 및 눈의 단위 질량 고려
	활하중	건축물 및 공작물의 점유 · 사용으로 발생하는 하중
수평 하중	풍하중	• 어레이에 가한 풍압과 지지물에 가한 풍압의 합 • 풍력계수, 환경계수, 용도계수, 가스트 계수 등을 고려
	지진하중	지진층 전단력 계수 고려

※ 평지에 설치하는 경우 활하중은 고려하지 않는다.
• 하중의 크기 : 풍하중 > 적설하중 > 지진하중

60 태양전지 발전소의 전선을 옥측 또는 옥외에 시설할 경우에 전기설비기술기준에서 말하는 시설공사 종류 4가지를 쓰시오.

해답
① 합성수지관 공사
② 금속관 공사
③ 가요전선관 공사
④ 케이블 공사

61 다음 그림은 지붕 위에 설치한 태양전지 어레이로부터 접속함에 이르는 배선을 나타낸 것이다. 다음 각 물음에 답하시오.

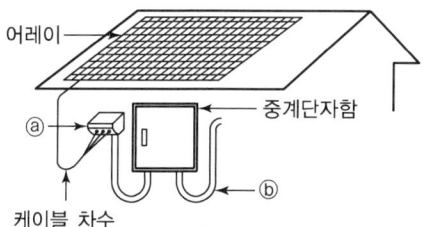

1) 그림의 ⓐ와 같이 인입구 및 인출구 관 끝에 설치하며, 금속관에 접속하여 옥외의 빗물을 막아주는 데 사용하는 재료 명칭을 쓰시오.
2) 그림의 ⓑ와 같은 전선관의 굴곡반경은 어떻게 시공하여야 하는지 쓰시오.
3) 전선관의 굵기는 전선피복을 포함한 단면적의 총합계가 관내 단면적의 몇 [%] 이하가 되도록 선정하여야 하는지 쓰시오.(단, 전선의 굵기는 동일하다.)

> **해답**
> 1) 엔트런스 캡
> 2) 굴곡반경은 관 내경의 6배 이상으로 하며, 찌그러짐이 없어야 한다.
> 3) 48[%] 이하

62 다음은 태양광발전 시공기준에 대한 사항이다. ( ) 안에 알맞은 내용을 쓰시오.

> 1) 모듈
> (①)받은 설비를 설치하여야 한다. 다만, 건물일체형 태양광시스템은 센터의 장이 별도로 정하는 품질기준(KS C 8561 또는 8562 일부 준용)에 따라 '(②)' 및 '(③)' 등을 만족하는 시험결과가 포함된 시험성적서를 센터로 제출할 경우, (①)받은 설비와 유사한 형태(모듈의 종류 및 구조가 동일한 형태)의 모듈을 사용할 수 있다.
> 2) 설치용량
> 설치용량은 사업계획서상의 모듈 설계용량과 (④)하여야 한다. 다만, 단위 모듈당 용량에 따라 설계용량과 (④)하게 설치할 수 없는 경우에 한하여 설계용량의 (⑤)[%] 이내까지 가능하다.

> **해답**
> ① 인증   ② 발전성능
> ③ 내구성   ④ 동일
> ⑤ 110

63 태양광발전시스템에서 경사각(Tilt Angle)이란 무엇을 의미하는지 쓰시오.

> **해답**
> 태양광 어레이가 지평면과 이루는 각

64 태양의 남중고도에 대하여 설명하시오.

> **해답**
> 하루 중에 태양이 정남쪽에 있을 때의 고도를 남중고도라고 한다.
>
> **해설** 남중고도는 하루 중에 태양이 정남쪽에 있을 때의 고도를 말하며, 다음 식으로 구할 수 있다.
> 남중고도 = $90° -$ 관측자의 위도(ϕ) + 태양의 적위(δ)
> - 춘추분일 때 남중고도 = $90° - \phi$
> - 동지일 때 남중고도 = $90° - \phi - 23.5°$
> - 하지일 때 남중고도 = $90° - \phi + 23.5°$

PART 06
태양광발전 시스템 유지 및 보수

SECTION 001 태양광발전 준공 후 점검

1 태양광발전 모듈, 어레이 측정 및 점검

1) 태양광발전 모듈

(1) 제품

인증받은 설비를 설치하되, 건물일체형 태양광시스템은 센터의 장이 별도로 정하는 품질기준(KS C 8561 또는 8562 일부 준용)에 따라 발전성능 및 내구성 등을 만족하는 시험결과가 포함된 시험성적서를 센터로 제출할 경우에 인증받은 설비와 유사한 형태의 모듈을 사용할 수 있다.

(2) 모듈 설치용량

사업계획서상의 모듈 설계용량과 동일하되, 단위모듈당 용량을 설계용량과 동일하게 설치할 수 없을 경우에 한하여 설계용량의 110[%] 이내까지 가능하다.

(3) 설치상태

① 모듈의 일조면 : 정남향으로 설치하고, 불가능할 경우에 한하여 정남향을 기준으로 동쪽 또는 서쪽 방향으로 45° 이내에 설치할 수 있다.
② 모듈의 일조시간 : 장애물로 인한 음영에도 불구하고 춘분(3~5월)·추분(9~11월) 기준 1일 5시간 이상이어야 한다. 단, 전깃줄, 피뢰침, 안테나 등 경미한 음영은 장애물로 보지 않는다.
③ 태양광 모듈 설치열이 2열 이상일 경우 앞열은 뒷열에 음영이 지지 않도록 설치한다.

2) 모듈 관리

① 모듈 표면은 강한 충격이 있을 시 파손될 우려가 있으므로 충격이 발생되지 않도록 주의한다.
② 모듈 표면에 그늘이 지거나 공해물질이 쌓이는 경우 또는 나뭇잎 등이 떨어진 때에는 전체적인 발전효율이 저하되므로 고압 분사기를 이용하여 정기적으로 물을 뿌려주거나 부드러운 천으로 이물질을 제거하여 발전효율을 높일 수 있도록 해야 한다.
③ 태양광에 의해 모듈온도가 상승할 경우 살수장치 등을 사용하여 물을 뿌려 온도를 조절해 주면 발전효율을 높일 수 있다.
④ 풍압이나 진동으로 인해 모듈과 형강의 체결부위가 느슨해질 수 있으므로 정기적인 점검이 필요하다.

3) 태양전지 모듈의 설치

(1) 태양전지 모듈 운반 시 주의사항

① 파손 방지를 위해 태양전지 모듈에 충격이 가해지지 않도록 한다.

② 모듈의 인력 이동 시 2인 1조로 한다.

③ 접속하지 않은 모듈의 리드선에 이물질이 유입되지 않도록 조치한다.

(2) 태양전지 모듈의 설치방법

(a) 가로깔기(2단 적층)

(b) 세로깔기(3단 적층)

(3) 태양전지 모듈의 설치

① 태양전지 모듈의 직렬매수(스트링)는 직류 사용 전압 또는 파워컨디셔너의 입력전압 범위에서 선정한다.

② 태양전지 모듈은 가대의 하단에서 상단으로 순차적으로 조립한다.

③ 태양전지 모듈과 가대의 접합 시 전식 방지를 위해 개스킷(Gasket)을 사용하여 조립한다.

(4) 태양전지 모듈의 직병렬 접속의 예

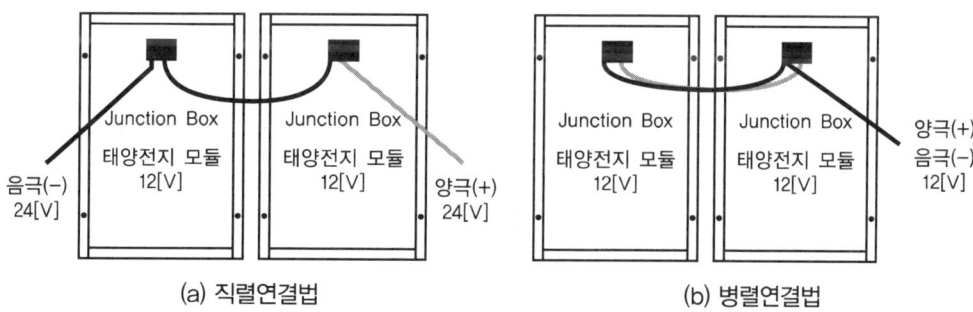

(a) 직렬연결법   (b) 병렬연결법

(5) 태양전지 모듈의 설치 완료 후 실시하는 검사

① 전압 · 극성 확인

② 단락전류 측정

③ 비접지 확인 : 직류 측 회로의 비접지 여부 확인

(6) 태양전지 모듈 간 배선

① 태양전지 모듈을 포함한 모든 충전부분은 노출되지 않도록 시설한다.
② 태양전지 모듈 배선은 단락전류에 충분히 견딜 수 있도록 $2.5[mm^2]$ 이상의 전선을 사용한다.
③ 태양전지 모듈 배선은 바람에 흔들리지 않도록 스테이플, 스트랩, 행거나 이와 유사한 부속품으로 130[cm] 이내 간격으로 견고하게 고정하여 가장 늘어진 부분이 모듈면으로부터 30[cm] 내에 들도록 한다.
④ 모듈에서 인버터에 이르는 배선에 사용되는 케이블은 모듈전용선 또는 단심(1C) 난연성 케이블(TFR-CV, F-CV, FR-CV 등)을 사용하며, 케이블이 지면 위에 설치되거나 포설되는 경우에는 피복에 손상이 발생되지 않게 별도의 조치를 취한다.
⑤ 태양전지발전시스템 어레이의 각 직렬군은 동일한 단락전류를 가진 모듈로 구성하며, 1대의 파워컨디셔너에 연결된 태양전지 어레이의 직렬군(스트링)이 2병렬 이상일 경우에는 각 직렬군(스트링)의 출력전압이 동일하게 되도록 배열한다.
⑥ 모듈 뒷면의 접속용 케이블은 2개씩 나와 있으므로 반드시 극성(+, -) 표시를 확인한 후 결선을 해야 한다. 극성 표시는 제조사에 따라 단자함 내부 또는 리드선의 케이블커넥터에 표시한다.
⑦ 배선접속부는 이물질이 유입되지 않도록 용융접착테이프와 보호테이프로 감는다.
⑧ 케이블이나 전선은 모듈 뒷면에 설치된 전선관에 설치하거나 가지런히 배열 및 고정하며, 최소 곡률반경은 지름의 6배 이상이 되도록 한다.

(7) 태양광 어레이 검사

① 어레이 검사 방법 : 태양전지 모듈의 배선이 끝나면 각 모듈 극성 확인, 전압 확인, 단락전류 확인, 양극과의 접지 여부 확인을 한다.
② 태양전지 어레이 검사 : 태양전지 모듈의 배열 및 결선방법은 모듈의 출력전압이나 설치장소 등에 따라 다르므로 체크리스트를 이용해 배열 및 결선방법 등에 대해 시공 전과 시공 완료 후에 각각 확인한다.
③ 태양전지 어레이의 출력 확인 : 체크리스트를 활용한다.

(8) 어레이 검사내용

① 전압·극성 확인 : 멀티테스터, 직류전압계를 이용하여, 태양전지 모듈이 바르게 시공되어 모듈 제작사에서 제공한 카탈로그 설명서대로 전압이 나오고 있는지, 극성이 바른지 등을 확인한다.
② 단락전류 측정 : 태양전지 모듈의 설명서에 기재된 단락전류가 흐르는 직류전류계로 측정하고, 타 모듈과 비교해 측정치가 현저히 다른 경우는 재차 점검한다.

③ 비접지 확인

㉠ KS C IEC 60364-7-712(태양전지 전원시스템)에 따르면 AC 측과 DC 측 사이에 최소한의 단순한 분리가 있다면 DC 측의 충전 도체 중 하나의 접지가 허용된다. 그러나 파워컨디셔너는 절연변압기를 시설하는 경우가 드물기 때문에 일반적으로 직류 측 회로를 비접지로 하고 있다.

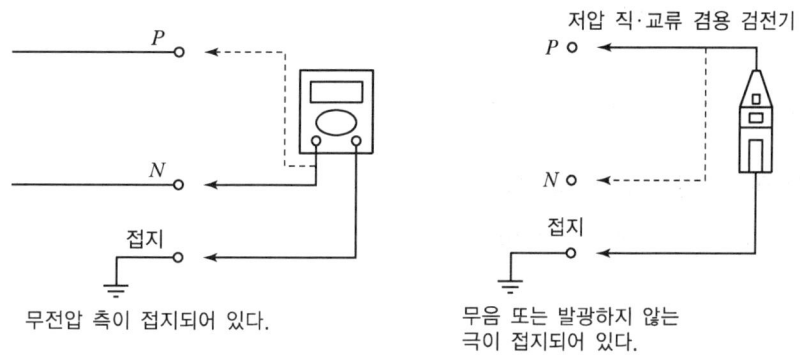

[비접지 확인방법]

㉡ 이동통신용 중계기 등 통신용 전원으로 사용할 때에는 편단접지를 하는 경우가 있으므로 통신기기 제작사와 협의하여 접지한다.

2 토목시설물의 점검

1) 기초지반

① 맨홀, 공동구, 지하구조물, 터파기 구간, 경사면, 지반 연약화로 붕괴 여부
② 구조물 균열 발생과 변형 여부
③ 세굴 활동 발생 여부
④ 침하 발생 여부

2) 절토부

① 인장균열 발생 여부
② 침하 발생 여부
③ 급격한 지하수 용출 여부
④ 지속적인 낙석 발생 여부

3) 굴착사면

① 붕괴 또는 낙하위험이 있는 부석 및 나무 제거 여부
② 굴착단면의 출입금지 여부
③ 산마루 측구 설치 여부
④ 굴착면 적정구배 및 표면수 입방지용 배수로 설치 여부
⑤ 높이 5[m]마다 최소 2[m] 이상의 소단 설치 여부

3 접속반 인버터 주변기기 장치의 점검

1) 태양광발전시스템의 구성요소(모듈, 출력조절기(Power Conditioner System), 주변장치(Balance of System))

(1) 태양광 어레이(PV Array)

태양광 어레이는 발전장치 역할을 하는 것으로, 구성요소는 모듈, 구조물, 접속함, 다이오드 등이다.

(2) 인버터

① 인버터의 기능
  ㉠ 직류를 교류로 변환
  ㉡ 최대전력점 추종
  ㉢ 고효율 제어
  ㉣ 직류 제어
  ㉤ 고조파 억제
  ㉥ 계통연계 및 보호기능
  ㉦ 단독운전 방지기능
  ㉧ 역조류 기능
  ㉨ 자동운전 정지기능 등

② 인버터의 절연방식에 따른 분류
  ㉠ 상용주파 절연방식
  ㉡ 고주파 절연방식
  ㉢ 무변압기방식

(3) 바이패스 다이오드(By-pass Diode) 및 역류방지 다이오드(Blocking Diode)
  ① 바이패스 다이오드 : 태양전지에 그늘이 지면 그 부위가 저항역할을 하게 되어 모듈에 악영향을 미치므로 일부 태양전지의 출력을 포기하고 나머지 태양전지로 회로를 구성하기 위해 바이패스 다이오드를 사용한다(태양전지 모듈 후면에 위치).
  ② 역류방지 다이오드 : 어레이 내 스트링과 스트링 사이에서도 전압 불균형 등의 원인으로, 병렬접속한 스트링 사이에 전류가 흘러 어레이에 악영향을 미칠 수 있는데 이를 방지하기 위해 설치한다(스트링마다 설치).

(4) 축전지
  ① 가장 경제적인 전원공급장치이다.
  ② 알칼리 축전지와 연축전지가 사용된다.

(5) 충·방전 컨트롤러
  충·방전 컨트롤러는 주로 독립형 시스템에서 태양전지 모듈로부터 생산된 전기를 축전지에 저장 또는 방전하는 데 사용한다.

2) 접속함

(1) 접속함의 설치목적
  ① 보수·점검 시 회로를 분리하거나 점검을 용이하게 하기 위해 설치한다.
  ② 스트링별 고장 시 정지범위를 분리하여 운전을 할 수 있도록 설치한다.

SECTION 002 태양광발전 일상점검하기

1 점검방법

1) 일상점검
① 유지보수 요원의 감각기관에 의존하여 시각점검(변색, 파손, 단자 이완 등), 비정상적인 소리, 냄새 점검 등을 통해 시설물의 외부에서 점검항목별로 실시한다.
② 이상 상태가 발견된 경우에는 시설물의 문을 열고 그 정도를 확인한다.
③ 직접 운전이 불가할 정도인 경우를 제외하고는 이상 상태의 내용을 일지 및 점검기록부에 기록하여 운전 중 및 정기점검 시 점검에 참고한다.

2) 정기점검
① 원칙적으로 정전을 시킨 다음 무전압상태에서 기기의 이상상태를 점검해야 하며 필요시 기기를 분해하여 점검한다.
② 태양광발전시스템이 계통에 연계되어 운영 중인 상태에서 점검할 때에는 감전사고가 일어나지 않도록 주의한다.

3) 임시점검
대형 사고가 발생한 경우에는 사고의 원인 파악, 영향(사고의 파급, 발전출력의 감소 등) 분석, 대책 수립을 하여 보수 조치하여야 한다.

2 점검주기

① 점검주기는 대상기기의 환경조건, 운전조건, 설비의 중요성, 사용연수 등을 고려하여 선정한다.
② 모선정전은 별로 없으나 심각한 사고를 방지하기 위해 3년에 1회 정도 점검하는 것이 좋다.
③ 점검의 제약조건과 점검종류

구분	Door 개발	Cover 개방	무정전	회로정전	모선정전	차단기 인출	점검주기
일상점검			○				매일
	○		○				1회/월
정기점검	○	○		○		○	1회/반기
	○	○		○	○	○	1회/3년
임시점검	○	○		○		○	필요시

③ 일상점검 항목 및 점검요령

일상점검은 주로 육안점검에 의해서 매월 1회 정도 실시한다. 권장하는 점검항목은 다음과 같으며 점검결과 이상이 확인되면 전문기술자에게 상담을 구한다.

1) 어레이 일상점검 항목 및 점검요령

구분		점검항목	점검요령
태양전지 어레이	육안 점검	표면의 오염 및 파손	현저한 오염 및 파손이 없을 것
		지지대의 부식 및 녹	부식 및 녹이 없을 것
		외부배선(접속케이블)의 손상	접속케이블에 손상이 없을 것

2) 접속함 일상점검 항목 및 점검요령

구분		점검항목	점검요령
접속함	육안 점검	외부의 부식 및 파손	부식 및 파손이 없을 것
		외부배선(접속케이블)의 손상	접속케이블에 손상이 없을 것

3) 인버터 일상점검 항목 및 점검요령

구분		점검항목	점검요령
인버터	육안 점검	외함의 부식 및 파손	부식 및 녹이 없고 충전부가 노출되어 있지 않을 것
		외부배선(접속케이블)의 손상	인버터로 접속되는 케이블에 손상이 없을 것
		통풍 확인(통풍구, 환기필터 등)	통풍구가 막혀 있지 않을 것
		이음, 이취, 연기 발생 및 이상 과열	운전 시 이상음, 이상 진동, 이취 및 이상 과열이 없을 것
		표시부의 이상표시	표시부에 이상 코드, 이상을 나타내는 램프의 점등, 점멸등이 없을 것
		발전상황	표시부의 발전상황에 이상이 없을 것

4) 축전지 일상점검 항목 및 점검요령

구분		점검항목	점검요령
축전지	육안 점검	변색, 변형, 팽창, 손상, 액면 저하, 온도 상승, 이취, 단자부 풀림 등	부하에 급전한 상태에서 실시할 것

SECTION 003 태양광발전 정기점검하기

1 점검주기 및 점검횟수

안전관리업무를 대행하는 전기안전관리자는 전기설비가 설치된 장소 또는 사업장을 방문하여 점검을 실시해야 하며, 그 기준은 다음과 같다.

	용량별	점검횟수	점검간격
저압	1~300[kW] 이하	월 1회	20일 이상
	300[kW] 초과	월 2회	10일 이상
고압	1~300[kW] 이하	월 1회	20일 이상
	300[kW] 초과~500[kW] 이하	월 2회	10일 이상
	500[kW] 초과~700[kW] 이하	월 3회	7일 이상
	700[kW] 초과~1,500[kW] 이하	월 4회	5일 이상
	1,500[kW] 초과~2,000[kW] 이하	월 5회	4일 이상
	2,000[kW] 초과~2,500[kW] 이하	월 6회	3일 이상

2 점검결과의 판정

점검결과의 판정기준은 다음과 같다.

1) 부적합 사항

① 전기설비기술기준에 적합하지 않은 경우
② 산업통상자원부장관이 정하는 고시에 위반되는 경우

2) 안전관리에 관한 조언

① 전기설비 설치, 운용상태가 미흡하다고 판단되거나 참고기준에 미달되는 사항이 있는 경우
② 내선규정 및 배전규정에 적합하지 않은 경우
③ 수목, 토목, 건축 등의 안전관리상 문제가 있는 경우
④ 운전방법이 불합리하거나 절전 등 전기사용의 합리적인 사용이 필요한 경우

3 점검에 관한 기록 · 보존

1) 전기안전관리자는 수립한 점검을 실시하고, 다음 각 호의 내용을 기록하여야 한다.
   ① 점검자
   ② 점검 연월일, 설비명(상호) 및 설비용량
   ③ 점검 실시 내용(점검항목별 기준치 및 측정치, 그 밖에 점검 활동 내용 등)
   ④ 점검의 결과
   ⑤ 그 밖에 전기설비 안전관리에 관한 의견
2) 전기안전관리자는 제1)항에 따라 기록한 서류를 전기설비 설치장소 또는 사업장마다 비치하고, 그 기록서류를 4년간 보존하여야 한다.

4 정기점검 항목 및 점검요령

1) 어레이 정기점검 항목 및 점검요령

구분		점검항목	점검요령
태양전지 어레이	육안 점검	접지선의 접속 및 접속단자 이완	• 접지선이 확실하게 접속되어 있을 것 • 나사의 풀림이 없을 것

2) 접속함 정기점검 항목 및 점검요령

구분		점검항목	점검요령
접속함	육안 점검	외함의 부식 및 파손	부식 및 파손이 없을 것
		외부배선의 손상 및 접속단자 이완	• 배선에 이상이 없을 것 • 나사의 풀림이 없을 것
		접지선의 손상 및 접속단자 이완	• 접지선에 이상이 없을 것 • 나사의 풀림이 없을 것
	측정 및 시험	절연저항	〈태양전지 모듈-접지선〉 0.2[MΩ] 이상, DC 측정전압 500[V] (각 회로마다 모두 측정) 〈출력단자-접지 간〉 1[MΩ] 이상, DC 측정전압 500[V]
		개방전압	• 규정전압일 것 • 극성이 올바를 것(각 회로마다 모두 측정)

3) 인버터 정기점검 항목 및 점검요령

구분		점검항목	점검요령
인버터	육안 점검	외함의 부식 및 파손	부식 및 파손이 없을 것
		외부배선의 손상 및 접속단자 이완	• 배선에 이상이 없을 것 • 나사의 풀림이 없을 것
		접지선의 손상 및 접속단자 이완	• 접지선에 이상이 없을 것 • 나사의 풀림이 없을 것
		통풍 확인(통풍구, 환기필터 등)	통풍구가 막혀있지 않을 것
		운전 시 이상음, 이취 및 진동 유무	운전 시 이상음, 이상 진동, 이취 등이 없을 것
	측정 및 시험	절연저항(인버터 입출력 단자-접지 간)	1[MΩ] 이상, DC 측정전압 500[V]
		표시부 동작 확인(표시부 표시, 발전전력 등)	표시상황 및 발전상황에 이상이 없을 것
		투입(On)저지 시한 타이머 동작 시험	한전전원이 정전되면 0.5초 이내 정지하고, 복전되면 5분 후에 자동으로 시동될 것

4) 축전지 정기점검 항목 및 점검요령

구분		점검항목	점검요령
축전지	육안 점검	외관점검, 전해액 비중, 전해액면 저하	부하로의 급전을 정지한 상태에서 실시할 것
	측정 및 시험	단자전압 (총전압/셀 전압)	

SECTION 04 태양광발전시스템 보수

1 이상 상태 발견 시 조치방법

태양광발전시스템의 이상 상태를 발견하면 즉시 관리주체에 고장(이상) 상태를 보고하고, 태양광발전소 계획정지 순서에 의거 정지(Off)하고 자체 조치가 가능한지를 판단하여 처리 후 태양광발전소 기동순서에 의거 운전(On)을 다음 순서도와 같이 처리한다.

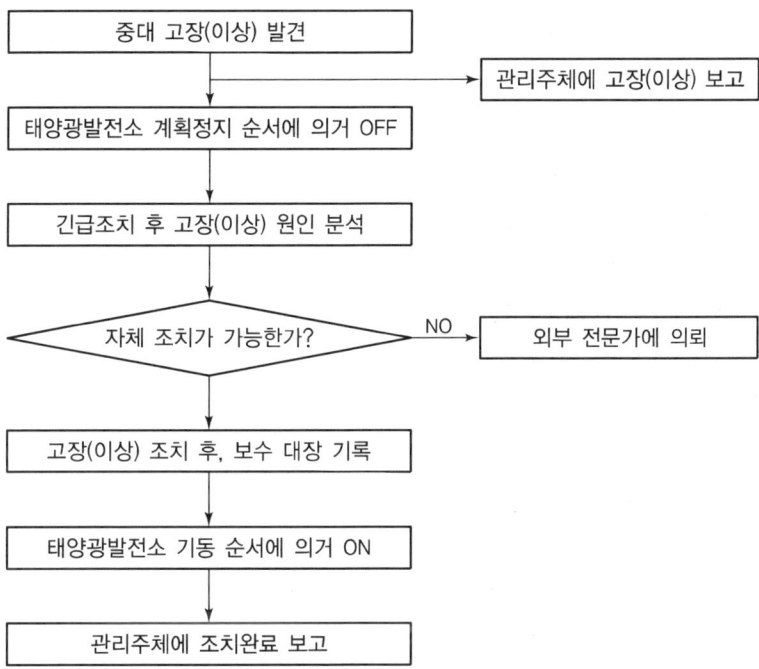

2 태양광발전 인버터, 접속반, 차단기의 동작·정지

① 기동 및 정지는 2인 1조로 수행함을 원칙으로 한다.
② 전기실이 정전되면 실내가 어둡기 때문에 휴대용랜턴을 준비해야 한다.
③ 전기실 기동 및 정전조작은 가능한 야간시간대를 피해서 조작한다.
④ 정전이 장기간 유지되어 소내 직류전원공급설비의 전류용량이 감소될 경우, 차단기(VCB, ACB 등)의 투입 또는 개방을 수동으로 조작해야 한다.

⑤ 기동 및 정전조작은 아래를 참조하여 절차에 기술된 순서대로 해야 한다.
　㉠ 모든 기기의 기동(투입)은 수전단에서 부하 측으로 조작(On)해야 된다.

LBS	VCB	ACB	MCCB	인버터
①	②	③	④	⑤

　㉡ 모든 기기의 정지(개방)는 부하 측에서 수전단으로 조작(Off)해야 한다.

인버터	MCCB	ACB	VCB	LBS
①	②	③	④	⑤

⑥ 기동 전/후, 정지 전/후에는 관리주체(전기사업주)에 보고 및 관련사(인버터제작사, 보안업체)에 통보해야 한다.
⑦ 발전소가 장기간 정지된 이후 기동할 경우 한전 배전선로를 관할하는 한전지사의 담당자에게 선로의 이상 유무를 확인 후 기동해야 한다.
⑧ 한전 배전선로 이상(정전)으로 발전소가 정지될 경우 보호신호가 발생된 원인을 관할 한전지사의 담당자에게 확인 후 기동해야 한다.
⑨ 한전 배전선로 이상(정전)으로 발전소가 정지될 경우 원인을 파악하고 문제를 해결한 이후 관리주체(전기사업주)에 보고한다.
⑩ 저압 선로보호용 디지털복합계전기 운전 상태 표시창에 이상메시지가 없어야 하고 정상동작 중이어야 한다.
⑪ 특고압 선로보호용 디지털복합계전기 운전 상태 표시창에 이상메시지가 없어야 하고 정상상태이어야 한다.
⑫ 송전용 전력량계, 수전용 전력량계가 정상 상태이어야 한다.
⑬ 저압배전반에 있는 모든 MCCB는 차단 상태이어야 한다.
⑭ 전력용 변압기와 디지털 온도감시기는 정상 상태이어야 한다.

3 태양광발전시스템의 운영조작

1) 운전 시 조작방법

① Main VCB반 전압 확인
② 접속반, 인버터 DC 전압 확인
③ DC 차단기 On, AC 차단기 On
④ 5분 후 인버터 정상작동 여부 확인

2) 정전 시 조작방법

① Main VCB반 전압 및 계전기를 점검하여 정전 여부 확인, 버저 Off
② 태양광 인버터 상태 확인(정지)
③ 한전 전원 복구 여부 확인
④ 인버터 DC 전압 확인 후 운전 시 조작방법에 의해 재시동

3) 응급조치 방법

(1) 태양광발전설비가 작동되지 않는 경우

① AC 차단기 개방(Off)
② 접속함 내부 DC 차단기 개방(Off)
③ 인버터 정지 후 점검

(2) 점검 완료 후 복귀 순서 - 점검 완료 후에는 역으로 투입

① 접속함 내부 DC 차단기 투입(On)
② AC 차단기 투입(On)

4) 운전상태에 따른 시스템의 발생 신호

(1) 정상운전

태양전지로부터 전력을 공급받아 인버터가 계통전압과 동기로 운전하며 계통과 부하에 전력을 공급한다.

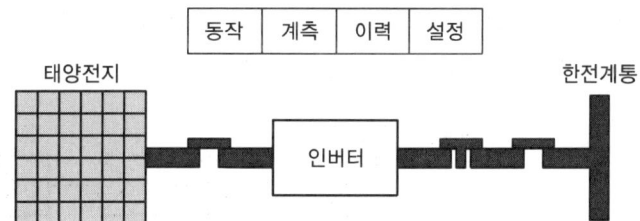

(2) 인버터 이상 시 운전

인버터에 이상이 발생하면 인버터는 자동정지하고 이상신호를 나타낸다.

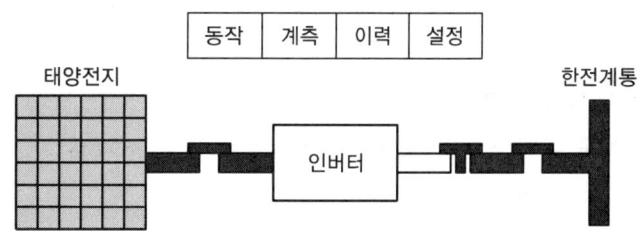

(3) 태양전지 전압 이상 시 운전

태양전지 전압이 저전압 또는 과전압이 되면 이상신호를 나타내고 인버터 정지, M/C Off 상태로 된다.

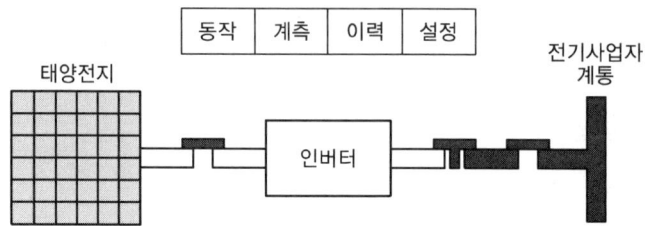

4 고장별 조치방법

1) 인버터의 고장

직접 수리가 곤란하므로 제조업체에 A/S를 의뢰한다.

2) 태양전지 모듈의 고장

(1) 모듈의 개방전압 문제

① 원인 : 셀 및 바이패스 다이오드 손상
② 대책 : 손상된 모듈을 찾아 교체

(2) 모듈의 단락전류 문제

① 원인 : 음영에 의한 경우와 모듈 불량, 모듈 표면의 흙탕물, 새의 배설물 등에 따라 모듈의 단락전류가 다른 경우 출력 저하

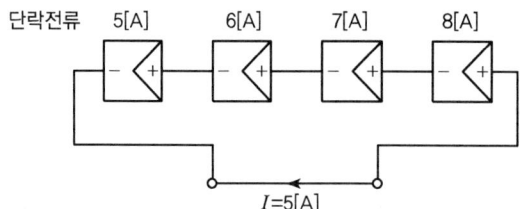

② 대책 : 불량 모듈 교체, 이물질 제거

3) 모듈의 절연저항 문제

① 원인 : 모듈의 파손, 케이블 열화, 피복손상 시 절연 저하
② 대책 : 모듈 교체

5 수변전설비 조작(고압 이상 개폐기 및 차단기)방법

① 고압 이상 개폐기 및 차단기의 조작은 작업책임자의 승인을 받고 담당자가 조작순서에 의해 조작한다.
　㉠ 차단순서 : 배선용 차단기(MCCB) → 차단기(CB) → COS, TR → 개폐기(IS)
　㉡ 투입순서 : COS, TR → 개폐기(IS) → 차단기(CB) → 배선용 차단기(MCCB)
② 고압 이상 개폐기 조작은 꼭 무부하 상태에서 실시하고 개폐기 조작 후 잔류전하 방전상태를 검전기로 꼭 확인한다.
③ 고압 이상의 전기설비는 꼭 안전장구(고압고무장갑, 안전화 등)를 착용한 후 조작한다.
④ 비상용 발전기 가동 전 비상전원 공급구간을 반드시 재확인하여 역송전으로 인한 감전 사고에 주의한다.
⑤ 작업완료 후 전기설비의 이상 유무를 확인한 후 통전한다.

SECTION 005 출제예상문제

01 차단기의 일상점검사항 5가지를 쓰시오.

해답
① 코로나 방전 등에 의한 이상한 소리는 없는가
② 코로나 방전, 과열에 의한 이상한 냄새 유무 확인
③ 개폐표시기의 표시의 정확 유무 확인
④ 개폐표시등의 표시의 정확 유무 확인
⑤ 조작장치의 동작 상태를 표시하는 부분이 잘 보이는가

해설

대상	점검개소	목적	점검내용
주회로용 차단기, GCB, VCB, ACB	외부 일반	이상한 소리	코로나 방전 등에 의한 이상한 소리는 없는가
		이상한 냄새	코로나 방전, 과열에 의한 이상한 냄새 유무 확인
		누출	GCB의 경우 가스 누출은 없는가
	개폐표시기	지시	표시의 정확 유무 확인
	개폐표시등	표시	표시의 정확 유무 확인
	개폐도수계	표시	기계적인 수명 횟수에 도달하여 있지는 않는가
배선용 차단기, 누전차단기	외부 일반	이상한 냄새	과열에 의한 이상한 냄새는 없는가
	조작장치	표시	동작 상태를 표시하는 부분이 잘 보이는가
			개폐기구의 핸들과 표시등의 상태는 올바른가

02 다음 표는 태양광발전설비 일상점검사항이다. ①~③에 해당하는 작업요령을 쓰시오.

작업항목	작업기준	작업요령
전압	각 선간전압은 정상인가	절환스위치로 각 선간전압 측정
전류	부하전류는 정상인가	각 상전류는 평행인가, 정격치 이내에 있는가를 점검
계기류	이상의 유무	①
개폐표시	표시등	②
이상한 냄새	이상한 냄새의 유무	냄새를 맡아본다.
애자	파손의 유무, 먼지 부착 유무	눈으로 점검, 코로나에 주의
도체	과열되어 변색되어 있지 않은가	③

> **해답**
> ① 이상의 유무 점검
> ② 표시등 이상 유무의 점검
> ③ 접속볼트 조임부분에 특히 주의

03 22.9[kV] 주회로(특고압) 차단기의 일상점검항목 5가지를 쓰시오.

> **해답**
> ① 코로나 방전에 이한 이상한 소리는 없는가
> ② 코로나 방전, 과열에 의한 이상한 냄새는 없는가
> ③ 개폐표시기의 지시 정확 유무 확인
> ④ 개폐표시등의 표시 정확 유무 확인
> ⑤ 개폐도수계의 차단횟수를 통한 기계적 수명 횟수 도달 유무 확인

04 태양광발전설비 시스템 운영 중 응급조치방법을 기술하시오.

> **해답**
> ① 접속함 내부 차단기 차단
> ② 인버터 정지 후 점검
> ③ 인버터 점검 종료 후 접속함 내부 차단기부터 연결함
>
> **해설** 응급조치방법
>   1) 태양광발전설비가 작동되지 않는 경우
>   ① AC 차단기 개방(Off)
>   ② 접속함 내부 DC 차단기 개방(Off)
>   ③ 인버터 정지 후 점검
>   2) 점검 완료 후 복귀 순서 – 점검 완료 후에는 역으로 투입한다.
>   ① 접속함 내부 DC 차단기 투입(On)
>   ② AC 차단기 투입(On)

05 태양광발전시스템의 운전 시 조작방법을 순서대로 나열하시오.

> **해답**
> ① Main VCB반 전압 확인
> ② 접속반, 인버터 DC 전압 확인
> ③ DC 차단기 On, AC 차단기 On
> ④ 5분 후 인버터 정상작동 여부 확인

06 태양광발전시스템의 정전 시 조작방법을 순서대로 쓰시오.

> **해답**
> ① Main VCB반 전압 확인 및 계전기를 확인하여 정전 여부 확인, 버저 Off
> ② 태양광 인버터 상태 확인(정지)
> ③ 한전 전원 복구 여부 확인
> ④ 인버터 DC 전압 확인 후 운전 시 조작방법에 의해 재시동

07 태양광발전시스템의 시운전 방법 2가지를 쓰시오.

> **해답**
> ① 단독 시운전 : 수전단위기기별 계통별 예비점검 및 시험운전
> ② 종합 시운전 : 단위기기 및 계통 간 병렬운전 계통연계 상업운전

08 배전반 제어회로의 배선에서 일상점검항목(점검내용)을 쓰시오.

> **해답**
> ① 가동부 등의 연결전선의 절연피복 손상 여부 확인
> ② 전선의 지지물의 탈락 여부 확인
> ③ 과열에 의한 이상한 냄새 여부의 확인
>
> **해설** 배전반 제어회로의 배선 일상점검항목
>
> | 대상 | 점검개소 | 목적 | 점검내용 |
> |---|---|---|---|
> | 제어회로의 배선 | 배선 전반 | 손상 | 가동부 등의 연결전선의 절연피복 손상 여부 확인 |
> | | | | 전선 지지물의 탈락 여부 확인 |
> | | | 이상한 냄새 | 과열에 의한 이상한 냄새 여부 확인 |

09 배전용 차단기(누전차단기)의 일상점검 시 점검내용을 쓰시오.

해답
① 과열에 의한 이상한 냄새는 없는가
② 동작 상태를 표시하는 부분이 잘 보이는가
③ 개폐기구의 핸들과 표시등의 상태는 올바른가

해설 배선용 차단기 일상점검항목

대상	점검개소	목적	점검내용
배선용 차단기, 누전차단기	외부일반	이상한 냄새	과열에 의한 이상한 냄새는 없는가
	조작장치	표시	동작 상태를 표시하는 부분이 잘 보이는가
			개폐기구의 핸들과 표시등의 상태는 올바른가

10 태양광발전시스템의 점검에서 유지보수 관점에서의 점검 종류를 모두 쓰시오.

해답
① 일상점검
② 정기점검
③ 임시점검

해설 태양광발전시스템의 점검 종류
태양광발전시스템의 점검은 일반적으로 준공 시의 점검, 일상점검, 정기점검의 3가지로 구별되나 유지보수 관점에서는 일상점검, 정기점검, 임시점검으로 재분류된다.

11 태양광발전시스템의 유지관리 절차이다. 다음의 ( ) 안에 해당되는 사항을 모두 쓰시오.

시설물 점검 → ( ) → 이상 및 결함 발생 → 응급처치/작동금지/안전성 검토 → 정밀 조사/정밀안전진단 → 보수 판단 → 보수 필요 → 교체/보수방법 검토 → 설계 및 예산 확보 → 공사 및 준공검사 → 시설물 사용 및 유지관리

해답
일상점검, 정기점검, 임시점검

12 모선정전의 정기점검 점검주기는 얼마인가?

> **해답**
> 3년 1회

13 다음 일상점검의 점검표준표에서 ①~③에 해당하는 작업요령을 쓰시오.

작업항목	작업기준	작업요령
전압	각 선간전압은 정상인가	①
전류	부하전류는 정상인가	②
계기류	이상의 유무	이상의 유무 점검
개폐표시	표시등	표시등 이상 유무의 점검
이상한 냄새	이상한 냄새의 유무	냄새를 맡아봄
애자	파손의 유무, 먼지의 부착 유무	③
도체	과열되어 변색되지 않았는가	접속 볼트 조임 부분에 특히 주의

> **해답**
> ① 절환스위치로 각 선간전압 측정
> ② 각 상전전류는 평형인가, 정격치 이내에 있는가를 점검
> ③ 눈으로 점검(코로 나옴에 주의)

14 태양광발전설비의 규모가 500[kW] 이상 700[kW] 미만의 경우 정기점검 횟수는 매월 몇 회 이상으로 하여야 하는가?

> **해답**
> 매월 3회 이상
>
> **해설** 태양광발전설비의 규모별 정기점검 횟수
> • 300[kW] 미만의 경우 : 매월 1회 이상
> • 300[kW] 이상 500[kW] 미만의 경우 : 매월 2회 이상
> • 500[kW] 이상 700[kW] 미만의 경우 : 매월 3회 이상
> • 700[kW] 이상 1,500[kW] 미만의 경우 : 매월 4회 이상
> • 1,500[kW] 이상 2,000[kW] 미만의 경우 : 매월 5회 이상
> • 2,000[kW] 이상 2,500[kW] 미만의 경우 : 매월 6회 이상

15 태양광발전시스템의 일상점검 및 정기점검 주기를 쓰시오.

해답
1) 일상점검 : 매월 1회
2) 정기점검 : 정기점검 주기는 설비용량에 따라 월 1~4회 이상 실시

해설

정기점검 설비용량	300[kW] 이하	500[kW] 이하	700[kW] 이하	1,500[kW] 이하
점검주기	1회 이상	2회 이상	3회 이상	4회 이상

16 안전관리업무를 외부에 대행시킬 수 있는 태양광발전설비 용량은 얼마인지 쓰시오.

해답
1,000[kW] 미만(원격감시·제어기능을 갖춘 경우 용량 3,000[kW] 미만)

해설 전기안전관리법 시행규칙 제26조(전기안전관리업무의 대행규모)
1. 안전공사 및 대행사업자 : 신에너지 및 재생에너지 개발·이용·보급 촉진법 제2조에 따른 태양광발전설비로서 용량 1,000[kW] 미만인 것(원격감시·제어기능을 갖춘 경우 용량 3,000[kW])
2. 개인대행자 : 용량 250[kW] 미만의 태양광발전설비(원격감시·제어기능을 갖춘 경우 용량 750[kW] 미만)

17 일상정기점검 처리에 대한 다이어그램이다. (A), (B), (C)에 들어갈 내용을 쓰시오.

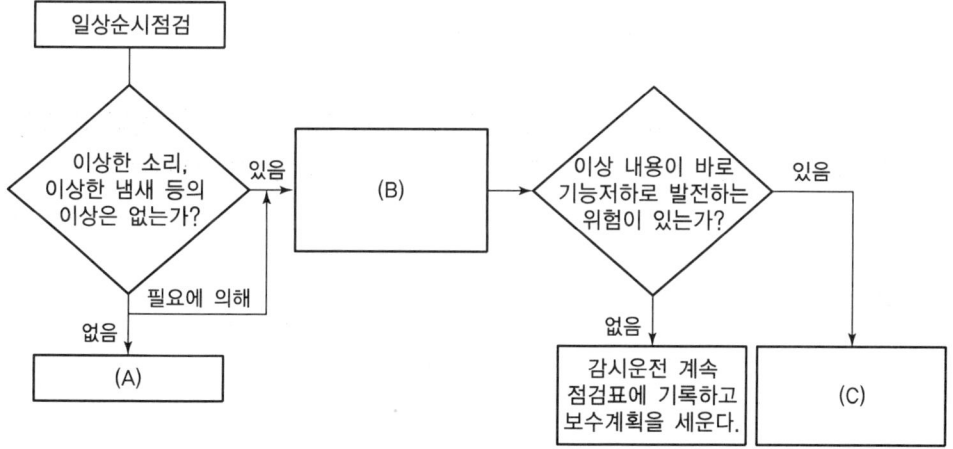

> **해답**
> (A) 완료 점검표에 기록
> (B) 안전 유무 확인 후 지장이 없는 범위에서 문, 커버 등을 연다.
> (C) 정기점검에 준하여 처리한다.
>
> **해설**
>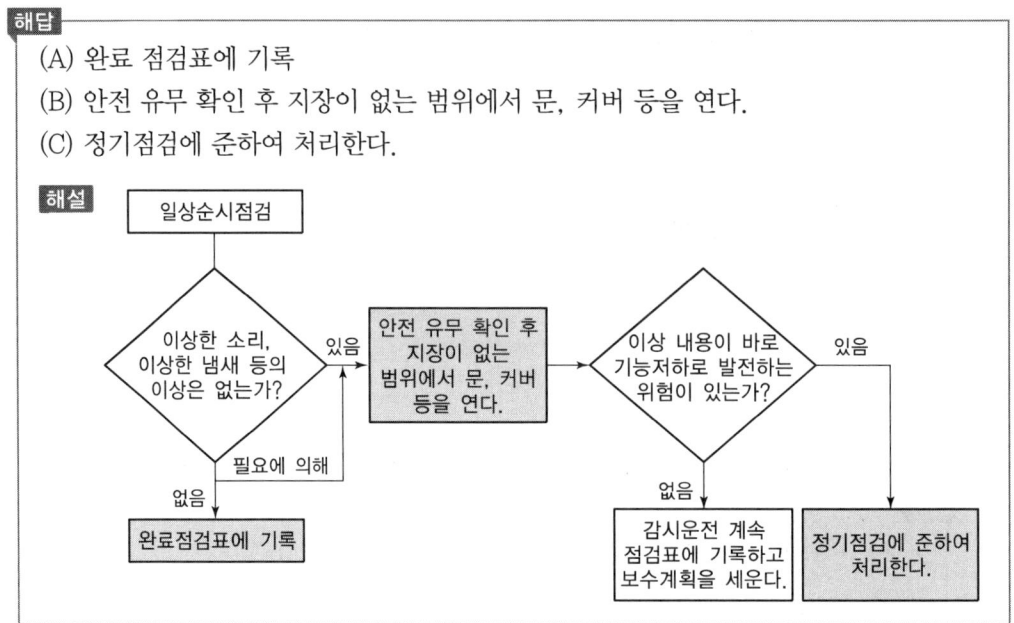

18 태양전지 어레이의 육안점검 시 점검항목 3가지를 쓰시오.

> **해답**
> ① 모듈 표면의 오염 및 파손
> ② 지지대의 부식 및 녹
> ③ 외부배선(접속케이블)의 손상

19 태양광발전시스템의 점검 중 유지보수 요원의 감각기관에 의거 시각점검, 비정상적인 소리, 냄새 등을 통해 시설물의 외부에서 실시하는 점검의 명칭을 쓰시오.

> **해답**
> 일상점검

20 보수점검의 분류에서 설비의 상태가 운전 중이고 점검횟수가 1회/1주~1회/3개월인 것은?

해답
일상점검

해설 보수점검의 분류

분류	설비의 상태	점검횟수
운전점검	운전 중	1회/8시간
일상점검	운전 중	1회/1주~1회/3개월
정기점검(보통)	정지(단시간)	1회/6개월~1회/2년
정기점검(세밀)	정지(장시간)	1회/1년~1회/5년
임시점검	정지	

21 일상점검 시 태양전지 어레이의 점검항목과 점검요령 3가지를 각각 쓰시오.
1) 점검항목
2) 점검요령

해답
1) 점검항목
① 유리 등 표면의 오염 및 파손
② 가대의 부식 및 녹
③ 외부배선(접속케이블)의 손상
2) 점검요령
① 심한 오염 및 파손이 없을 것
② 부식 및 녹이 없을 것
③ 접속케이블에 손상이 없을 것

해설 1) 표면의 오염 및 파손 여부 육안점검(현저한 오염 및 파손이 없을 것)
2) 지지대의 부식 및 녹 여부 육안점검(부식 및 녹이 없을 것)
3) 외부배선의 손상 여부 육안점검(접속케이블에 손상이 없을 것)

22 정기점검 중 제어장치의 절연물의 열화가 발생할 경우의 조치방법은?

해답

불량품 교체

해설 점검요령
- 개폐표시는 원활한가
- 개폐기, 전자접촉기의 접촉상태는 좋은가
- 제어개폐기, 전자접촉기의 스프링와셔는 이상이 없는가
- 마그네트 코일의 단선, 층간 단락은 없는가
- 고정(조임) 등에는 이상이 없는가
- 단자의 조임이 느슨하게 된 것은 없는가
- 먼지는 쌓이지 않았나

23 다음의 정기점검 조치사항은 언제 실시하는지 답하시오.

1) 태양전지 모듈 표면이 파손되었는지 확인
2) 태양전지 모듈 주위에 그림자가 발생하는 물체가 있는지 확인
3) 태양전지 모듈과 구조물 간 이격이 발생하였는지 확인

해답

1) 주간 정기점검　　　2) 월간 정기점검　　　3) 연간 정기점검

24 태양광발전 시공 시 태양전지 모듈 배선이 끝난 후 어레이 검사항목 3가지를 쓰시오.

해답

① 전압·극성 확인
② 단락전류 측정
③ 비접지 확인

해설 태양전지 모듈 배선이 끝난 후 어레이 검사항목
- 전압·극성 확인 : 태양전지 모듈의 전압이 올바른지, 정극·부극의 극성이 실수가 없는지 확인한다.
- 단락전류 측정 : 태양전지 모듈의 사양서에 기재된 전류가 흐르는지 확인한다.
- 비접지 확인 : 접지와 양극단을 테스터, 점점기 등으로 측정한다.

25 전선의 소유량 계산에서 전선가선 시 선로의 고저가 심할 때 산출하는 식은?

> **해답**
> 선로 긍장 × 전선조수 × 1.03

26 사용 전 검사 시 태양전지의 전기적 특성 확인사항 4가지를 쓰시오.

> **해답**
> ① 최대출력
> ② 개방전압 및 단락전류
> ③ 최대출력 전압 및 전류
> ④ 전력변환효율 및 충진율

27 태양광발전시스템의 공사가 완료되면 시스템을 점검해야 한다. 태양전지 어레이 육안 점검항목 4가지를 쓰시오.

> **해답**
> ① 표면의 오염 및 파손
> ② 프레임의 파손 및 변형
> ③ 가대의 부식 및 녹 발생
> ④ 가대의 고정
>
> **해설** 태양전지 어레이 육안 점검항목 및 점검요령
>
> | 육안 점검항목 | 점검요령 |
> |---|---|
> | 표면의 오염 및 파손 | 오염 및 파손이 없을 것 |
> | 프레임의 파손 및 변형 | 파손 및 두드러진 변형이 없을 것 |
> | 가대의 부식 및 녹 발생 | 부식 및 녹이 없을 것 |
> | 가대의 고정 | 볼트 및 너트의 풀림이 없을 것 |
> | 가대접지 | 배선공사 및 접지접속이 확실할 것 |
> | 코킹 | 코킹의 망가짐 및 불량이 없을 것 |
> | 지붕재의 파손 | 지붕재의 파손, 어긋남, 뒤틀림, 균열이 없을 것 |

28 접속함의 육안검사항목 2가지를 쓰시오.

해답
① 외함의 부식 및 파손 확인
② 외부 배선의 손상 확인

해설 접속함의 육안검사항목
- 외함의 부식 및 파손 확인
- 외부 배선의 손상 확인
- 접지선의 손상 및 접속단자의 풀림 확인

29 인버터의 육안점검항목을 쓰시오.(준공 시 점검)

해답
① 외함의 부식 및 파손
② 취부
③ 배선의 극성
④ 단자대의 나사의 풀림
⑤ 접지단자와의 접속

해설 인버터의 점검항목

점검항목		점검요령
육안점검	외함의 부식 및 파손	부식 및 파손이 없을 것
	취부	• 견고하게 고정되어 있을 것 • 유지보수에 충분한 공간이 확보되어 있을 것 • 옥내용 : 과도한 습기, 기름, 연기, 부식성 가스, 가연가스, 먼지, 염분, 화기 등이 존재하지 않은 장소일 것 • 옥외용 : 눈이 쌓이거나 침수의 우려가 없을 것 • 화기, 가연가스 및 인화물이 없을 것
	배선의 극성	• P는 태양전지(+), N은 태양전지(−) • V, O, W는 계통 측 배선(단상 3선식 220[V]) [V−O, O−W간 220[V](O는 중성선)] • 자립 운전용 배선은 전용 콘센트 또는 단자에 의해 전용배선으로 하고 용량은 15[A] 이상일 것
	단자대 나사의 풀림	확실히 취부되고 나사의 풀림이 없을 것
	접지단자와의 접속	접지와 바르게 접속되어 있을 것 (접지봉 및 인버터 '접지단자'와 접속)
측정	절연저항(인버터 입출력단자−접지 간)	DC 500[V] 메거로 측정 시 1[MΩ] 이상
	접지저항	접지저항 100[Ω] 이하

30 사용 전 검사 시 공사계획인가(신고)서의 내용과 일치하는지 확인하여야 하는 태양전지 모듈과 관련된 사항 4가지를 쓰시오.

> **해답**
> ① 셀 용량 : 태양전지 셀 제작사가 설계 설명서에 제시한 용량을 기록한다.
> ② 셀 온도 : 태양전지 셀 제작사가 설계 설명서에 제시한 셀의 발전 시 온도를 기록한다.
> ③ 셀 크기 : 제작자의 설계서상 셀의 크기를 기록한다.
> ④ 셀 수량 : 공사계획서상 출력을 발생할 수 있도록 설치된 셀의 전체수량을 기록한다.

31 태양광발전설비 정기점검 중 태양전지 어레이 육안점검항목은?

> **해답**
> 접지선의 접속 및 단자의 풀림

32 태양광발전설비 정기점검 중 접속함의 측정 및 시험 점검항목 2가지를 쓰시오.

> **해답**
> ① 절연저항
> ② 개방전압 및 극성

33 태양광발전설비 정기점검 중 인버터의 측정 및 시험 점검항목 3가지를 쓰시오.

> **해답**
> ① 절연저항(인버터 입출력단자 – 접지 간 1[MΩ] 이상)
> ② 접지저항
> ③ 투입저지 시한 타이머 동작시험
>
> **해설** ①~③ 외에
> ④ 표시부 동작 확인

34 다음 중 태양광발전용 인버터의 누설전류 시험을 할 때 인버터의 기체와 대지 사이에 저항을 접속해서 누설전류가 5[mA]이면 정상으로 본다. 이때 접속하는 저항값은 몇 [Ω]인가?

> **해답**
> 1,000[Ω] 이상
>
> > **해설** 인버터의 기체와 대지 사이에서 1[kΩ] 이상의 저항을 접속해서 저항에 흐르는 누설전류를 측정하여 5[mA] 이하이면 정상으로 본다.
> > (단위 : 1[kΩ]＝1,000[Ω])

35 태양광발전설비 정기점검 중 인버터의 육안점검항목 5가지를 쓰시오.

> **해답**
> ① 외함의 부식 및 파손
> ② 외부배선의 손상 및 접속단자의 풀림
> ③ 접지선의 파손 및 접속단자의 풀림
> ④ 환기 확인
> ⑤ 운전 시 이상음 진동 및 악취의 유무
>
> > **해설** 인버터의 육안점검항목
> >
> > | | 점검항목 | 점검요령 |
> > |---|---|---|
> > | 육안 점검 | 외함의 부식 및 파손 | 부식 및 파손이 없을 것 |
> > | | 외부배선의 손상 및 접속단자의 풀림 | • 배선에 이상이 없을 것
• 볼트의 풀림이 없을 것 |
> > | | 접지선의 파손 및 접속단자의 풀림 | • 접지선에 이상이 없을 것
• 볼트의 풀림이 없을 것 |
> > | | 환기 확인(환기구, 환기필터 등) | • 환기구를 막고 있지 않을 것
• 환기필터가 막혀 있지 않을 것 |
> > | | 운전 시의 이상음, 진동 및 악취의 유무 | 운전 시 이상음, 이상 진동, 악취가 없을 것 |

36 태양광발전시스템의 발전전력 점검 중 육안점검항목 3가지를 쓰시오.

> **해답**
> ① 인버터 출력 표시
> ② 전력량계(송전 시)
> ③ 전력량계(수전 시)

해설	점검항목	점검요령
	인버터 출력 표시	인버터 운전 중 전력표시부에 사양대로 표시될 것
	전력량계(송전 시)	회전을 확인할 것
	전력량계(수전 시)	정지를 확인할 것

37 태양광발전시스템의 공사완료 후 사용 전 검사 및 점검항목 4가지를 쓰시오.

해답
① 어레이 검사　　　　　　② 어레이 출력확인
③ 절연저항 측정　　　　　④ 접지저항 측정

38 자가용 태양광발전설비의 사용 전 검사항목 중 태양광 전지의 세부 검사내용을 쓰시오.

해답
① 외관검사
② 전지 전기적 특성시험
③ 어레이

39 사업용 태양광발전설비의 사용 전 검사항목 중 전력변환장치의 축전지 세부 검사내용을 쓰시오.

해답
① 시설상태 확인
② 전해액 확인
③ 환기시설 상태

40 사용 전 검사의 기관 및 목적을 쓰시오.

> **해답**
> 1) 사용 전 검사 기관 : 한국전기안전공사
> 2) 목적 : 전기설비공사 완료 후 전기설비가 공사계획의 인가, 신고한 내용, 전기설비기술기준의 적합성 여부를 검사하기 위함

41 태양광발전시스템의 계측기구나 표시장치의 설치목적 4가지를 쓰시오.

> **해답**
> ① 시스템의 운전상태를 감시하기 위한 계측 또는 표시
> ② 시스템에 의한 발전전력량을 알기 위한 계측
> ③ 시스템 기기 또는 시스템 종합평가를 위한 계측
> ④ 시스템의 운전상황을 견학하는 사람 등에게 보여주고, 시스템 홍보를 위한 계측 또는 표시

42 자가용 태양광발전설비 정기검사 항목 중 종합연동시험 검사의 세부 검사내용에 대해 쓰시오.

> **해답**
> 검사 시 일사량을 기준으로 가능 출력 확인하고 발전량 이상 유무 확인(30분)

43 태양광발전설비의 점검 전 유의사항 5가지를 쓰시오.

> **해답**
> ① 준비작업　　　　　　　　② 회로도 검토
> ③ 무전압 상태 확인 및 안전조치　　④ 잔류전압에 대한 주의
> ⑤ 오조작 방지
>
> > **해설** ①~⑤ 외에
> > ⑥ 연락처
> > ⑦ 절연용 보호기구 준비
> > ⑧ 쥐, 곤충 등의 침입대책

44 태양광발전설비의 점검 중 유의사항 4가지를 쓰시오.

해답
① 감전에 주의
② 인버터 정지를 확인 후 점검
③ 먼지나 이물질 상태 확인
④ 인버터는 일정 시간(5분) 경과 후 자동으로 재기동하므로 유의하여 점검

45 태양광발전설비의 점검 후 유의사항 5가지를 쓰시오.

해답
① 접지선 제거
② 작업자가 수배전반에 들어가 있는지 확인
③ 임시로 설치한 가설물 철거 확인
④ 볼트 너트 단자반 결선의 조임 확인
⑤ 쥐, 곤충의 침입상태 확인

해설 1) 점검 전 유의사항
① 준비작업 : 응급처치 방법 및 설비, 기계의 안전을 확인한다.
② 회로도의 검토 : 전원계통이 Loop가 형성되는 경우를 대비하여 태양광발전시스템의 각종 전원스위치의 차단상태 및 접지선의 접속상태를 확인한다.
③ 연락처 : 관련 부서와 긴밀하고 확실하게 연락할 수 있도록 비상연락망을 사전에 확인하여 만일의 사태에 신속히 대처할 수 있도록 한다.
④ 무전압 상태확인 및 안전조치
　㉮ 관련된 차단기, 단로기를 열어 무전압 상태로 만든다.
　㉯ 검전기를 사용하여 무전압 상태를 확인하고 필요한 개소는 접지를 실시한다.
　㉰ 특고압 및 고압 차단기는 개방하여 Test Position 위치로 인출하고, "점검 중"이라는 표찰을 부착하여야 한다.
　㉱ 단로기는 쇄정시킨 후 "점검 중" 표찰을 부착한다.
　㉲ 특히, 수배전반 또는 모선 연락반은 전원이 되돌아와서 살아 있는 경우가 있으므로 상기 ㉰, ㉱항의 조치를 취하여야 한다.
⑤ 잔류전압에 대한 주의 : 콘덴서 및 Cable의 접속부를 점검할 경우에는 잔류전하를 방전시키고 접지를 실시한다.
⑥ 오조작 방지 : 인출형 차단기 및 단로기는 쇄정 후 "점검 중" 표찰을 부착한다.
⑦ 절연용 보호기구를 준비한다.
⑧ 쥐, 곤충 등의 침입 대책 : 쥐, 곤충, 뱀 등의 침입 방지대책을 세운다.

2) 점검 중 유의사항
① 태양광발전 모듈은 햇빛을 받으면 발전하는 소자로 구성되어 있어 접속반의 차단기를 개방시켰다 하더라도 전압이 유기되고 있으므로 감전에 주의하여야 한다.
② 태양광발전시스템의 인버터는 계통(한전 측)전원을 OFF시키면 자동으로 정지하게 되어 있으나 인버터 정지를 확인 후 점검을 실시한다.
③ 흐린 날, 낮은 구름이 많은 날 등은 일사량의 급격한 변화가 있으므로 인버터의 MPPT 제어의 실패로 인한 인버터 정지현상이 발생할 수 있으며, 인버터는 일정시간(5분)이 경과 후 자동으로 재기동한다. 인버터 고장이 의심되더라도 이러한 현상이 있음을 유의하고 점검을 실시한다.
④ 태양광 어레이 부근에서 건축공사 등을 시행하는 경우에는 먼지나 이물질 등이 태양전지 모듈에 부착되면 전력생산의 저하와 수명에 직접적인 영향을 주므로 주의해야 한다.

3) 점검 후 유의사항
① 접지선 제거 : 점검 시 안전을 위하여 접지한 것을 점검 후에는 반드시 제거하여야 한다.
② 최종 확인사항
㉮ 작업자가 수·배전반 내에 들어가 있는지 확인한다.
㉯ 점검을 위해 임시로 설치한 가설물 등이 철거되었는지 확인한다.
㉰ 볼트, 너트 단자반 결선의 조임 및 연결작업의 누락은 없는지 확인한다.
㉱ 작업 전에 투입된 공구 등이 목록을 통해 회수되었는지 확인한다.
㉲ 점검 중 쥐, 곤충, 뱀 등의 침입은 없는지 확인한다.

46 태양광발전소 공사의 경우 사용 전 검사를 받는 시기는?

해답
전체 공사가 완료된 때

47 완공된 자가용 태양광발전설비의 사용 전 검사항목 5가지를 쓰시오.

해답
① 태양광발전설비표   ② 태양광전지 검사
③ 전력변환장치 검사   ④ 종합연동시험 검사
⑤ 부하운전시험

해설 ①~⑤ 외에
⑥ 기타 부속설비

48 유지관리비의 구성요소 4가지를 쓰시오.

해답
① 유지비
② 보수비와 개량비
③ 일반관리비
④ 운용지원비

49 유지관리지침서 작성 시 포함되어야 할 내용 3가지를 쓰시오.

해답
① 시설물의 규격 및 기능설명서
② 시설물 유지관리기구에 대한 의견서
③ 시설물 유지관리방법

50 다음 ①~⑤에 들어갈 내용을 쓰시오.

태양광발전시스템에서 유지관리란 건설된 태양광발전시스템의 제 기능을 유지하기 위하여 (①), (②), (③)을 통하여 사전에 유해요인을 제거하고 손상된 부분을 원상복구하여, 당초 건설된 상태를 유지함과 동시에 경과시간에 따라 요구되는 시설물의 개량을 통해 (④)를 이루고, 근무자 및 주변인의 안전을 확보하기 위해 작성하는 것으로 시공자는 (⑤)에서부터 유지관리를 염두에 둔 시공이 필요하며 준공 후 유지관리에 필요한 제반 사항을 작성하여 관리자로 하여금 원활한 운전관리가 되도록 하여야 한다.

해답
① 일상점검
② 정기점검
③ 임시점검
④ 태양광발전량 최적화
⑤ 시공단계

51 유지관리의 경제성에서 내용연수에 대해 기술하시오.

해답
① 물리적 내용연수
② 기능적 내용연수
③ 사회적 내용연수
④ 법적 내용연수

52 그림은 운전상태에 따른 시스템 발생 신호를 나타낸 것이다. 현재의 상태는?

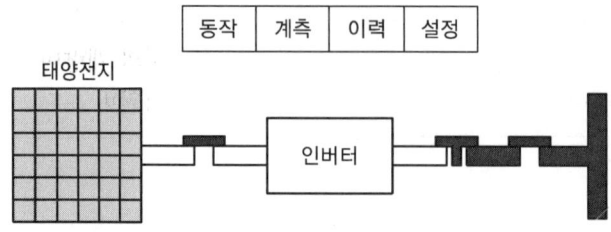

해답

태양전지 전압 이상 시 운전

해설 운전상태에 따른 시스템의 발생 신호

1) 정상운전

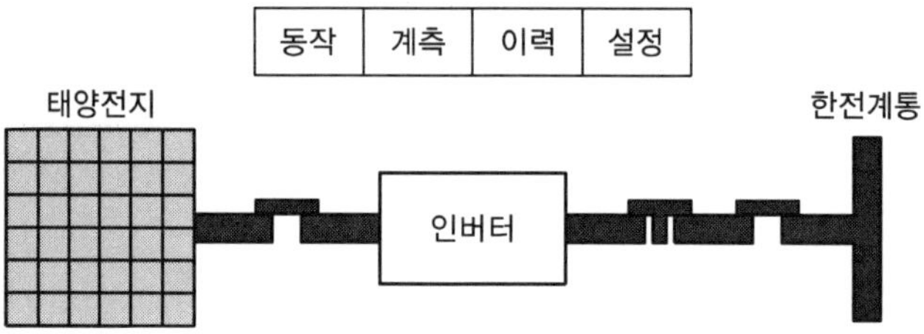

2) 인버터 이상 시 운전

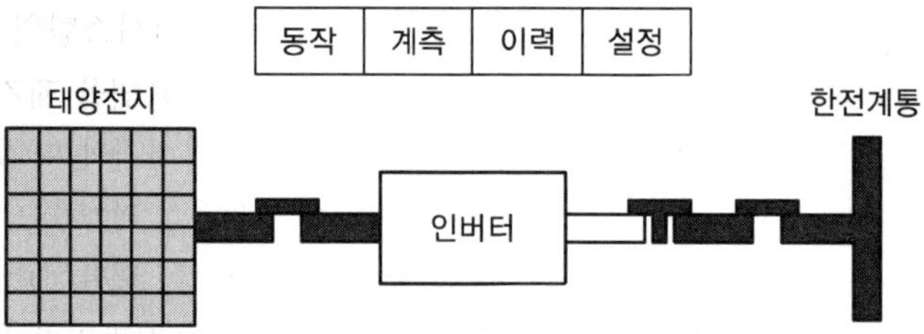

3) 태양전지 전압 이상 시 운전

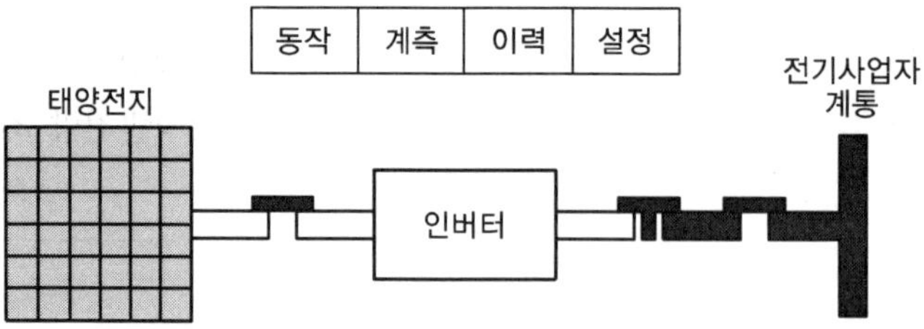

53 태양전지의 출력을 스스로 감지하여 자동적으로 운전을 수행하고 출력을 얻을 수 없으면 정지하는 인버터의 기능은?

> **해답**
> 자동운전 정지기능
>
> **해설** 자동운전 정지기능
> - 일사강도가 증대하여 출력을 얻을 수 있는 조건이 되면 자동적으로 운전 시작
> - 운전이 시작되면 태양전지의 출력을 스스로 감지하고 자동적으로 운전
> - 해가 질 때는 출력으로 얻을 수 있는 한 운전을 계속 진행, 일몰 시 해가 완전히 없어지면 정지하게 된다.
> - 흐린 날이나 비오는 날에도 운전을 계속할 수 있으나, 태양전지 출력이 적어 출력이 거의 '0'이 되면 대기 상태가 된다.

PART 07

태양광발전설비 안전조사

SECTION 001 구조적 안전 조사하기

1 태양광발전설비 시공계획서에 따른 안전확인

1) 시공계획서 검토

(1) 시공계획서의 검토 · 확인

감리원은 공사업자가 작성한 시공계획서를 공사 시작일부터 30일 이내에 제출받아 이를 검토 · 확인하여 7일 이내에 승인하여 시공하도록 하여야 하고, 시공계획서의 보완이 필요한 경우에는 그 내용과 사유를 문서로서 공사업자에게 통보하여야 한다. 시공계획서에는 시공계획서의 작성기준과 함께 다음의 내용이 포함되어야 한다.

① 현장 조직표
② 공사 세부공정표
③ 주요 공정의 시공 절차 및 방법
④ 시공일정
⑤ 주요 장비 동원계획
⑥ 주요 기자재 및 인력투입 계획
⑦ 주요 설비
⑧ 품질 · 안전 · 환경관리 대책 등

(2) 공정관리

① 감리원은 해당 공사가 정해진 공기 내에 설계설명서, 도면 등에 따라 우수한 품질을 갖추어 완성될 수 있도록 공정관리의 계획 수립, 운영, 평가에 있어서 공정진척도 관리와 기성 관리가 동일한 기준으로 이루어질 수 있도록 감리하여야 한다.
② 감리원은 공사 시작일부터 30일 이내에 공사업자로부터 공정관리계획서를 제출받아 제출받은 날부터 14일 이내에 검토하여 승인하고 발주자에게 제출하여야한다.

(3) 공사 진도 관리

감리원은 공사업자로부터 전체 실시공정표에 따른 월간, 주간 상세공정표를 사전에 제출받아 검토 · 확인하여야 한다.
① 월간 상세공정표 : 작업 착수 7일 전 제출
② 주간 상세공정표 : 작업 착수 4일 전 제출

2) 시공상세도 검토

(1) 시공상세도 작성 기본 원칙

① 시공상세도 작성은 실시설계도면을 기준으로 각 공종별, 형식별 세부사항들이 표현되도록 현장여건을 반영하여 상세하게 작성하여야 한다.
② 각종 구조물의 시공상세도는 현장 여건과 공종별 시공계획을 최대한 반영하여 시공 시 문제점이 발생하지 않도록 작성하여야 한다.
③ 시공상세도는 원칙적으로 시공현장 책임자인 현장대리인이 작성·보급하는 것으로 한다.
④ 시공상세도는 원칙적으로 해당 사업 전 공종을 대상으로 작성하는 것으로 한다. 다만, 감리원과 협의하여 필요가 없다고 판단되는 보통, 단순공종에 대해서는 구체적인 사유 및 근거를 제시하는 경우 시공상세도 작성 생략 또는 해당 공종의 표준도로 대체할 수 있다.
⑤ 시공자는 실시설계도면과 시방서 등에 표기된 부분을 명확히 하여 시공상의 오류예방과 공사안전을 확보할 수 있도록 시공상세도를 작성해야 한다.
⑥ 시공계획서와 중복되는 부분은 감리원과 협의하여 시공상세도 작성을 아니할 수도 있다.

(2) 시공상세도의 요구조건

① 정확성(Accuracy) : 현장제작 및 설치 시공 시 기준이 되는 도면으로 정확한 치수는 정밀시공을 위한 가장 중요한 요소이다.
② 평이성(Legibility) : 건설 및 구조적인 지식이 없는 일반 기능공이 쉽게 이해할 수 있어야 한다.
③ 명확성(Clarity) : 반드시 표현해야 할 내용은 간단·명료하면서도 완전하게 표현되어야 한다.
④ 정돈성(Neatness) : 부재의 평면, 단면, 상세 등의 배치나 순서는 공사의 순서를 고려하여 부재별로 합리적으로 배치하여야 한다.

3) 시공상세도 확인 및 검사

(1) 시공 확인

① 공사목적물을 제조, 조립, 설치하는 시공과정에서 가설시설물공사와 영구시설물공사의 모든 작업단계의 시공상태 확인
② 시공·확인하여야 할 구체적인 사항은 해당 공사의 설계도면, 설계설명서 및 관계규정에 정한 공종을 반드시 확인
③ 공사업자가 측량하여 말뚝 등으로 표시한 시설물의 배치 위치를 공사업자로부터 제

출받아 시설물의 위치, 표고, 치수의 정확도 확인
④ 수중 또는 지하에서 수행하는 시공이나 외부에서 확인하기 곤란한 시공은 반드시 검사하여 시공 당시 상세한 경과기록 및 사진촬영 등의 방법으로 그 시공내용을 명확히 입증할 수 있는 자료를 작성하여 비치하고, 발주자 등의 요구가 있을 때에는 제시해야 한다.

(2) 검사업무
① 감리원은 다음의 검사업무 수행 기본방향에 따라 검사업무를 수행하여야 한다.
　㉠ 감리원은 현장에서의 시공확인을 위한 검사는 해당 공사와 현장조건을 감안한 "검사업무지침"을 현장별로 작성·수립하여 발주자의 승인을 받은 후 이를 근거로 검사 업무를 수행함을 원칙으로 한다. 검사업무지침은 검사하여야 할 세부공종, 검사절차, 검사시기 또는 검사빈도, 검사 체크리스트 등의 내용을 포함하여야 한다.
　㉡ 수립된 검사업무지침은 모든 시공 관련자에게 배포하고 주지시켜야 하며, 보다 확실한 이행을 위하여 교육한다.
　㉢ 현장에서의 검사는 체크리스트를 사용하여 수행하고, 그 결과를 검사 체크리스트에 기록한 후 공사업자에게 통보하여 후속 공정의 승인 여부와 지적사항을 명확히 전달한다.
　㉣ 검사 체크리스트에는 검사항목에 대한 시공기준 또는 합격기준을 기재하여 검사결과의 합격 여부를 합리적으로 신속히 판정한다.
　㉤ 단계적인 검사로는 현장 확인이 곤란한 공종은 시공 중 감리원의 계속적인 입회·확인으로 시행한다.
　㉥ 공사업자가 검사요청서를 제출할 때 시공기술자 실명부가 첨부되었는지를 확인한다.
　㉦ 공사업자가 요청한 검사일에 감리원이 정당한 사유 없이 검사를 하지 않는 경우에는 공정 추진에 지장이 없도록 요청한 날 이전 또는 휴일 검사를 하여야 하며, 이때 발생하는 감리대가는 감리업자가 부담한다.
② 감리원은 다음의 사항이 유지될 수 있도록 검사 체크리스트를 작성하여야 한다.
　㉠ 체계적이고 객관성 있는 확인과 승인
　㉡ 부주의, 착오, 미확인에 따른 실수를 사전 예방하여 충실한 현장 확인업무 유도
　㉢ 확인·검사의 표준화로 현장의 시공기술자에게 작업의 기준 및 주안점을 정확히 주지시켜 품질 향상을 도모
　㉣ 객관적이고 명확한 검사결과를 공사업자에게 제시하여 현장에서의 불필요한 시비를 방지하는 등의 효율적인 확인·검사업무 도모

③ 감리원은 다음의 검사절차에 따라 검사업무를 수행하여야 한다.
　㉠ 검사 체크리스트에 따른 검사는 1차적으로 시공관리책임자가 검사하여 합격된 것을 확인한 후 그 확인한 검사 체크리스트를 첨부하여 검사 요청서를 감리원에게 제출하면 감리원은 1차 점검내용을 검토한 후, 현장 확인 검사를 실시하고 검사결과 통보서를 시공관리책임자에게 통보한다.
　㉡ 검사결과 불합격인 경우에는 그 불합격된 내용을 공사업자가 명확히 이해할 수 있도록 상세하게 불합격 내용을 첨부하여 통보하고, 보완시공 후 재검사를 받도록 조치한 후 감리일지와 감리보고서에 반드시 기록하고 공사업자가 재검사를 요청할 때에는 잘못 시공한 시공기술자의 서명을 받아 그 명단을 첨부하도록 하여야 한다.

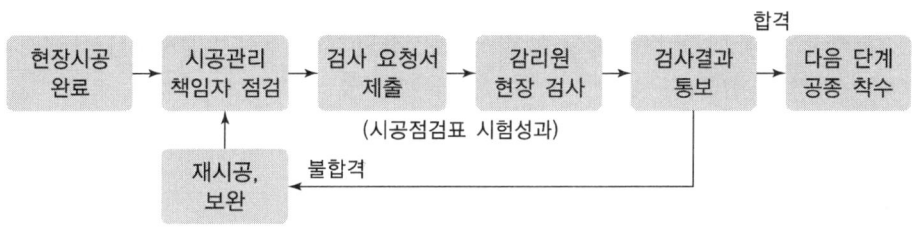

[검사절차]

④ 감리원은 검사할 검사항목(Check Point)을 계약설계도면, 설계설명서, 기술기준, 지침 등의 관련 규정을 기준으로 작성하며, 공사 목적물을 소정의 규격과 품질로 완성하는 데 필수적인 사항을 포함하여 검사항목을 결정하여야 한다.
⑤ 감리원은 시공계획서에 따른 일정 단계의 작업이 완료되면 공사업자로부터 검사 요청서를 제출받아 그 시공상태를 확인·검사하는 것을 원칙으로 하고, 가능한 한 공사의 효율적인 추진을 위하여 시공과정에서 수시 입회하여 확인·검사하도록 한다.
⑥ 감리원은 검사할 세부공종과 시기를 작업 단계별로 정확히 파악하여 검사를 수행하여야 한다.

4) 태양광발전의 안전점검 절차서 작성

① 감리원은 공사의 안전 시공을 위해서 안전조직을 갖추도록 하고 안전조직은 현장 규모와 작업내용에 따라 구성하며 동시에 「산업안전보건법」에 명시된 업무가 수행되도록 조직을 편성하여야 한다.
② 책임감리원은 소속 직원 중 안전담당자를 지정하여 공사업자의 안전관리자를 지도·감독하도록 하여야 하며, 공사 전반에 대한 안전관리계획의 사전검토, 실시확인 및 평가, 자료의 기록유지 등 사고예방을 위한 제반 안전관리업무에 대하여 확인을 하도록 하여야 한다.

③ 감리원은 안전에 관한 감리업무를 수행하기 위하여 공사업자에게 다음의 자료를 기록·유지하도록 하고 이행상태를 점검한다.
　㉠ 안전업무일지(일일보고)
　㉡ 안전점검 실시(안전업무일지에 포함 가능)
　㉢ 안전교육(안전업무일지에 포함 가능)
　㉣ 각종 사고 보고
　㉤ 월간 안전통계(무재해, 사고)
　㉥ 안전관리비 사용실적(월별)

2 태양광발전설비 시공절차에 따른 안전수칙

토목공사(지반공사 및 구조물 시공) → 반입자재 검수 → 기기 설치공사 → 전기 배관 배선공사 → 점검 및 검사

1) 토목공사
① 지반공사 및 구조물공사
② 접지공사

2) 반입자재 검수
① 책임감리 승인된 자재 반입 및 검수
② 필요시 공장검수 실시

3) 기기 설치공사
① 어레이 설치공사
② 접속함 설치공사
③ 파워컨디셔너(PCS) 설치공사
④ 분전반 설치공사

4) 전기 배관 배선공사
① 태양전지 모듈 간 배선공사
② 어레이와 접속함의 배선공사
③ 접속함과 파워컨디셔너(PCS) 간 배선공사
④ 파워컨디셔너(PCS)와 분전반 간 배선

SECTION 02 전기적 안전 조사하기

1 태양광발전설비의 배관·배선에 대한 관련 규정

1) 배관 배선공사

(1) 연료전지 및 태양전지 모듈의 절연내력

최대사용전압의 1.5배의 직류전압, 또는 1배의 교류전압을 충전부분과 대지 사이에 연속하여 10분간 가하여 절연내력을 시험했을 때 이에 견뎌야 한다.

(2) 전압, 전류, 전력 계측장치의 설치 유무 관련

① 10[kW]급 미만의 용량은 해당 없다.
② 10[kW]급 이상의 용량은 연계점에 다른 발전소가 있는 경우에 한해 설치해야 한다.

(3) 배전반 시설

배전반은 기기 및 전선의 점검이 가능하도록 설치해야 한다.

(4) 조명설비 시설

감시 및 조작이 용이하도록 필요한 조명시설을 해야 한다.

(5) 태양전지 모듈, 전선 및 개폐기 시설

① 단락 및 과전류 대책 및 안전성 확보를 위한 규정
② 태양전지 모듈 지지물의 외압에 대한 구조적 안정성

(6) 태양광발전시설 설치 허용조건 및 태양광발전시설 설치 시 필수 시설

① 전기 공급에 영향을 주지 않고 기술자가 순시하는 곳은 허용한다.
② 태양광발전시설 설치 시 부대 장치로 부하조절장치, 운전 및 정지를 감시하는 장치, 운전 시 필요한 차단기를 감시하는 장치 등을 설치하여야 한다.

2) 전기공사 절차

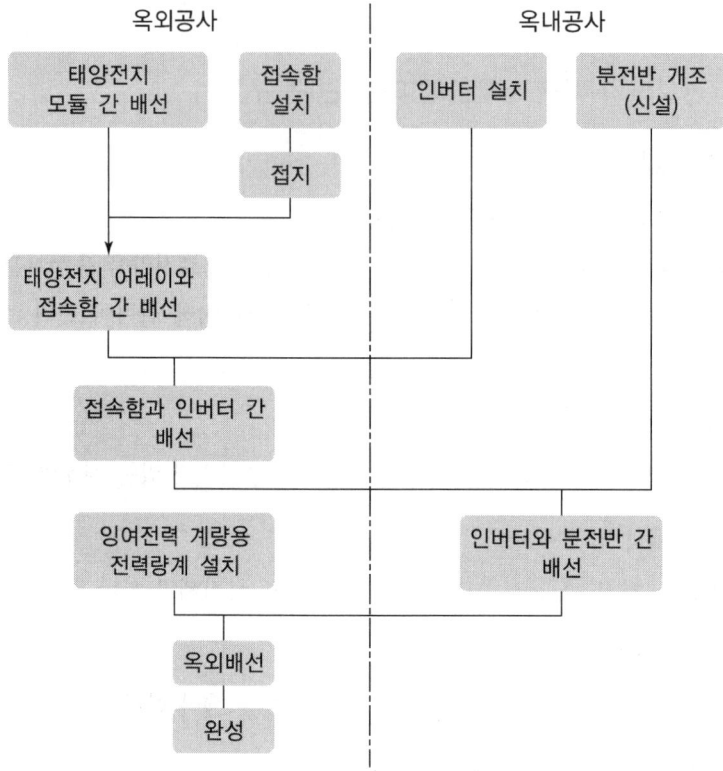

[태양광발전시스템 전기공사 절차도]

3) 기기단자와 케이블 접속

태양전지 모듈 및 개폐기 그 밖의 기구에 전선을 접속하는 경우에는 나사 조임 그 밖에 이와 동등 이상의 효력이 있는 방법에 의하여 견고하고 또한 전기적으로 완전하게 접속함과 동시에 접속점에 장력이 가해지지 않도록 해야 한다. 또한, 모선의 접속 부분은 조임의 경우 지정된 재료, 부품을 정확히 사용하고 다음에 유의하여 접속한다.

① 볼트의 크기에 맞는 토크렌치를 사용하여 규정된 힘으로 조여 준다.
② 조임은 너트를 돌려서 조여 준다.
③ 2개 이상의 볼트를 사용하는 경우 한쪽만 심하게 조이지 않도록 주의한다.
④ 토크렌치의 힘이 부족할 경우 또는 조임작업을 하지 않는 경우에는 사고가 일어날 위험이 있으므로, 토크렌치에 의해 규정된 힘이 가해졌는지 확인할 필요가 있다.

4) 케이블의 단말처리

① 전선의 피복을 벗겨내어 상호 접속하는 접속부의 절연물과 동등 이상의 절연효과가 있는 재료로 접속해야 한다.

② XLPE 케이블의 XLPE 절연체는 내후성이 약하므로, 비닐시스가 벗겨져 절연체가 노출된 채로 장기간 사용하면 절연체에 균열이 생겨 절연불량을 야기하는 원인이 된다. 이것을 방지하기 위해서는 자기융착 테이프 및 보호 테이프를 절연체에 감아 내후성을 향상시켜야 한다. 절연테이프의 종류는 다음과 같다.

   ⊙ 자기융착 절연테이프 : 자기융착 절연테이프는 시공 시 테이프 폭이 3/4으로부터 2/3 정도로 중첩해 감아놓으면 시간이 지남에 따라 융착하여 일체화한다. 자기융착 절연테이프에는 부틸고무제와 폴리에틸렌 부틸고무가 합성된 제품이 있으며, 저압의 경우에는 폴리에틸렌 부틸고무제가 일반적으로 사용된다.

   ⓒ 보호 테이프 : 자기융착 절연테이프의 열화를 방지하기 위해 자기융착 절연테이프 위에 다시 한번 감아주는 것이 보호 테이프이다.

   ⓒ 비닐 절연테이프 : 비닐 절연테이프는 장기간 사용하면 점착력이 떨어질 가능성이 있기 때문에 태양광발전시스템처럼 장기간 사용하는 설비에는 적합하지 않다.

2 태양광 모듈 설치 시 안전시공절차

1) 태양전지 모듈의 검사

(1) 출하검사
   ① 전기적 특성검사
   ② 구조 및 조립시험
   ③ 절연저항시험
   ④ 강박시험(우박시험)
   ⑤ 내전압검사

(2) 신뢰성검사
   ① 내풍압검사
   ② 내습성검사
   ③ 내열성검사
   ④ 온도사이클테스트
   ⑤ 염수분무시험
   ⑥ 자외선(UV)피복시험

2) 모듈의 설치

(1) 설치 전 검토사항
① 설계도면(설치 상세도) 및 특기시방서를 검토한다.
② 모듈 제조사에서 제공하는 설치 매뉴얼(기계적, 전기적 설치방법)을 검토한다.

(2) 태양전지 모듈의 설치방법
① 가로깔기 : 모듈의 긴 쪽이 상하가 되도록 설치
② 세로깔기 : 모듈의 긴 쪽이 좌우가 되도록 설치

(3) 태양전지 모듈 설치 시 고려사항
① 태양전지 모듈의 직렬매수(스트링)는 직류 사용 전압 또는 파워컨디셔너(PCS)의 입력 전압 범위에서 선정한다.
② 태양전지 모듈의 설치는 가대의 하단에서 상단으로 순차적으로 조립한다.
③ 태양전지 모듈과 가대의 접합 시 전식방지를 위해 개스킷을 사용하여 조립한다.
④ 태양전지 모듈 제조사에서 제공하는 조립 금속을 사용하여 모듈 설치 매뉴얼이 요구하는 힘을 가하여 고정하여야 한다.
⑤ 태양전지 모듈의 접지는 1개 모듈을 해체하더라도 전기적 연속성이 유지되도록 각 모듈에서 접지단자까지 접지선을 각각 설치한다.

❸ 수배전설비의 안전시공절차

1) 변압기

(1) 변압기 용량
① 태양광 어레이 최대출력용량=모듈 최대출력용량×직렬수×병렬수[kWp]
② 인버터 출력용량=어레이 최대출력×인버터 정격효율[kW]
③ 인버터 최대출력=인버터 출력용량×모듈 Power Tolerance[kW]
 단, 모듈 Power Tolerance±3[%]
④ 변압기 용량≥인버터 출력용량[kW]×여유율

(2) 변압기 시험 및 검사항목
① 외관검사
② 권선저항 측정
③ 절연저항 측정
④ 변압비 측정 및 변위·극성시험
⑤ 임피던스전압 및 부하손실 측정

⑥ 무부하손실 및 여자전류 측정
⑦ 유도내전압 시험
⑧ 상용주파내전압 시험

2) 차단기

(1) 태양광발전시스템의 차단기 선정 시 고려사항

① 직류 측 차단기 용량 산정 시 고려사항
  ㉠ 태양전지의 단락전류(I_{sc})는 온도에 대해 정(+)특성을 갖는다.
  ㉡ 모듈의 표면온도가 최고온도일 때의 단락전류(I_{sc}) 이상으로 선정한다.

② 인버터의 차단기 용량 산정 시 고려사항
  인버터의 과전류제한치는 정격전류의 1.1~1.5배이므로, 최댓값인 정격전류의 1.5배로 선정한다.

(2) 차단기 용량 산정

① 단락용량 산출

$$P_s = \frac{100 P_n}{\%Z_T} \text{ 또는 } P_s = \sqrt{3}\, V_s \times I_s$$

(단락용량[MVA]= $\sqrt{3}$ ×공칭전압[kV]×단락전류[kA])

$$I_s = \frac{100 I_n}{\%Z_T}$$

여기서, P_s : 단락용량[MVA]
  P_n : 기준용량[MVA]
  V_s : 공칭전압[kV]
  I_n : 정격전류[kA]
  $\%Z_T$: 사고지점에서 바라본 합성 $\%Z$

② 정격차단용량의 선정
  차단기의 차단용량이란 그 차단기를 적용할 수 있는 계통의 3상 단락용량 한도를 의미한다.

$$\text{정격차단용량[MVA]} = \sqrt{3} \times \text{정격전압[kV]} \times \text{단락전류[kA]}$$

계통의 %Z에 의한 단락전류 및 단락용량을 산출한 후 단락용량 이상의 정격차단용량의 차단기를 선정한다.

※ 22.9[kV]용 차단기의 정격전압
- 미국 ANSI 규격(한국전력공사) : 25.8[kV]
- 국제표준 IEC 규격(전기안전공사) : 24[kV]

3) 특고압 관련 기기

① 계기용 변압변류기(MOF : Metering Out Fit)
② 진공차단기(VCB : Vacuum Circuit Breaker)
③ 전력용 퓨즈(PF : Power Fuse)
④ 피뢰기(LA : Lightning Arrestor)
⑤ 계기용 변류기(CT : Current Transformer)
⑥ 부하개폐기(LBS : Load Breaker Switch)
⑦ 시험단자(PTT, CTT)
  ㉠ Plug In Type
  ㉡ 극수 : 4W
  ㉢ 접속방법 : 이면접속
  ㉣ 시험용 단자 : 변류기(CT) 2차 단락편이 있는 것을 사용

4) 저압 관련 기기

① 기중차단기(ACB : Air Circuit Breaker)
② 배선용 차단기(MCCB : Molded Case Circuit Breaker)
③ 계기용 변압기(VT(PT) : Voltage Transformer)
④ 계기용 변류기(CT : Current Transformer)
⑤ 전자접촉기(MC : Magnetic Contactor)
⑥ 진상콘덴서
⑦ 직렬리액터(S.R : Series Reactor)
⑧ 영상변류기(ZCT : Zero Phase Current Transformer)
⑨ 누전경보기(ELD : Earth Leakage Detector) : 「화재예방, 소방시설 설치·유지 및 안전관리에 관한 법률」 제6장(소방기계·기구의 형식승인 등)의 형식승인품을 사용한다.
⑩ 디지털계측기(기존과 동일제품)
  ㉠ 계측요소 : V, A, kW, Wh, PF, Hz 등
  ㉡ 차단기 : On, Off 기능

ⓒ 표시기능 : CB 동작상태 LCD 표시
ⓔ 통신기능 및 기타 사항은 제작사 제작시방에 준한다.

⑪ 서지억제기(SPD : Surge Protection Device) : 저압선로 서지(Secondary Surge) 방지용

4 작업 중 감전 방지를 위한 안전조치

1) 복장 및 추락방지

(1) 작업자 복장

작업자는 자신의 안전 확보와 2차 재해 방지를 위해 작업에 적합한 복장을 갖춰 작업에 임해야 한다.

(2) 안전 확보와 2차 재해 방지를 위한 개인용 안전장구

① 안전모 : 감전 및 낙하물 등에 대한 머리 보호
② 안전대 : 추락 방지
③ 안전화 : 미끄럼 방지 및 발가락 보호
④ 안전허리띠 : 공구, 공사부재의 낙하 방지

2) 작업 중 감전 방지대책

(1) 감전사고 원인

태양전지 모듈 1장의 출력전압은 모듈 종류에 따라 직류 25~35[V] 정도이지만, 모듈을 필요한 개수만큼 직렬로 접속하면 말단전압은 250~450[V] 또는 450~820[V]까지의 고전압이 된다.

(2) 모듈 설치 시 감전방지 대책

① 작업 전 태양전지 모듈 표면에 차광막을 차폐한다.
② 저압 절연장갑을 착용한다.
③ 절연 처리된 공구를 사용한다.
④ 강우 시에는 감전사고뿐만 아니라 미끄러짐으로 인한 추락사고로 이어질 우려가 있으므로 작업을 금지한다.

PART 08
태양광발전 시스템 유지보수 점검

SECTION 001 예비준공 점검하기

1 태양광 모듈, 인버터, 배선상태 점검

1) 태양전지 모듈 간 배선

① 태양전지 모듈을 포함한 모든 충전부분은 노출되지 않도록 시설한다.
② 태양전지 모듈 배선은 단락전류에 충분히 견딜 수 있도록 $2.5[mm^2]$ 이상의 전선을 사용한다.
③ 태양전지 모듈 배선은 바람에 흔들리지 않도록 스테이플, 스트랩, 행거나 이와 유사한 부속품으로 130[cm] 이내 간격으로 견고하게 고정하여 가장 늘어진 부분이 모듈 면으로부터 30[cm] 내에 들도록 한다.
④ 모듈에서 인버터에 이르는 배선에 사용되는 케이블은 모듈전용선 또는 단심(1C) 난연성 케이블(TFR-CV, F-CV, FR-CV 등)을 사용하며, 케이블이 지면 위에 설치되거나 포설되는 경우에는 피복에 손상이 발생되지 않게 별도의 조치를 취한다.
⑤ 태양전지발전시스템 어레이의 각 직렬군은 동일한 단락전류를 가진 모듈로 구성하며, 1대의 파워컨디셔너에 연결된 태양전지 어레이의 직렬군(스트링)이 2병렬 이상일 경우에는 각 직렬군(스트링)의 출력전압이 동일하게 되도록 배열한다.
⑥ 모듈 뒷면의 접속용 케이블은 2개씩 나와 있으므로 반드시 극성(+, −) 표시를 확인한 후 결선을 해야 한다. 극성 표시는 제조사에 따라 단자함 내부 또는 리드선의 케이블커넥터에 표시한다.
⑦ 배선접속부는 이물질이 유입되지 않도록 용융접착테이프와 보호테이프로 감는다.
⑧ 케이블이나 전선은 모듈 뒷면에 설치된 전선관에 설치하거나 가지런히 배열 및 고정하며, 최소 곡률반경은 지름의 6배 이상이 되도록 한다.

2) 태양광 어레이 검사

(1) 어레이 검사 방법

태양전지 모듈의 배선이 끝나면 각 모듈 극성 확인, 전압 확인, 단락전류 확인, 양극과의 접지 여부 확인을 한다.

(2) 태양전지 어레이 검사

태양전지 모듈의 배열 및 결선방법은 모듈의 출력전압이나 설치장소 등에 따라 다르므로 체크리스트를 이용해 배열 및 결선방법 등에 대해 시공 전과 시공 완료 후에 각각 확인한다.

(3) 태양전지 어레이의 출력 확인

체크리스트를 활용한다.

3) 어레이 검사내용

(1) 전압 극성확인

멀티테스터, 직류전압계를 이용하여, 태양전지 모듈이 바르게 시공되어 모듈 제작사에서 제공한 카탈로그 설명서대로 전압이 나오고 있는지, 극성이 바른지 등을 확인한다.

(2) 단락전류 측정

태양전지 모듈의 설명서에 기재된 단락전류가 흐르는 직류전류계로 측정하고, 타 모듈과 비교해 측정치가 현저히 다른 경우는 재차 점검한다.

(3) 비접지 확인

① KS C IEC 60364-7-712(태양전지 전원시스템)에 따르면 AC 측과 DC 측 사이에 최소한의 단순한 분리가 있다면 DC 측의 충전 도체 중 하나의 접지가 허용된다. 그러나 파워컨디셔너는 절연변압기를 시설하는 경우가 드물기 때문에 일반적으로 직류 측 회로를 비접지로 하고 있다.

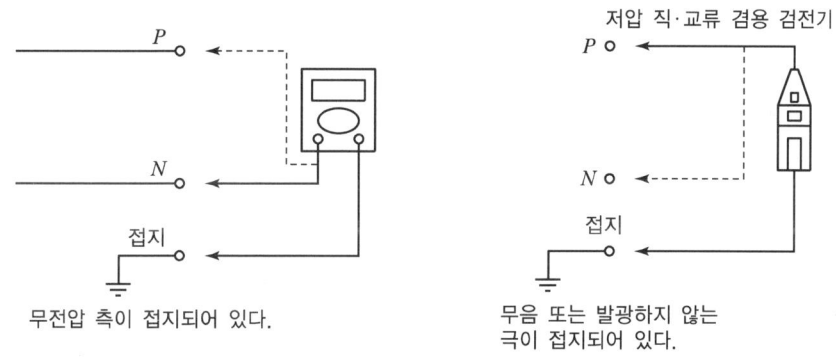

[비접지 확인방법]

② 이동통신용 중계기 등 통신용 전원으로 사용할 때에는 편단접지를 하는 경우가 있으므로 통신기기 제작사와 협의하여 접지한다.

2 태양광발전설비 안전관리 규정에 따른 구조물 점검

1) 기초공사

상부 건축물의 하중을 안전하게 지반에 전달하는 구조부재로서 건축물의 부재로서는 최초 공사이다.

2) 태양광 구조물 시스템 설계기준에 따른 시공

(1) 구조시공의 기본방향

구분	고려사항
안전성	• 내진, 내풍 설계 및 최대 상정 하중 고려로 천재지변 대비 • 사용 중 돌발 상황, 유지보수 및 기타 발생 가능한 추가 하중 고려 • 하부의 기존 구조물의 안전성 고려
경제성	• 과다 설계 배제, 규모 및 현장 여건 고려 • 공사비의 절감이 가능한 공법 적용
시공성	• 부재의 재질, 접합 방법 등의 통일 • 규격화, 일관성 있는 시공 방법 선택
사용성 및 내구성	경년 변화, 지반의 상태, 환경 등을 고려한 시공

(2) 기초의 구조 선정

① 기초의 요구조건
　㉠ 구조적 안정성 확보 : 설계하중에 대한 안정성 확보
　㉡ 허용침하량 이내 : 구조물의 허용침하량 이내의 침하
　㉢ 최소 깊이 유지 : 환경변화, 국부적 지반 쇄굴 등에 저항
　㉣ 시공 가능성 : 현장 여건 고려

② 기초의 형식 결정을 위한 고려사항
　㉠ 지반 조건 : 지반 종류, 지하수위, 지반의 균일성, 암반의 깊이
　㉡ 상부 구조물의 특성 : 허용 침하량, 구조물의 중요도, 특이 요구조건
　㉢ 상부 구조물의 하중 : 기초의 설계하중
　㉣ 기초 형식에 따른 경제성 비교

3) 기초의 용어

① 기초 : 지정의 윗부분
② 푸팅(Footing) : 기둥 또는 벽의 힘을 지중에 전달하기 위하여 기초가 펼쳐진 부분
③ 지정 : 지반이 연약하여 구조물의 하중을 견디지 못할 경우 기초를 보강하거나 지반의 지지력을 증가시키기 위한 부분
④ 피어(Pier) : 상부의 하중을 지중에 전달하기 위하여 푸팅, 기둥의 밑에 설치한 독립 원통 기둥 모양의 구조체

4) 기초의 분류

(1) 지정형식에 따른 분류
① 직접기초 : 기초판이 직접 지반에 전달하는 형식의 기초(얕은 기초, 온통 기초)
② 말뚝기초 : 기초판에 말뚝을 박은 기초(지지말뚝, 마찰말뚝)
③ 피어기초 : 피어(Pier)로써 지지되는 기초
④ 잠함기초 : 피어 기초의 일종(케이슨 공법)

(2) 기초판 형식의 따른 분류
① 독립기초 : 단일 기둥을 받치는 기초
② 복합기초 : 2개 이상의 기둥을 한 개의 기초판으로 받치는 기초
③ 연속(줄)기초 : 벽 또는 1열 기둥을 받치는 기초
④ 전면(온통)기초 : 건물하부 전체를 받치는 기초
⑤ 일체식 기초 : 하중에 의한 기초 지반면의 침하를 최소한으로 하기 위하여 기초에서 파낸 흙의 무게가 건물 전체의 무게와 동일하도록 지하실 깊이를 정하는 기초
⑥ 캔틸레버 기초 : 대지 경계선 등에 인접한 경우 푸팅의 돌출부를 적게 하기 위한 기초

(3) 얕은 기초
전면기초, 복합기초, 연속기초, 확대기초, 독립기초 등

(4) 깊은 기초
말뚝기초, 케이슨기초, 피어기초 등

5) 태양광발전 구조물에 적용 가능한 기초의 종류(콘크리트 기초)

종류	특징	장점	단점
독립 기초	• 독립기초판 위에 단일 기둥 • 지내력이 비교적 양호한 경우 적용 • 소형, 소규모 어레이	경제적	• 부동침하 가능 • 지지층이 깊은 경우 보강 필요 • 지반의 지내력에 따라 성능이 크게 좌우됨
복합 기초	• 하나의 기초판 위에 2개 이상의 기둥 • 지내력이 작아서 독립 기초를 적용하기 어려운 경우 적용	• 독립 기초보다 지반침하에 대하여 안정적 • 하중의 분산효과 및 수평하중에 안정적	• 비용상승 • 지지층이 깊은 경우 보강필요
말뚝 기초	• 지내력 부족 시 적용 • 독립 기초 시공 전 말뚝시공	지지층이 깊을 때 안정성 제공	비용상승

① 지내력 : 흙의 특성에 따라 지반이 받을 수 있는 저항력
② 토압 : 상부 구조물의 하중에 따라 지반으로부터 기초에 작용하는 외력

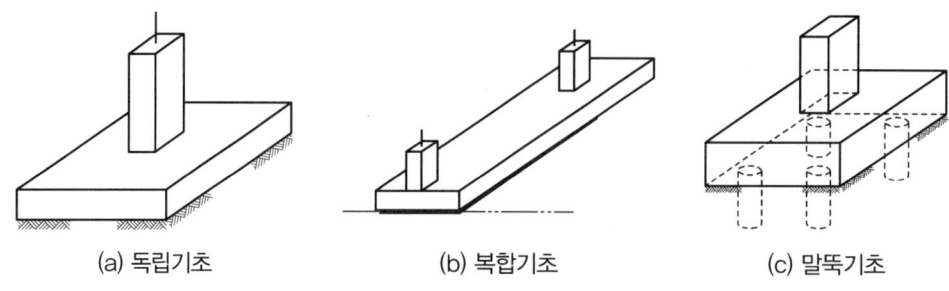

(a) 독립기초   (b) 복합기초   (c) 말뚝기초

[태양광발전에 적용 가능한 기초의 종류]

SECTION 002 유지보수 매뉴얼 점검하기

1 모듈 접속반 인버터 수배전반 동작상태 점검

1) 태양광발전시스템의 구성요소(모듈, 출력조절기(Power Conditioner System), 주변장치(Balance of System))

(1) 태양광 어레이(PV Array)

태양광 어레이는 발전장치 역할을 하는 것으로, 구성요소는 모듈, 구조물, 접속함, 다이오드 등이다.

(2) 인버터

① 인버터의 기능
  ㉠ 직류를 교류로 변환
  ㉡ 최대전력점 추종
  ㉢ 고효율 제어
  ㉣ 직류 제어
  ㉤ 고조파 억제
  ㉥ 계통연계 및 보호기능
  ㉦ 단독운전 방지기능
  ㉧ 역조류 기능
  ㉨ 자동운전 정지기능 등

② 인버터의 절연방식에 따른 분류
  ㉠ 상용주파 절연방식
  ㉡ 고주파 절연방식
  ㉢ 무변압기방식

(3) 바이패스 다이오드(By-pass Diode) 및 역류방지 다이오드(Blocking Diode)

① 바이패스 다이오드 : 태양전지에 그늘이 지면 그 부위가 저항역할을 하게 되어 모듈에 악영향을 미치므로 일부 태양전지의 출력을 포기하고 나머지 태양전지로 회로를 구성하기 위해 바이패스 다이오드를 사용한다(태양전지 모듈 후면에 위치).

② 역류방지 다이오드 : 어레이 내 스트링과 스트링 사이에서도 전압불균형 등의 원인으로, 병렬접속한 스트링 사이에 전류가 흘러 어레이에 악영향을 미칠 수 있는데 이를 방지하기 위해 설치한다(스트링마다 설치).

(4) 축전지
　① 가장 경제적인 전원공급장치이다.
　② 알칼리 축전지와 연축전지 사용된다.

(5) 충·방전 컨트롤러
　충·방전 컨트롤러는 주로 독립형 시스템에서 태양전지 모듈로부터 생산된 전기를 축전지에 저장 또는 방전하는 데 사용한다.

2) 접속함

(1) 접속함의 설치목적
　① 보수·점검 시 회로를 분리하거나 점검을 용이하게 하기 위해 설치한다.
　② 스트링별 고장 시 정지범위를 분리하여 운전을 할 수 있도록 설치한다.

2 태양광발전시스템의 비정상 운영 시 대처 및 조치

1) 태양광발전시스템의 고장원인

① 제조결함
② 시공불량
③ 운영과정의 외상
④ 전기적·기계적 스트레스에 의한 셀의 파손
⑤ 모듈 표면의 흙탕물, 새의 배설물에 의한 고장
⑥ 경년열화에 의한 셀의 노화
⑦ 주변환경(염해, 부식성 가스 등)에 의한 부식

2) 태양광발전시스템의 문제진단

(1) 외관검사
　① 태양전지 모듈, 어레이의 점검 : 시공 시 반드시 외관점검 실시
　② 배선케이블의 점검 : 설치 시 및 공사 도중에 외관점검
　③ 접속함 인버터 : 설치 및 접속 시 양극, 음극 접속확인 및 점검
　④ 축전지 및 주변설비 점검

(2) 운전상황 확인
　① 이음, 이상진동, 이취에 주의
　② 운전상황 점검 : 표시상태, 계측장치가 평상시와 크게 다를 때

(3) 태양전지 어레이의 출력 확인
    ① 개방전압 측정
        ㉠ 측정목적 : 동작불량 스트링이나 태양전지 모듈 검출, 직렬접속선의 결선누락사고 등을 검출
        ㉡ 측정방법 : 직류전압계(테스터)
        ㉢ 측정순서
            • 접속함의 출력개폐기 개방(Off)
            • 접속함에 각 스트링단로스위치(MCCB 또는 퓨즈)가 있는 경우 MCCB 또는 퓨즈 개방
            • 각 모듈이 그늘져 있지 않은지 확인한다.
            • 측정하는 스트링의 MCCB 또는 퓨즈 투입(On)
            • 직류전압계로 각 스트링의 P-N 단자 간의 전압을 측정
            • 평가 : 각 스트링의 개방전압값이 측정 시의 조건하에서 타당한 값인지 확인한다.
        ㉣ 측정 시 주의사항
            • 어레이 표면을 청소한다.
            • 각 스트링 측정은 안정된 일사강도가 얻어질 때 실시한다.
            • 측정시각은 일사강도, 온도의 변동을 적게 하기 위해 맑은 날 남쪽에 있을 때 전후 1시간에 실시한다.
            • 셀은 비오는 날에도 미소한 전압이 발생하므로 주의하여 측정한다.
    ② 단락전류의 확인
        ㉠ 모듈 표면의 온도변화에 따른 단락전류의 변화는 거의 없으나 일사량의 차이에 의한 모듈의 단락전류 변화는 매우 크므로 측정 시 고려해야 한다.
        ㉡ 단락전류를 측정함으로써 모듈의 이상 유무를 검출할 수 있다.
    ③ 인버터회로(절연변압기 부착)의 절연저항 측정
        ㉠ 인버터정격전압 300[V] 이하 : 500[V] 절연저항계(메거)
        ㉡ 인버터정격전압 300[V] 초과 600[V] 이하 : 1,000[V] 절연저항계(메거)

(4) 절연내력의 측정
    태양전지 어레이회로 및 인버터회로는 최대사용전압의 1.5배의 직류전압이나 1배의 교류전압(500[V] 미만일 때는 500[V]로)을 10분간 인가하여 절연파괴 등의 이상이 발생하지 않을 것

(5) 접지저항의 측정

　① 접지목적

　　㉠ 감전 방지

　　㉡ 기기의 손상 방지

　　㉢ 보호계전기의 확실한 동작 확보

　② 접지저항 측정법

　　㉠ 콜라우시 브리지법

　　㉡ 전위차계 접지저항계법

　　㉢ 간이접지저항계 측정법

　　㉣ 클램프온 측정법

3) 고장별 조치방법

(1) 인버터의 고장

　직접 수리가 곤란하므로 제조업체에 A/S를 의뢰한다.

(2) 태양전지 모듈의 고장

　① 모듈의 개방전압 문제

　　㉠ 원인 : 셀 및 바이패스 다이오드 손상

　　㉡ 대책 : 손상된 모듈을 찾아 교체

　② 모듈의 단락전류 문제

　　㉠ 원인 : 음영에 의한 경우와 모듈 불량, 모듈 표면의 흙탕물, 새의 배설물 등에 따라 모듈의 단락전류가 다른 경우 출력 저하

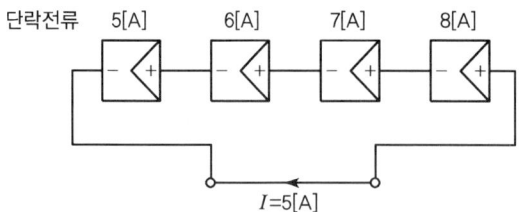

　　㉡ 대책 : 불량모듈 교체, 이물질 제거

(3) 모듈의 절연저항 문제

　① 원인 : 모듈의 파손, 케이블 열화, 피복손상 시 절연 저하

　② 대책 : 모듈 교체

4) 태양광발전시스템의 운전조작방법

(1) 운전 시 조작방법

① Main VCB반 전압 확인
② 접속반, 인버터 DC 전압 확인
③ DC용 차단기 On
④ AC 측 차단기 On
⑤ 5분 후 인버터 정상작동 여부 확인

(2) 정전 시 조작방법

① Main VCB반 전압 확인 및 계전기를 확인하여 정전 여부 확인, 부저 Off
② 인버터 상태확인(정지)
③ 한전 전원 복구 여부 확인
④ 인버터 DC 전압 확인 후 운전 시 조작방법에 의해 재시동

3 점검사항에 대한 설비관리대장

1) 유지보수 기록

① 태양광발전시스템의 유지보수를 기록하기 위해 유지보수 기록시트의 견본이 제공되어야 한다. 제공된 기록시트를 유지하게 되면 시스템의 이력을 만들어 낼 수 있다.
② 태양광발전시스템에서 유지보수를 기록하는 작업은 기록시트에 나타난 정보로부터 서서히 나타나는 성능저하현상을 찾을 수 있고 가까운 미래에는 이익을 가져올 수 있다.
③ 태양광발전시스템의 모든 유지보수 기록시트는 한곳에 보관되어야 하는데, 시스템의 현장에 보관할 수도 있지만 더 좋은 장소는 유지보수 전문장소(Maintenance Shop)이다. 만약, 유지보수 기록시트를 유지보수 전문장소에 보관할 때에는 유지보수 작업 시 유지보수 기록시트를 반드시 해당 현장으로 가져와야 한다.
④ 태양광발전시스템의 유지보수 기록은 향후 발생될 고장이나 단순한 고장 또는 복합된 고장을 수리할 때 간단하게 해결할 수 있을 것이다.

2) 관리대장

유지보수 검사 목록지

위치/장소 : _____   날짜 : _____

시스템 계측장비와 판독방법

축전지 전압 : _____   어레이 전류 : _____   부하 전류 : _____

충전 LED : ☐ 켜짐 ☐ 꺼짐   저전압 차단 LED : ☐ 켜짐 ☐ 꺼짐
다른 LED : _____ ☐ 켜짐 ☐ 꺼짐
다른 LED : _____ ☐ 켜짐 ☐ 꺼짐

휴대용 계측장비
어레이 전압(시험지점 D+와 D-)
축전지 전압(시험지점 L+와 L-)
시스템 전류(시험지점 M, P 또는 S)
  ☐ 차단기의 정상, 퓨즈의 정상

충전 제어기
☐ 정상 작동
☐ 배선 접속이 확실한가?
☐ 온도 보정 프로브가 정확하고 적절한 곳에 위치해 있는가?
☐ 충전 제어기가 적절한 곳에 위치해있고 잘 동작하는가?

시스템 배선
☐ 접지 시스템이 유지되고 있는가?
☐ 단로기가 적절히 동작하는가?
☐ 전선관과 모든 배선의 연결, 정상 작동, 부식 여부?

축전지
☐ 배터리 충전 여부
☐ 모든 셀이 적절한 레벨로 채워져 있는가?
☐ 단자 접속의 연결, 정상 작동, 부식 여부?
☐ 고정용구, 외함이 견고한가?
☐ 환기 시스템이 정상 작동되는가?
☐ 균등 충전 여부(필요한 경우)
☐ 배터리 충전 상태가 검사기록지에 기록되어 있는가?

어레이
- ☐ 커버, 프레임, 리플렉터가 올바르게 작동하고 손상되지 않았는가?
- ☐ 계절에 따른 기울기의 조정 가능 여부(해당되는 경우)
- ☐ 추적 점검(해당되는 경우)
- ☐ 전선관과 모든 배선의 연결, 정상 작동, 부식 여부?
- ☐ 어레이의 개방전압, 단락전류, 모듈을 측정하고 검사기록지에 기록되어 있는가?

부하
- ☐ 모든 부하가 적절히 작동
- ☐ 부하에 필요한 유지 및 보수운영 필요 여부

인버터
- ☐ 정상 작동
- ☐ 배선 연결이 양호하고 부식되지 않음

무부하 상태에서 흐르는 전류(시험지점 P) : _____

운전 상태에서 흐르는 전류(시험지점 P) : _____

부하에 흐르는 전류(시험지점 Q) : _____

부하 전압(시험지점 R+와 R−) : _____

    ☐ 인버터가 적절히 위치해 있고 작동함

출제예상문제

01 태양광발전시스템의 모든 구조물과 연결 철물은 염해로부터 부식이 되지 않도록 어떤 도금 처리를 하여야 하는지 쓰시오.

해답
용융아연도금

02 다음 ( ) 안에 알맞은 값을 쓰시오.

태양광발전소의 울타리·담 등의 높이는 (①)[m] 이상으로 하고, 지표면과 울타리·담의 하단 사이의 간격은 (②)[cm] 이하로 하여야 한다.

해답
① 2 ② 15

03 공사의 품질확보를 위해 시공사가 설치공사 착공과 동시에 제출하여야 할 필수 보유장비 5가지를 쓰시오.

해답
① 접지저항계
② 절연저항계
③ 전류계
④ 전압 테스터기
⑤ 검전기

해설 필수 보유장비
- 접지저항 측정기
- 절연저항 측정기
- 전류계
- 전압 Tester
- 검전기
- 상 Tester
- 각도계
- 수평 및 수직 일사량 측정기
- 오실로스코프

04 태양광발전시스템의 소요장비 중 주 장비를 4가지만 쓰시오.

해답
① 오실로스코프
② 인버터 시험용 PC(시험프로그램 내장)
③ 전력분석계
④ 멀티테스터

해설 태양광발전시스템의 장비 리스트

품명	소요장비	
	주 장비	보조장비
오실로스코프	●	
디지털멀티미터		●
인버터 시험용 PC (시험프로그램 내장)	●	
전력분석계	●	
온도계(외부, 표면)		●
일조량계		●
풍속계		●
강우량계		●
절연저항측정기		●
전압계		●
전류계		●
접지저항측정기		●
멀티테스터	●	
누설전류계	●	
레벨기	●	
나침반	●	
외부온도계		●

05 전기설비에 대한 공기청소방법에는 토출방식과 흡출방식이 있다. 이 중 흡입방식으로 공기청소하기 위한 도구의 명칭은 무엇인가?

해답
진공청소기

06 전기설비에 대한 공기청소방법 중 토출방식(Air Compressor)을 사용하는 경우 반드시 압축공기의 습기를 제거하기 위하여 설치하여야 하는 부품의 명칭을 쓰시오.

> **해답**
> 제습필터

07 볼트류의 조임 상태를 확인할 수 있는 공구의 명칭을 쓰시오.

> **해답**
> 토크렌치

08 인버터의 육안 점검사항을 5가지만 쓰시오.

> **해답**
> ① 외함의 부식 여부 및 파손
> ② 외부배선의 손상 및 단자 이완
> ③ 접지선의 손상 및 접속단자 이완
> ④ 통풍확인(통풍구, 환기필터 등)
> ⑤ 운전 시 이상음, 이취 및 진동 유무

09 사업용 전기설비 중 안전관리자 선임(대행)대상 태양광발전설비 용량은 몇 [kW]인가?

> **해답**
> 20[kW] 초과
>
> > **해설** 안전관리자 선임대상 전기설비 용량은 20[kW] 초과이며, 대행 가능용량은 1,000[kW] 미만, 상주 대상용량은 1,000[kW] 이상이다.

10 센서로 검출된 신호를 장거리 전송을 하기 위해 신호변환기(트랜스듀서)의 전류신호를 몇 [mA]로 변환하여 전송하는가?

> **해답**
> 4~20[mA]

11 태양광발전시스템에서 태양전지 어레이의 직류전압과 직류전류가 정상인 상태에서 한전 전원이 정전되었다 복전되었다고 한다. 이때 인버터는 복전 후 몇 분 후에 재가동하여 발전을 할 수 있는가?

> **해답**
> 5분

12 직류차단기 선정 시 고려사항 중 회로의 정격전압에 따라 결정되는 것이 무엇인지 쓰시오.

> **해답**
> 차단에 필요한 극수

13 케이블의 육안 점검방법 4가지를 쓰시오.

> **해답**
> ① 케이블 외장의 손상이나 발열 여부
> ② 케이블 트레이, 배관 등 접지 상태
> ③ 방화구획 관통부의 기밀성 유지 상태
> ④ 발열설비에 케이블의 접촉 및 접근 여부
>
> **해설** ①~④ 외에
> ⑤ 단말처리 및 테이프는 잘 감겨져 있는지의 여부
> ⑥ 단자의 조임 상태
> ⑦ 케이블의 손상에 의한 수트리 여부

14 태양광발전시스템에서 "시설물 유지관리 지침서" 작성대상 3가지를 쓰시오.

> **해답**
> ① 태양전지 모듈　　　　② 태양광발전시스템 모니터링 시스템
> ③ 인버터
>
> **해설** ①~③ 외에
> ④ 어레이 추적 시스템(설치된 경우)
> ⑤ 접속함
> ⑥ 송·수배전반 등

15 접지용구를 설치하기 위해서는 접지설치 전에 관계 개폐기의 개방을 확인하고 검전기 기타 방법으로 충전 여부를 확인한 후 설치하여야 한다. 다음 그림을 참조하여 접지용구의 설치 순서와 철거순서를 쓰시오.

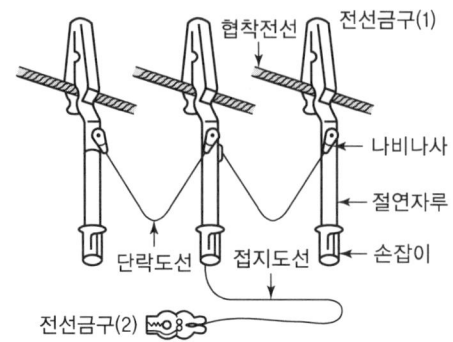

해답
- 설치순서 : 접지 측 전선금구(2)를 접지선에 접속하고, 전선금구(1)을 기기 또는 전선에 확실하게 접속한다.
- 철거순서 : 전선금구(1)을 기기 또는 전선에서 분리하고, 접지 측 전선금구(2)를 분리한다.

16 너트의 풀림방지 방법 4가지를 쓰시오.

해답
① 이중너트 사용
② 스프링 와셔(Spring Washer) 사용
③ 너트를 용접
④ 콘크리트에 매립

17 전기작업자의 착각·오인·오판 등으로 충전된 기기나 전선로에 근접하는 경우에 경고음을 발생하여 접근 위험경고 및 감전재해를 방지하기 위해 사용되는 검출용구의 명칭을 쓰시오.

해답
활선접근경보기

18 작업범위나 위험범위 등을 명확히 구분하여 작업자 이외의 사람은 작업범위 이내로의 출입을 금지하고 작업자의 순간적인 착각으로 위험범위 내의 출입을 못하도록 하는 작업용 구획용구 2가지를 쓰시오.

> **해답**
> ① 안전망 ② 구획로프
>
> **해설** 작업용 구획용구의 종류
> 안전망, 구획로프, 구획봉 등(황·흑색으로 도색)

19 고·저압 전선로의 충전부를 방호하여 작업자의 감전보호를 위해 사용하는 절연용 방호구의 명칭을 쓰시오.

> **해답**
> 절연관

20 전기를 취급하는 작업 시 전기에 의한 감전사고로부터 인체를 보호하기 위한 전기용 고무장화의 사용한계전압은 교류 몇 [V] 이하인가?

> **해답**
> 7,000[V] 이하
>
> **해설** 전기용 고무장화란 저압 및 고압(7,000[V] 이하)의 전기를 취급하는 작업 시 전기에 의한 감전으로부터 인체를 보호하기 위한 안전화를 말한다.

21 태양광발전시스템의 안전관리대책(추락 및 감전사고 예방 대책)에서 감전사고 예방에 대해 3가지만 적으시오.

> **해답**
> ① 절연장갑 착용
> ② 태양전지 모듈 등 전원 개방
> ③ 누전차단기 설치
>
> **해설**
> • 추락사고 예방 : 안전모, 안전화, 안전벨트 착용
> • 감전사고 예방 : 절연장갑 착용, 태양전지 모듈 등 전원 개방, 누전차단기 설치

22 25,000[V] 이하의 전로의 활선작업 또는 활선근접 작업 시 감전사고 방지를 위해 전로의 충전부에 장착하는 절연용 방호구의 종류 3가지를 쓰시오.

> **해답**
> ① 고무판
> ② 절연관
> ③ 절연시트
>
> **해설** 절연용 보호구의 종류
> - 고무판
> - 절연관
> - 절연시트
> - 애자커버

23 절연용 방호구는 고압 충전부로부터 얼마 이상 접근 시 사용하여야 하는가?

> **해답**
> - 머리 : 30[cm] 이내
> - 발밑 : 60[cm] 이내
>
> **해설** 절연용 방호구
> 25,000[V] 이하의 전로의 활선작업 또는 활선근접 작업 시 감전사고 방지를 위해 전로의 충전부에 장착하는 것(고압 충전부로부터 머리 30[cm], 발밑 60[cm] 이내 접근 시 사용)

24 25,000[V] 이하의 전로의 활선작업 또는 활선근접 작업을 할 때 작업자의 감전사고를 방지하기 위해 작업자 몸에 착용하는 것의 명칭을 쓰시오.

> **해답**
> 절연용 방호구
>
> **해설** 절연용 보호구와 절연용 방호구의 적용
> - 절연용 보호구 : 7,000[V] 이하의 전로의 활선작업 또는 활선근접 작업을 할 때 작업자의 감전사고를 방지하기 위해 작업자 몸에 착용하는 것
> - 절연용 방호구 : 25,000[V] 이하의 전로의 활선작업 또는 활선근접 작업 시 감전사고 방지를 위해 전로의 충전부에 장착하는 것(고압 충전부로부터 머리 30[cm], 발밑 60[cm] 이내 접근 시 사용)

25 7,000[V] 이하의 전로의 활선작업 또는 활선근접 작업을 할 때 작업자의 감전사고를 방지하기 위해 작업자 몸에 착용하는 것의 명칭을 쓰시오.

> **해답**
> 절연용 보호구

26 시설물을 관리하기 위해서 실시하는 일상점검, 정기점검, 청소, 보안, 식재관리, 제설 등에 필요한 유지점검에 관련된 비용에 대한 유지관리비 항목을 쓰시오.

> **해답**
> 유지비

27 시설물을 유지하는 데 지출되는 제반 관리비로서 행정비, 관련 세금, 보험료, 감가상각, 업무위탁에 필요한 사무비 및 위탁업무의 검사에 필요한 경비에 대한 유지관리비 항목을 쓰시오.

> **해답**
> 일반관리비

28 전기안전관리 규정에 의한 월간 및 분기 전기안전교육을 실시하여야 하는 의무자를 쓰시오.

> **해답**
> 전기안전관리 담당자

29 "준공물의 주요 시설, 각종 장비의 취급설명 및 사후 보수 연락처, 기타 시설물의 유지보수 관리에 필요한 전반적인 내용을 수록한 지침서"를 무엇이라 하는가?

> **해답**
> 시설물 유지관리 지침서
>
> **해설** 준공물의 주요 시설, 각종 장비의 취급설명 및 사후 보수 연락처, 기타 시설물의 유지보수 관리에 필요한 전반적인 내용을 수록한 지침서를 시설물 유지관리 지침서라 한다.

30 노이즈에 약하여 장거리 전송에 부적합한 통신 신호방식을 〈보기〉에서 골라 1가지만 쓰시오.

〈보기〉
RS-232, RS-422, RS-485

해답

RS-232

해설 RS-232, RS-422, RS-485 특성비교

신호방식	RS-232	RS-422	RS-485
최대 전송거리	약 15[m]	약 1.2[km]	약 1.2[km]
최대 통신속도	20[kb/s]	10[kb/s]	10[kb/s]

PART 09

태양광발전장치 준공검사

SECTION 001 태양광발전 정밀안전 진단하기

1 보호계전기

보호계전기란 단락, 지락(접지) 또는 과부하나 기타의 원인으로 이상 상태 발생 시 이를 검출하여 신속히 계통으로부터 분리하여 전기기기를 보호하는 목적을 가진 것을 말한다.

1) 보호계전기의 구비조건

① 신뢰성 : 사고 시 확실히 동작하고 오부동작이 없을 것
② 선택성 : 고장구간만 차단하고 건전구간은 통전할 것
③ 협조성 : 무보호구간이 없고 즉시 작동할 것인지 혹은 시간을 갖고 작동할 것인지 판단하여 동작할 것
④ 후비성 : 후비보호기능이 있을 것
⑤ 동작감도 : 동작조건이 충족되면 확실히 동작할 것

2) 보호계전기의 종류

(1) 과전류 계전기(OCR : Over Current Relay) 50/51
   전류의 크기가 일정치 이상으로 되었을 때 동작하는 계전기

(2) 과전압 계전기(OVR : Over Voltage Relay) 59
   전압의 크기가 일정치 이상일 때 동작하는 계전기

(3) 부족전압 계전기(UVR : Under Voltage Relay) 27
   전압의 크기가 일정치 이하일 때 동작하는 계전기

(4) 주파수 계전기(FR : Frequency Relay) 81
   ① 교류의 주파수에 응동하는 계전기
   ② 과주파수 계전기(Over Frequency Relay) : 주파수가 일정치보다 높을 경우에 동작
   ③ 저주파수 계전기(Under Frequency Relay) : 주파수가 일정치보다 낮을 경우에 동작

3) 보호계전기의 동작 특성

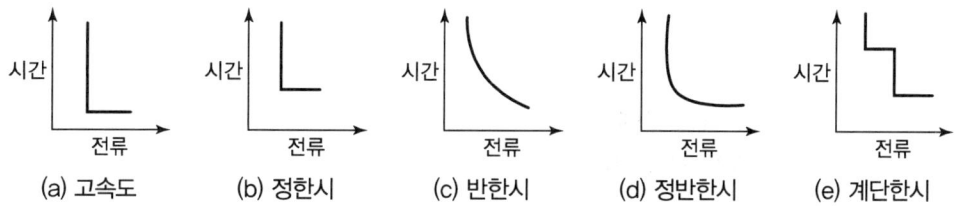

(a) 고속도   (b) 정한시   (c) 반한시   (d) 정반한시   (e) 계단한시

(1) 고속도형
① 응동시간이 빨라지도록 고려한 경우의 응동
② 일정입력(200[%])에서 0.04초 이내에 동작

(2) 정한시형
입력의 크기에 관계없이 정해진 시간에 동작하는 것

(3) 반한시형
입력이 커질수록 짧은 시간에 동작하는 것

(4) 정반한시형
입력이 커질수록 짧은 시간에 작동하나 입력이 일정치 이상이면 일정 시간에 동작하는 것

(5) 계단한시형
입력의 일정 범위별로 일정 시간에 계단식으로 동작하는 것

2 모선과 기기의 절연저항 측정

1) 전선로의 전선 및 절연성능

① 저압전선로 중 절연부분의 전선과 대지 사이 및 전선과 심선 상호 간의 절연저항은 사용전압에 대한 누설전류가 최대 공급전류의 1/2,000을 넘지 않도록 하여야 한다.
② 저압전로에서 정전이 어려운 경우 등 절연저항 측정이 곤란한 경우 저항성분의 누설전류가 1[mA] 이하이면 그 전로의 절연성능이 적합한 것으로 본다(KEC 132).

2) 절연저항의 측정

(1) 태양전지

① 절연저항 측정 시 유의사항

㉠ 태양전지는 낮에 전압이 발생되므로 주의하여 절연저항을 측정한다.

㉡ 뇌보호를 위한 어레스터 등 피뢰소자는 태양전지 어레이 출력단에 설치되어 있으며 절연저항 측정 시 접지 측과 분리한다.

㉢ 절연저항 측정 시 기온, 습도를 기록한다(절연저항은 기온과 습도에 많은 영향을 받음).

② 측정회로

시험기자재 : 절연저항계(메거), 온도계, 습도계, 단락용 개폐기

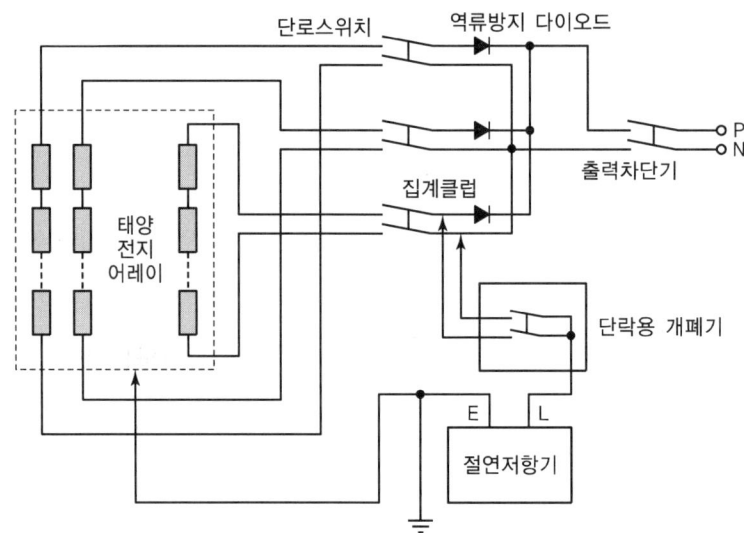

③ 측정순서

㉠ 출력개폐기를 OFF한다(출력개폐기의 입력부에 서지 업소버를 취부하고 있는 경우는 접지 단자를 분리시킨다).

㉡ 단락용 개폐기를 OFF한다.

㉢ 전체 스트립의 단로스위치를 OFF한다.

㉣ 단락용 개폐기의 1차 측 (+) 및 (−)의 클립을, 역류방지 다이오드에서 태양전지 측과 단로스위치 사이에 각각 접속한다. 접속 후 대상으로 하는 스트링 단로스위치를 ON으로 한다. 마지막으로 단락용 개폐기를 ON한다.

㉤ 메거의 E측을 접지단자에, L측을 단락용 개폐기의 2차 측에 접속하고, 메거를 ON하여 저항치를 측정한다.

ㅂ 측정 종료 후에 반드시 단락용 개폐기를 OFF한 뒤 단로스위치를 OFF로 하고 마지막에 스트링의 클립을 제거한다. 이 순서를 절대로 다르게 해서는 안 된다. 단로스위치에는 단락전류를 차단하는 기능이 없으며, 또한 단락상태에서 클립을 제거하면 아크방전이 생겨 측정자가 화상을 입을 가능성이 있다.

ㅅ 서지 업소버의 접지 측 단자를 복원하여 대지전압을 측정해서 전류전하의 방전상태를 확인한다.

(2) 인버터 회로

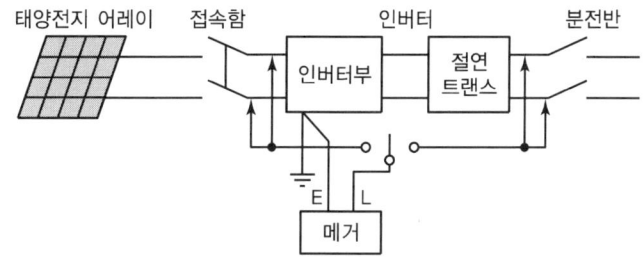

① 입력회로
ㄱ 태양전지 회로를 접속함에서 분리한다.
ㄴ 분전반 내의 분기 차단기를 개방한다.
ㄷ 직류 측의 모든 입력단자 및 교류 측의 전체 출력단자를 각각 단락한다.
ㄹ 직류단자와 대지 간의 절연저항을 측정한다.

② 출력회로
ㄱ 태양전지 회로를 접속함에서 분리한다.
ㄴ 분전반 내의 분기 차단기를 개방한다.
ㄷ 직류 측의 모든 입력단자 및 교류 측의 전체 출력단자를 각각 단락한다.
ㄹ 교류단자와 대지 간의 절연저항을 측정한다.

(3) 저압전로의 절연성능

전기사용 장소의 사용 전압이 저압인 전로의 전선 상호 간 및 전로와 대지 사이의 절연저항은 개폐기 또는 과전류 차단기로 구분할 수 있는 전로마다 다음 표에서 정한 값 이상이어야 한다. 다만, 전선 상호 간의 절연저항은 기계기구의 분리가 용이하지 않은 분기회로의 경우 기기 접속 전에 측정할 수 있다.

또한, 측정 시 영향을 주거나 손상을 받을 수 있는 SPD 또는 기타 기기 등은 측정 전에 분리시켜야 하고, 부득이하게 분리가 어려운 경우에는 시험전압을 250[V] DC로 낮추어 측정할 수 있지만 절연저항값은 1[MΩ] 이상이어야 한다.

전로의 사용 전압[V]	DC 시험전압[V]	절연저항[MΩ]
SELV 및 PELV	250	0.5
FELV, 500[V] 이하	500	1.0
500[V] 초과	1,000	1.0

※ 특별저압(Extra Low Voltage : 2차 전압이 AC 50[V], DC 120[V] 이하)으로 SELV(비접지회로 구성) 및 PELV(접지회로 구성)는 1차와 2차가 전기적으로 절연된 회로, FELV는 1차와 2차가 전기적으로 절연되지 않은 회로
- FELV(Functional Extra Low Voltage)
- SELV(Safety Extra Low Voltage)
- PELV(Protective Extra Low Voltage)

(4) 절연내력시험

① 연료전지 및 태양전지 모듈의 절연내력
  ㉠ 시험전압 : 최대사용전압의 1.5배 직류전압 또는 1배의 교류전압(500[V] 미만으로 되는 경우에는 500[V])
  ㉡ 시험방법 : 충전부분과 대지 사이에 연속하여 10분간 가했을 때 이에 견디는 것이어야 한다.

② 변압기 전로의 권선 종류 및 절연내력시험전압(교류시험전압 → 연속 10분간)

구분		배수	최저전압
7,000[V] 이하		최대사용전압×1.5배	500[V]
비접지식	7,000[V] 초과	최대사용전압×1.25배	10,500[V]
중성점 다중접지식	7,000[V] 초과 25,000[V] 이하	최대사용전압×0.92배	-
중성점 접지식	60,000[V] 초과	최대사용전압×1.1배	75,000[V]
중성점 직접접지식	170,000[V] 이하	최대사용전압×0.72배	-
	170,000[V] 넘는 구내에서만 적용	최대사용전압×0.64배	-

SECTION 002 태양광발전 사용 전 검사하기

1 사용 전 검사 대상·기준(전기사업법 시행규칙)

제31조(사용 전 검사의 대상·기준 및 절차 등)

① 법 제63조에 따라 사용 전 검사를 받아야 하는 전기설비는 법 제61조에 따라 공사계획의 인가를 받거나 신고를 하고 설치 또는 변경공사를 하는 전기설비(원자력발전소의 전기설비는 제외한다)로 한다.

③ 사용 전 검사의 기준은 다음 각 호와 같다.
  1. 전기설비의 설치 및 변경공사 내용이 법 제61조에 따라 인가 또는 신고를 한 공사계획에 적합할 것
  2. 기술기준에 적합할 것
  3. 「전기안전관리법」 제18조에 따라 산업통상자원부장관이 고시하는 검사·점검의 방법·절차 등에 적합할 것

④ 사용 전 검사의 시기는 별표 9와 같다.

⑤ 사용 전 검사를 받으려는 자는 별지 제28호 서식의 사용 전 검사 신청서에 다음 각 호의 서류를 첨부하여 검사를 받으려는 날의 7일 전까지 「전기안전관리법」 제30조에 따른 한국전기안전공사(이하 "안전공사"라 한다)에 제출해야 한다. 다만, 제5호의 서류는 사용 전 검사를 받는 날까지 제출할 수 있다.
  1. 공사계획인가서 또는 신고수리서 사본
  2. 「전력기술관리법」 제2조 제3호에 따른 설계도서 및 같은 법 제12조의2 제4항에 따른 감리원 배치확인서
  3. 자체감리를 확인할 수 있는 서류(전기안전관리자가 자체감리를 하는 경우만 해당한다)
  4. 전기안전관리자 선임신고증명서 사본
  5. 그 밖에 사용 전 검사를 실시하는 데 필요한 서류로서 산업통상자원부장관이 정하여 고시하는 서류

■ 전기사업법 시행규칙 [별표 9]

사용 전 검사를 받는 시기(제31조 제4항 관련)

9. 전기수용설비에 관한 공사
   가. 전압 5만볼트 이상의 지중전선로 중 토목공사가 완성된 때
   나. 전기수용설비 중 공사계획에 따른 설비의 일부가 완성되어 그 완성된 설비만을 사용하려고 할 때
   다. 전체 공사가 완료된 때
10. 태양광발전소에 관한 공사
    가. 공사계획에 따른 설비의 일부가 완성되어 그 완성된 설비만을 사용하려고 할 때
    나. 전체 공사가 완료된 때
11. 연료전지발전소에 관한 공사
    가. 100킬로와트 초과 연료전지 발전설비의 경우 제품 출하 전 시험준비가 완료된 때
    나. 전체 공사가 완료된 때
12. 전기저장장치에 관한 공사
    가. 계통연계설비 공사가 완료된 때
    나. 전체 공사가 완료된 때
13. 무정전전원장치에 관한 공사
    가. 공사계획에 따른 설비의 일부가 완성되어 그 완성된 설비만을 사용하려고 할 때
    나. 전체 공사가 완료된 때
14. 제1호부터 제13호까지의 규정 외의 공사의 경우에는 공사계획에 따른 전체 공사가 완료된 때

2 사용 전 검사 대상의 범위

구분	검사종류	용량	선임
일반용	사용 전 점검	10[kW] 이하	미선임
자가용	사용 전 검사 (저압설비 공사계획 미신고)	10[kW] 초과	대행업체 대행 가능 (1,000[kW] 미만)
사업용	사용 전 검사 (시·도에 공사계획 신고)	전용량 대상	대행업체 대행 가능 (20[kW] 이하 미선임 가능)

3 사용 전 검사(준공 시의 점검)

1) 전기사업법 제61조의 규정에 따라 공사계획 인가 또는 신고를 필한 상용, 사업용 태양광발전시스템을 대상으로 하며, 공사가 완료되면 사용 전 검사(준공 시의 점검)를 받아야 한다.
2) 자가용 및 사업용 중 저압 배전계통 연계형 용량 200[kW] 이하를 대상으로 하며, 200[kW] 초과 시 한국전기안전공사의 '검사업무처리 방법'에 의해 발전설비검사 담당부서에서 점검한다.

3) 점검내용은 육안점검 외에 태양전지 어레이의 개방전압 측정, 각부의 절연저항 및 접지저항 등을 측정한다. 단, 정기점검 대상에서는 제외한다.

4) 준공 시의 점검설비와 점검항목, 점검요령을 나타내면 다음과 같다.

(1) 태양전지 어레이

	점검항목	점검요령
육안 점검	표면의 오염 및 파손	오염 및 파손이 없을 것
	프레임 파손 및 변형	파손 및 뚜렷한 변형이 없을 것
	가대의 부식 및 녹	가대의 부식 및 녹이 없을 것 (녹의 진행이 없는 도금강판의 끝단부는 제외)
	가대의 고정	볼트 및 너트의 풀림이 없을 것
	가대의 접지	배선공사 및 접지의 접속이 확실할 것
	코킹	코킹의 파손 및 불량이 없을 것
	지붕재 파손	지붕재의 파손, 어긋남, 균열이 없을 것
측정	접지저항	접지저항 $100[\Omega]$ 이하(제3종 접지)
	가대고정	볼트가 규정된 토크 수치로 조여져 있을 것

(2) 접속함

	점검항목	점검요령
육안 점검	외함의 부식 및 파손	부식 및 파손이 없을 것
	방수처리	전선인입구가 실리콘 등으로 방수처리될 것
	배선의 극성	태양전지에서 배선의 극성이 바뀌지 않을 것
	단자대 나사 풀림	확실히 취부되고 나사의 풀림이 없을 것
측정	절연저항(태양전지 – 접지 간)	DC $500[V]$ 메거로 측정 시 $0.2[M\Omega]$ 이상
	절연저항(각 출력단자 – 접지 간)	DC $500[V]$ 메거로 측정 시 $1[M\Omega]$ 이상
	개방전압 및 극성	규정된 전압범위 이내이고 극성이 올바를 것 (각 회로마다 모두 측정)

(3) 인버터

점검항목		점검요령
육안 점검	외함의 부식 및 파손	부식 및 파손이 없을 것
	취부	• 견고하게 고정되어 있을 것 • 유지보수에 충분한 공간이 확보되어 있을 것 • 옥내용 : 과도한 습기, 기름, 연기, 부식성 가스, 가연가스, 먼지, 염분, 화기 등이 존재하지 않은 장소일 것 • 옥외용 : 눈이 쌓이거나 침수의 우려가 없을 것 • 화기, 가연가스 및 인화물이 없을 것
	배선의 극성	• P는 태양전지(+), N은 태양전지(−) • V, O, W는 계통 측 배선(단상 3선식 220[V]) [V−O, O−W 간 220[V](O는 중성선)] • 자립 운전용 배선은 전용 콘센트 또는 단자에 의해 전용 배선으로 하고 용량은 15[A] 이상일 것
	단자대 나사의 풀림	확실히 취부되고 나사의 풀림이 없을 것
	접지단자와의 접속	접지와 바르게 접속되어 있을 것 (접지봉 및 인버터 접지단자와 접속)
측정	절연저항(인버터 입출력단자−접지 간)	DC 500[V] 메거로 측정 시 1[MΩ] 이상
	접지저항	접지저항 100[Ω] 이하(제3종 접지)

(4) 운전정지

점검항목		점검요령
조작 및 육안 점검	보호계전기능의 설정	전력회사 정정치를 확인할 것
	운전	운전스위치 '운전'에서 운전할 것
	정지	운전스위치 '정지'에서 정지할 것
	투입저지 시한타이머동작시험	인버터가 정지하여 5분 후 자동기동할 것
	자립운전	자립운전으로 전환할 때, 자립운전용 콘센트에서 사양서의 규정전압이 출력될 것
	표시부의 동작 확인	표시가 정상으로 표시되어 있을 것
	이상음 등	운전 중 이상음, 이상진동, 악취 등의 발생이 없을 것
측정	발생전압 (태양전지 모듈)	태양전지의 동작전압이 정상일 것 (동작전압 판정 일람표에서 확인)

(5) 발전전력

	점검항목	점검요령
육안 점검	인버터의 출력표시	인버터 운전 중 전력표시부에 사양대로 표시될 것
	전력량계(송전 시)	회전을 확인할 것
	전력량계(수신 시)	정지를 확인할 것

4 자가용 태양광발전설비의 사용 전 검사

검사항목		세부 검사내용	수검자 준비자료
1. 태양광발전설비표		태양광발전설비표 작성	• 공사계획인가(신고)서 • 태양광발전설비 개요
2. 태양광전지 검사			
	태양광전지 일반 규격	규격 확인	• 공사계획인가(신고)서 • 태양광전지 규격서
	태양광전지 검사	• 외관검사 • 전지 전기적 특성시험 • 어레이	• 단선결선도 • 태양전지 트립 인터록 도면 • 시퀀스 도면 • 보호장치 및 계전기시험 성적서 • 절연저항 시험성적서
3. 전력변환장치 검사			
	전력변환장치 일반 규격	규격 확인	공사계획인가(신고)서
	전력변환장치 검사	• 외관검사 • 절연저항 • 절연내력 • 제어회로 및 경보장치 • 전력조절부/Static 스위치자동·수동절체시험 • 역방향운전 제어시험 • 단독운전 방지 시험 • 인버터 자동·수동절체시험 • 충전기능 시험	• 단선결선도 • 시퀀스 도면 • 보호장치 및 계전기시험 성적서 • 절연저항시험 성적서 • 절연내력시험 성적서 • 경보회로시험 성적서 • 부대설비시험 성적서
	보호장치 검사	• 외관검사 • 절연저항 • 보호장치 시험	
	축전지	• 시설상태 확인 • 전해액 확인 • 환기시설 상태	
4. 종합연동시험 검사 5. 부하운전시험 검사		검사 시 일사량을 기준으로 가능 출력 확인하고 발전량 이상 유무 확인(30분)	• 종합 인터록 도면 • 출력 기록지
6. 기타 부속설비		전기수용설비 항목 준용	

PART 10

태양광발전 시스템 안전관리

SECTION 001 태양광발전 시공상 안전 확인

1 시공 안전관리

1) 전기작업의 준비

(1) 작업책임자의 준비

① 작업 전 현장시설상태를 확인하고 작업내용과 안전조치를 주지시킨다.
② 정전작업 시 : 정전범위, 정전 및 송전시간, 개폐기의 차단장소, 작업순서, 작업자의 작업배치, 작업종료 후 처치 등에 대해 설명
③ 고압활선작업과 활선근접작업 시 : 신체보호, 시설방호 사람의 배치, 작업순서 등을 관계자에게 설명

(2) 작업자의 준비

작업책임자의 명령에 따라 올바른 작업순서로 안전하게 작업해야 한다.

2) 전기 안전수칙

① 작업자는 시계, 반지 등 금속체 물건을 착용해서는 안 된다.
② 정전작업 시 안전표찰을 부착하고, 출입을 제한시킬 필요가 있을 때에는 구획로프를 설치한다.
③ 고압 이상 개폐기 및 차단기의 조작은 책임자의 승인을 받고 조작순서에 의해 조작한다.
④ 고압 이상 개폐기의 조작은 꼭 무부하상태에서 실시, 개폐기 조작 후 잔류전하 방전상태를 검전기로 확인한다.
⑤ 고압 이상 전기설비는 안전장구를 착용 후 조작한다.
⑥ 비상발전기 가동 전 비상전원 공급구간을 재확인한다.
⑦ 작업완료 후 전기설비의 이상 유무를 확인한 다음 통전한다.

3) 태양광발전시스템의 안전관리대책

작업종류	사고예방	조치사항
모듈 설치	추락사고 예방	• 높은 곳 작업 시 안전난간대 설치 • 안전모, 안전화, 안전벨트 착용
구조물 설치		• 안전난간대 설치 • 안전모, 안전화, 안전벨트 착용
전선작업 및 설치		• 정품의 알루미늄 사다리 설치 • 안전모, 안전화, 안전벨트 착용
접속함과 인버터 연결	감전사고 예방	• 태양전지 모듈 등 전원 개방 • 절연장갑 착용
임시배선작업		• 누전 발생 우려 장소에 누전차단기 설치 • 전선 피복상태 관리

4) 유지관리지침서 작성

감리원은 발주자(설계자) 또는 공사업자(주요 설비 납품자) 등이 제출한 시설물의 유지관리 지침 자료를 검토하고 유지관리지침서를 작성하여, 공사 준공 후 14일 이내에 발주자에게 제출하여야 한다.

5) 유지관리지침서의 작성 내용

① 시설물의 규격 및 기능설명서
② 시설물 유지관리기구에 대한 의견서
③ 시설물 유지관리방법
④ 특기사항

SECTION 002 태양광발전 설비상 안전 확인

1 설비의 안전관리

1) 점검방법

(1) 일상점검

① 유지보수 요원의 감각기관에 의존하여 시각점검(변색, 파손, 단자 이완 등), 비정상적인 소리, 냄새 점검 등을 통해 시설물의 외부에서 점검항목별로 실시한다.
② 이상 상태가 발견된 경우에는 시설물의 문을 열고 그 정도를 확인한다.
③ 직접 운전이 불가할 정도인 경우를 제외하고는 이상 상태의 내용을 일지 및 점검기록부에 기록하여 운전 중 및 정기점검 시 점검에 참고한다.

(2) 정기점검

① 원칙적으로 정전을 시킨 다음 무전압상태에서 기기의 이상 상태를 점검해야 하며 필요시 기기를 분해하여 점검한다.
② 태양광발전시스템이 계통에 연계되어 운영 중인 상태에서 점검할 때에는 감전사고가 일어나지 않도록 주의한다.

(3) 임시점검

대형 사고가 발생한 경우에는 사고의 원인 파악, 영향(사고의 파급, 발전출력의 감소 등) 분석, 대책 수립을 하여 보수 조치하여야 한다.

2) 점검주기

① 점검주기는 대상기기의 환경조건, 운전조건, 설비의 중요성, 사용연수 등을 고려하여 선정한다.
② 모선정전은 별로 없으나 심각한 사고를 방지하기 위해 3년에 1회 정도 점검하는 것이 좋다.
③ 점검의 제약조건과 점검종류

구분	Door 개발	Cover 개방	무정전	회로 정전	모선 정전	차단기 인출	점검 주기
일상점검			○				매일
	○		○				1회/월
정기점검	○	○		○		○	1회/반기
	○	○			○	○	1회/3년
임시점검	○	○		○	○	○	필요시

3) 보수점검 시 주의사항

작업자의 안전을 위하여 기기의 구조 및 운전에 관한 내용을 반드시 숙지하며, 안전사고에 대한 예방조치를 한 후 2인 1조로 보수점검에 임해야 한다.

(1) 보수점검 전 유의사항
　① 응급처치 방법을 숙지하고 설비, 기계의 안전을 확인한다.
　② Loop가 형성되는 경우를 대비하여 태양광발전시스템의 각종 전원스위치의 차단상태 및 접지선의 접속상태를 확인한다.
　③ 관련 부서와 긴밀하고 확실하게 연락할 수 있도록 연락망을 미리 확인하여 만일의 사태에 신속히 대처할 수 있도록 한다.
　④ 무전압상태 확인 및 안전조치
　　㉠ 관련된 차단기, 단로기를 열어 무전압상태로 만든다.
　　㉡ 검전기를 사용하여 무전압상태를 확인하고 필요한 개소는 접지를 실시한다.
　　㉢ 특고압 및 고압차단기는 개방하여 Test Position 위치로 인출하고, "점검 중" 표찰을 부착한다.
　　㉣ 단로기는 쇄정시킨 후 "점검 중" 표찰을 부착한다.
　⑤ 콘덴서 및 케이블의 접속부를 점검할 경우에는 잔류전하를 방전시키고 접지를 실시한다.
　⑥ 인출형 차단기 및 단로기는 쇄정 후 "점검 중" 표찰을 부착한다.
　⑦ 절연용 보호기구를 준비한다.
　⑧ 쥐, 곤충, 뱀 등의 침입 방지대책을 세운다.

(2) 보수점검 후 유의사항
　① 점검 시 안전을 위하여 접지한 것을 점검 후에 반드시 제거하여야 한다.
　② 최종 확인사항
　　㉠ 작업자가 수·배전반 내에 들어가 있지 않은지 확인한다.
　　㉡ 점검을 위해 임시로 설치한 가설물 등이 철거되었는지 확인한다.
　　㉢ 볼트, 너트, 단자반 결선의 조임 및 연결작업의 누락이 없는지 확인한다.
　　㉣ 작업 전에 투입된 공구 등이 목록을 통해 회수되었는지 확인한다.
　　㉤ 점검 중 쥐, 곤충, 뱀 등의 침입 여부를 확인한다.

(3) 점검의 기록

일상점검, 정기점검, 임시점검 시에는 반드시 점검 및 수리한 요점 및 고장상황, 일자 등을 기록하여 차기 점검에 활용한다.

4) 하자보수

(1) 검사 대상

준공된 태양광발전소 건설부지 및 전기설비 중 하자보증기간 내에 있는 모든 공사를 대상으로 한다.

(2) 검사 시기

연간 2회 이상 실시한다.

(3) 하자 발생 시 조치사항

① 하자 발견 즉시 도급자에게 서면 통보하여 하자를 보수하도록 요청한다.
② 하자보수 요청 후 미이행 시는 하자보증보험사 또는 연대보증사에 서면 통보하여 조치(이 경우 발주자는 도급자에게 하자보수 불이행에 따른 행정처벌 조치)한다.
③ 도급자는 하자보수 착공계를 제출 후 공사에 임하여야 하며, 하자보수를 완료한 경우에는 하자보수 준공계를 제출하여 감독자의 준공검사를 거쳐야 처리가 완료된다.
④ 하자보수 및 검사를 완료한 경우에는 하자보수관리부를 작성하여 보관한다.

(4) 공사하자 담보 책임기간

관련 법령	대상 공정		책임기간
전기 공사업법	발전설비공사	철근콘크리트 또는 철골구조부	7년
		그 밖의 시설	3년
	지중 송배전설비공사	송전설비공사(케이블, 물밑송전설비공사 포함)	5년
		배전설비공사	3년
	송전설비공사		3년
	변전설비공사(전기설비 및 기기설치공사 포함)		3년
	배전설비공사	배선설비 철탑공사	3년
		그 밖의 배전설비공사	2년
	그 밖의 전기설비공사		1년

[신·재생에너지설비의 하자이행보증기간(제19조 제5항 관련)]

원별	하자이행보증기간
태양광발전설비	3년
풍력발전설비	3년
소수력발전설비	3년
지열이용설비	3년
태양열이용설비	3년
기타 신·재생에너지설비	3년

※ 신·재생에너지 설비의 지원 등에 관한 규정 제35조의 사업으로 설치한 신·재생에너지설비의 하자이행보증기간은 5년으로 한다.

제35조(융·복합지원사업 등) 융·복합지원사업은 동일한 장소(건축물 등)에 2종 이상 신·재생에너지원의 설비(전력저장장치 포함)를 동시에 설치하거나 주택·공공·상업(산업)건물 등 지원대상이 혼재되어 있는 특정지역에 1종 이상 신·재생에너지원의 설비를 동시에 설치하려는 경우에 국가가 보조금을 지원해 주는 사업을 말한다.

2 작업 중 안전대책

1) 복장 및 추락 방지대책

(1) 작업자 복장

작업자는 자신의 안전 확보와 2차 재해 방지를 위해 작업에 적합한 복장을 갖추고 작업에 임해야 한다.

(2) 개인용 안전장구(추락방지용 안전장구)

① 안전모 착용
② 안전대 착용 : 추락방지를 위해 필히 사용
③ 안전화 착용 : 미끄럼 방지 효과가 있는 신발 착용
④ 안전허리띠 착용 : 공구, 공사 부재의 낙하 방지를 위해 사용

2) 작업 중 감전 방지대책

(1) 감전사고 원인

태양전지 모듈 1장의 출력전압은 모듈 종류에 따라 직류 25~35[V] 정도이지만, 모듈을 필요한 개수만큼 직렬로 접속하면 말단전압은 250~450[V] 또는 450~820[V]까지의 고전압이 되므로 감전사고의 원인이 된다.

(2) 모듈 설치 시 감전 방지대책

① 저압절연장갑을 착용한다.

② 절연처리된 공구를 사용한다.

③ 작업 전 태양전지 모듈 표면에 차광막을 씌워 태양광을 차폐한다.

④ 강우 시에는 미끄러짐으로 인한 추락사고로 이어질 우려가 있으므로 작업을 금지한다.

SECTION 003 태양광발전 구조상 안전 확인

1 구조 안전관리 및 천재지변에 따른 구조상 안전관리

1) 침수 대비
① 지표면으로부터 충분한 공간을 확보한 뒤 전력설비를 설치하고, 침수 피해를 막기 위해 사전에 배수시설을 확보한다.
② 별도의 전기실을 사용하지 않는 외장형 인버터의 경우에는 사전에 외함보호등급(IP 54 이상)을 반드시 확인한다.

2) 풍속 대비
① 국내 시설물의 내풍 설계기준 : 25~45[m/s]
② 최근 태풍의 강도가 커지고 있으므로 평균 풍속 50~60[m/s]까지 견딜 수 있도록 구조물 작업을 견고히 한다.

3) 방수 관리 및 염해 대비
① 환기를 위해 인버터에 덕트를 설치할 경우 덕트 내부로 들어온 습한 공기가 인버터 내부로 들어오지 않도록 덕트 내에 습기방지 필터를 설치한다.
② 매우 습한 지역에서 전기실 공사 시 방수포를 사용하여 발전소 내 습기를 최소화하고 산업용 제습제나 제습기를 상시 비치한다.
③ 바닷가 지역에서는 염해 방지를 위해 충분히 금속 코팅된 구조물을 사용하고 사전에 인버터공급사와 논의하여 높은 외함 등급의 인버터를 설치한다.

4) 낙뢰 대비
여름철 천둥과 낙뢰를 동반한 폭우에 대비하여 피뢰 접지와 과전압보호장치 등을 미리 설치하여 피해를 최소화한다.

5) 인버터 관리
① 기상상태가 발전소 운영이 어려울 정도로 안 좋을 경우에는 인버터 내부 조작전원을 포함한 모든 전원을 차단한 후 인버터 작동을 중지한다.
② 재가동 시에는 우선 캐비닛 문을 열고, 만약 수분 침투가 발견될 경우 이를 완벽히 제거하는 것이 중요하다. 수분 제거 후 보다 안정적인 운영을 위해서는 조작전원만을 투입하고 습도계 동작점을 80[%]에서 60[%]로 낮춘 후 인버터 동작스위치가 정지인 상태에서

최소 하루 이상을 대기상태로 둔다.
③ 실외에 설치하는 스트링인버터의 경우 커버가 제대로 닫혀 있는지를 수시로 확인한다. 만약 폭우로 인한 수분 침투가 우려되면 DC 연결을 해체한 후 인버터를 중지한다.

2 안전관리장비

1) 안전장비 종류

(1) 절연용 보호구

① 용도 : 7,000[V] 이하 전로의 활선작업 및 활선 근접작업 시 감전사고를 방지하기 위해 작업자 몸에 착용하는 것이다.
② 종류 : 안전모, 전기용 고무장갑, 전기용 고무절연장화 등

(2) 절연용 방호구

① 용도 : 25,000[V] 이하 전로의 활선작업 또는 활선 근접작업 시 감전사고 방지를 위해 전로의 충전부에 장착하는 것이다. 고압충전부로부터 머리 30[cm], 발밑 60[cm] 이내 접근 시 사용한다.
② 종류 : 고무판, 절연관, 절연시트, 절연커버, 애자커버 등

(3) 검출용구

정전작업 시 전로의 정전 여부를 확인하기 위한 것이다.
① 저압 및 고압용 검전기
  ㉠ 사용범위
   • 보수작업 시 저압 또는 고압 충전 유무 확인
   • 고저압회로의 기기 및 설비 등의 정전 확인
   • 지지물 부속부위의 고저압 충전 유무 확인
  ㉡ 사용 시 주의사항
   • 습기가 있는 장소 등은 고압고무장갑 착용
   • 검전기의 정격전압을 초과하여 사용하는 것 금지
   • 검전기의 사용이 부적당한 경우에는 조작봉으로 대응

② 특별고압검전기
  ㉠ 사용범위
   특별고압설비의 충전 유무를 확인한다.
  ㉡ 사용 시 주의사항
   • 습기가 있는 장소 등은 고압고무장갑 착용

- 검전기의 정격전압을 초과하여 사용하는 것 금지
- 검전기의 사용이 부적당한 경우에는 조작봉으로 대응

③ 활선접근경보기

작업자가 충전된 기기나 전선로에 근접한 경우 경고음을 발생하여 접근위험경고 및 감전재해를 방지하기 위해 사용한다.

㉠ 사용범위
- 정전작업장소에서 사선구간과 활선구간이 공존하는 장소
- 활선에 근접하여 작업하는 경우

㉡ 사용 시 주의사항
- 활선접근경보기를 검전기 대용으로 사용하지 말 것
- 시험용 버튼을 눌러 정상 여부 확인
- 불필요하게 안전모에 부착하지 말 것
- 변전소의 실내 또는 큐비클 내부에서는 사용하지 말 것(부동작 또는 오동작됨)
- 안테나가 안전모 정면이 되도록 착용할 것
- 팔에 착용할 때에는 안테나가 충전부의 정면이 되도록 착용할 것

(4) 접지용구

작업자의 감전사고를 방지하기 위한 것으로, 접지용구를 설치하거나 철거 시 접지도선이 자신이나 타인의 신체는 물론 전선, 기기 등에 접촉하지 않도록 주의한다.

(5) 측정계기

① 멀티미터

㉠ 측정대상 : 저항, 직류전류, 직류전압, 교류전압

② 클램프미터(후크온미터)

㉠ 측정대상 : 저항, 전압, 전류
㉡ 교류측정기기로 전력설비의 운용관리 및 점검에 가장 널리 사용

2) 안전장비 보관요령

(1) 보관요령

① 안전장비 중 검사장비, 측정장비는 전기·전자기기로 습기에 약하므로 건조한 장소에 보관한다.
② 안전모, 안전장갑, 방진마스크 등의 개인보호구는 언제든지 사용할 수 있도록 손질하여 보관한다.

(2) 정기점검관리 요령
   ① 한 달에 한 번 이상 책임있는 감독자가 점검을 할 것
   ② 청결하고 습기가 없는 장소에 보관할 것
   ③ 보호구 사용 후에는 손질하여 항상 깨끗이 보관할 것
   ④ 세척 후에는 완전히 건조시켜 보관할 것

3 전기안전관리법령

1) 전기안전관리법

제1조(목적) 이 법은 전기재해의 예방과 전기설비 안전관리에 필요한 사항을 규정함으로써 국민의 생명과 재산을 보호하고 공공의 안전을 확보함을 목적으로 한다.

제2조(정의) 이 법에서 사용하는 용어의 뜻은 다음과 같다.
   1. "전기안전관리"란 국민의 생명과 재산을 보호하기 위하여 전기설비의 공사·유지·관리 및 운용에 필요한 조치를 하는 것을 말한다.
   2. "전기재해"란 전기화재, 감전사고 등으로 인하여 사람의 생명과 재산의 피해가 발생하는 경우를 말한다.

제5조(전기안전관리 기본계획 수립 등) ① 산업통상자원부장관은 전기재해 예방 등 체계적인 전기안전관리를 위하여 5년마다 전기안전관리에 관한 기본계획(이하 "기본계획"이라 한다)을 수립·시행하여야 한다.

제8조(자가용전기설비의 공사계획의 인가 또는 신고) ① 자가용전기설비의 설치공사 또는 변경공사로서 산업통상자원부령으로 정하는 공사를 하려는 자는 그 공사계획에 대하여 산업통상자원부장관의 인가를 받아야 한다. 인가받은 사항을 변경하려는 경우에도 또한 같다.

제9조(사용 전 검사) 제8조에 따라 자가용전기설비의 설치공사 또는 변경공사를 한 자는 산업통상자원부령으로 정하는 바에 따라 산업통상자원부장관 또는 시·도지사가 실시하는 검사에 합격한 후에 이를 사용하여야 한다.

제10조(자가용전기설비의 임시사용) ① 산업통상자원부장관 또는 시·도지사는 제9조에 따른 검사에 불합격한 경우에도 안전상 지장이 없고 자가용전기설비의 임시사용이 필요하다고 인정되는 경우에는 1년의 범위에서 사용 기간 및 방법을 정하여 그 설비를 임시로 사용하게 할 수 있다. 이 경우 산업통상자원부장관 또는 시·도지사는 그 사용 기간 및 방법을 정하여 통지를 하여야 한다.

② 비상용 예비발전기가 완공되지 아니할 경우 등 제1항에 따른 전기설비 임시사용의 허용기준, 1년의 범위에서의 사용기간, 전기설비의 임시사용방법, 그 밖에 필요한 사항은 산업통상자원부령으로 정한다.

제11조(정기검사) ① 전기사업자 및 자가용전기설비의 소유자 또는 점유자는 산업통상자원부령으로 정하는 전기설비에 대하여 산업통상자원부령으로 정하는 바에 따라 산업통상자원부장관 또는 시·도지사로부터 정기적으로 검사를 받아야 한다.

② 「전기사업법」 제2조 제6호 및 제8호에 따른 송전사업자 및 배전사업자가 같은 법 제65조의2에 따라 자체 검사를 실시한 경우에는 제1항에 따른 검사를 받은 것으로 본다.

제12조(일반용전기설비의 점검) ① 산업통상자원부장관은 일반용전기설비가 「전기사업법」 제67조에 따른 기술기준(이하 "기술기준"이라 한다)에 적합한지 여부에 대하여 산업통상자원부령으로 정하는 바에 따라 그 전기설비의 사용 전과 사용 중에 정기적으로 안전공사로 하여금 점검하도록 하여야 한다. 다만, 주거용 시설물에 설치된 일반용전기설비를 정기적으로 점검(이하 "정기점검"이라 한다)하는 경우 그 소유자 또는 점유자로부터 점검의 승낙을 받을 수 없는 경우에는 그러하지 아니하다.

제22조(전기안전관리자의 선임 등) ① 전기사업자나 자가용전기설비의 소유자 또는 점유자는 전기설비(휴지 중인 전기설비는 제외한다)의 공사·유지 및 운용에 관한 전기안전관리업무를 수행하게 하기 위하여 산업통상자원부령으로 정하는 바에 따라 「국가기술자격법」에 따른 전기·기계·토목 분야의 기술자격을 취득한 사람 중에서 각 분야별로 전기안전관리자를 선임하여야 한다.

② 제1항에도 불구하고 자가용전기설비의 소유자 또는 점유자는 전기안전관리에 관한 업무를 다음 각 호의 자에게 위탁할 수 있다. 이 경우 안전관리업무를 위탁받은 자는 제1항에 따른 분야별 전기안전관리자를 선임하여야 한다.

1. 전기안전관리업무를 전문으로 하는 자로서 자본금, 기술인력, 장비 등 대통령령으로 정하는 요건을 갖춘 자
2. 시설물관리를 전문으로 하는 자로서 자본금, 기술인력, 장비 등 대통령령으로 정하는 요건을 갖춘 자

2) 전기안전관리법 시행령

제1조(목적) 이 영은 「전기안전관리법」에서 위임된 사항과 그 시행에 필요한 사항을 규정함을 목적으로 한다.

제5조(공사계획의 인가) 산업통상자원부장관은 법 제8조 제1항에 따라 전기설비의 설치공사 또는 변경공사에 관한 계획을 인가할 때에는 해당 계획이 「전기사업법」 제67조에 따른 기술기준에 적합한 경우에만 인가해야 한다.

3) 전기안전관리법 시행규칙

제1조(목적) 이 규칙은 「전기안전관리법」 및 같은 법 시행령에서 위임된 사항과 그 시행에 필요한 사항을 규정함을 목적으로 한다.

제2조(정의) 이 규칙에서 사용하는 용어의 뜻은 다음과 같다.
1. "전기수용설비"란 수전설비와 구내배전설비를 말한다.
2. "수전설비"란 타인의 전기설비 또는 구내발전설비로부터 전기를 공급받아 구내배전설비로 전기를 공급하기 위한 전기설비로서 수전지점으로부터 배전반(구내배전설비로 전기를 배전하는 전기설비를 말한다)까지의 설비를 말한다.
3. "구내배전설비"란 수전설비의 배전반에서부터 전기사용기기에 이르는 전선로·개폐기·차단기·분전함·콘센트·제어반·스위치 및 그 밖의 부속설비를 말한다.
4. "저압"이란 「전기사업법 시행규칙」 제2조 제8호에 따른 저압을 말한다.
5. "고압"이란 「전기사업법 시행규칙」 제2조 제9호에 따른 고압을 말한다.
6. "특고압"이란 「전기사업법 시행규칙」 제2조 제10호에 따른 특고압을 말한다.
7. "피뢰설비"란 벼락의 영향으로부터 특정 공간·시설 또는 전기설비를 보호하기 위한 설비를 말한다.

제3조(인가 및 신고를 해야 하는 공사계획) ① 「전기안전관리법」(이하 "법"이라 한다) 제8조 제1항 전단 및 같은 조 제2항 전단에 따른 자가용전기설비의 설치공사계획 또는 변경공사계획에 대한 인가 및 신고의 대상은 별표 1과 같다.

② 법 제8조 제3항에서 "산업통상자원부령으로 정하는 저압(低壓)에 해당하는 자가용전기설비"란 저압에 해당하는 자가용전기설비(전기저장장치와 무정전전원장치는 제외한다)를 말한다.

제4조(공사계획 인가 등의 신청) ① 법 제8조 제1항에 따른 공사계획의 인가 또는 변경인가를 신청하려는 자는 별지 제1호 서식의 공사계획 인가(변경인가) 신청서에 별표 2에 따른 공사계획의 인가(변경인가)신청 방법에 따라 작성한 서류를 첨부하여 산업통상자원부장관에게 제출해야 한다.

② 법 제8조 제2항에 따른 공사계획의 신고 또는 변경신고를 하려는 자는 별지 제2호 서식의 공사계획 신고서(변경신고서)에 별표 2에 따른 공사계획의 신고(변경신고)방법에 따라 작성한 서류를 첨부하여 법 제30조에 따른 한국전기안전공사(이하 "안전공사"라 한다)에 제출해야 한다.

제6조(사용 전 검사의 대상·기준 및 절차 등) ① 법 제9조에 따른 사용 전 검사(이하 "사용 전 검사"라 한다)를 받아야 하는 전기설비는 법 제8조에 따라 공사계획의 인가를 받거나 신고를 하고 설치 또는 변경공사를 하는 전기설비로 한다. 다만, 다음 각 호의 어느 하나에 해당하는 경우에는 사용 전 검사를 받지 않을 수 있다.
1. 전기설비를 시험하기 위하여 일시 사용하는 경우
2. 전기설비의 일부가 완성된 경우에 다른 전기설비를 시험하기 위하여 그 완성된 부분을 일시 사용할 필요가 있는 경우
3. 전기설비의 공사내용과 설치장소의 상황을 고려할 때 산업통상자원부장관이 안

전상 지장이 없다고 인정하여 고시하는 경우

② 제1항에 따른 전기설비 중 용접부에 대한 사용 전 검사는 발전소의 보일러·터빈·압력용기·액화가스저장조·액화가스용기화기·가스홀더·풍력발전소의 타워 및 냉동설비와 바깥지름이 150밀리미터 이상의 관으로서 다음 각 호의 어느 하나에 해당하는 압력 이상으로 설계된 부분에 대하여 한다. 다만, 지름 61밀리미터 이하의 밸브·노즐 및 보강재로서 이를 연속되지 않게 붙이기 위하여 용접을 하는 경우에는 사용 전 검사 대상에서 제외한다.

1. 물을 사용하는 용기 또는 관으로서 최고사용온도가 섭씨 100도 미만의 것인 경우에는 최고사용압력이 제곱센티미터당 20킬로그램
2. 액화가스용 용기 또는 관인 경우에는 최고사용압력이 제곱센티미터당 0킬로그램
3. 제1호 및 제2호에 따른 용기 외의 용기인 경우에는 최고사용압력이 제곱센티미터당 1킬로그램
4. 제1호 및 제2호에 따른 관 외의 관인 경우에는 최고사용압력이 제곱센티미터당 10킬로그램(길이방향이음의 경우에는 제곱센티미터당 5킬로그램)

③ 사용 전 검사의 기준은 다음 각 호와 같다.

1. 전기설비의 설치 및 변경공사 내용이 법 제8조 제1항 또는 제2항에 따라 인가 또는 신고를 한 공사계획에 적합할 것
2. 「전기사업법」 제67조에 따른 기술기준(이하 "기술기준"이라 한다)에 적합할 것
3. 법 제18조에 따라 산업통상자원부장관이 고시하는 검사·점검의 방법·절차 등에 적합할 것

④ 사용 전 검사의 시기는 별표 3과 같다.

⑤ 사용 전 검사를 받으려는 자는 별지 제4호 서식의 사용 전 검사 신청서에 다음 각 호의 서류를 첨부하여 검사를 받으려는 날의 7일 전까지 안전공사에 제출해야 한다. 다만, 제5호의 서류는 사용 전 검사를 받는 날까지 제출할 수 있다.

1. 공사계획인가서 또는 신고수리서 사본(저압 자가용전기설비의 경우는 제외한다)
2. 「전력기술관리법」 제2조 제3호에 따른 설계도서 및 같은 법 제12조의2 제4항에 따른 감리배치확인서(저압 자가용전기설비의 설치공사인 경우만을 말하며, 저압 자가용전기설비의 증설공사 및 변경공사의 경우는 제외한다)
3. 자체감리를 확인할 수 있는 서류(전기안전관리자가 자체감리를 하는 경우만 해당한다)
4. 전기안전관리자 선임신고증명서 사본
5. 그 밖에 사용 전 검사를 실시하는 데 필요한 서류로서 산업통상자원부장관이 정하여 고시하는 서류

제8조(정기검사의 대상·기준 및 절차 등) ① 법 제11조 제1항에 따른 정기검사(이하 "정기

검사"라 한다)의 대상이 되는 전기설비와 그 검사의 시기는 별표 4와 같다. 다만, 다음 각 호의 어느 하나에 해당하는 경우에는 산업통상자원부장관 또는 시·도지사가 정기검사의 시기를 따로 정할 수 있다.

    1. 상용 전기설비로서 전력공급의 부족, 재해 또는 긴급사태로 정기검사를 실시하기 곤란하다고 인정하는 경우
    2. 그 밖의 전기재해 예방을 위하여 전기재해가 발생하거나 발생할 우려가 현저하여 긴급히 정기검사가 필요하다고 인정하는 경우

② 전기사업자 또는 자가용전기설비의 소유자 또는 점유자는 필요하다고 인정하는 경우에는 제1항에 따른 검사시기 전에 정기검사를 받을 수 있다. 이 경우 검사를 받은 전기설비의 다음 검사시기는 해당 검사일을 기준으로 별표 4에 따른다.

③ 정기검사의 기준은 다음 각 호와 같다.

    1. 기술기준에 적합할 것
    2. 법 제18조에 따라 산업통상자원부장관이 고시하는 검사·점검의 방법·절차 등에 적합할 것

④ 전기사업자 또는 자가용전기설비의 소유자 또는 점유자는 정기검사에 불합격한 경우 적합하지 않은 부분에 대해 검사완료일부터 3개월 이내에 재검사를 받아야 한다.

⑤ 정기검사를 받으려는 자는 별지 제6호 서식의 정기검사 신청서에 다음 각 호의 서류를 첨부하여 검사를 받으려는 날의 7일 전까지 안전공사에 제출해야 한다. 다만, 제2호의 서류는 정기검사를 받는 날까지 제출할 수 있다.

    1. 전기안전관리자 선임신고증명서 사본
    2. 그 밖에 정기검사를 실시하는 데 필요한 서류로서 산업통상자원부장관이 정하여 고시하는 서류

제9조(검사 결과의 통지 등) ① 안전공사는 사용 전 검사 또는 정기검사를 한 경우 검사완료일부터 5일 이내에 별지 제5호 서식의 검사확인증을 검사신청인에게 내주어야 한다. 다만, 검사 결과 불합격인 경우에는 그 내용·사유 및 재검사 기한을 통지해야 한다.

② 안전공사는 제6조 제4항 또는 제8조 제1항에 따른 검사시기나 제8조 제4항에 따른 재검사 기간을 지나 검사를 받지 않고 전기설비를 사용하는 자를 산업통상자원부장관 또는 시·도지사에게 보고해야 한다.

③ 안전공사는 제8조 제4항에 따른 재검사 결과가 기술기준에 부적합한 경우에는 그 내용을 산업통상자원부장관 또는 시·도지사에게 보고해야 한다.

제10조(전기설비 검사자의 자격) 사용 전 검사 및 정기검사는 「국가기술자격법」에 따른 전기·안전관리(전기안전)·토목·기계 분야의 기술자격을 가진 사람 중 다음 각 호의 어느 하나에 해당하는 사람이 수행해야 한다. 다만, 기능장, 기사 또는 산업기사 자격을 취득하였으나 제2호 및 제3호에 따른 실무경력 기간에 미달한 사람은 제1호부터 제3호까

지의 전기설비 검사자가 수행하는 검사의 보조업무만을 수행해야 한다.
1. 해당 분야의 기술사 자격을 취득한 사람
2. 해당 분야의 기능장 또는 기사 자격을 취득한 사람으로서 그 자격을 취득한 후 해당 분야에서 4년 이상 실무경력이 있는 사람
3. 해당 분야의 산업기사 자격을 취득한 사람으로서 그 자격을 취득한 후 해당 분야에서 6년 이상 실무경력이 있는 사람

제11조(일반용전기설비의 사용전점검 시기 및 절차 등) ① 법 제12조 제1항에 따른 일반용전기설비의 사용전점검(이하 "사용전점검"이라 한다)은 전기설비의 설치공사 또는 변경공사가 완료된 후 전기를 공급받기 전에 받아야 한다.

② 사용전점검을 받으려는 자는 전기사용계약별로 별지 제7호 서식의 사용전점검 신청서에 다음 각 호의 서류를 첨부하여 점검을 받으려는 날의 3일 전까지 안전공사에 제출해야 한다.

1. 전기설비 단선결선도[전기적 연결을 간략하게 한 줄의 선으로 나타낸 그림을 말하며, 「신에너지 및 재생에너지 개발·이용·보급 촉진법」 제2조 제2호 가목에 따른 태양에너지를 이용하는 발전설비(이하 "태양광발전설비"라 한다)의 경우 「전력기술관리법」 제2조 제3호에 따른 설계도서를 포함한다. 이하 같다]
2. 전기사용신청서 사본 또는 전기사용계약을 증명할 수 있는 서류

③ 안전공사는 사용전점검 결과가 적합한 경우에는 지체 없이 별지 제8호 서식의 사용전점검 확인증을 점검신청인에게 내주어야 한다.

제20조(공동주택 등의 안전점검에 대한 시기 및 절차 등) ① 안전공사는 법 제14조 제1항 각 호의 시설에 설치된 자가용전기설비에 대한 안전점검을 다음 각 호의 구분에 따른 날이 속하는 달의 전후 2개월 이내에 실시해야 한다.

1. 법 제14조 제1항 제1호에 따른 공동주택(용량 1천킬로와트 미만의 전기수용설비가 설치된 공동주택으로 한정한다)의 세대 : 사용 전 검사를 한 후 25년이 되는 날부터 3년 이내에 안전점검을 실시한 후, 그 안전점검을 한 날부터 매 3년이 되는 날
2. 법 제14조 제1항 제2호에 따른 전통시장 점포 : 「전통시장 및 상점가 육성을 위한 특별법 시행령」 제2조 제4항에 따라 인정서가 발급된 날부터 1년 이내에 안전점검을 실시한 후, 그 안전점검을 한 날부터 매 1년이 되는 날

② 제1항에 따른 안전점검에 관하여는 제12조 제2항·제3항, 제13조, 제13조의2, 제14조, 제15조 및 제17조를 준용한다.

제25조(전기안전관리자의 선임 등) ① 법 제22조 제1항에 따라 전기안전관리자를 선임해야 하는 전기설비는 다음 각 호의 전기설비 외의 전기설비를 말한다.

1. 저압에 해당하는 전기수용설비(「전기사업법 시행규칙」 제3조 제2항 각 호에 따른 전기설비는 제외한다)로서 제조업 및 「기업활동 규제완화에 관한 특별조치법 시

행령」 제2조에 따른 제조업 관련 서비스업에 설치하는 전기수용설비
2. 심야전력을 이용하는 전기설비로서 저압에 해당하는 전기수용설비
3. 휴지(休止) 중인 다음 각 목의 전기설비
    가. 전기설비의 소유자 또는 점유자가 전기사업자에게 전기설비의 휴지를 통지한 전기설비
    나. 심야전력 전기설비(전기공급계약에 따라 사용을 중지한 경우만 해당한다)
    다. 농사용 전기설비(전기를 공급받는 지점에서부터 사용설비까지의 모든 전기설비를 사용하지 않는 경우만 해당한다)
4. 설비용량 20킬로와트 이하의 발전설비

② 법 제22조에 따라 전기안전관리자를 선임해야 하는 자는 전기설비의 사용 전 검사 신청 전 또는 사업개시 전에 별표 8에 따라 전기설비 또는 사업장마다 전기안전관리자와 안전관리보조원으로 구분하여 전기안전관리자를 선임해야 한다.

③ 법 제22조 제1항·제2항 및 제4항에 따라 선임되는 전기안전관리자는 그 전기설비의 소유자·점유자 또는 그 전기설비의 소유자·점유자로부터 전기안전관리업무를 위탁받은 자(「농어촌 전기공급사업 촉진법」 제2조 제2호에 따른 전기사업자로부터 전기안전관리업무를 위탁받은 자를 포함한다)의 소속 기술인력으로서 전기설비의 설치장소의 사업장에 상시 근무를 해야 하고, 다른 사업장의 전기설비의 전기안전관리자로 선임될 수 없다. 다만, 법 제22조 제1항 또는 제4항에 따라 선임되는 전기안전관리자는 다음 각 호의 어느 하나에 해당하는 전기설비에 한정하여 전기안전관리업무를 1명이 할 수 있다.

1. 1천미터 이내에 있는 2개소의 유수지 배수펌프용 전기설비
2. 농사용으로 동일 수계에 설치된 4개소 이하의 양수 및 배수펌프용 전기설비
3. 동일 노선의 고속국도 또는 국도에 설치된 2개소[산업통상자원부장관이 정하여 고시하는 기준을 충족하는 원격감시 및 제어기능(이하 "원격감시·제어기능"이라 한다)이 포함된 교통관제시설을 갖춘 고속국도는 4개소]의 터널용 전기설비
4. 다음 각 목의 요건을 모두 갖춘 전기설비
    가. 동일 산업단지(「산업입지 및 개발에 관한 법률」 제2조 제8호에 따른 산업단지를 말하며, 이하 이 조에서 "산업단지"라 한다) 내에 2개 이상의 사업장을 운영 중인 동일 사업자의 설비일 것
    나. 설비용량(동일 산업단지 내 사업장에 설치된 전기설비의 설비용량만을 말한다)의 합계가 2천 500킬로와트 미만일 것
5. 「전기사업법」 제2조 제12호의5에 따른 전기자동차충전사업자(자가용전기설비의 소유자 또는 점유자에 해당하는 경우를 말한다)의 경우 동일 사업자의 60개소(원격감시·제어기능을 갖춘 경우에는 120개소를 말한다) 이하의 전기자동차 충전소 전기설비

6. 「농어촌 전기공급사업 촉진법」 제2조 제2호에 따른 전기사업자(자가발전시설에 의하여 전기를 공급하는 지역은 시장·군수를 말한다)가 관리하는 동일 도서 지역의 4개소 이하의 전기설비

제26조(전기안전관리업무의 대행규모) 법 제22조 제3항에 따라 안전공사, 같은 항 제2호에 따른 전기안전관리대행사업자(이하 "대행사업자"라 한다) 및 같은 항 제3호에 따른 자(이하 "개인대행자"라 한다)가 전기안전관리업무를 대행할 수 있는 전기설비의 규모는 다음 각 호의 구분에 따른다.

1. 안전공사 및 대행사업자 : 다음 각 목의 어느 하나에 해당하는 전기설비(둘 이상의 전기설비 용량의 합계가 4천 500킬로와트 미만 경우로 한정한다)
    가. 전기수용설비 : 용량 1천킬로와트 미만인 것
    나. 「신에너지 및 재생에너지 개발·이용·보급 촉진법」 제2조 제1호 및 제2호에 따른 신에너지와 재생에너지를 이용하여 전기를 생산하는 발전설비(이하 이 조에서 "신재생에너지 발전설비"라 한다) 중 태양광발전설비 : 용량 1천킬로와트(원격감시·제어기능을 갖춘 경우 용량 3천킬로와트) 미만인 것
    다. 전기사업용 신재생에너지 발전설비 중 연료전지발전설비(원격감시·제어기능을 갖춘 것으로 한정한다) : 용량 500킬로와트 미만인 것
    라. 그 밖의 발전설비(전기사업용 신재생에너지 발전설비의 경우 원격감시·제어기능을 갖춘 것으로 한정한다) : 용량 300킬로와트(비상용 예비발전설비의 경우에는 용량 500킬로와트) 미만인 것

2. 개인대행자 : 다음 각 목의 어느 하나에 해당하는 전기설비(둘 이상의 용량의 합계가 1천 550킬로와트 미만인 전기설비로 한정한다)
    가. 전기수용설비 : 용량 500킬로와트 미만인 것
    나. 신재생에너지 발전설비 중 태양광발전설비 : 용량 250킬로와트(원격감시·제어기능을 갖춘 경우 용량 750킬로와트) 미만인 것
    다. 전기사업용 신재생에너지 발전설비 중 연료전지발전설비(원격감시·제어기능을 갖춘 것으로 한정한다) : 용량 250킬로와트 미만인 것
    라. 그 밖의 발전설비(전기사업용 신재생에너지 발전설비의 경우 원격감시·제어기능을 갖춘 것으로 한정한다) : 용량 150킬로와트(비상용 예비발전설비의 경우에는 용량 300킬로와트) 미만인 것

SECTION 04 출제예상문제

01 태양광발전시스템의 시공에 있어서 안전보호와 재해방지를 위해 작업자가 착용해야 할 보호구 4가지를 쓰시오.

> **해답**
> ① 안전모
> ② 안전화
> ③ 전기용 고무장갑
> ④ 안전대(안전벨트)

02 태양광발전시스템 안전관리에서 작업자의 안전확보와 2차 재해방지를 위해 착용해야 할 안전장구를 3가지만 쓰시오.

> **해답**
> ① 안전모
> ② 안전화
> ③ 안전대
>
> **해설** 작업자의 안전확보와 2차 재해방지를 위해 착용해야 할 안전장구
> - 안전모 : 머리 감전방지 및 낙하물에 대한 머리 보호
> - 안전화 : 미끄럼 방지 및 발가락 보호
> - 안전대 : 추락방지
> - 안전허리띠의 착용 목적 : 공구, 공사부재의 낙하방지

03 태양광발전시스템의 시공 시 작업자의 안전보호와 2차 재해방지를 위하여 작업자가 착용하여야 하는 보호구의 명칭과 착용목적을 3가지만 쓰시오.

> **해답**
>
> | 보호구 명칭 | 착용목적 |
> | --- | --- |
> | 안전모 | 머리 감전방지 및 낙하물 등에 대한 머리 보호 |
> | 안전대 | 추락방지 |
> | 안전화 | 미끄럼 방지 및 발가락 보호 |

04 태양광발전시스템의 시공 시 감전방지책 4가지를 쓰시오.

해답
① 작업 전 태양전지 모듈 표면에 차광막을 씌워 태양광을 차폐한다.
② 저압 절연장갑을 착용하고 작업한다.
③ 절연 처리된 공구를 사용하여 작업한다.
④ 강우 시에는 작업을 금지한다.

해설 감전사고 원인(어레이 점검 시 감전대책)
태양전지 모듈 1장의 출력전압은 모듈 종류에 따라 직류 25~35[V] 정도이지만 모듈을 필요한 개수만큼 직·병렬로 접속하면 말단의 전압은 250~450[V]까지의 높은 전압이 된다.

05 인체감전으로부터 보호 및 화재방지 목적으로 저압전로에 설치하는 차단기의 명칭을 쓰시오.

해답
누전차단기

해설 인체보호용 : 정격감도전류 30[mA], 정격차단시간 0.03초 이내

06 다음 그림과 같이 전선에 흐르는 전류를 측정하는 측정기의 명칭을 쓰시오.

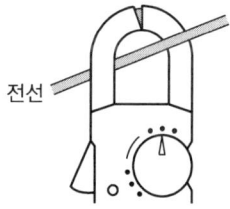

해답
클램프미터(후크온미터)

07 언제든지 사용할 수 있는 상태로 손질해 놓아야 하는 개인 보호구 3가지를 쓰시오.

해답
① 안전모
② 안전장갑
③ 안전화

해설 상시 사용할 수 있도록 손질해 놓아야 하는 개인 보호구
- 안전모
- 안전장갑
- 안전화
- 방진 마스크 등

08 안전장비 정기점검 관리 및 보관 요령에 대해서 쓰시오.

해답
① 한 달에 한 번 이상 책임 있는 감독자가 점검을 할 것
② 청결하고 습기가 없는 장소에 보관할 것
③ 보호구 사용 후에는 손질하여 항상 깨끗이 보관할 것
④ 세척한 후에는 완전히 건조시켜 보관할 것

09 다음은 전압의 분류 중 저압의 범위를 나타낸 것이다. ( ) 안에 알맞은 내용을 쓰시오.

전압의 분류에서 저압은 직류 (①) 이하, 교류 (②) 이하를 나타낸다.

해답
① 1,500[V]
② 1,000[V]

해설

분류	전압의 범위
저압	• 직류 : 1.5[kV] 이하 • 교류 : 1[kV] 이하
고압	• 직류 : 1.5[kV] 초과, 7[kV] 이하 • 교류 : 1[kV] 초과, 7[kV] 이하
특고압	7[kV]를 초과

10 태양광발전시스템의 인버터 이상 시 자동으로 정지하고 이상신호를 나타낸다. 이때 인버터에서 태양전지 저전압이 모니터링되었을 경우의 적합한 조치사항을 쓰시오.

> **해답**
> ① 저전압 경보 시 계통전압 확인 후 재투입한다.
> ② 이상 상태가 지속될 경우 인버터를 정지시키고 제조사나 인버터 관리업체에 연락 및 수리요청을 한다.

부록

필답형 예상문제

필답형 예상문제 1회

01 다음 표는 태양전지판에서 인버터 입력단 간 및 출력단과 계통연계점 간의 전압강하에 대한 내용이다. ①~③에 알맞은 내용을 쓰시오.

전선길이	전압강하
120[m] 이하	①
200[m] 이하	②
200[m] 초과	③

해답
① 5[%]
② 6[%]
③ 7[%]

02 태양광발전시스템 최적 후보지의 선정기준 중 지정학적 고려사항을 2가지만 쓰시오.

해답
① 일조량
② 일조시간

해설 태양광발전시스템 부지 선정 시 일반적 고려사항
- 지정학적 조건 : 일조량, 일조시간 등
- 설치·운영상의 조건 : 부지의 접근성, 주변환경, 자연환경 요소 등(지리적 조건)
- 행정상의 조건 : 발전사업허가, 개발행위허가 등 인허가 관련 규제
- 전력계통과의 연계조건 : 전력계통 연계점(인입선로) 위치, 계통병입 가능 용량
- 경제성 : 부지매입비 및 공사비, RPS 공급인증서 가중치 적용 여부
- 기타 : 주민 협의 및 민원 발생 가능성 여부

03 태양광발전시스템의 전기실은 매우 중요한 건축적 요소이다. 이 전기실의 역할을 담당하는 통풍상태 점검사항을 3가지만 쓰시오.

> **해답**
> ① 전기실의 온도가 설정온도를 유지하는지 확인한다.
> ② 급기 팬과 배기 팬은 정상적으로 동작하는지 확인한다.
> ③ 부식성 가스나 폭발성 가스의 유입은 없는지 확인한다.

04 태양광발전시스템의 모든 구조물과 연결 철물은 염해로부터 부식이 되지 않도록 어떤 도금 처리를 하여야 하는지 쓰시오.

> **해답**
> 용융아연도금

05 태양전지 어레이의 스트링별로 설치되는 것으로서 태양전지 모듈에 다른 태양전지 회로와 축전지의 전류가 유입되는 것을 방지하기 위해 설치하는 소자를 무엇이라 하는지 쓰시오.

> **해답**
> 역류방지소자(역류방지 다이오드)

06 태양광발전시스템의 설치 시 강우에 의해 모듈 표면으로 흙탕물이 튀는 것을 방지하기 위해 몇 [m] 이상으로 설치하여야 하는지 쓰시오.

> **해답**
> 0.6[m]

07 태양광발전시스템 안전관리에서 복장 및 추락방지를 위해서 취해야 할 조치사항 4가지를 쓰시오.

해답
① 안전모 착용　　　　　　　② 안전대 착용
③ 안전화　　　　　　　　　④ 안전허리띠

해설
- 안전모 : 머리 감전방지 및 낙하물에 의한 머리 보호
- 안전대 : 추락방지
- 안전화 : 미끄럼 방지 효과가 있는 신발
- 안전허리띠 : 공구, 공사 부재의 낙하 방지

08 20[A]의 전류를 흘렸을 때의 전력이 60[W]인 저항이 있다. 이 저항에 30[A]를 흘렸을 때의 전력[W]을 구하시오.

해답
- 계산과정 : 전력 $P = I^2 \times R$

  부하의 저항 $R = \dfrac{P}{I^2}$

  $R = \dfrac{60}{20^2} = 0.15[\Omega]$

  $P_{30} = 30^2 \times 0.15 = 135[W]$

- 답 : 135[W]

09 다음 설명의 (　) 안에 알맞은 내용을 쓰시오.

- 태양광 모듈 설치용량은 사업계획상의 제시된 설계용량 이상이어야 하며, 설계용량 (①)%를 초과하지 않아야 한다.
- 인버터의 용량은 설계용량 이상이어야 하고, 인버터에 연결된 모듈의 설치용량은 인버터 용량의 (②)% 이내이어야 한다.

해답
① 110
② 105

10 소수력 발전방식 3가지를 쓰시오.

> **해답**
> ① 수로식
> ② 댐식
> ③ 터널식
>
> **해설** 발전방식에 따른 분류
> • 수로식(자연유하식) : 하천의 경사와 굴곡에 의한 수로에서 낙차를 얻는 방식으로 중류 · 상류에 유리하다.
> • 댐식 : 하천경사가 작고 유량이 풍부한 하류에 유리하다.
> • 터널식(댐수로식) : 댐식과 수로식 발전방식을 혼합한 방식이다.

11 독립형 태양광발전시스템 설계에 필요한 축전지의 수명에 영향을 주는 요소 3가지를 쓰시오.

> **해답**
> ① 방전심도
> ② 방전횟수
> ③ 온도

12 공사의 품질 확보를 위해 시공사가 설치공사 착공과 동시에 제출하여야 할 필수 보유장비 5가지를 쓰시오.

> **해답**
> ① 접지저항계   ② 절연저항계
> ③ 전류계   ④ 전압 테스터기
> ⑤ 검전기
>
> **해설** 필수 보유장비
> • 접지저항 측정기   • 절연저항 측정기
> • 전류계   • 전압 Tester
> • 검전기   • 상 Tester
> • 각도계   • 수평 및 수직 일사량 측정기
> • 오실로스코프

13 태양전지 인버터 회로의 절연내압 측정기준을 1가지만 설명하시오.

> **해답**
> 절연저항은 1[MΩ] 이상일 것
>
> > **해설** 절연저항시험 시 시험품의 정격전압이 300[V] 미만에서는 500[V] 이상, 600[V] 이하에서는 1,000[V]의 절연저항계를 사용해 측정한다.
> > - 판정기준 : 절연저항은 1[MΩ] 이상일 것

14 전기사용 장소의 사용전압이 저압인 전로의 전선 상호 간 및 전로와 대지 사이의 절연저항은 개폐기 또는 과전류 차단기로 구분할 수 있는 전로마다 다음 표에서 정한 값 이상이어야 한다. ①~③에 알맞은 절연저항[MΩ]을 쓰시오.

전로의 사용전압[V]	DC 시험전압[V]	절연저항[MΩ]
SELV 및 PELV	250	①
FELV, 500[V] 이하	500	②
500[V] 초과	1,000	③

> **해답**
> ① 0.5   ② 1   ③ 1
>
> > **해설** 저압전로의 절연성능
> >
> > 전기사용 장소의 사용전압이 저압인 전로의 전선 상호 간 및 전로와 대지 사이의 절연저항은 개폐기 또는 과전류 차단기로 구분할 수 있는 전로마다 다음 표에서 정한 값 이상이어야 한다. 다만, 전선 상호 간의 절연저항은 기계기구를 쉽게 분리하기가 곤란한 분기회로의 경우 기기 접속 전에 측정할 수 있다.
> >
> > 또한, 측정 시 영향을 주거나 손상을 받을 수 있는 SPD 또는 기타 기기 등은 측정 전에 분리시켜야 하고, 부득이하게 분리가 어려운 경우에는 시험전압을 250[V] DC로 낮추어 측정할 수 있지만 절연저항값은 1[MΩ] 이상이어야 한다.
> >
> > | 전로의 사용전압[V] | DC 시험전압[V] | 절연저항[MΩ] |
> > |---|---|---|
> > | SELV 및 PELV | 250 | 0.5 |
> > | FELV, 500[V] 이하 | 500 | 1.0 |
> > | 500[V] 초과 | 1,000 | 1.0 |
> >
> > ※ 특별저압(Extra Low Voltage : 2차 전압이 AC 50[V], DC 120[V] 이하)으로 SELV(비접지회로 구성) 및 PELV(접지회로 구성)는 1차와 2차가 전기적으로 절연된 회로, FELV는 1차와 2차가 전기적으로 절연되지 않은 회로
> > - FELV(Functional Extra Low Voltage)
> > - SELV(Safety Extra Low Voltage)
> > - PELV(Protective Extra Low Voltage)

15 해양에너지를 이용한 발전 종류 4가지를 쓰시오.

해답
① 조력발전 ② 조류발전
③ 파력발전 ④ 온도차 발전

해설 해양에너지를 이용한 발전
- 조력발전 : 조석간만의 차를 동력원으로 하고 해수면의 상승하강운동을 이용하여 전기를 생산하는 기술
- 파력발전 : 연안 또는 심해의 파랑에너지를 이용하여 전기를 생산하는 기술
- 조류발전 : 해수의 유동에 의한 운동에너지를 이용하여 전기를 생산하는 발전기술
- 온도차 발전 : 해양 표면층의 온수(25~30℃)와 심해 500~1,000[m] 정도의 냉수(5~7℃)와의 온도차를 이용하여 열에너지를 기계적 에너지로 변환시켜 발전하는 기술

16 태양광발전시스템의 점검 시 감전방지대책 4가지를 쓰시오.

해답
① 작업 전 태양전지 모듈 표면에 차광막을 씌워 태양광을 차폐한다.
② 저압 절연장갑을 착용한다.
③ 절연 처리된 공구를 사용한다.
④ 강우 시에는 감전사고 및 추락사고의 위험이 있으므로 작업을 금지한다.

17 다음은 태양전지 모듈의 바이패스 다이오드를 연결한 개략도이다. 점선 부분에 바이패스 다이오드의 기호를 완성하시오.

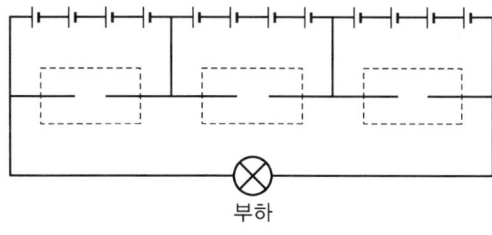

해답

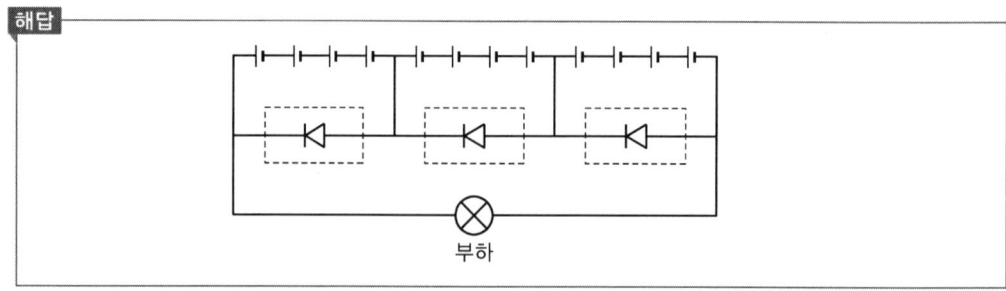

18 전기설비기술기준에서 전압의 범위 중 저압과 고압의 범위에 대해 쓰시오.

해답
1) 저압 : ① 직류 1,500[V] 이하
       ② 교류 1,000[V] 이하
2) 고압 : ① 직류 1,500[V] 초과 7,000[V] 이하
       ② 교류 1,000[V] 초과 7,000[V] 이하

해설

분류	전압의 범위
저압	• 직류 : 1.5[kV] 이하 • 교류 : 1[kV] 이하
고압	• 직류 : 1.5[kV] 초과, 7[kV] 이하 • 교류 : 1[kV] 초과, 7[kV] 이하
특고압	7[kV] 초과

19 태양광발전시스템 설치 시 토목기초의 구비조건 4가지를 쓰시오.

해답
① 구조적 안정성 확보
② 허용침하량 이내
③ 최소 깊이 유지
④ 시공 가능성

해설
• 구조적 안정성 확보 : 설계하중에 대한 안정성 확보
• 허용침하량 이내 : 구조물의 허용침하량 이내의 침하
• 최소 깊이 유지 : 환경변화, 국부지반 쇄굴 등에 저항
• 시공 가능성 : 현장 여건 고려

20 태양광발전 시방서의 시운전 방법 2가지를 쓰시오.

해답
① 단독 시운전
② 종합 시운전

해설 시운전은 단독 시운전(단위기기별, 계통별 예비점검 및 시험운전)과 종합 시운전(최초 병입, 상업운전)으로 구분한다.

SECTION 002 필답형 예상문제 2회

01 다음은 태양광발전시스템의 송변전설비 유지관리 점검에 대한 설명이다. 각 항목에 맞는 점검방식을 쓰시오.

1) 유지보수 요원의 감각에 의거하여 점검한다.
2) 원칙적으로 정전을 시키고, 무전압 상태에서 기기의 이상 상태를 점검하고 필요에 따라 기기를 분해하여 점검한다.

> **해답**
> 1) 일상점검(일상순시점검)
> 2) 정기점검
>
> **해설** 송변전설비의 유지관리점검
> - 일상순시점검 : 매일의 일상순시점검은 문을 열어 점검하거나 커버를 해체한 후 점검하는 것이 아니고 이상한 소리, 냄새, 손상 등을 배전반 외부에서 점검항목의 대상항목에 따라 점검한다.
> - 정기점검 : 원칙적으로 정전을 시키고 무전압 상태에서 기기의 이상 상태를 점검하고 필요에 따라 기기를 분해하여 점검한다.
> - 일시점검 : 상세하게 점검해야 하는 상황이 발생되는 경우에 점검한다.

02 태양광발전시스템의 시공 시 감전방지대책 4가지를 쓰시오.

> **해답**
> ① 태양전지 모듈 표면에 차광막을 씌워 태양광을 차폐한다.
> ② 저압 절연장갑을 착용하고 작업한다.
> ③ 절연 처리된 공구를 사용하여 작업한다.
> ④ 강우 시에는 작업을 금지한다.
>
> **해설** 감전사고의 원인
> 태양전지 모듈 1장의 출력전압은 모듈 종류에 따라 직류 25~35[V] 정도이지만 모듈을 필요한 개수만큼 직·병렬로 접속하면 말단의 전압은 250~450[V]의 높은 전압이 된다.

03 태양광발전시스템 접속함의 부품 3가지를 쓰시오.

해답
① 단자대
② 직류개폐기(어레이 측 개폐기, 주개폐기)
③ 역류방지소자, 피뢰소자(서지보호장치)

해설
- 접속함의 설치목적 : 여러 개의 태양전지 모듈 접속을 효율적으로 하고 보수점검 시 회로를 분리하여 점검작업을 용이하게 한다.
- 접속함의 부품 : 단자대, 직류개폐기(어레이 측 개폐기, 주개폐기), 역류방지소자, 피뢰소자(서지보호장치)

04 현장시험 및 검사에서 현장시험 세부내용 중 절연저항을 측정하는 3개소를 쓰시오.

해답
① 인버터
② 접속함
③ 태양전지 어레이 또는 태양전지 모듈

해설 절연저항 측정
태양광발전시스템의 각 부분의 절연상태를 운전하기 전에 충분히 확인할 필요가 있다. 운전 개시나 정기점검의 경우는 물론 사고 시에도 불량개소를 판정하고자 하는 경우에 실시한다.

05 태양광발전시스템의 공사가 완료되면 시스템을 점검해야 한다. 태양전지 어레이 육안 점검항목 4가지만 쓰시오.

해답
① 표면의 오염 및 파손
② 프레임의 파손 및 변형
③ 가대의 부식 및 녹 발생
④ 가대의 고정

해설 태양전지 어레이 육안 점검항목 및 점검요령

설비		점검항목	점검요령
태양전지 어레이	육안 점검	표면의 오염 및 파손	오염 및 파손의 유무
		프레임 파손 및 변형	파손 및 두드러진 변형이 없을 것
		가대의 부식 및 녹 발생	부식 및 녹이 없을 것
		가대의 고정	볼트 및 너트의 풀림이 없을 것
		가대접지	배선공사 및 접지접속이 확실할 것
		코킹	코킹의 망가짐 및 불량이 없을 것
		지붕재의 파손	지붕재의 파손, 어긋남, 뒤틀림, 균열이 없을 것

06 접지선의 보호도체 단면적에서 다음 표의 내용을 채우시오.

상도체의 단면적 $S\,[\text{mm}^2]$	대응하는 보호도체의 최소 단면적[mm^2]	
	보호도체의 재질이 상도체와 같은 경우	보호도체의 재질이 상도체와 다른 경우
$S \leq 16$	①	$\dfrac{k_1}{k_2} \times S$
$16 < S \leq 35$	②	$\dfrac{k_1}{k_2} \times 16$
$S > 35$	③	$\dfrac{k_1}{k_2} \times \dfrac{S}{2}$

해답

① S ② 16 ③ $\dfrac{S}{2}$

해설 보호도체의 단면적

상도체의 단면적 $S\,[\text{mm}^2]$	대응하는 보호도체의 최소 단면적[mm^2]	
	보호도체의 재질이 상도체와 같은 경우	보호도체의 재질이 상도체와 다른 경우
$S \leq 16$	S	$\dfrac{k_1}{k_2} \times S$
$16 < S \leq 35$	16	$\dfrac{k_1}{k_2} \times 16$
$S > 35$	$\dfrac{S}{2}$	$\dfrac{k_1}{k_2} \times \dfrac{S}{2}$

여기서, k_1 : 도체 및 절연의 재질에 따라 KS C IEC 60364-5-54 부속서 A(규정)의 표 A54.1 또는 IEC 60364-4-43의 표 43A에서 선정된 상도체에 대한 값
k_2 : KS C IEC 60364-5-54 부속서 A(규정)의 표 A54.2~A54.6에서 선정된 보호도체에 대한 값으로, PEN 도체의 경우 단면적의 축소는 중성선의 크기 결정에 대한 규칙에만 허용된다.

07 태양광발전시스템에서 축전지가 부착된 계통연계시스템의 종류를 3가지 쓰시오.

해답
① 방재대응형
② 계통안정화 대응형
③ 부하평준화 대응형

해설 계통연계시스템용 축전지의 종류
- 방재대응형 : 재해 시 인버터를 자립운전으로 전환하고 특정 재해대응 부하로 전력을 공급한다.
- 부하평준화 대응형(피크 시프트형, 야간전력 저장형) : 태양전지 출력과 축전지 출력을 병용하여 부하의 피크 시 인버터를 필요 출력으로 운전하여 수전전력의 증대를 막고 기본전력요금을 절감하려는 시스템이다.
- 계통안정화 대응형 : 기후가 급변할 때나 계통부하가 급변할 때는 축전지를 방전하고, 태양전지 출력이 증대하여 계통전압이 상승하도록 할 때에는 축전지를 충전하여 역류를 줄이고 전압의 상승을 방지하는 역할을 한다.

08 태양광발전시스템에서 사용되는 피뢰대책용 부품 및 기기를 3가지 쓰시오.

해답
① 어레스터   ② 서지 업소버   ③ 내뢰 트랜스

해설 피뢰대책용 부품
- 어레스터 : 낙뢰에 의한 충격성 과전압에 대하여 전기설비의 단자전압을 규정치 이내로 저감시켜 정전을 일으키지 않고 원상태로 회귀하는 장치이다.
- 서지 업소버 : 전선로에 침입하는 이상전압의 높이를 완화하고 파고치를 저하시키는 장치이다.
- 내뢰 트랜스 : 실드 부착 절연 트랜스를 주체로 하고 여기에 어레스터 및 콘덴서를 부가시킨 것으로, 절연 트랜스에 의해 뇌서지의 흐름을 완전히 차단할 수 있도록 한 장치이다.

09
태양광발전시스템의 시공에서 안전보호와 재해방지를 위해 작업자가 착용해야 할 보호구 4가지를 쓰시오.

해답
① 안전모　　　　　　　　　② 안전화
③ 전기용 고무장갑　　　　　④ 안전대(안전벨트)

10
태양전지 모듈의 표준상태에서의 최대 출력 $P_{max} = 0.25$[kW], 가로 = 2[m], 세로 = 1[m]일 때 태양전지 모듈의 효율을 구하시오.(단, E : 입사광 강도 1,000[W/m²], S : 수광면적 [m²]이다.)

해답
$$\eta = \frac{P}{E \times S} \times 100 = \frac{250}{1,000 \times 2 \times 1} \times 100 = 12.5\%$$

11
설계도서·법령해석·감리자의 지시 등이 서로 일치하지 않을 때 계약으로 그 적용의 우선순위를 정하지 아니한 경우 설계도서 해석의 우선순위를 다음 〈보기〉를 이용하여 순서대로 나열하시오.

〈보기〉
전문시방서, 산출내역서, 표준시방서, 설계도면, 공사시방서

해답
공사시방서 → 설계도면 → 전문시방서 → 표준시방서 → 산출내역서

12
태양광발전시스템의 점검은 크게 준공 시의 점검, 일상점검, 정기점검 등 3가지로 구별된다. 이 중 용량 1,000[kW]를 기준으로 용량별 법적 점검횟수(안전관리대행사업자)를 쓰시오.

해답
태양광발전설비 용량별 법적 점검횟수(안전관리대행사업자)

용량[kW]	300 이하	500 이하	700 이하	1,500 미만
횟수[월]	1회	2회	3회	4회

해설 1,000[kW]일 때 점검횟수 : 4회

13 접지공사에서 매설 접지극으로 주로 사용하는 동판과 동봉의 규격에 맞게 다음 (   ) 안을 채우시오.

- 동판 : 두께 (①) 이상
- 동봉 : 직경 (②) 이상, 길이 (③) 이상

해답
① 0.7[mm]
② 8[mm]
③ 0.9[m]

해설 접지극의 종류 및 수치

종류	수치
동판	두께 0.7[mm] 이상, 면적 900[cm^2] 이상
동봉, 동피복강복	직경 8[mm] 이상, 길이 0.9[m] 이상
아연도금 가스철관 후강전선관	외형 25[mm] 이상, 길이 0.9[m] 이상
아연도금 강봉	직경 12[mm] 이상, 길이 0.9[m] 이상
동복강판	두께 1.6[mm] 이상, 길이 0.9[m] 이상, 면적 250[cm^2] 이상
탄소피복강복	직경 8[mm] 이상, 길이 0.9[m] 이상

14 태양전지 어레이의 개방전압을 측정하는 계기와 태양전지 회로의 절연저항을 측정하는 계기를 각각 쓰시오.

해답
- 태양전지 어레이 개방전압 : 전압계(직류) 또는 멀티테스터
- 태양전지 회로의 절연저항 : 절연저항계 또는 메거

15 60개의 셀로 구성된 태양전지 모듈의 출력이 250[W], 셀의 단위 정격전압은 약 0.6[V]일 때 정격전압과 정격전류를 구하시오.

> **해답**
> ① 정격전압
>   - 계산과정 : 정격전압＝셀의 단위 정격전압×셀의 수＝0.6×60＝36[V]
>   - 답 : 36[V]
> ② 정격전류 I
>   - 계산과정 : P[전력]＝V[전압]×I[전류]에서 $I=\dfrac{P}{V}$
> $$I=\dfrac{250}{36}=6.94[A]$$
>   - 답 : 6.94[A]

16 태양광발전시스템의 지지대를 대지에 설치하는 방식과 일반 건축물에 설치하는 방식으로 분류하여 각각 3가지씩 쓰시오.

> **해답**
> 1) 대지에 설치하는 방식
>   ① 고정식
>   ② 반고정식
>   ③ 추적식
> 2) 일반 건축물에 설치하는 방식
>   ① 지붕건재형
>   ② 지붕설치형(경사지붕형, 평지붕형)
>   ③ 벽설치형
>
> **해설** 일반 건축물에 설치하는 방식
>   - 지붕건재형
>   - 지붕설치형(경사지붕형, 평지붕형)
>   - 벽설치형
>   - 벽건재형

17 인버터의 육안 점검사항을 4가지 쓰시오.

해답
① 외함의 부식 및 손상
② 외부배선(접속케이블)의 손상
③ 환기확인(환기구멍, 환기필터)
④ 이상음, 악취, 이상과열

해설 일상점검
주로 육안점검에 의해서 매월 1회 정도 실시한다.

구분	점검항목	점검요령
인버터	외함의 부식 및 손상	부식 및 녹이 없고 충전부가 노출되지 않을 것
	외부배선(접속 케이블)의 손상	인버터에 접속된 배선에 손상이 없을 것
	환기확인(환기구멍, 환기필터)	환기구를 막고 있지 않을 것
	이상음, 악취, 이상과열	운전 시 이상음, 악취, 이상과열이 없을 것
	표시부의 이상표시	표시부에 이상표시가 없을 것
	발전현황	표시부의 발전상황에 이상이 없을 것

18 분전함 내에 설치되는 소자로 태양전지 모듈의 직렬회로에 접속하는 소자를 쓰시오.

해답
역류방지 다이오드

해설
- 태양전지 모듈의 직렬회로(스트링) 간에 출력전압이 일정치 이상으로 다르게 되면 다른 모듈의 직렬회로(스트링)에서 전류 공급을 받아 원래와는 역방향의 전류가 흐른다. 이 역전류를 방지하기 위해서 각 모듈의 직렬회로(스트링)마다 역류방지소자를 설치한다.
- 태양전지 모듈에서 다른 태양전지 회로나 축전지에서의 전류가 돌아 들어가는 것을 저지하기 위해서 설치하는 것으로 일반적으로 다이오드가 사용된다.

SECTION 003 필답형 예상문제 3회

01 접지선의 보호도체 단면적에서 다음 표의 내용을 채우시오.

상도체의 단면적 S [mm²]	대응하는 보호도체의 최소 단면적[mm²]	
	보호도체의 재질이 상도체와 같은 경우	보호도체의 재질이 상도체와 다른 경우
$S \leq 16$	①	$\dfrac{k_1}{k_2} \times S$
$16 < S \leq 35$	②	$\dfrac{k_1}{k_2} \times 16$
$S > 35$	③	$\dfrac{k_1}{k_2} \times \dfrac{S}{2}$

해답

① S ② 16 ③ $\dfrac{S}{2}$

해설 보호도체의 단면적

상도체의 단면적 S [mm²]	대응하는 보호도체의 최소 단면적[mm²]	
	보호도체의 재질이 상도체와 같은 경우	보호도체의 재질이 상도체와 다른 경우
$S \leq 16$	S	$\dfrac{k_1}{k_2} \times S$
$16 < S \leq 35$	16	$\dfrac{k_1}{k_2} \times 16$
$S > 35$	$\dfrac{S}{2}$	$\dfrac{k_1}{k_2} \times \dfrac{S}{2}$

여기서, k_1 : 도체 및 절연의 재질에 따라 KS C IEC 60364-5-54 부속서 A(규정)의 표 A54.1 또는 IEC 60364-4-43의 표 43A에서 선정된 상도체에 대한 값

k_2 : KS C IEC 60364-5-54 부속서 A(규정)의 표 A54.2~A54.6에서 선정된 보호도체에 대한 값으로, PEN 도체의 경우 단면적의 축소는 중성선의 크기 결정에 대한 규칙에만 허용된다.

02 태양광발전설비의 표준시험조건을 쓰시오.

해답
① 일사강도 : $1,000[W/m^2]$
② 에어매스 : 1.5
③ 표준온도(어레이 대표온도) : $25[℃]$

해설 태양광 모듈의 성능평가를 위한 표준검사조건(STC : Standard Test Condition)
- $1,000[W/m^2]$ 세기의 수직 복사 에너지
- 허용오차 $±2[℃]$의 $25[℃]$의 전지 온도
- AM=1.5

03 다음은 계통연계형 태양광발전시스템의 세부 구성도이다. 그림을 보고 표의 빈칸의 번호에 알맞은 부품명칭을 쓰시오.

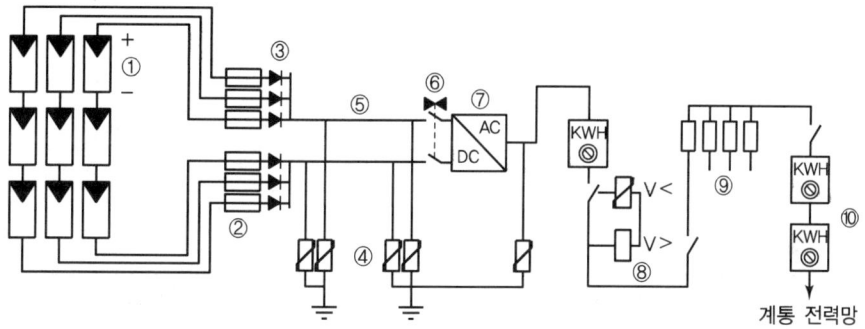

번호	명칭	번호	명칭
①		⑥	인버터 보호용 차단기
②		⑦	
③		⑧	
④	과전압 보호 다이오드(배리스터)	⑨	옥내 분배기
⑤	직류송전선	⑩	

해답
① 태양전지 ② 단자대
③ 역류방지 다이오드 ⑦ 인버터
⑧ 자동전압조정장치 ⑩ 전력량계

04 인터넷 기반의 태양광발전 운영 분석 시스템의 데이터를 전달 및 분석하기 위하여 설정된 통상의 웹 표준형식을 쓰시오.

해답

XML

해설
- XML(eXtensible Markup Language)
  웹이나 인트라넷 환경에서 데이터 교환과 공유의 수단으로 매우 편리하다.
- HTML(Hyper Text Markup Language)
  웹 문서를 만들기 위해 사용하는 기본적인 웹 언어의 한 종류이다.
- HTTP는 W상에서 정보를 주고받을 수 있는 프로토콜이다. 주로 HTML 문서를 주고받는 데 쓰인다.

05 표준전압이 220[V] 및 380[V]일 때 허용오차와 표준주파수가 60[Hz]일 경우의 허용오차를 구하시오.

해답

①

표준전압	허용오차
220[V]	220[V]±13[V] 이내
380[V]	380[V]±38[V] 이내

②

표준주파수	허용오차
60[Hz]	60[Hz]±0.2[Hz] 이내

06 다음의 [표 1]을 참고하여 전력소비량을 바탕으로 독립형 태양광발전시스템이 부담해야 할 [표 2]의 각 항목(①, ②, ③) 값을 구하시오.

[표 1] 주택의 부하용량

구분		부하기기명	수량	소비전력[W]	사용시간[h]	1일 소비전력량[Wh]
교류	1	LED 전등 1	2	7.1	5	71
	2	LED 전등 2	1	4.4×2	5	44
	3	냉장고	1	주1) 참조		993
	4	청소기	1	800	15분	200
	5	TV 32″	1	100	4	400
	6	세탁기(10kg)	1	주2) 참조	1일 1회	760
	7	컴퓨터	1	60	2	120
	8	전자레인지	1	800	20분	267
	9	기타	1	15	2	30
	소계(1일 소비전력량[Wh])					(①)
비고	주1 : 월간 소비전력 29.8[kWh]의 1/30=0.993[kWh] 주2 : 최대용량으로 1회 세탁 시 소비전력 760[Wh]					

[표 2] 1일 전력수요량 판단을 위한 계산표

전원 구분	1일 소비전력량[Wh]	×	손실률(20%)	=	1일 부하량[Wh]
교류	(①)	×	(②)	=	(③)

해답

① 소계(1일 소비전력량)=71+44+993+200+400+760+120+267+30
　　　　　　　　　　=2,885[Wh]
② 1.2
③ 1일 부하량=2,885×1.2=3,462[Wh]

07 태양광발전시스템을 시설할 때 작업자는 자신의 안전확보와 2차 재해방지를 위해 작업에 적합한 복장을 갖추어야 한다. 이 복장과 관련해 작업자가 갖추어야 할 안전장비 4가지를 쓰시오.

해답

① 안전모
② 안전대 : 추락 방지
③ 안전화 : 미끄럼방지 효과가 있는 신발
④ 안전허리띠 : 공구, 공사 부재의 낙하 방지

08 태양전지 모듈에서 생산되는 직류전력을 교류전력으로 변환하는 장치의 명칭을 쓰시오.

해답

인버터

09 태양광발전설비 점검의 분류 중 유지관리를 위해 연 1~2회 정도 설비를 정지하고 이상 유무 확인 및 각종 측정시험을 실시하는 점검방식은 무엇인지 쓰시오.

해답

정기점검

해설
- 100[kW] 미만의 경우는 매년 2회 이상, 100[kW] 이상의 경우는 격월 1회씩 실시한다.
- 일반 가정 3[kW] 미만의 소출력 태양광발전시스템의 경우에는 법적으로 정기점검을 하지 않아도 되지만 가능하면 자주 점검하는 것이 좋다.

10 태양전지 모듈을 여러 장 연결하는 직렬회로에서 역류방지 다이오드(Blocking Diode)를 설치하는 목적 2가지를 쓰시오.

해답

① 태양전지 모듈에 음영이 생긴 경우 그 스트링 전압이 낮아져 부하가 되는 것을 방지한다.
② 축전지를 가진 독립형 태양광발전시스템에서 야간에 태양광발전이 정지될 때 축전지 전력이 태양전지 모듈 쪽으로 흘러들어 소모되는 것을 방지한다.

11 태양광발전시스템의 인버터는 이상 시 자동으로 정지하고 이상신호를 나타낸다. 이때 인버터에서 태양전지 저전압이 모니터링되었을 경우의 적합한 조치사항을 쓰시오.

해답

① 저전압 경보 시 계통 전압 확인 후 재투입한다.
② 이상 상태가 지속될 경우 인버터를 정지시키고 제조사나 인버터 관리업체에 연락해 수리 요청을 한다.

해설 직류입력은 태양 빛에 따라 낮을 수도 높을 수도 있지만 출력은 일정해야 한다. 저전압이 발생하면 정전이나 마찬가지이므로 출력전압을 확인 후 이상이 없으면 재투입한다.

12 태양광발전시스템을 건설하기 위한 최적 후보지 선정기준 중 지리적 요소 2가지를 쓰시오.

해답

① 부지의 접근성
② 주변환경 및 자연환경 요소

해설 태양광발전시스템 부지 선정 시 일반적 고려사항
- 지정학적 조건 : 일조량, 일조시간 등
- 설치, 운영상의 조건 : 부지의 접근성, 주변환경, 자연환경 요소 등(지리적인 조건)
- 행정상의 조건 : 발전사업허가, 개발행위허가 등 인허가 관련 규제
- 전력계통과의 연계조건 : 전력계통 연계점(인입선로) 위치, 계통병입 가능용량
- 경제성 : 부지매입비 및 공사비, RPS 공급인증서 가중치 적용 여부
- 기타 : 주민 협의 및 민원 발생 가능성 여부

13 태양광발전설비의 태양광 전기실 점검 대상물 중 차단기의 일상점검 항목 5가지를 쓰시오.

해답

① 개폐표시기의 표시 확인
② 이상한 냄새, 소리의 발생 유무
③ 녹, 변형, 오손의 유무
④ 과열 변색의 유무
⑤ 애자류의 균열·파손의 유무

해설 차단기의 일상점검

배전반에 수납되어 있는 것은 뚜껑을 열지 않고 점검할 수 있는 항목을 점검하는 것을 원칙으로 하고 이상을 발견한 경우는 필요에 따라서 임시점검으로 전환한다. 진공차단기의 일상점검은 다음과 같다.
- 개폐표시기의 표시 확인
- 이상한 냄새, 소리의 발생 유무
- 과열 변색의 유무
- 애자류의 균열 및 파손 유무
- 녹, 변형, 오손의 유무
- 공기조작방식에서 누기(漏氣)음의 유무

14 태양광 모듈 선정 시 고려되는 변환효율을 구하는 식을 쓰시오.(단, A_t : 모듈 전면적[m²], G : 방사조도[W/m²], $P_{\max}$: 최대 출력[W])

> **해답**
> 태양광 모듈 변환효율 = $\dfrac{P_{\max}}{(G \times A_t)} \times 100\%$

15 환경영향평가의 대상이 되는 태양광발전용량은 몇 [kW] 이상인지 쓰시오.

> **해답**
> 100,000[kW]

16 태양광발전시스템 준공 시 인버터(파워컨디셔너) 취부의 육안 점검사항을 5가지만 쓰시오.

> **해답**
> ① 외함의 부식 및 손상
> ② 외부배선(접속 케이블)의 손상
> ③ 환기 확인(환기구멍, 환기필터)
> ④ 이상음, 악취, 이상과열
> ⑤ 표시부의 이상표시

17 연간 태양궤적에 비추어 볼 때, 태양광 어레이 설치 시 가장 효율적인 설비방향을 지구의 북반구와 남반구로 구분하여 쓰시오.

> **해답**
> ① 북반구 : 남향
> ② 남반구 : 북향

18 태양광발전설비 설치공사에서 감전방지대책 4가지를 쓰시오.

> **해답**
> ① 작업 전 태양전지 모듈 표면에 차광막을 씌워 태양광을 차폐한다.
> ② 저압 절연장갑을 착용한다.
> ③ 절연처리된 공구를 사용한다.
> ④ 강우 시에는 감전사고 및 추락사고의 위험이 있으므로 작업을 금지한다.

19 태양광발전시스템 접속함의 주요 구성요소 5가지를 쓰시오.

> **해답**
> ① 태양전지 어레이 측 개폐기
> ② 주개폐기
> ③ 서지보호장치(SPD : Surge Protection Device)
> ④ 역류방지소자
> ⑤ 단자대
>
> **해설** ①~⑤ 외에
> ⑥ 감시용 DCCT(계기용 변류기), DCPT(계기용 변압기), T/D(Transducer)

20 인버터 회로의 유지보수 시 정격전압별로 몇 볼트의 절연저항계를 이용하여야 하는지 쓰시오.

> **해답**
> ① 인버터 정격전압 300[V] 이하인 경우 : 500[V] 절연저항계(메거)
> ② 인버터 정격전압 300[V]를 넘고 600[V] 이하인 경우 : 1,000[V] 절연저항계(메거)

필답형 예상문제 4회

01 태양전지 모듈의 배선이 끝나면 태양전지 어레이 검사를 하여야 한다. 검사 시 확인하여야 할 점검항목 3가지를 쓰시오.

> **해답**
> ① 전압·극성의 확인
> ② 단락전류의 측정
> ③ 비접지의 확인

02 전선 상호 및 전선과 다른 기기 간의 전기적 접속을 할 경우, 접속방법 선정을 위한 고려사항을 3가지만 쓰시오.

> **해답**
> ① 전선의 전기저항을 증가시키지 않도록 접속할 것
> ② 전선의 세기를 20[%] 이상 감소시키지 말 것
> ③ 접속부분은 금속관, 기타의 기구를 사용할 것
>
> **해설** • 접속부분은 절연전선의 절연물과 동등 이상의 절연효력이 있는 것으로 피복할 것
> • 전기화학적 성질이 다른 도체를 접속하는 경우에는 접속부분에 전기적 부식이 생기지 않도록 할 것

03 태양전지(Cell)를 여러 장 직렬 연결하여 하나의 프레임으로 조립하여 만든 것을 무엇이라 하는지 쓰시오.

> **해답**
> 모듈(Module)
>
> **해설** • 셀(Cell) : 태양전지의 최소단위
> • 모듈(Module) : 셀(Cell)을 내후성 패키지에 수십 장 모아 일정한 틀에 고정하여 구성한 것
> • 스트링(String) : 모듈(Module)의 직렬연결 집합단위
> • 어레이(Array) : 스트링(String)과 케이블(전선), 가대를 포함하는 모듈의 집합단위

04 태양광발전시스템의 유지보수 계획 시 점검의 내용 및 주기를 결정하기 위한 고려사항 5가지를 쓰시오.

> **해답**
> ① 설비의 사용기간
> ② 설비의 중요도
> ③ 고장이력
> ④ 환경조건
> ⑤ 부하상태

05 납축전지 55셀(Cell)을 직렬 연결하여 축전지로 부하 공급을 하는데, 부하의 최종 허용전압이 110±10[V]이다. 즉, 최저전압이 100[V]이고 선로의 전압강하가 5[V]일 때 전지(셀)당 방전종지전압을 구하시오.

> **해답**
> • 계산과정 : 셀당 방전종지전압 $= \dfrac{\text{부하의 최저전압} + \text{선로의 전압강하}}{\text{셀 수}}$
>
> $= \dfrac{100+5}{55} = 1.909 \fallingdotseq 1.91[\text{V}]$
>
> • 답 : 1.91[V]

06 태양광발전설비 유지보수 시 점검의 종류 3가지를 쓰시오.

> **해답**
> ① 일상점검
> ② 정기점검
> ③ 임시점검

07 다음은 태양광발전 시공기준에 대한 사항이다. ①~⑤에 알맞은 내용을 쓰시오.

> 1) 모듈
>   (①)받은 설비를 설치하여야 한다. 다만, 건물일체형 태양광시스템은 센터의 장이 별도로 정하는 품질기준(KS C 8561 또는 8562 일부 준용)에 따라 '(②)' 및 '(③)' 등을 만족하는 시험결과가 포함된 시험성적서를 센터로 제출할 경우, (①)받은 설비와 유사한 형태(모듈의 종류 및 구조가 동일한 형태)의 모듈을 사용할 수 있다.
> 2) 설치용량
>   설치용량은 사업계획서상의 모듈 설계용량과 (④)하여야 한다. 다만, 단위 모듈당 용량에 따라 설계용량과 (④)하게 설치할 수 없는 경우에 한하여 설계용량의 (⑤)[%] 이내까지 가능하다.

해답
① 인증
② 발전성능
③ 내구성
④ 동일
⑤ 110

08 태양광발전시스템의 시공 시 작업자의 안전 보호와 2차 재해방지를 위하여 작업자가 착용하여야 하는 보호구의 명칭과 착용목적을 3가지만 쓰시오.

해답

보호구 명칭	착용목적
안전모	머리 감전 방지 및 낙하물 등에 대한 머리 보호
안전대	추락 방지
안전화	미끄럼 방지 및 발가락 보호

해설 이 외에 안전허리띠의 착용 목적으로 공구, 공사부재의 낙하 방지가 있다.

09 태양광발전설비의 개방전압을 측정할 때 유의할 사항 4가지를 쓰시오.

해답
① 태양전지 어레이의 표면을 청소할 필요가 있다.
② 각 스트링의 측정은 안정된 일사강도가 얻어질 때 실시한다.
③ 측정시각은 일사강도, 온도의 변동을 극히 적게 하기 위해 맑을 때, 남쪽에 있을 때의 전후 1시간 동안 실시하는 것이 바람직하다.
④ 태양전지 셀은 비 오는 날에도 미소한 전압을 발생하므로 매우 주의해서 측정한다.

10 태양광발전시스템에서 인버터 고장의 주된 원인이 되는 부품을 쓰시오.

해답
알루미늄 전해콘덴서

해설 태양광발전시스템의 고장빈도
- 인버터 고장 약 60[%], 지락사고 약 26[%], 기타 약 14[%]
- 인버터의 고장 원인이 되는 소자
  태양광발전시스템의 인버터 부품 중 IC 등 반도체 부품은 일반적으로 내용연수가 길어 부품 중에서는 고장이 자주 일어나지 않는 편이며, 알루미늄 전해콘덴서, 냉각팬, 릴레이 등은 대표적인 유효수명부품으로 취급된다.

11 특고압 배전선로 연계에서 계통으로부터 분산형 전원 발전설비를 분리할 수 있는 분리개소를 3가지만 쓰시오.

해답
① 접속점 개폐기(ASS 또는 COS)
② 수용가 부하개폐기(LBS)
③ 수용가 특고압 차단기(VCB)

12 다음 그림을 보고 회로시험기(멀티테스터)를 이용하여 태양전지의 어떤 값을 측정하기 위한 시험인지 각각 쓰시오.

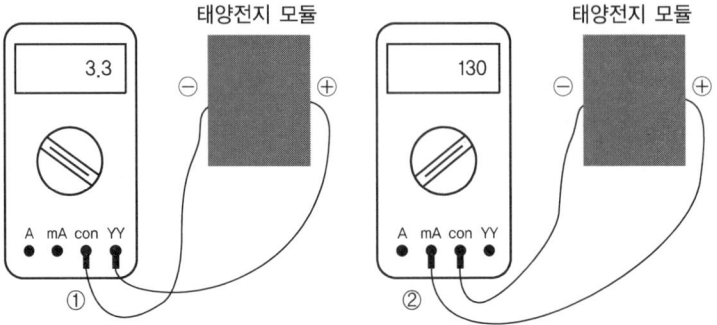

해답
① 개방전압 측정
② 단락전류 측정

해설 • 개방전압은 부하가 연결되지 않은 상태에서 전류가 "0"인 상태의 모듈전압이다.
• 단락전류는 부하가 연결되지 않은 상태에서 전압이 "0"인 상태의 모듈전류이다.

13 다음 그림과 같이 태양전지가 병렬로 접속된 경우 총발전량을 계산하시오.

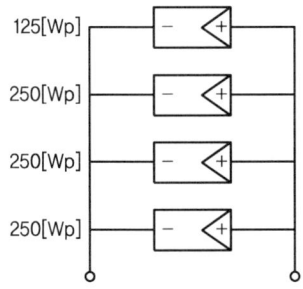

해답
• 계산과정 : 총발전량 = 125 + 250 + 250 + 250 = 875
• 답 : 875[Wp]

해설 태양전지 모듈이 병렬로 연결된 경우에는 모듈 각각의 출력 합이 총발전량이 되고, 직렬로 연결된 경우에는 가장 작은 출력의 모듈에 의해 전체 출력이 제한된다.

14 태양광발전시스템을 500[m²] 부지에 하나의 어레이로 설치할 때, 생산되는 전력을 구하시오.(단, 모듈 효율 14[%], 일사량 600[W/m²], 기타 조건은 무시한다.)

> **해답**
> - 계산과정 : 생산되는 전력 = 500[m²] × 600[W/m²] × 0.14 = 42,000[W]
> - 답 : 42,000[W]
>
> > **해설** 500[m²] 부지에 하나의 어레이로 설치하였다는 것은 모듈 간의 이격거리 없이 부지 전체에 모듈을 설치하였다는 의미이다.

15 태양전지 어레이의 절연저항 측정 시 출력단의 피뢰소자는 어떤 조치를 취해야 하는지 쓰시오.

> **해답**
> 피뢰소자의 접지 측 단자를 분리시킨다.
>
> > **해설** 절연저항 측정 시 피뢰소자에 전압이 인가된 경우 소자의 소손이 발생될 수 있으므로 반드시 접지 측 단자를 분리시킨다.

16 계통접지에 있어 PEN 도체의 굵기에 대해 쓰시오.

> **해답**
> - 동 : 10[mm²] 이상
> - 알루미늄 : 16[mm²] 이상
>
> > **해설** PEN 선(PEN 도체)
> > - PEN 선은 고정 전기설비에서만 사용되고, 기계적으로 단면적 10[mm²] 이상의 동 또는 16[mm²] 이상의 알루미늄을 사용할 수 있다.
> > - PEN 선은 사용하는 최고전압을 위해서 절연되어야 한다.
> > - 설비의 한 지점에 중성선과 보호선으로 시설할 경우 중성선을 설비의 다른 접지부분(예 PEN 선의 보호선)에 접속하여서는 안 된다. 다만, PEN 선은 각각 중성선과 보호선으로 구성하여야 한다. 별도의 단자 또는 바는 보호선과 중성선을 위해 시설한다. 이 경우에 PEN 선은 단자 또는 바에 접속하여야 한다.
> > - 계통 외 도전성 부분은 PEN 선으로 사용하지 않는다.

17 다음 그림은 태양전지 모듈을 고정 프레임에 고정하는 방법을 나타낸 것이다. ①~④에 해당하는 부품의 명칭을 쓰시오.

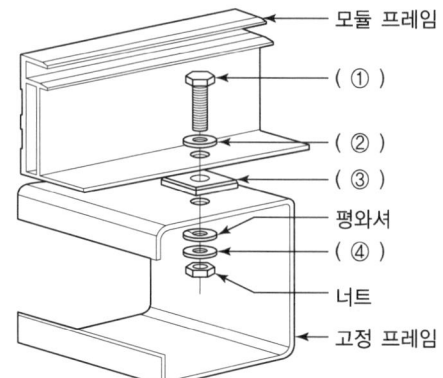

> [해답]
> ① 볼트
> ② 평와셔
> ③ 개스킷
> ④ 스프링와셔

18 다음은 모니터링 설비 설치에 관련된 내용이다. ( ) 안에 알맞은 내용을 쓰시오.

> 태양광발전 모니터링 설비의 경우 단위 사업별 설비용량 (①)[kW] 이상의 발전설비에 대해 의무적으로 설치하도록 규정되어 있다. 모니터링 항목은 (②), (③)이고, 측정위치는 (④)이다.

> [해답]
> ① 50
> ② 일일발전량[kWh]
> ③ 생산시간[분]
> ④ 인버터 출력 부분

19 태양광발전시스템 인버터 설치장소에 대한 조건을 3가지만 쓰시오.

> **해답**
> ① 시원하고 건조한 장소
> ② 통풍이 잘되는 곳
> ③ 먼지가 발생하지 않는 곳
>
> **해설** ①~③ 외에
> ④ 접속함과 가까운 곳
> ⑤ 실내 침수 우려가 없는 곳
> ⑥ 계량기와 가까운 곳

20 다음 그림과 같은 태양광발전시스템의 명칭과 특징을 쓰시오.

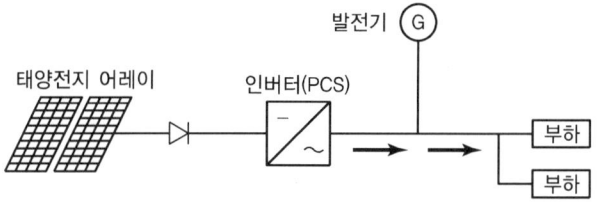

> **해답**
> • 명칭 : 하이브리드형 태양광발전시스템
> • 특징 : 태양광발전이 중지된 경우 발전기(G)를 통해 발전할 수 있으며, 상용전원 정전 시 비상부하에 전력을 공급할 수도 있다.

SECTION 005 필답형 예상문제 5회

01 다음 주어진 조건으로 태양전지 모듈의 변환효율[%]을 구하시오.(조건 : $P_{max}=150[W]$, 가로＝1,500[mm], 세로＝1,000[mm], 입사광 강도는 1,000[W/m²])

해답

- 계산과정 : 변환효율 $\eta = \dfrac{최대출력[W]}{일조강도[W/m^2] \times 모듈의\ 면적[m^2]} \times 100[\%]$

  $= \dfrac{150}{1,000 \times (1.5 \times 1)} \times 100 = 10[\%]$

- 답 : 10[%]

02 일상점검 시 태양전지 어레이의 점검항목 3가지를 쓰시오.

해답
① 표면의 오염 및 파손
② 지지대의 부식 및 녹
③ 외부배선(접속 케이블)의 손상

03 태양광발전시스템의 시공절차의 구분에서 전기 배선공사의 종류를 3가지만 쓰시오.

해답
① 태양전지 모듈 간 배선공사
② 어레이와 접속함의 배선공사
③ 접속함과 인버터 간 배선공사

해설 전기 배선공사의 종류
- 태양전지 모듈 간 배선공사
- 어레이와 접속함의 배선공사
- 접속함과 인버터 간 배선공사
- 인버터와 분전반(배전반) 간 배선공사

04 계통연계형 태양광발전시스템에서 인버터의 역할(기능)을 4가지만 쓰시오.

> **해답**
> ① 자동운전가동정지기능
> ② 자동전압조정기능
> ③ 계통연계보호기능
> ④ 최대전력 추종 제어기능
>
> **해설** ①~④ 외에
> ⑤ 단독운전방지기능
> ⑥ 직류검출기능

05 태양광발전시스템의 인버터 회로방식의 종류 3가지를 쓰시오.

> **해답**
> ① 상용주파 절연방식
> ② 고주파 절연방식
> ③ 무변압기방식

06 다음 그림은 지붕 위에 설치한 태양전지 어레이로부터 접속함에 이르는 배선을 나타낸 것이다. 다음 각 물음에 답하시오.

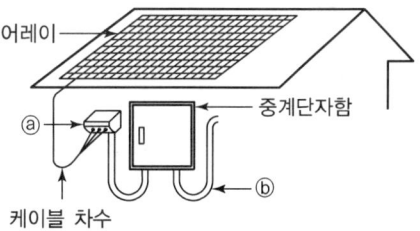

1) 그림의 ⓐ와 같이 인입구 및 인출구 관 끝에 설치하며, 금속관에 접속하여 옥외의 빗물을 막아주는 데 사용하는 재료의 명칭을 쓰시오.
2) 그림의 ⓑ와 같은 전선관의 굴곡반경은 어떻게 시공하여야 하는지 쓰시오.
3) 전선관의 굵기는 전선피복을 포함한 단면적의 총합계가 관 내 단면적의 몇 [%] 이하가 되도록 선정하여야 하는지 쓰시오.(단, 전선의 굵기는 동일)

> **해답**
> 1) 엔트런스캡
> 2) 굴곡반경은 관 내경의 6배 이상으로 하며, 찌그러짐이 없어야 한다.
> 3) 48[%] 이하

07 다음은 태양광발전시스템의 성능을 시험할 때 국제적인 표준이 되는 표준시험조건(STC)이다. (   ) 안에 알맞은 내용을 쓰시오.

1) 수광조건(일사조건)은 대기질량정수(AM) (   )의 지역을 기준으로 한다.
2) 빛의 일조강도는 (   )[W/m^2]를 기준으로 한다.
3) 모듈 시험의 기준 온도는 (   )[℃]로 한다.

> **해답**
> 1) 1.5
> 2) 1,000
> 3) 25

08 태양광발전시스템의 작업 안전대책 중 감전사고를 예방하기 위한 조치사항 4가지를 쓰시오.

> **해답**
> ① 작업 전 태양전지 모듈 표면에 차광막을 씌워 태양광을 차폐한다.
> ② 저압 절연장갑을 착용한다.
> ③ 절연 처리된 공구를 사용한다.
> ④ 강우 시에는 감전사고뿐만 아니라 미끄러짐으로 인한 추락사고로 이어질 우려가 있으므로 작업을 금지한다.

09 다음 그림은 태양전지 어레이용 가대 및 구조물이다. ①~⑤에 해당하는 명칭을 각각 쓰시오.

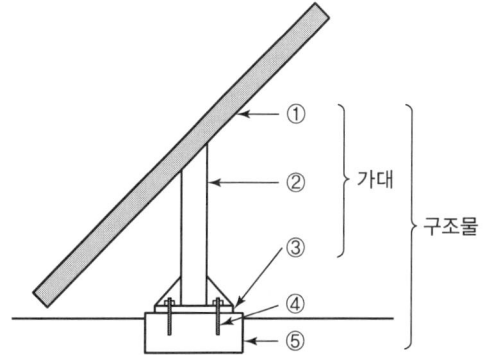

해답
① 프레임 ② 지지대
③ 기초판 ④ 앵커볼트
⑤ 기초

10 다음은 태양광발전시스템의 태양전지 모듈과 인버터 간의 배선공사에 관한 사항이다. ( ) 안에 알맞은 내용을 쓰시오.

1) 태양전지 모듈 간의 배선은 단락 전류에 충분히 견딜 수 있도록 (①)[mm²] 이상의 전선을 사용해야 한다.
2) 태양전지 모듈의 뒷면에 접속용 케이블이 2개씩 나와 있으므로 반드시 (②)을[를] 확인하여 결선한다.
3) 태양전지 모듈을 스트링 필요 매수만큼 (③)로 결선하여 어레이 가대 위에 조립하고 케이블을 각 스트링에서 접속함까지 배선하여 접속함 내에서 (④)로 결선한다.
4) 접속함에서 인버터 가지배선의 전압강하율은 (⑤)[%] 이하로 할 것을 권장한다.
5) 태양전지 어레이를 지상에 설치할 경우에는 지중배선을 할 수도 있다. 지중배선 또는 지중배관을 하는 경우로서 중량물의 압력을 받을 우려가 있는 경우 (⑥)[m] 이상의 깊이로 매설한다.

해답
① 2.5   ② 극성
③ 직렬 ④ 병렬
⑤ 2   ⑥ 1

11 다음 그림은 태양전지 모듈의 열(String) 단위이다. 접속점을 이용하여 접속과 비(−)접속을 구분하여 병렬로 접속하시오.

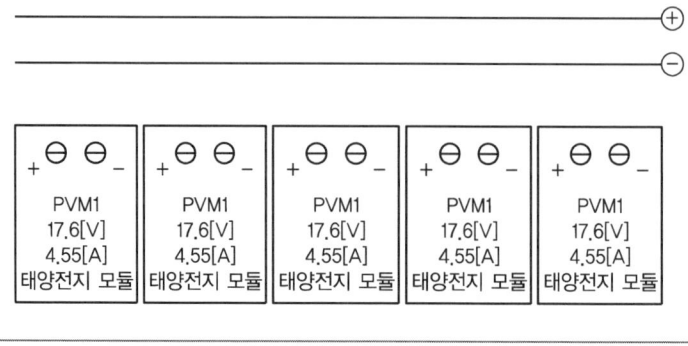

해답

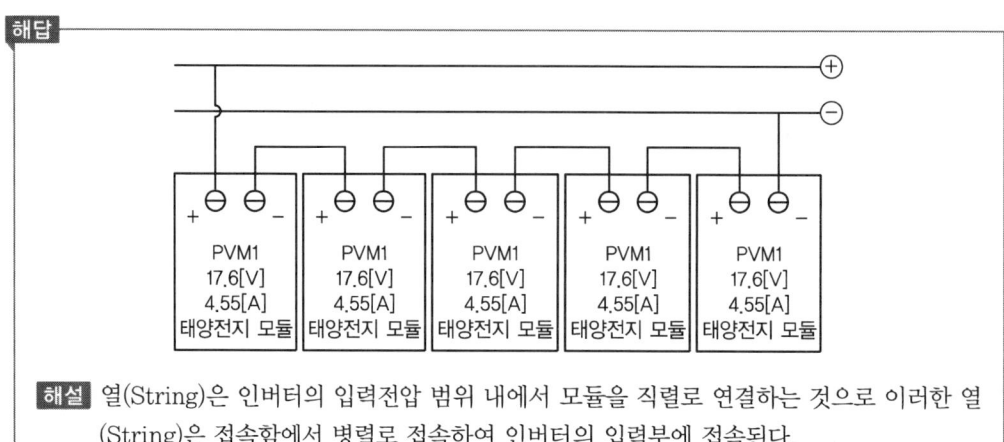

해설 열(String)은 인버터의 입력전압 범위 내에서 모듈을 직렬로 연결하는 것으로 이러한 열(String)은 접속함에서 병렬로 접속하여 인버터의 입력부에 접속된다.

12 태양전지 어레이 구조물 조립 시 사용되는 볼트의 풀림방지 방법을 4가지만 쓰시오.

해답
① 이중너트 사용
② 스프링와셔 사용
③ 너트를 용접
④ 콘크리트에 매립

13 태양전지 어레이 설치장소에 태양광의 입사 방향으로 높이 5[m]인 장애물이 있을 경우 장애물과 어레이 간의 최소이격거리[m]를 구하시오.(단, 발전 가능한 태양의 입사각은 30°이며, sin30°=0.5, cos30°=0.866, tan30°=0.577이다.)

- 계산과정 : 장애물과 어레이 간 최소이격거리 $d = \dfrac{h}{\tan\theta} = \dfrac{h}{\tan 30°} = \dfrac{5}{0.577}$
$= 8.665 ≒ 8.67[m]$
- 답 : $8.67[m]$

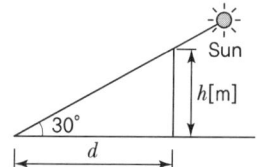
그림에서 $\tan(30°) = \dfrac{h}{d}$ 이므로,

최소이격거리$(d) = \dfrac{h}{\tan 30°}$ 로 구한다.

14 모듈 내에 태양전지 한 개 또는 다수를 직렬로 연결한 회로에 병렬로 접속하여 음영 등에 의한 출력손실을 방지하기 위하여 설치하는 소자의 명칭을 쓰시오.

바이패스 다이오드(By-pass Diode)

15 전선의 식별법에서 중성선의 색상은 무엇인지 쓰시오.

청색

전선식별법 국제표준화(KEC 121.2)

전선 구분	KEC 식별색상
상선(L1)	갈색
상선(L2)	흑색
상선(L3)	회색
중성선(N)	청색
접지/보호도체(PE)	녹황교차

16 한국전기설비규정(KEC)에 따라 저압접촉전선을 옥측 또는 옥외에 시설하는 경우 시설공사방법 3가지를 쓰시오.

> **해답**
> ① 애자사용공사
> ② 버스덕트공사
> ③ 절연트롤리공사
>
> **해설** 옥측 또는 옥외에 시설하는 접촉전선의 시설(KEC 235.4)
> 저압접촉전선을 옥측 또는 옥외에 시설하는 경우에는 애자사용공사, 버스덕트공사 또는 절연트롤리공사에 의하여 시설하여야 한다(기계기구에 시설하는 경우 제외).

17 태양광발전시스템을 전력망(Grid)과 병렬운전하기 위하여 인버터가 계통과 일치시켜야 하는 조건을 3가지만 쓰시오.

> **해답**
> ① 전압
> ② 주파수
> ③ 위상각
>
> **해설** 분산형 전원 배전계통 연계 기술기준 제8조(동기화)의 동기화 변수 제한범위
>
> | 분산형 전원 정격용량 합계[kW] | 주파수 차 (Δf, Hz) | 전압 차 (ΔV, %) | 위상각 차 ($\Delta \phi$, °) |
> |---|---|---|---|
> | 0~500 | 0.3 | 10 | 20 |
> | 500 초과~1,500 | 0.2 | 5 | 15 |
> | 1,500 초과~20,000 미만 | 0.1 | 3 | 10 |
>
> ※ 상기 동기화 변수 중 어느 하나의 변수라도 제시된 값을 벗어날 경우 병렬연계 장치가 투입되지 않아야 한다.

18 자가용 태양광발전설비의 정기검사항목을 4가지 쓰시오.

해답
① 태양광전지 검사
② 전력변환장치 검사
③ 종합연동시험 검사
④ 부하운전시험

해설 자가용 태양광발전설비의 정기검사항목

검사항목	세부 검사내용	수검자 준비자료
1. 태양광전지 검사		
• 태양광전지 일반 규격	• 규격 확인	• 단선결선도
• 태양광전지 검사	• 외관검사 • 전지 전기적 특성시험 • 어레이	• 태양전지 트립 인터록 도면 • 시퀀스 도면 • 보호장치 및 계전기 시험 성적서 • 절연저항 시험 성적서
2. 전력변환장치 검사		
• 전력변환장치 일반 규격	• 규격 확인	• 단선결선도
• 전력변환장치 검사	• 외관검사 • 절연저항 • 제어회로 및 경보장치 • 단독운전 방지시험 • 인버터 운전시험	• 시퀀스 도면 • 보호장치 및 계전기 시험 성적서 • 절연저항시험 성적서 • 절연내력시험 성적서 • 경보회로시험 성적서
• 보호장치 검사	• 보호장치시험	• 부대설비시험 성적서
• 축전지	• 시설상태 확인 • 전해액 확인 • 환기시설 상태	
3. 종합연동시험 검사	• 검사 시 일사량을 기준으로 가능 출력 확인하고 발전량 이상 유무 확인(30분)	
4. 부하운전시험	• 부하운전시험 의견	• 출력 기록지 • 전회 검사 이후 총 운전 및 기동 횟수 • 전회 검사 이후 주요 정비 내용

SECTION 006 필답형 예상문제 6회

01 전압강하 간이 계산식에 의한 전선의 최소 공칭단면적을 구하시오.

- 전압강하율 2[%]
- 정격용량 : 5[kW]
- 전선의 길이 25[m]
- 교류 전압 : 220[V]

해답

- 계산과정 : 단상 2선식이므로 $A = \dfrac{35.6LI}{1,000e}[\text{mm}^2]$

$$A = \dfrac{35.6LI}{1,000e} = \dfrac{35.6 \times 25 \times \dfrac{5 \times 1,000}{220}}{1,000 \times (220 \times 0.02)} = 4.597[\text{mm}^2]$$

전선의 공칭단면적은
1.5, 2.5, 4, 6, 10, 16, 25, 35, 50, 70, 95, 120, 150, 185, 240, 300, 400, 630
전선의 공칭단면적에서 4.597보다 큰 것 중 최소인 6[mm²] 선정

- 답 : 6[mm²]

02 태양전지 모듈 설치작업 시 감전을 방지할 수 있는 대책 4가지를 쓰시오.

해답
① 작업 전 태양전지 모듈 표면에 차광막을 씌워 태양광을 차폐한다.
② 저압 절연장갑을 착용한다.
③ 절연 처리된 공구를 사용한다.
④ 강우 시 작업을 중단한다.

03 다음은 배토·정비용 장비에 대한 설명이다. 해당 장비를 〈보기〉에서 고르시오.

〈보기〉
앵글도저,   그레이더,   스크레이퍼

1) 토사의 운반과 100~150[m]의 중거리 정지공사에 적합한 장비
2) 정지작업(땅고르기, 노면정리)에 적합한 장비
3) 산허리 등을 깎는 데 유용, 배토판이 30° 회전 가능한 장비

해답
1) 스크레이퍼
2) 그레이더
3) 앵글도저

04 연간 태양궤적에 비추어 볼 때, 태양광 어레이 설치 시 가장 효율적인 설비방향을 지구의 북반구와 남반구로 구분하여 쓰시오.

해답
- 북반구 : 남향
- 남반구 : 북향

05 태양전지 스트링의 개방전압 측정목적을 2가지만 쓰시오.

해답
① 동작 불량인 모듈 검출
② 직렬 접속선의 오접속(극성, 누락)을 확인

06 태양전지 모듈의 $I-V$ 특성곡선의 파라미터 5가지를 쓰시오.

해답
① 단락전류　　　　　② 최대출력 동작전류
③ 개방전압　　　　　④ 최대출력 동작전압
⑤ 최대출력 전력

해설 태양전지 모듈의 $I-V$ 특성곡선

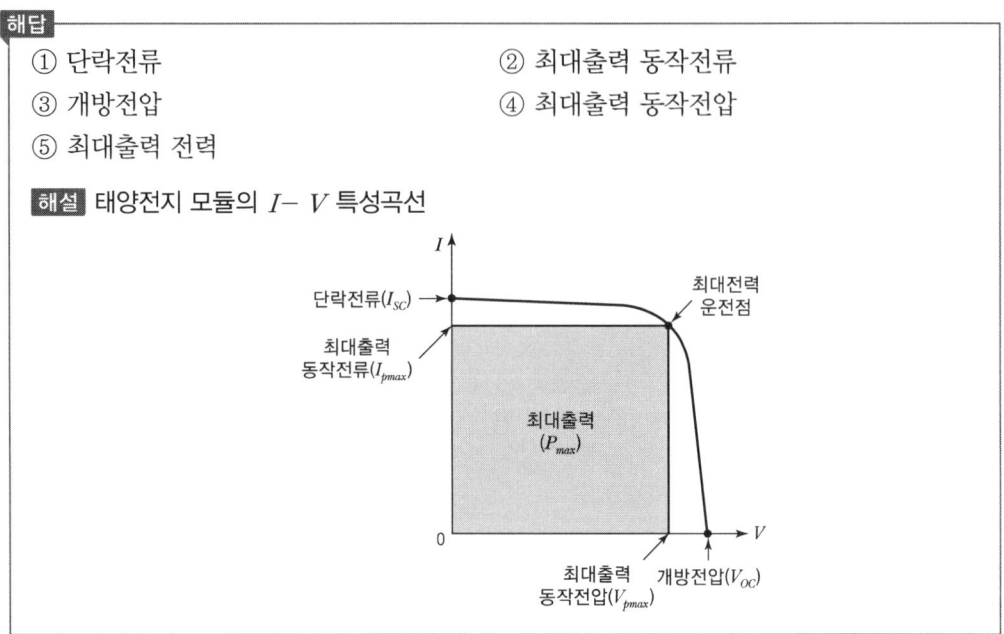

07 노이즈에 약하여 장거리 전송에 부적합한 통신 신호방식을 〈보기〉에서 골라 1가지만 쓰시오.

〈보기〉
RS-232, RS-422, RS-485

해답
RS-232

해설 RS-232, RS-422, RS-485 특성 비교

신호방식	RS-232	RS-422	RS-485
최대 전송거리	약 15[m]	약 1.2[km]	약 1.2[km]
최대 통신속도	20[kb/s]	10[kb/s]	10[kb/s]

08 태양광발전시스템 안전관리에서 복장 및 추락방지를 통한 작업자의 안전확보와 2차 재해 방지를 위해 착용해야 할 안전장구를 3가지만 쓰시오.

> **해답**
> ① 안전모
> ② 안전화
> ③ 안전대
>
> **해설** 작업자의 안전확보와 2차 재해방지를 위해 착용해야 할 안전장구
> • 안전모 : 머리 감전 방지 및 낙하물에 대한 머리 보호
> • 안전화 : 미끄럼 방지 및 발가락 보호
> • 안전대 : 추락 방지

09 직렬 스트링의 출력 전력이 아래와 같을 때 총발전량을 산출하시오.

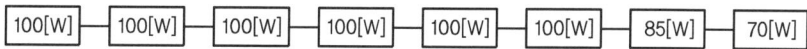

> **해답**
> • 계산과정 : 70[W]×8=560[W]
> • 답 : 560[W]

10 태양광발전시스템의 수 · 변전설비의 부품 중 고압 변압기 1차 측의 교류전압 및 교류전류를 변성하여 2차 측의 낮은 전압 및 전류로 바꾸어 계측장치나 계전기 등에 낮은 전압 및 전류를 공급하는 장치의 명칭을 〈보기〉에서 골라 쓰시오.

〈보기〉
CB,　COS,　DS,　PT,　MCCB,　CT

1) 계기에서 수용 가능한 전압으로 변압
2) 계기에서 수용 가능한 전류로 변류

> **[해답]**
> 1) PT
> 2) CT
>
> > **[해설]**
> > - CB(Circuit Breaker, 차단기) : 부하전류를 개폐함과 동시에 단락 및 지락사고 발생 시 각종 계전기와의 조합으로 전로를 차단하여 기기 및 전선을 보호하는 장치
> > - COS(Cut Out Switch, 컷아웃스위치) : 변압기 및 주요기기 1차 측에 시설하여 단락 보호용으로 사용
> > - DS(Disconnector Switch, 단로기) : 차단기와 조합하여 사용하며, 전류가 통하고 있지 않은 상태에서 개폐 가능하고 부하전류를 개폐할 수 없음
> > - PT(Potential Transformer, 계기용 변압기) : 계기에서 수용 가능한 전압으로 변압
> > - CT(Current Transformer, 계기용 변류기) : 계기에서 수용 가능한 전류로 변류
> > - MCCB(Molded Case Circuit Breaker, 배선용 차단기) : 과전류 및 사고전류를 차단

11 태양광발전시스템을 전력망(Grid)과 병렬운전하기 위하여 인버터가 계통과 일치시켜야 하는 조건을 3가지만 쓰시오.

> **[해답]**
> ① 전압
> ② 주파수
> ③ 위상각
>
> > **[해설]** 분산형 전원 배전계통 연계 기술기준 제8조(동기화)의 동기화 변수 제한범위
> >
> > | 분산형 전원 정격용량 합계[kW] | 주파수 차 (Δf, Hz) | 전압 차 (ΔV, %) | 위상각 차 ($\Delta \phi$, °) |
> > |---|---|---|---|
> > | 0~500 | 0.3 | 10 | 20 |
> > | 500 초과~1,500 | 0.2 | 5 | 15 |
> > | 1,500 초과~20,000 미만 | 0.1 | 3 | 10 |

12 다음은 국내 전압의 분류 중 저압의 범위를 나타낸 것이다. ①, ②에 알맞은 내용을 쓰시오.

> 전압의 분류에서 저압은 직류 (①) 이하, 교류 (②) 이하를 나타낸다.

해답
① 1.5[kV]
② 1[kV]

해설 전기설비기술기준 제3조(정의) 제2항에 의거 국내 전압의 저압, 고압 및 특고압은 다음과 같다.
1. 저압 : 직류는 1.5[kV] 이하, 교류는 1[kV] 이하인 것
2. 고압 : 직류는 1.5[kV]를, 교류는 1[kV]를 초과하고, 7[kV] 이하인 것
3. 특고압 : 7[kV]를 초과하는 것

13 태양광발전 모듈의 절연저항 측정 시 필요한 시험기자재를 3가지만 쓰시오.

해답
① 절연저항계
② 온도계
③ 습도계

해설 모듈의 절연저항 측정 시 필요한 시험기자재
- 절연저항계
- 온도계
- 습도계
- 단락용 개폐기

14 태양광발전설비의 개방전압을 측정할 때 유의할 사항 4가지를 쓰시오.

해답
① 태양전지 어레이의 표면을 청소할 필요가 있다.
② 각 스트링의 측정은 안정된 일사강도가 얻어질 때 실시한다.
③ 측정시각은 일사강도, 온도의 변동을 극히 적게 하기 위해 맑을 때, 남쪽에 있을 때의 전후 1시간 동안에 실시하는 것이 바람직하다.
④ 태양전지 셀은 비 오는 날에도 미소한 전압을 발생하므로 주의해서 측정한다.

15 서지보호기(SPD)의 설치목적에 대하여 쓰시오.

해답
뇌서지 등으로부터 보호 대상 기기의 절연파괴를 방지

해설 서지보호기(SPD)
① 정의 : 과도 과전압을 제한하고 서지전류를 우회시키는 장치
② 설치목적 : 뇌서지 등으로부터 보호 대상 기기의 절연파괴를 방지
③ 기능
- 서지가 없을 때 : 정상 상태에서 SPD는 설치된 계통에 영향을 미치지 않아야 한다.
- 침입한 서지에 신속하게 응답하여 임피던스를 저하시켜 서지전류를 접지 측으로 흘려서 서지전압을 보호 대상 기기의 임펄스 내전압 이하로 제한한다.
- 서지가 소멸될 때 : 서지가 소멸된 후 SPD는 높은 임피던스 상태로 복귀되며, 연속사용 전압에 견디어야 한다.

16 태양전지를 구성하는 최소 단위 소자는 무엇인지 쓰시오.

해답
셀(cell)

해설
- 셀(cell) : 태양전지의 최소 단위
- 모듈(module) : 셀을 내후성 패키지에 수십 장 모아 일정한 틀에 고정하여 구성한 것으로 태양전지 셀을 직렬연결하여 수정된 전압과 출력을 얻을 수 있도록 제작된 것
- 스트링(string) : 모듈 직렬연결의 접합단위로 인버터의 직류 입력 전압 범위가 되도록 모듈 개수를 정한다.
- 어레이(array) : 스트링, 케이블(전선), 가대를 포함하는 모듈의 집합단위

17 다음은 태양광발전 모니터링 시스템의 일반적인 구성순서이다. (   ) 안에 알맞은 내용을 쓰시오.

> 모듈 → 인버터 → (   ) → 모니터

해답
전송장치

18 모듈의 설치방법 중 모듈의 긴 쪽이 상하가 되도록 설치하는 방법을 쓰시오.

해답
가로(종)깔기

SECTION 007 필답형 예상문제 7회

01 다음 그림과 같이 태양전지가 병렬로 접속된 경우 총발전량을 구하시오.

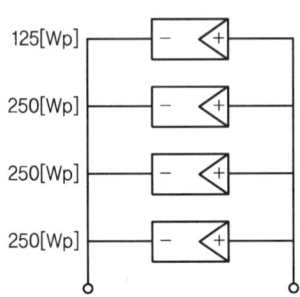

해답

- 계산과정 : 총발전량 $= 125 + 250 + 250 + 250 = 875[\text{Wp}]$
- 답 : $875[\text{Wp}]$

02 전선식별법이 국제적으로 표준화되고 있는 색상 ①~⑤를 적으시오.

전선 구분	KEC 식별색상
상선(L1)	①
상선(L2)	②
상선(L3)	③
중성선(N)	④
접지/보호도체(PE)	⑤

해답

① 갈색 ② 흑색 ③ 회색 ④ 청색 ⑤ 녹황교차

해설 전선식별법 국제표준화(KEC 121.2)

전선 구분	KEC 식별색상
상선(L1)	갈색
상선(L2)	흑색
상선(L3)	회색
중성선(N)	청색
접지/보호도체(PE)	녹황교차

03 태양광발전시스템의 시공 시 태양전지 모듈 배선이 끝난 후, 측정 및 확인하여야 하는 사항 3가지를 쓰시오.

> **해답**
> ① 전압극성 확인
> ② 단락전류 측정
> ③ 비접지 확인

04 인체감전보호 및 화재방지 목적으로 저압전로에 설치하는 차단기의 명칭을 쓰시오.

> **해답**
> 누전차단기
>
> **해설** 인체보호용 : 정격감도전류 30[mA], 정격차단시간 0.03초 이내

05 어떤 직류전압에 의한 발열량과 같은 발열량을 발생하는 교류전압은 그 교류전압의 무엇인가?

> **해답**
> 실횻값
>
> **해설** 실횻값 $V = \dfrac{최댓값}{\sqrt{2}} = \dfrac{V_m}{\sqrt{2}} ≒ 0.707\, V_m\,[\text{V}]$

06 태양전지 어레이의 설치방식 중 추적식의 3가지 방법을 쓰시오.

> **해답**
> ① 감지식 추적법(Sensor Tracking)
> ② 프로그램식 추적법(Program Tracking)
> ③ 혼합식 추적법(Mixed Tracking)

07 다음 설명의 ( ) 안에 알맞은 내용을 쓰시오.

> • 태양광발전소에 시설하는 태양전지 전선의 공칭단면적은 (①) 이상의 연동선 또는 이와 동등 이상의 세기 및 굵기의 것일 것
> • 옥내에 시설할 경우에는 공사방법을 (②), (③), (④) 또는 케이블 공사로 시설할 것

해답
① $2.5[\text{mm}^2]$
② 합성수지관 공사
③ 금속관 공사
④ 가요전선관 공사

08 태양전지 어레이의 육안 점검항목 3가지를 쓰시오.

해답
① 표면의 오염 및 파손
② 지지대의 부식 및 녹
③ 외부배선(접속 케이블)의 손상

09 접지의 목적 2가지를 쓰시오.

해답
① 인축에 대한 안전(감전보호)
② 설비 및 기기에 대한 안정

10 독립형 태양광발전시스템에서 야간에 발전을 하지 않을 경우 축전지로부터의 전류 유입을 방지하기 위해 접속함에 설치하는 것을 무엇이라 하는가?

해답
역류방지소자(또는 역류방지 다이오드, Blocking Diode)

11 태양전지 모듈과 가대의 접합 시 전식 방지를 위해 사용하는 것은?

> **해답**
> 개스킷

12 태양전지 어레이 점검 시 감전대책 4가지를 쓰시오.

> **해답**
> ① 측정 전 태양전지 모듈 표면에 차광막을 씌워 태양광을 차폐시키거나 개방전압을 최소화시킨다.
> ② 절연장갑을 착용한다.
> ③ 절연 처리된 계측장비나 공구를 사용한다.
> ④ 강우 시에는 점검을 금지한다.

13 다음은 태양광발전시스템의 구조물 지지대 연결부에 대한 내용이다. (   ) 안에 알맞은 내용을 쓰시오.

> 태양전지 모듈 지지대 제작 시 형강률 및 기초지지대에 포함된 철판 부위는 (   ) 또는 동등 이상의 녹 방지처리를 해야 하며, 용접부위는 방식처리를 해야 한다.

> **해답**
> 용융아연도금

14 다음 그림과 같이 전선에 흐르는 전류를 측정하는 측정기의 명칭을 쓰시오.

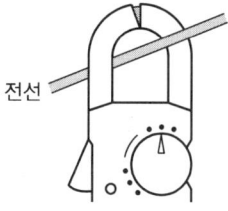

> **해답**
> 클램프미터(후크온미터)

15 시방서의 종류 중 모든 공사의 공통적인 사항을 규정하는 것은 무슨 시방서인가?

해답

표준시방서

16 전기사용 장소의 사용전압이 저압인 전로의 전선 상호 간 및 전로와 대지 사이의 절연저항은 개폐기 또는 과전류 차단기로 구분할 수 있는 전로마다 다음 표에서 정한 값 이상이어야 한다. ①~④에 알맞은 내용을 쓰시오.

전로의 사용전압[V]	DC 시험전압[V]	절연저항[MΩ]
①	250	③
②	500	④
500 초과	1,000	1

해답

① SELV 및 PELV ② FELV, 500[V] 이하
③ 0.5 ④ 1

해설 **저압전로의 절연성능**

전기사용 장소의 사용전압이 저압인 전로의 전선 상호 간 및 전로와 대지 사이의 절연저항은 개폐기 또는 과전류 차단기로 구분할 수 있는 전로마다 다음 표에서 정한 값 이상이어야 한다. 다만, 전선 상호 간의 절연저항은 기계기구를 쉽게 분리하기가 곤란한 분기회로의 경우 기기 접속 전에 측정할 수 있다.

또한, 측정 시 영향을 주거나 손상을 받을 수 있는 SPD 또는 기타 기기 등은 측정 전에 분리시켜야 하고, 부득이하게 분리가 어려운 경우에는 시험전압을 250[V] DC로 낮추어 측정할 수 있지만 절연저항값은 1[MΩ] 이상이어야 한다.

전로의 사용전압[V]	DC 시험전압[V]	절연저항[MΩ]
SELV 및 PELV	250	0.5
FELV, 500[V] 이하	500	1.0
500[V] 초과	1,000	1.0

※ 특별저압(Extra Low Voltage : 2차 전압이 AC 50[V], DC 120[V] 이하)으로 SELV(비접지회로 구성) 및 PELV(접지회로 구성)는 1차와 2차가 전기적으로 절연된 회로, FELV는 1차와 2차가 전기적으로 절연되지 않은 회로
  • FELV(Functional Extra Low Voltage)
  • SELV(Safety Extra Low Voltage)
  • PELV(Protective Extra Low Voltage)

17 다음의 특고압반 용어를 우리말로 쓰시오.
1) LBS 2) LA 3) MOF
4) VCB 5) ACB

> **해답**
> 1) 부하개폐기
> 2) 피뢰기
> 3) 계기용 변성기
> 4) 진공차단기
> 5) 기중차단기

18 역송병렬 계통연계형 인버터의 전류왜형률은 전부하 시, 전체의 경우와 각 차수별로 몇 [%] 이하이어야 하는지 쓰시오.

> **해답**
> ① 전체 : 5[%] 이하
> ② 각 차수별 : 3[%] 이하

19 태양광발전 모니터링 시스템의 프로그램 기능의 목적 4가지를 쓰시오.

> **해답**
> ① 데이터 수집
> ② 데이터 저장
> ③ 데이터 분석
> ④ 데이터 통계

20 1[kWh]를 메가줄[MJ]로 환산하여 쓰시오.

> **해답**
> $1[kWh] = 1 \times 10^3[W] \times 3,600[sec] = 3.6 \times 10^6[J] = 3.6[MJ]$

21 태양광발전시스템용 접속함에서 개방전압 측정회로는 다음 그림과 같다. 측정순서를 5단계로 쓰시오.

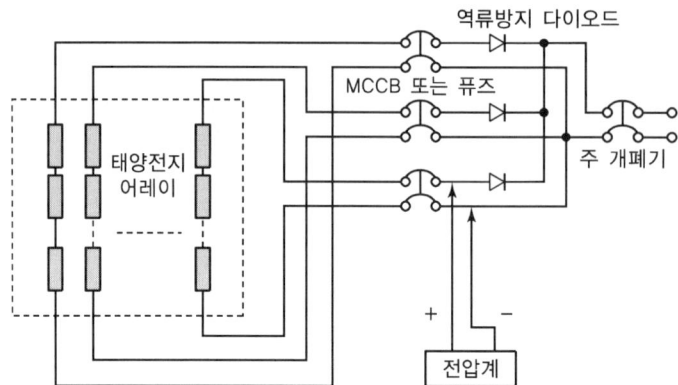

> **해답**
> - 1단계 : 출력개폐기를 개방(Off)한다.
> - 2단계 : 각 스트링 MCCB(또는 퓨즈)가 있는 경우 MCCB(또는 퓨즈)를 전부 개방(Off)한다.
> - 3단계 : 각 모듈이 그늘져 있지 않은지 확인한다.
> - 4단계 : 측정하고자 하는 스트링의 MCCB(또는 퓨즈)를 투입(On)한다.
> - 5단계 : 직류전압계로 각 스트링의 P-N 단자 간의 전압을 측정한다.

SECTION 008 필답형 예상문제 8회

01 다음 그림과 같이 축전지가 접속되어 있을 때 A와 B 사이의 축전지 용량[Ah]과 단자전압 [V]을 구하시오.

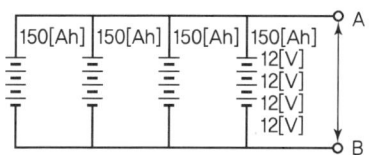

해답

1) 축전지 용량(C)
   - 계산과정 : $C = 150[\text{Ah}] \times 4$병렬 $= 600[\text{Ah}]$
   - 답 : $600[\text{Ah}]$

2) 단자전압(V)
   - 계산과정 : $V = 12[\text{V}] \times 4 = 48[\text{V}]$
   - 답 : $48[\text{V}]$

해설 병렬연결은 축전지(모듈)의 용량을 증가시키고, 직렬연결은 축전지(모듈)의 전압을 증가시킨다.

02 태양광발전시스템의 안전관리대책(추락 및 감전사고 예방대책)에서 감전사고 예방에 대해 3가지만 적으시오.

해답
① 절연장갑 착용
② 태양전지 모듈 등 전원 개방
③ 누전차단기 설치

해설
- 추락사고 예방 : 안전모, 안전화, 안전벨트 착용
- 감전사고 예방 : 절연장갑 착용, 태양전지 모듈 등 전원 개방, 누전차단기 설치

03 설계도서, 법령해석, 감리자의 지시 등이 서로 일치하지 아니하는 경우에 계약으로 그 적용의 우선순위를 정하지 아니할 때에 적용하는 설계도서 해석 우선순위를 〈보기〉에서 골라 순서대로 쓰시오.

〈보기〉
① 설계도면   ② 산출내역서   ③ 공사시방서

해답

③ → ① → ②

해설 설계도서, 법령해석, 감리자의 지시 등이 서로 일치하지 않는 경우 계약으로 그 적용의 우선순위를 정하지 아니한 때는 다음 순서를 원칙으로 한다.
1. 공사시방서
2. 설계도면
3. 전문시방서
4. 표준시방서
5. 산출내역서
6. 승인된 상세시공도면
7. 관계법령의 유권해석
8. 감리자의 지시사항

04 기기의 접속단자에 전력케이블을 터미널로 압착하여 볼트, 너트를 조임 시공하려 한다. 케이블 단자 접속과 관련한 조임 시 유의사항을 3가지 쓰시오.

해답

① 볼트의 크기에 맞는 토크렌치를 사용하여 규정된 힘으로 조여준다.
② 조임 시 너트를 돌려서 조여준다.
③ 2개 이상의 볼트를 사용하는 경우 한쪽만 심하게 조이지 않도록 한다.

05 태양광발전시스템의 모든 구조물과 연결철물은 염해에 부식되지 않도록 어떤 도금처리를 하여야 하는지 쓰시오.

해답

용융아연도금

06 태양광발전용 인버터 선정 시 종합적으로 체크(Check)하여야 할 주요사항을 5가지만 쓰시오.

> **해답**
> ① 연계하는 계통 측(한전 측)과 전압 및 전기방식이 일치하고 있는가?
> ② 국내·외 인증된 제품인가?
> ③ 설치는 용이한가?
> ④ 비상 재해 시에 자립운전이 가능한가?(비상전원으로 사용할 경우)
> ⑤ 축전지 부착 운전은 가능한가?(정전 시에도 사용하고자 할 경우)
>
> **해설** ①~⑤ 외에
> ⑥ 수명이 길고 신뢰성이 높은 기기인가?
> ⑦ 보호장치의 설정이나 시험은 간단한가?
> ⑧ 발전량을 간단하게 알 수 있는가?
> ⑨ 서비스 네트워크는 완전한가?

07 태양광발전설비를 설치하는 작업자가 작업 중 안전확보 및 2차 재해방지를 위해 착용하는 보호장구를 3가지만 쓰시오.

> **해답**
> ① 안전모
> ② 안전대
> ③ 안전화
>
> **해설** 작업자의 안전확보와 2차 재해방지를 위해 착용해야 할 안전장구
> • 안전모 : 머리의 감전 방지 및 낙하물에 대한 머리 보호
> • 안전화 : 미끄럼 방지 및 발가락 보호
> • 안전대 : 추락 방지
> • 안전허리띠 : 공구, 공사부재의 낙하 방지

08 태양광발전시스템 등 전기설비에 접지공사를 실시하는 목적을 2가지 쓰시오.

> **해답**
> ① 인축에 대한 안전(감전보호)
> ② 설비 및 기기에 대한 안정성

09 태양광발전시스템용 접속함에서 개방전압 측정회로는 다음 그림과 같다. 측정순서를 5단계로 쓰시오.

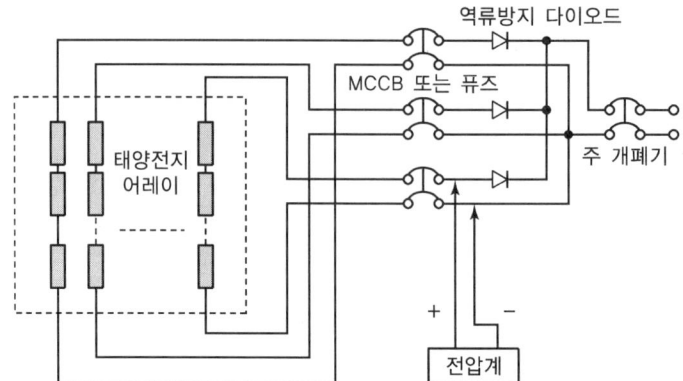

> **해답**
> 1. 출력개폐기를 개방(Off)한다.
> 2. 각 스트링 MCCB(또는 퓨즈)가 있는 경우 MCCB(또는 퓨즈)를 전부 개방(Off)한다.
> 3. 각 모듈이 그늘져 있지 않은지 확인한다.
> 4. 측정하고자 하는 스트링의 MCCB(또는 퓨즈)를 투입(On)한다.
> 5. 직류전압계로 각 스트링의 P-N 단자 간의 전압을 측정한다.

10 태양광발전시스템의 계측장치 및 표시장치의 사용목적 4가지를 쓰시오.

> **해답**
> ① 시스템의 운전상태 감시
> ② 시스템에 의한 발전 전력량 파악
> ③ 시스템 기기의 시스템 종합평가
> ④ 시스템의 운전상황을 견학하는 사람에게 보여주고 홍보하기 위한 계측표시

11 1일 전력소비량이 2,500[Wh]이고, 전력손실률이 20[%]인 전력공급 시스템에서 실제로 감당해야 할 1일 전력소비량은 몇 [kWh]인지 구하시오.

> **해답**
> - 계산과정 : 1일 전력소비량 $= 2,500[\text{Wh}] \times 1.2 \times 10^{-3}$
> $= 3[\text{kWh}]$
> - 답 : 3[kWh]

12 태양광발전시스템을 설치한 후 주위 환경(외부환경)에 의하여 발전량이 감소할 수 있다. 발전량 감소 원인을 2가지 쓰시오.

> **해답**
> ① 수목 등에 의한 음영   ② 공해, 염해, 오염

13 태양광발전시스템에서 사용되는 피뢰대책용 부품을 3가지만 쓰시오.

> **해답**
> ① 서지보호장치(SPD)
> ② 서지 어레스터
> ③ 서지 업소버
>
> **해설** ①~③ 외에
>   ④ 내뢰 트랜스

14 다음 (   ) 안에 알맞은 수치를 쓰시오.

> 태양광발전소의 울타리 · 담 등의 높이는 (①)[m] 이상으로 하고, 지표면과 울타리 · 담 등의 하단 사이 간격은 (②)[cm] 이하로 하여야 한다.

> **해답**
> ① 2   ② 15

15 피뢰기가 구비해야 할 조건 4가지를 쓰시오.

> **해답**
> ① 충격방전개시전압이 낮을 것
> ② 상용주파방전개시전압이 높을 것
> ③ 방전내량이 크고 제한전압이 낮을 것
> ④ 속류의 차단능력이 충분할 것

16 고압 이상 수전설비의 개폐기 및 차단기 조작은 책임자의 승인을 받아 담당자가 순서에 의해 조작하여야 한다. 투입순서 및 차단순서를 기호로 쓰시오.

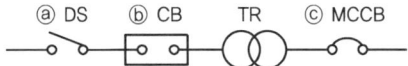
ⓐ DS   ⓑ CB   TR   ⓒ MCCB

> **해답**
> • 투입순서 : ⓐ → ⓑ → ⓒ
> • 차단순서 : ⓒ → ⓑ → ⓐ
>
> **해설** 차단기의 차단은 저압에서 고압 측으로 조작하고 투입은 고압에서 저압 측으로 조작한다. 그리고 단로기(DS)는 차단능력이 없으므로 차단기와 비교하여 차단 시는 후 차단, 투입 시는 선 투입해야 한다.

17 태양광발전시스템에서 특정한 온도와 일조강도에서 부하를 연결하지 않은 상태에서 태양광발전장치 양단에 걸리는 전압을 측정하는 것을 무엇이라고 하는지 쓰고, 이와 같은 전압을 측정하는 목적을 쓰시오.

> **해답**
> 1) 개방전압
> 2) 태양전지 모듈의 불량 검출 및 직렬 접속선의 오접속(극성, 누락)을 확인

18 태양광발전시스템의 운영조작방법 중 정전 시 조작순서를 〈보기〉에서 골라 차례대로 기호를 쓰시오.

〈보기〉
① 주차단기(Main VCB)반 전압 확인 및 계전기를 확인하여 정전 여부 확인, 부저 Off
② 인버터 DC 전압 확인 후 운전 시 조작방법에 의해 재시동
③ 태양광 인버터 상태 확인(정지)
④ 인입 계통전원의 복구 여부 확인

해답
① → ③ → ④ → ②

19 태양광발전시스템의 방화구획 관통부를 충진재, 내열 실(seal)재 등으로 처리하는 목적을 쓰시오.

해답
화재 확산 방지

20 태양광발전설비의 운영 시 발전설비의 점검과 유지보수를 위하여 발전시스템 도면과 함께 갖추어야 하는 계측기(계측장비)의 종류를 3가지 쓰시오.

해답
① 절연저항계
② 접지저항계
③ 일사량계

해설 ①~③ 외에
④ 전력품질분석계   ⑤ 오실로스코프
⑥ 멀티테스터   ⑦ 열화상카메라
⑧ 클램프미터   ⑨ 모듈분석기

SECTION 009 필답형 예상문제 9회

01 역송전이 있는 계통연계시스템에서 전력회사로 판매한 전력요금을 산출하기 위한 적산전력계를 수요전력계량용과 함께 접속하려 한다. 결선도를 완성하시오.(단, 연계전원방식은 단상 2선식이다.)

[해답]

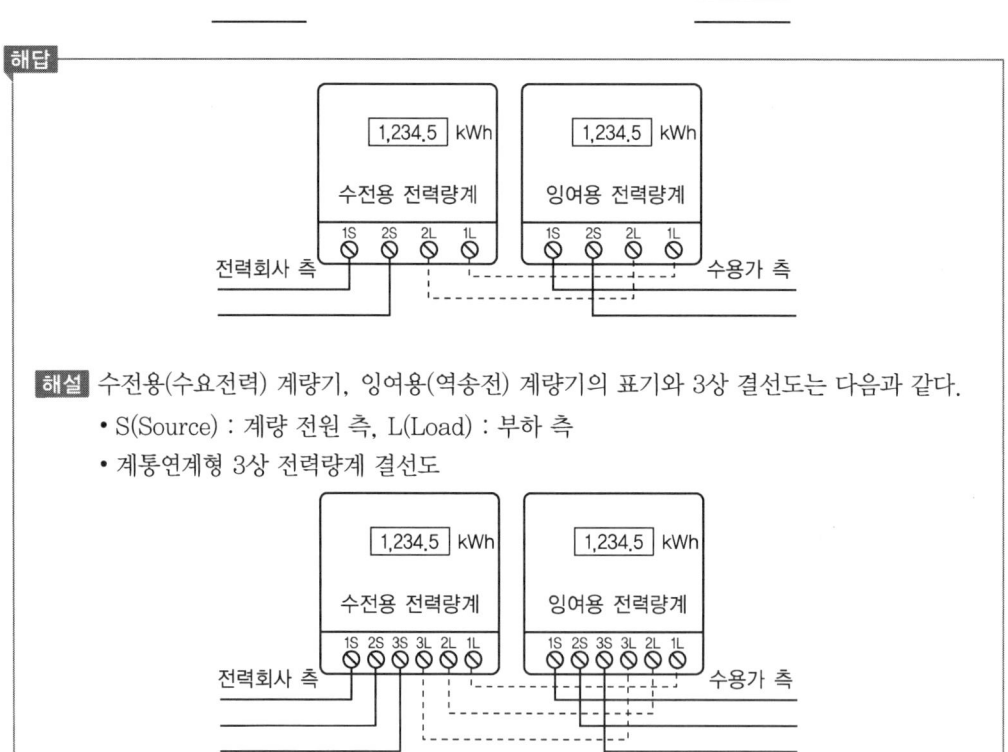

[해설] 수전용(수요전력) 계량기, 잉여용(역송전) 계량기의 표기와 3상 결선도는 다음과 같다.
- S(Source) : 계량 전원 측, L(Load) : 부하 측
- 계통연계형 3상 전력량계 결선도

02 기초의 종류 중 직접 기초(얕은 기초)의 종류 2가지를 쓰시오.

> **해답**
> ① 푸팅 기초
> ② 전면 기초
>
> **해설** 기초의 종류

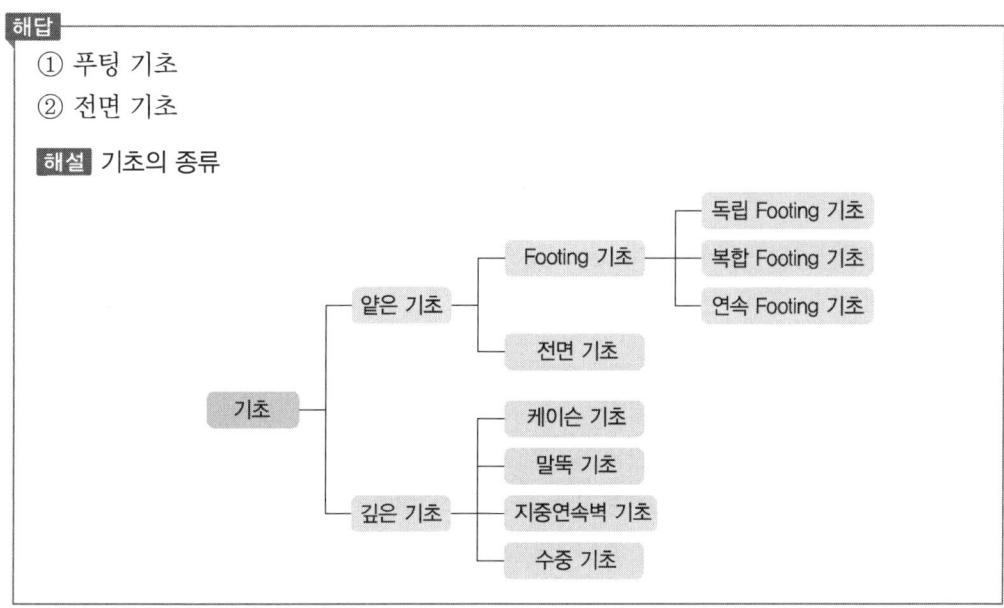

03 다음 태양광발전시스템에 사용되는 기기의 그림 기호에 해당하는 명칭을 쓰시오.

그림 기호	⊠	◩	⊠
명칭	①	②	③

> **해답**
> ① 배전반   ② 분전반   ③ 제어반

04 교류계통의 대표전압이 220[V]인 경우 최댓값을 구하시오.

> **해답**
> - 계산과정 : 최댓값 $V_m = \sqrt{2}\,V(실횻값) = \sqrt{2} \times 220 = 311.126[V]$
> - 답 : 311.13[V]
>
> **해설** 최댓값
>   순시값 중에서 최대의 전압값

05 태양광발전시스템을 직격뢰로부터 보호하기 위해 설치하는 것이 무엇인지 쓰시오.

> **해답**
> 피뢰침

06 다음은 태양광발전설비의 인버터 시공기준과 관련된 사항이다. ①~⑤에 알맞은 내용을 쓰시오.

> 1) 설치상태
>   실내용·실외용을 구분하여 설치하여야 한다. 다만, 실내용을 실외에 설치하는 것은 (①)[kW] 이상 용량일 경우에만 가능하며, 이 경우 빗물 침투를 방지할 수 있도록 옥내에 준하는 수준으로 외함 등을 설치하여야 한다.
> 2) 설치용량
>   사업계획서상의 인버터 설계용량 이상이어야 하고, 인버터에 연결된 모듈의 설치용량은 인버터의 설치용량의 (②)[%] 이내이어야 한다. 다만, 직렬군의 태양전지 (③)은 인버터의 입력전압 범위 안에 있어야 한다.
> 3) 표시사항
>   입력단(모듈 출력)의 전압, (④), 전력과 출력단(인버터 출력)의 전압, (④), 전력, (⑤), 누적발전량, 최대 출력량(peak)이 표시되어야 한다.

> **해답**
> ① 5　　　② 105　　　③ 개방전압
> ④ 전류　　⑤ 주파수

07 시공 시 테이프 폭의 3/4~2/3 정도를 중첩해 감아놓으면 시간이 지남에 따라 융착하여 일체화되는 절연테이프의 명칭을 쓰시오.

> **해답**
> 자기융착 절연테이프

08 모듈의 설치용량은 사업계획서상의 모듈 설계용량과 동일하여야 한다. 다만, 단위 모듈당 용량에 따라 설계용량과 동일하게 설치할 수 없을 경우에 한하여 설계용량의 몇 [%] 이내까지 설치 가능한가?

> **해답**
> 110[%]

09 태양광발전소에서 방화구획 관통부의 처리목적을 쓰시오.

> **해답**
> 화재 확산 방지

10 태양광발전시스템에서 발전량을 극대화하기 위하여 추적식 어레이를 적용하고 있다. 추적방향에 따른 분류방식과 추적방식에 따른 분류방식을 구분하여 각각 쓰시오.

1) 추적방향에 따른 분류방식(2가지)
2) 추적방식에 따른 분류방식(3가지)

> **해답**
> 1) 추적방향에 따른 분류방식(2가지)
>   ① 단방향 추적식
>   ② 양방향 추적식
> 2) 추적방식에 따른 분류방식(3가지)
>   ① 감지식 추적법
>   ② 프로그램 추적법
>   ③ 혼합식 추적법

11 다음 그림에서 $a=0.5[m]$, $b=1.22[m]$, $h=1.2[m]$라면, 길이 20[m]를 터파기할 때 터파기량을 계산하시오.

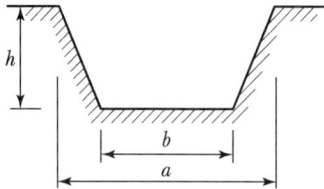

> **해답**
>
> - 계산과정 : 터파기량 $= \dfrac{a+b}{2} \times h \times$ 줄기초 길이
>
> $\qquad\qquad\qquad\qquad = \dfrac{0.5+1.22}{2} \times 1.2 \times 20 = 20.64$
>
> - 답 : $20.64[m^3]$

12 너트의 풀림방지 방법 4가지를 쓰시오.

> **해답**
>
> ① 이중너트 사용
> ② 스프링와셔(Spring Washer) 사용
> ③ 너트를 용접
> ④ 콘크리트에 매립

13 포화 점토층의 공극을 통해 공극수가 빠져나감으로써 발생하는 침하를 무슨 침하라 하는가?

> **해답**
>
> 압밀침하

14 어떤 저항에 20[A]의 전류를 흘렸을 때의 전력이 60[W]이었다. 이 저항에 50[A]의 전류를 흘렸을 때의 전력을 구하시오.

> **해답**
> - 계산과정 : 전력 $P = I^2 \times R$[W]이므로 저항 $R = \dfrac{P}{I^2} = \dfrac{60}{20^2} = 0.15[\Omega]$
>   전류가 50[A] 흐를 때 전력 $P = I^2 \times R = 50^2 \times 0.15 = 375$[W]
> - 답 : 375[W]

15 태양광발전시스템 인버터의 입력단(직류 측)의 표시사항 3가지를 쓰시오.

> **해답**
> ① 전압
> ② 전류
> ③ 전력

16 태양전지 모듈에서 생산된 직류전력을 교류전력으로 변환하는 설비의 명칭을 쓰시오.

> **해답**
> 인버터

17 접속함으로부터 인버터 입력단자까지의 허용전압강하는 몇 [%] 이내로 하여야 하는가?

> **해답**
> 2[%]

18 태양전지 모듈, 접속함, 인버터, 분전반, 송수전반 등 주회로의 전기적 접속도를 단선으로 표시해 중요 기기의 전기적 위치와 계통을 명확하게 나타낸 도면의 명칭을 쓰시오.

> **해답**
> 단선접속도

19 태양전지 스트링별 직류전력을 병렬로 접속하여 인버터에 직류전력을 공급하기 위해 설치하는 설비의 명칭을 쓰시오.

> **해답**
> 접속함

20 태양전지의 개방전압과 단락전류의 곱에 대한 출력비를 무엇이라고 하는가?

> **해답**
> 충진율(Fill Factor)
>
> **해설** 충진율 $FF = \dfrac{P_{\max}}{V_{oc} \times I_{sc}} = \dfrac{I_m \times V_m}{V_{oc} \times I_{sc}}$
>
> 여기서, I_m : 최적동작전류
> V_m : 최적동작전류

SECTION 010 필답형 예상문제 10회

01 태양전지가 직렬로 접속되어 각각의 출력이 그림과 같을 경우 총발전량을 구하시오.

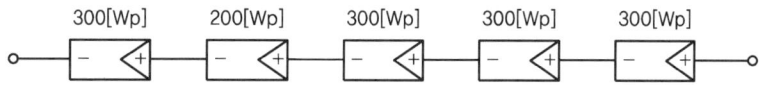

해답
- 계산과정 : $200[Wp] \times 5 = 1,000[Wp]$
- 답 : $1,000[Wp]$

해설 태양전지의 직렬접속의 총발전량은 최소출력과 태양전지 개수의 곱으로 구하고, 병렬접속은 각각의 출력의 합으로 구한다.

02 한국전기설비규정(KEC)에 따른 지중 선로 케이블의 시설방법 3가지를 쓰시오.

해답
① 직접매설식
② 관로식
③ 암거식

03 태양전지 모듈에서 일부 셀에 그늘(음영)이 발생하면 음영 셀(Cell)은 발전을 하지 못하고 열점(Hot Spot) 현상을 일으켜 셀이 파손될 수 있다. 이를 방지하기 위한 방법을 설명하시오.

해답
바이패스 다이오드를 셀의 전류 방향과 반대로 병렬로 설치

해설 태양전지 모듈 내의 셀(Cell) 18~22개마다 셀의 전류 방향과 반대로 바이패스 다이오드(By-pass Diode)를 병렬로 설치한다.

04 다음은 전기배선의 전압강하에 대한 사항이다. (   ) 안에 알맞은 내용을 쓰시오.

태양전지판에서 인버터 입력단 간 및 인버터 출력단 간과 계통연계점 간의 전압강하는 각각 (   )[%]를 초과하여서는 안 된다(단, 전선길이가 60[m] 이하인 경우이다).

해답

3

해설 태양전지판에서 인버터 입력단 간 및 인버터 출력단 간과 계통연계점 간의 전압강하는 각각 3[%]를 초과하여서는 안 된다. 단, 전선길이가 60[m]를 초과할 경우에는 아래 표에 따라 시공할 수 있다. 전압강하 계산서(또는 측정치)는 설치확인 신청 시에 제출하여야 한다.

전선길이	전압강하
120[m] 이하	5[%]
200[m] 이하	6[%]
200[m] 초과	7[%]

05 다음과 같은 조건일 때 태양광발전시스템의 발전용량은 몇 [kW]인지 계산하시오.

- 모듈의 최대 출력 : 260[Wp]
- 직렬 회로수 : 18개
- 병렬 회로수 : 26개

해답
- 계산과정 : 발전용량 = 모듈의 최대 출력 × 직렬 수 × 병렬 수
  = 260[Wp] × 18 × 26 = 121,680[W]
  = 121.68[kW]
- 답 : 121.68[kW]

14 어떤 저항에 20[A]의 전류를 흘렸을 때의 전력이 60[W]이었다. 이 저항에 50[A]의 전류를 흘렸을 때의 전력을 구하시오.

> **해답**
> - 계산과정 : 전력 $P = I^2 \times R$[W]이므로 저항 $R = \dfrac{P}{I^2} = \dfrac{60}{20^2} = 0.15$[Ω]
>
>   전류가 50[A] 흐를 때 전력 $P = I^2 \times R = 50^2 \times 0.15 = 375$[W]
> - 답 : 375[W]

15 태양광발전시스템 인버터의 입력단(직류 측)의 표시사항 3가지를 쓰시오.

> **해답**
> ① 전압
> ② 전류
> ③ 전력

16 태양전지 모듈에서 생산된 직류전력을 교류전력으로 변환하는 설비의 명칭을 쓰시오.

> **해답**
> 인버터

17 접속함으로부터 인버터 입력단자까지의 허용전압강하는 몇 [%] 이내로 하여야 하는가?

> **해답**
> 2[%]

18 태양전지 모듈, 접속함, 인버터, 분전반, 송수전반 등 주회로의 전기적 접속도를 단선으로 표시해 중요 기기의 전기적 위치와 계통을 명확하게 나타낸 도면의 명칭을 쓰시오.

> **해답**
> 단선접속도

19 태양전지 스트링별 직류전력을 병렬로 접속하여 인버터에 직류전력을 공급하기 위해 설치하는 설비의 명칭을 쓰시오.

> **해답**
> 접속함

20 태양전지의 개방전압과 단락전류의 곱에 대한 출력비를 무엇이라고 하는가?

> **해답**
> 충진율(Fill Factor)
>
> **해설** 충진율 $FF = \dfrac{P_{\max}}{V_{oc} \times I_{sc}} = \dfrac{I_m \times V_m}{V_{oc} \times I_{sc}}$
>
> 여기서, I_m : 최적동작전류
> V_m : 최적동작전류

12 태양의 남중고도에 대하여 설명하시오.

> **해답**
> 하루 중에 태양이 정남쪽에 있을 때의 고도를 남중고도라고 한다.
>
> **해설** 남중고도는 다음 식으로 구할 수 있다.
> 남중고도 = $90° -$ 관측자의 위도$(\phi) +$ 태양의 적위(δ)
> - 춘추분일 때 남중고도 = $90° - \phi$
> - 동지일 때 남중고도 = $90° - \phi - 23.5°$
> - 하지일 때 남중고도 = $90° - \phi + 23.5°$

13 태양광발전시스템의 시공절차이다. ( ) 안에 알맞은 내용을 쓰시오.

> 현장여건 분석 → 시스템 설계 → (①) → 기초공사 → (②) → 모듈 설치 → (③) → (④) → 시운전 → 운전 개시

> **해답**
> ① 구성요소 제작   ② 가대 설치
> ③ 간선공사   ④ 인버터 설치

14 태양전지 구조물 기초공사의 분류에서 깊은 기초에 해당하는 3가지를 쓰시오.

> **해답**
> ① 말뚝 기초   ② 피어 기초   ③ 케이슨 기초
>
> **해설** 기초의 종류
>
>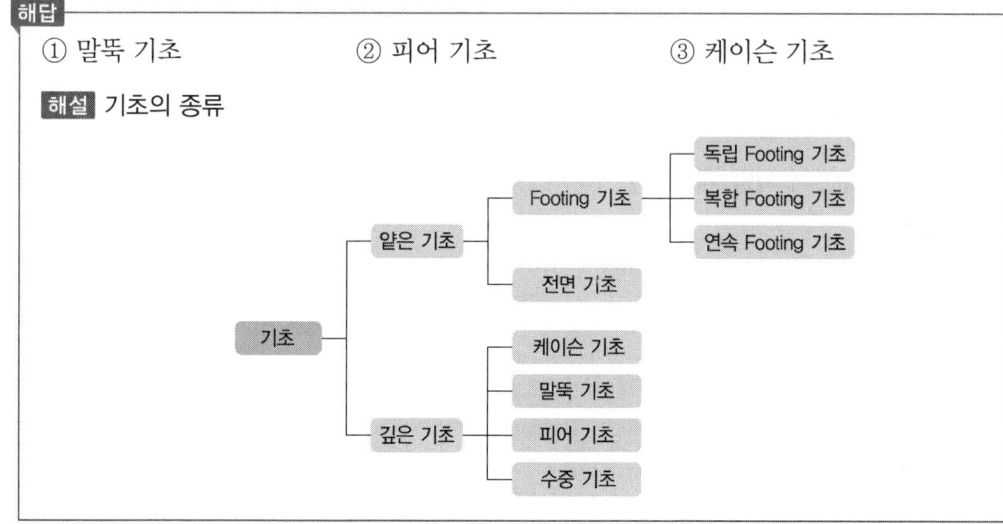

15 전기설비기술기준에서 전압의 범위 중 저압의 범위에 대해 쓰시오.

해답
- 저압 : 직류 1,500[V] 이하
  교류 1,000[V] 이하

해설

분류	전압의 범위
저압	• 직류 : 1.5[kV] 이하 • 교류 : 1[kV] 이하
고압	• 직류 : 1.5[kV] 초과, 7[kV] 이하 • 교류 : 1[kV] 초과, 7[kV] 이하
특고압	7[kV] 초과

16 태양광발전시스템을 시공할 경우 작업 중 감전을 방지할 수 있는 안전대책 4가지를 쓰시오.

해답
① 작업 전 태양전지 모듈 표면에 차광막을 씌워 태양광을 차폐한다.
② 저압 절연장갑을 착용한다.
③ 절연 처리된 공구를 사용한다.
④ 강우 시에는 감전사고뿐 아니라 미끄러짐으로 인한 추락사고로 이어질 우려가 있으므로 작업을 금지한다.

17 1일 적산 부하량(L_d)이 3.0[kWh]인 부하에 설치된 독립형 태양광발전시스템의 축전지 용량[Ah]을 구하시오.(단, 보수율(L)=0.8, 일조가 없는 날(D_r)=6일, 공칭축전지 전압(V_b)=2[V], 축전지 직렬 개수(N)=50개, 방전심도(DOD)=60[%]이다.)

해답
- 계산과정 : $C = \dfrac{L_d \times 10^3 \times D_r}{L \times (V_b \times N) \times DOD} = \dfrac{3.0 \times 10^3 \times 6}{0.8 \times (2 \times 50) \times 0.6} = 375$
- 답 : 375[Ah]

18 다음에서 설명하고 있는 점검방식의 명칭을 쓰시오.

- 유지보수 요원의 감각에 의하여 점검하는 방식으로 시각점검, 비정상적인 소리, 냄새, 손상 등을 시설물 외부에서 점검 대상 항목에 따라서 점검을 실시하는 방식
- 이상 상태를 발견한 경우에는 시설물의 문을 열고 이상의 정도를 확인하는 방식

해답
일상점검

19 다음은 태양광발전시스템에 관한 설명이다. ①~③에 들어갈 내용을 쓰시오.

태양전지 모듈에서 생산되는 (①)을(를) (②)(으)로 변환하는 장치를 (③)(이)라 하며, 변환된 전력은 전력계통에 접속하여 부하설비에 공급한다.

해답
① 직류전력
② 교류전력
③ 인버터

해설 태양광발전시스템용 인버터는 태양전지에서 생산된 직류전력을 교류전력으로 변환하여 전력계통 및 부하에 교류전력을 공급하는 설비이다.

20 유지보수 관점에 따른 태양광발전시스템의 점검방법 3가지를 쓰시오.

해답
① 일상점검
② 정기점검
③ 임시점검

필답형 예상문제 11회

01 자가용전기설비의 정기검사항목 중 태양광발전설비의 태양전지에 대한 전기적 특성시험의 검사항목을 3가지만 쓰시오.

> **해답**
> ① 최대출력
> ② 최대출력 전압 및 전류
> ③ 개방전압 및 단락전류
>
> **해설** ①~③ 외에
>   ④ 전력변환효율
>   ⑤ 충진율

02 전압강하 간이 계산식에 의한 전선의 최소 공칭단면적을 선정하시오.

> 〈조건〉
> • 전압강하율 2[%]
> • 정격용량 : 5[kW]
> • 전선의 길이 25[m]
> • 단상 교류전압 : 220[V]
>
> <전선의 공칭단면적>
> 1.5, 2.5, 4, 6, 10, 16, 25, 35, 50, 70, 95, 120, 150, 185, 240, 300, 400, 630

> **해답**
> • 계산과정 : 전선의 단면적 $A = \dfrac{35.6LI}{1,000e}[\text{mm}^2]$
>
>   단상교류이므로 35.6, 전선의 길이 $L=25[\text{m}]$
>
>   전류 $I = \dfrac{P}{V} = \dfrac{5 \times 10^3}{220} = 22.727 ≒ 22.73[\text{A}]$
>
>   전압강하 $e = 220 \times 0.02 = 4.4[\text{V}]$
>
> $A = \dfrac{35.6 \times 25 \times 22.73}{1,000 \times 4.4} = 4.597[\text{mm}^2]$
>
>   전선의 공칭단면적에서 6[mm²] 선정
> • 답 : 6[mm²]

03 태양광발전용 접속함의 주요 구성요소를 5가지만 쓰시오.

> **해답**
> ① 어레이 측 차단기 ② 출력 차단기
> ③ SPD(서지보호장치) ④ 역류방지소자(다이오드)
> ⑤ 출력용 단자대
>
> **해설** ①~⑤ 외에
> ⑥ 감시용 DCCT(Shunt), DCPT, T/D(Transducer)

04 태양광발전시스템의 설계도면과 시방서상의 차이점이 발생할 경우 적용의 우선순위 ①~③을 쓰시오.(단, 계약서나 입찰안내서 또는 입찰유의서에 별도 명시가 없는 경우이다.)

상이한 종류	우선순위
설계도면과 공사시방서가 상이할 경우	①
표준시방서와 전문시방서가 상이할 경우	②
승인된 상세시공도면과 산출내역서가 상이할 경우	③

> **해답**
> ① 공사시방서
> ② 전문시방서
> ③ 산출내역서
>
> **해설** 설계도면과 시방서의 차이점 발생 시 적용의 우선순위
> 1) 공사시방서 2) 설계도면
> 3) 전문시방서 4) 표준시방서
> 5) 산출내역서 6) 승인된 상세시공도면
> 7) 관계법령의 유권해석 8) 감리자의 지시사항

05 태양광발전시스템의 인버터 회로방식 종류 3가지를 쓰시오.

> **해답**
> ① 상용주파 절연방식
> ② 고주파 절연방식
> ③ 무변압기방식

06 주회로용 차단기의 점검개소 4가지를 쓰시오.(단, 외부 일반 제외)

해답
① 개폐표시기
② 개폐표시등
③ 개폐도수계
④ 조작장치

해설 ①~④ 외에
⑤ 저압조작회로

07 다음 표는 연계구분에 따른 계통의 전기방식이다. (   ) 안에 알맞은 전압을 쓰시오.

구분	연계계통의 전기방식
저압 한전계통 연계	교류 단상 (①)[V] 또는 교류 3상 (②)[V] 중 기술적으로 타당하다고 한전이 정한 한 가지 전기 방식
특고압 한전계통 연계	교류 3상 (③)[V]

해답
① 220
② 380
③ 22,900

08 인버터의 표시창에 다음과 같은 내용의 이상신호가 있는 경우 어떠한 상태인지 쓰시오.

인버터 이상신호	상태
Utility Line Fault	①
Solar Cell UV Fault	②

해답
① 한전계통의 정전
② 태양전지 저전압

09 다음은 기초에 대한 설명이다. 설명에 맞는 기초의 명칭을 〈보기〉에서 골라 쓰시오.

〈보기〉
독립기초, 복합기초, 연속기초, 전면기초, 케이슨 기초

1) 벽 또는 일련의 기둥으로부터의 응력을 띠모양으로 하여 지반 또는 지정에 전달토록 하는 기초
2) 2개 또는 그 이상의 기둥으로부터의 응력을 하나의 기초판을 통해 지반 또는 지정에 전달토록 하는 기초
3) 기둥으로부터의 축력을 독립으로 지반 또는 지정에 전달토록 하는 기초

해답
1) 연속기초
2) 복합기초
3) 독립기초

해설
- 전면(온통)기초 : 상부구조의 광범위한 면적 내의 응력을 단일 기초판으로 연결하여 지반 또는 지정에 전달하도록 하는 기초
- 케이슨 기초 : 지상에서 제작하거나 지반을 굴착하고 원위치에서 제작한 콘크리트 통에 속채움을 하는 깊은 기초 형식
- 일체식 기초 : 하중에 의한 기초 지반면의 침하를 최소한으로 하기 위하여 기초에서 파낸 흙의 무게가 건물 전체의 무게와 동일하도록 지하실 깊이를 정하는 기초
- 캔틸레버 기초 : 대지 경계선 등에 인접한 경우 푸팅의 돌출부를 적게 하기 위한 기초

10 다음 그림은 지붕 위에 설치한 태양광발전 어레이로부터 접속함에 이르는 배선을 나타낸 것이다. 다음 각 물음에 답하시오.

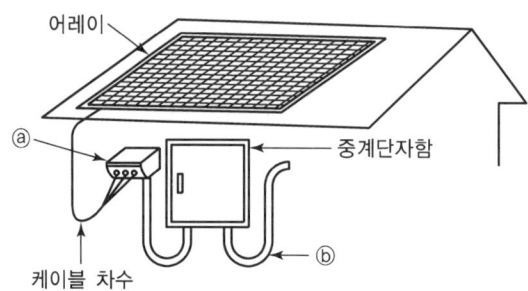

1) 그림에 표시된 ⓐ와 같이 인입구 및 인출구 관 끝에 설치하며, 금속관에 접속하여 옥외의 빗물을 막아주는 데 사용하는 재료의 명칭을 쓰시오.
2) 그림에 표시된 ⓑ와 같은 전선관의 굴곡반경은 어떻게 시공하여야 하는지 쓰시오.
3) 전선관의 굵기는 전선피복을 포함한 단면적의 총합계가 관내 단면적의 최대 몇 [%] 이하가 되도록 선정하여야 하는지 쓰시오.(단, 전선의 굵기가 동일하다.)

> **해답**
> 1) 앤트런스캡
> 2) 굴곡반경은 관 내경의 6배 이상으로 하고, 시공은 찌그러짐이 없어야 한다.
> 3) 48[%]
>
> **해설** 전선관 굵기는 전선피복물을 포함한 단면적의 합계가 48[%] 이하가 되도록 한다. 굵기가 다른 케이블의 경우는 32[%] 이하를 원칙으로 한다.

11 태양광발전시스템의 구조물 설치공사 순서이다. 다음 ( ) 안에 들어갈 내용을 쓰시오.

> 어레이 기초공사 → (①) → (②) → (③) → 점검 및 검사

> **해답**
> ① 어레이 가대설치공사
> ② 인버터 설치공사
> ③ 배선공사
>
> **해설** 태양광발전시스템의 시공절차
> 어레이 기초공사 → 어레이 가대설치공사 → 인버터 기초설치공사 → 배선공사 → 점검 및 검사

12 다음 전선의 약호를 한글 명칭으로 쓰시오.
  1) NRV
  2) MI
  3) NEV
  4) HFIX

> **해답**
> 1) NRV : 고무절연 비닐시스 네온전선
> 2) MI : 미네랄 인슈레이션 케이블
> 3) NEV : 폴리에틸렌 절연 비닐시스 네온전선
> 4) HFIX : 저독성 난연 절연전선(저독성 난연 가교폴리올레핀 절연전선)
>
> **해설** HFIX : 기기, 배선용, 비닐전선 450/750[V] 이하 공작물, 기기배선에 사용

13 다음 그림과 같이 태양전지 셀의 표면에 낙엽이나 구름, 황사먼지 등으로 인한 음영이 발생될 경우 해당 셀은 발전량의 저하와 큰 저항값을 가지게 되므로 직렬로 연결된 태양전지 셀의 모든 전압이 인가되어 발열하게 된다. 이와 같은 현상에 대한 다음 각 물음에 답하시오.

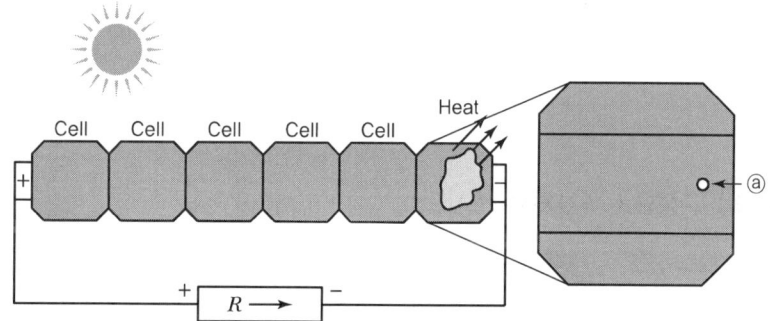

1) 음영에 의하여 ⓐ 부분과 같이 태양전지 셀의 국부적으로 심하게 과열되는 현상을 무엇이라고 하는지 쓰시오.
2) 1)과 같이 태양전지 셀이 과열되는 것을 방지하기 위해 무엇을 설치하여야 하는지 쓰시오.

> **해답**
> 1) 열점현상(Hot Spot)
> 2) 바이패스 다이오드

14 다음 그림은 저압수용가의 단선도이다. 기호에 해당하는 각부의 명칭을 쓰시오.

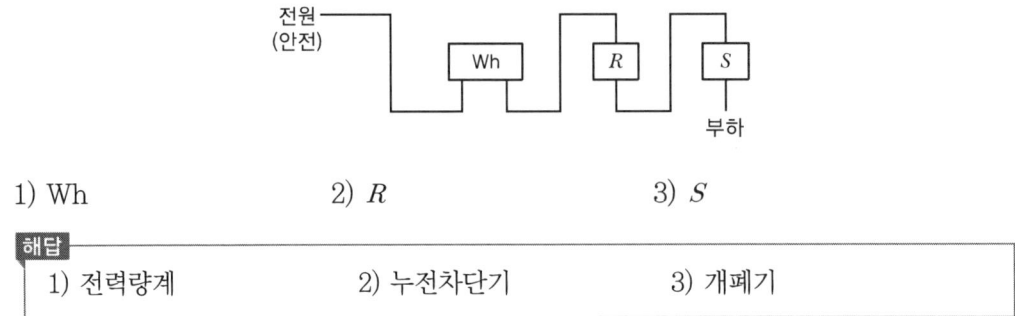

1) Wh   2) R 3) S

해답
1) 전력량계   2) 누전차단기   3) 개폐기

15 태양광발전시스템에서 축전지가 부착된 계통연계 시스템의 종류 3가지를 쓰시오.

해답
① 방재대응형
② 부하평준화 대응형
③ 계통안정화 대응형

16 유지관리비 구성요소 4가지를 쓰시오.

해답
① 유지비   ② 보수비 및 개량비
③ 일반관리비   ④ 운용지원비

해설
- 유지비 : 시설물을 관리하기 위하여 실시하는 일상점검, 정기점검, 청소, 보안, 식재관리, 재설 등에 필요한 유지점검에 관련된 비용이 포함된다.
- 보수비 및 개량비 : 보수비 및 개량비는 파손개소, 결함이 발생한 부분에 대한 사후보존을 위해 보수하는 비용과 개조 등을 위해 지출하는 비용이다.
- 일반관리비 : 시설물을 유지하는 데 지출되는 제반 관리비로서 행정비, 관련세금, 보험료, 감가상각, 업무위탁에 필요한 사무비 및 위탁업무의 검사에 필요한 경비 등이 포함된다.
- 운용지원비 : 유지관리에 필요한 기술자료의 수집, 기술의 연수, 보전기술개발의 제반비용 등이다.

17 태양광발전용 접속함의 육안 점검사항 3가지를 쓰시오.

해답
① 외함의 부식 및 파손　② 방수처리
③ 배선의 극성

해설 접속함의 육안 점검항목

점검항목	점검요령
외함의 부식 및 파손	부식 및 파손이 없을 것
방수처리	전선인입구가 실리콘 등으로 방수처리될 것
배선의 극성	태양전지에서 배선의 극성이 바뀌지 않을 것
단자대 나사 풀림	확실히 취부되고 나사의 풀림이 없을 것

18 진공차단기의 장점 3가지를 쓰시오.

해답
① 차단성능이 우수하다.　② 차단시간이 짧다.
③ 소형경량이다.

해설 ①~③ 외에
④ 전기적 개폐수명이 길다.
⑤ 안정성이 높다.
⑥ 보수 및 점검이 용이하다.

19 태양광발전시스템의 시공에 있어서 감전방지대책 3가지를 쓰시오.

해답
① 작업 전 태양전지 모듈 표면에 차광막을 씌워 태양광을 차폐한다.
② 저압 절연장갑을 착용한다.
③ 절연 처리된 공구를 사용한다.

해설 작업 중 감전방지대책
- 작업 전 태양전지 모듈 표면에 차광막을 씌워 태양광을 차폐한다.
- 저압 절연장갑을 착용한다.
- 절연 처리된 공구를 사용한다.
- 강우 시 작업을 중단한다.

20 태양광발전설비 시공기준에 따른 다음 설치유형에 따른 종류를 각각 3가지씩 쓰시오.
1) 지상형
2) 건물형

> **해답**
> 1) ① 일반지상형
>   ② 산지형
>   ③ 농지형
> 2) ① 건물설치형
>   ② 건물부착형
>   ③ 건물일체형
>
> **해설** 설치유형에 따른 종류
> 1) 지상형 : 지표면에 태양광설비를 설치하는 형태
>   ① 일반지상형 : 지표면에 고정하여 설치하는 것으로서 산지관리법 및 농지법의 적용을 받지 않는 태양광설비의 유형
>   ② 산지형 : 산지전용허가(신고) 또는 산지일시사용허가 등 산지관리법에 따른 인·허가 등을 받아 설치하는 태양광 설비의 유형
>   ③ 농지형 : 농지전용허가(신고) 또는 농지의 타용도 일시사용허가 등 농지법에 따른 인·허가 등을 받아 설치하는 태양광설비의 유형
> 2) 건물형 : 건축물에 태양광설비를 설치하는 형태
>   ① 건물설치형 : 건축물 옥상 등에 설치하는 태양광설비의 유형
>   ② 건물부착형(이하 "BAPV형 : Building Attached PhotoVoltaic") : 건축물 경사 지붕 또는 외벽 등에 밀착하여 설치하는 태양광설비의 유형
>   ③ 건물일체형(이하 "BIPV형 : Building Integrated PhotoVoltaic") : 태양광 모듈을 건축물에 설치하여 건축부자재의 역할 및 기능과 전력생산을 동시에 할 수 있는 태양광설비

SECTION 012 필답형 예상문제 12회

01 인체감전보호용 누전차단기에 대한 물음에 답하시오.

1) 정격감도전류
2) 동작시간

해답
1) 30[mA]
2) 0.03초 이내

02 접속함의 육안 점검항목의 점검항목 4가지를 쓰시오.

해답
① 외함의 부식 및 파손
② 배선의 극성
③ 단자대 나사 풀림
④ 방수처리

해설 접속함 육안 점검항목 및 점검요령

점검항목	점검요령
외함의 부식 및 파손	부식 및 파손이 없을 것
방수처리	전선인입구가 실리콘 등으로 방수처리 될 것
배선의 극성	태양전지에서 배선의 극성이 바뀌지 않을 것
단자대 나사 풀림	확실히 쥐부되고 나사의 풀림이 없을 것

03 태양광발전설비 규모별 정기점검 횟수에 관한 사항이다. 다음 (   ) 안에 알맞은 점검횟수를 쓰시오.

용량별		점검횟수
저압	1~300[kW] 이하	월 (①)회
	300[kW] 초과	월 (②)회
고압	1~300[kW] 이하	월 (③)회
	300[kW] 초과~500[kW] 이하	월 (④)회

해답
① 1
② 2
③ 1
④ 2

해설 설비용량별 점검횟수 및 점검간격

용량별		점검횟수	점검간격
저압	1~300[kW] 이하	월 1회	20일 이상
	300[kW] 초과	월 2회	10일 이상
고압	1~300[kW] 이하	월 1회	20일 이상
	300[kW] 초과~500[kW] 이하	월 2회	10일 이상
	500[kW] 초과~700[kW] 이하	월 3회	7일 이상
	700[kW] 초과~1,500[kW] 이하	월 4회	5일 이상
	1,500[kW] 초과~2,000[kW] 이하	월 5회	4일 이상
	2,000[kW] 초과~2,500[kW] 미만	월 6회	3일 이상

04 다음은 건축도면에 대한 설명이다. 각 설명에 알맞은 도면의 명칭을 쓰시오.

1) 부지에 건물을 배치한 도면으로 부지에 접하는 도로의 위치, 폭, 인접경계선에서 건물까지의 거리, 방위를 표시하며 도로에서 건물로 들어가는 방법, 수목 등의 조경계획을 도시한 도면
2) 건물의 각층을 일정한 높이(1~1.5[m])의 수평면에서 절단한 면을 수평 투사한 도면이다. 각 층의 방 배치, 출입구, 창 등의 위치를 나타내는 도면
3) 건축물의 외부 각 면에서 바라봤을 때 외관을 도면에 그린 것(주로 창호나 도어 위치 표기를 위해 사용하는 도면)

해답
1) 배치도
2) 평면도
3) 입면도

해설 건축도면의 종류
- 배치도 : 부지에 건물을 배치한 도면으로 부지에 접하는 도로의 위치, 폭, 인접경계선에서 건물까지의 거리, 방위를 표시하며 도로에서 건물로 들어가는 방법, 수목 등의 조경계획을 도시한 도면
- 투시도 : 건축주의 이해를 돕기 위해 건물의 외관 도면에 구조, 색채 등을 실물에 가깝게 만들어 내는 도면
- 평면도 : 건물의 각 층을 일정한 높이(1~1.5[m])의 수평면에서 절단한 면을 수평 투사한 도면이다. 각 층의 방 배치, 출입구, 창 등의 위치를 나타내는 도면
- 입면도 : 건축물의 외부 각 면에서 바라봤을 때 외관을 도면에 그린 것으로 각 면에 따라 정면도, 배면도, 좌측면도, 우측면도로 구분된다(주로 창호나 도어 위치 표기를 위해 사용하는 도면).
- 단면도 : 건물을 수직으로 잘라 옆에서 본 모양을 도면으로 그린 것(높이를 나타내는 치수와 처마와 같은 돌출 치수를 기입하기 위한 용도로 사용하는 도면)

05 태양광발전시스템에서 개방전압 측정목적을 쓰시오.

> **해답**
> 1) 태양전지 모듈의 불량검출
> 2) 직렬접속선의 오접속(극성, 누락) 확인
>
> **해설** 태양전지 개방전압 측정목적은 태양전지 모듈의 불량 검출 및 직렬접속의 오접속(극성, 누락)을 확인하기 위한 목적으로 개방전압을 측정한다.

06 다음 그림은 태양광발전의 계측·표시 시스템의 구성도이다. ①에 들어갈 내용을 쓰시오.

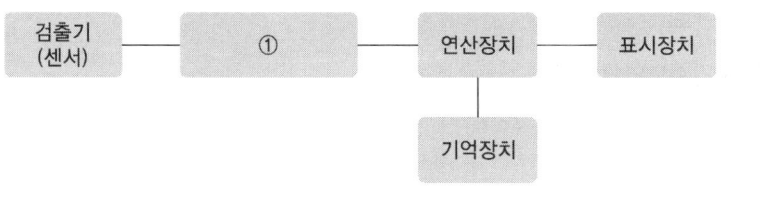

> **해답**
> 신호변환기(트랜스듀서)

07 다음과 같은 조건일 때, 태양광발전시스템의 발전용량은 몇 [kW]인지 구하시오.

- 모듈의 최대출력 : 310[Wp]
- 직렬회로 수 : 18개
- 병렬회로 수 : 25개

> **해답**
> - 계산과정 : 발전용량 = 모듈의 최대출력 × 직렬회로 수 × 병렬회로 수
>   = $310 \times 18 \times 25 \times 10^3 = 139.5$[kW]
> - 답 : 139.5[kW]
>
> **해설** 모듈의 출력단위는 [Wp](Watt Peak)로 표시하는 것이 원칙이나, [W] 표시하는 경우도 있다.

08
다음은 전기설비기술기준에 따라 저압전로의 절연성능을 나타낸 표이다. ①~③에 알맞은 절연저항[MΩ]을 쓰시오.

전로의 사용전압[V]	DC시험전압[V]	절연저항[MΩ]
SELV 및 PELV	250	①
FELV, 500V 이하	500	②
500V 초과	1,000	③

해답

① 0.5
② 1.0
③ 1.0

해설 한국전기설비규정(저압전로의 절연성능)

전기사용 장소의 사용전압이 저압인 전로의 전선 상호 간 및 전로와 대지 사이의 절연저항은 개폐기 또는 과전류 차단기로 구분할 수 있는 전로마다 다음 표에서 정한 값 이상이어야 한다.

전로의 사용전압[V]	DC시험전압[V]	절연저항[MΩ]
SELV 및 PELV	250	0.5
FELV, 500V 이하	500	1.0
500V 초과	1,000	1.0

※ 특별저압(Extra Low Voltage : 2차 전압이 AC 50V, DC 120V 이하)으로 SELV(비접지회로 구성) 및 PELV(접지회로 구성)는 1차와 2차가 전기적으로 절연된 회로, FELV는 1차와 2차가 전기적으로 절연되지 않은 회로

09
태양광발전용 인버터에 대한 육안 점검사항 2가지를 쓰시오.

해답

① 외함의 부식 여부 및 파손
② 외부배선의 손상 및 단자 이완

해설 인버터의 육안 점검사항
- 외함의 부식 여부 및 파손
- 외부배선의 손상 및 단자 이완
- 접지선의 손상 및 접속단자 이완
- 통풍확인(통풍구, 환기필터 등)

10 용량 50[Ah]의 납축전지는 5[A]의 전류로 몇 시간을 사용할 수 있는가?

> **해답**
> - 계산과정 : 축전지 용량 $C = \dfrac{KI}{L}$ 에서 $K = \dfrac{CL}{I}$. L을 무시하면 $K = \dfrac{C}{I} = \dfrac{50}{5} = 10[\text{h}]$
> - 답 : 10[h]
>
> **해설** 축전지 용량 $C = \dfrac{KI}{L}$
> 여기서, C : 온도 25[℃]에서 정격 방전율 환산용량(축전지의 표시용량)
> K : 방전시간, 축전지 온도, 허용최저전압으로 결정되는 표준용량시간
> I : 평균 방전전류
> L : 보수율(수명말기의 용량감소율 고려) 0.8

11 설치 점검 및 유지보수 시 사용하는 안전장비 보관요령 3가지를 쓰시오.

> **해답**
> ① 한 달에 한 번 이상 책임 있는 감독자가 점검을 할 것
> ② 청결하고 습기가 없는 장소에 보관할 것
> ③ 보호구 사용 후에는 항상 깨끗이 보관할 것
>
> **해설** 안전장비 보관요령
> - 한 달에 한 번 이상 책임 있는 감독자가 점검을 할 것
> - 청결하고 습기가 없는 장소에 보관할 것
> - 보호구 사용 후에는 항상 깨끗이 보관할 것
> - 세척한 후에는 완전히 건조시켜 보관할 것

12 태양광발전시스템 시공 시 안전확보 및 추락방지를 위해 갖추어야 할 안전보호장구를 3가지만 쓰시오.

> **해답**
> ① 안전모　　　　② 안전대　　　　③ 안전화
>
> **해설** 시공 시 안전확보 및 추락방지 위해 착용해야 할 안전보호장구
> - 안전모 : 머리 감전방지 및 낙하물에 의한 머리 보호
> - 안전화 : 미끄럼 방지 및 발가락 보호
> - 안전대 : 추락방지
> - 안전허리띠 : 공구, 공사부재의 낙하 방지

13 태양전지(Cell)를 여러 장 직렬 연결하여 하나의 프레임으로 조립하여 만든 것을 무엇이라고 하는지 쓰시오.

> **해답**
> 모듈
>
> **해설** 태양전지의 구성단위
> - 셀(Cell) : 태양전지의 최소 단위
> - 모듈(Module) : 셀(Cell)을 내후성 패키지에 수 십장 모아 일정한 틀에 고정하여 구성한 것
> - 스트링(String) : 모듈(Module)의 직렬연결 집합 단위
> - 어레이(Array) : 스트링(String)과 케이블(전선), 가대를 포함하는 모듈의 집합 단위

14 다음 그림은 태양전지 모듈을 고정 프레임에 고정하는 방법을 나타낸 것이다. ①~④에 해당하는 부품의 명칭을 쓰시오.

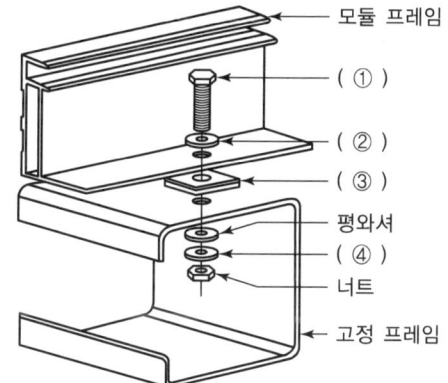

> **해답**
> ① 볼트
> ② 평와셔
> ③ 개스킷
> ④ 스프링와셔

15 태양광발전시스템의 유지보수 계획 시 점검내용 및 점검주기를 결정하기 위한 고려사항 3개를 쓰시오.

> **해답**
> ① 설비의 사용기간　　② 설비의 중요도
> ③ 환경조건
>
> **해설** 유지보수 계획 시 점점내용 및 점검주기 결정 시 고려사항
> - 설비의 사용기간
> - 설비의 중요도
> - 환경조건
> - 고장이력
> - 부하상태

16 태양광발전 시공 시 감전방지대책 3가지를 쓰시오.

> **해답**
> ① 작업 전 태양전지 모듈 표면에 차광막을 씌워 태양광을 차폐한다.
> ② 저압 절연장갑을 착용한다.
> ③ 절연 처리된 공구를 사용한다.
>
> **해설** 태양광발전 시공 시 감전방지대책
> - 작업 전 태양전지 모듈 표면에 차광막을 씌워 태양광을 차폐한다.
> - 저압 절연장갑을 착용한다.
> - 절연 처리된 공구를 사용한다.
> - 강우 시 작업을 중단한다.

17 KS C 8567(접속함)에 따라 역류방지 다이오드가 설치되는 경우 다음의 요건을 준수하여야 한다. ( ) 안에 알맞은 내용을 쓰시오.

> - 개별 모듈 스트링 회로의 (①) 또는 (②)에 설치되어야 한다.
> - 접속함 회로의 정격전압보다 (③)배 이상의 전압정격을 갖는다.
> - 접속함 회로의 정격전류보다 (③)배 이상의 전류정격을 갖는다.
>
> **해답**
> ① 양극　　② 음극　　③ 1.2　　④ 1.4

18 수변전전설비 단선결선도에 사용되는 다음 약어에 대한 한글 명칭을 쓰시오.

약어	LBS	LA	MOF	VCB	ACB
명칭	①	②	③	④	⑤

해답
① 부하개폐기
② 피뢰기
③ 계기용 변성기
④ 진공차단기
⑤ 기중차단기

해설 MOF를 VCT라고도 한다.

19 독립형 태양광발전시스템에 납(연) 축전지 적용 시 축전지 수명에 영향을 주는 요소 3가지를 쓰시오.

해답
① 방전심도(DOD)
② 방전횟수
③ 사용온도

해설 축전지 기대수명에 영향을 주는 요소는 방전심도, 방전횟수, 사용온도이며 이 중 방전심도의 영향이 가장 크다.

20 태양의 남중고도가 무엇인지 쓰시오.

해답
하루 중에 태양이 정남쪽에 있을 때의 고도

해설 우리나라 춘하추동시의 남중고도
- 춘추분 시 남중고도 $= 90° - \phi$
- 동지 시 남중고도 $= 90° - \phi - 23.5°$
- 하지 시 남중고도 $= 90° - \phi + 23.5°$

SECTION 013 필답형 예상문제 13회

01 전기설비기술기준의 정의에 따른 전압의 구분은 다음과 같다. ①~③에 알맞은 값을 쓰시오.

저압	• 직류 : (①)[kV] 이하 • 교류 : (②)[kV] 이하
고압	• 직류 : (①)[kV]를 초과하고, (③)[kV] 이하 • 교류 : (②)[kV]를 초과하고, (③)[kV] 이하
특고압	(③)[kV]를 초과

해답
① 1.5
② 1
③ 7

해설 전압을 구분하는 저압, 고압 및 특고압은 다음을 말한다.
- 저압 : 직류는 1.5[kV] 이하, 교류는 1[kV] 이하인 것
- 고압 : 직류는 1.5[kV]를, 교류는 1[kV]를 초과하고, 7[kV] 이하인 것
- 특고압 : 7[kV]를 초과하는 것

02 다음은 태양광발전설비 시공기준 중 지지대, 연결부, 기초(용접부위 포함)에 대한 내용이다. ( ) 안에 알맞은 내용을 쓰시오.

지지대 간 연결 및 모듈-지지대 연결은 가능한 볼트로 체결하되, 절단가공 및 용접부위(도금처리제품 한정)는 ( ) 처리를 하거나 에폭시-아연페인트를 2회 이상 도포하여야 한다.

해답
용융아연도금

03 인체 감전보호 및 전기로 인한 화재 방지목적으로 저압전로에 설치하는 차단기는 무엇인가?

> **해답**
> 누전차단기
>
> **해설** 누전차단기(RCD : Residual Current Device)
> 인체 감전보호 및 전기로 인한 화재방지 목적으로 저압전로에 설치하는 차단기

04 태양전지 모듈의 공칭전압이 24[V]인 것으로 스트링 전압 384[V]를 만들고자 할 때 직렬 모듈 수를 구하시오.

> **해답**
> • 계산과정 : 스트링 전압 = 직렬모듈 수 × 모듈의 공칭전압
>
> $$직렬모듈 수 = \frac{스트링 전압}{모듈의 공칭전압} = \frac{384}{24} = 16$$
>
> • 답 : 16

05 사용 전 검사항목 중 전력변환장치의 보호장치 세부검사항목 3가지를 쓰시오.

> **해답**
> ① 외관검사　　② 절연저항　　③ 보호장치 시험
>
> **해설** 자가용 및 사업용 태양광발전설비 사용 전 검사항목 중 전력변환장치 검사
>
> | 검사항목 | | 세부검사내용 | 수검자 준비자료 |
> |---|---|---|---|
> | 일반 규격 | | 규격 확인 | 전력변환장치 규격서 |
> | 본체 | | • 외관검사
• 접지 시공상태
• 절연저항
• 절연내력
• 제어회로 및 경보장치
• 전력조절부/Static 스위치 자동·수동절체시험
• 역방향운전 제어시험
• 단독운전 방지 시험 | • 단선결선도
• 시퀀스 도면
• 제품 시험성적서
• 측정 및 점검기록표
　- 보호장치 및 계전기시험 성적서
　- 절연저항시험 성적서
　- 접지저항시험 성적서
　- 절연내력시험 성적서
　- 경보회로시험 성적서
　- 부대설비시험 성적서 |
> | 보호장치 | | • 외관검사
• 절연저항
• 보호장치 시험 | • 접지계산서 및 설계도
• DC지락차단장치 공인시험기관 시험 성적서 |

06 다음은 한국전기설비규정(KEC)에 따른 태양광발전설비 설치장소의 요구사항이다. ( ) 안에 알맞은 내용을 쓰시오.

> • 인버터, 제어반, 배전반 등의 시설은 기기 등을 조작 또는 보수 · 점검할 수 있는 충분한 공간을 확보하고 필요한 (①)를 시설하여야 한다.
> • 인버터 등을 수납하는 공간에는 실내온도의 과열 상승을 방지하기 위한 환기시설을 갖추어야 하며 적정한 (②)와 (③)를 유지하도록 시설하여야 한다.

해답
① 조명설비　　　　　② 온도　　　　　③ 습도

07 공사원가를 구성하는 노무비 2가지를 쓰시오.

해답
① 직접노무비　　　　　② 간접노무비

해설 노무비는 공사원가를 구성하는 다음 내용의 직접노무비, 간접노무비를 말한다. 직접노무비는 공사현장에서 계약목적물을 완성하기 위하여 직접작업에 종사하는 종업원 및 노무자에 의하여 제공되는 노동력의 대가로서 기본급, 제수당, 상여금, 퇴직급여충당금의 합계액으로 한다. 간접노무비는 직접 공사에 종사하지는 않으나, 작업현장에서 보조작업에 종사하는 노무자, 종업원과 현장감독자 등의 기본급과 제수당, 상여금, 퇴직급여충당금의 합계액으로 한다.

08 계통연계형 태양광발전시스템의 특고압 수 · 변전설비에서 개폐기 및 차단기의 조작은 작업책임자의 승인을 받아 담당자가 조작한다. 개폐기 등의 조작순서를 투입 시와 차단 시로 구분하여 번호를 쓰시오.

> 〈수전계통 순서〉
> ① LS → ② CB → ③ COS → TR → ④ MCCB

1) 투입순서 : ( ) → ( ) → ( ) → ( )
2) 차단순서 : ( ) → ( ) → ( ) → ( )

해답
1) 투입순서 : ③ → ① → ② → ④
2) 차단순서 : ④ → ② → ③ → ①

09 어떤 종류의 반도체에 빛을 조사하면 조사된 부분과 조사되지 않은 부분에 전위차를 발생시키는 효과를 무엇이라 하는가?

해답

광기전력효과

해설 광기전력효과(Photovoltaic Effect)
어떤 종류의 반도체에 빛을 조사하면, 조사된 부분과 조사되지 않은 부분 사이에 전위차(광기전력)를 발생시키는 효과

10 태양광발전시스템의 유지보수 관점에서의 점검 종류 3가지를 쓰시오.

해답

① 일상점검
② 정기점검
③ 임시점검

해설
- 일상점검 : 유지보수 요원의 감각기관에 의거 시각점검, 비정상적인 소리, 냄새 등을 통해 시설물의 외부에서 실시하는 점검
- 정기점검 : 원칙적으로 정전을 시키고, 무전압 상태에서 기기의 이상 상태를 점검하고, 필요시 기기를 분해하여 실시하는 점검
- 임시점검 : 태양광발전시스템에서 운영 중 사고가 발생한 경우에 설비의 운전을 정지하고, 사고원인, 영향분석 및 대책수립, 보수조치 등을 하기 위하여 실시하는 점검

11 태양광발전시스템 뇌서지 보호대책 3가지를 쓰시오.

해답

① 접지와 본딩
② 자기차폐
③ 협조된 SPD 시스템

해설 태양광발전시스템의 뇌서지 보호대책
- 접지와 본딩
- 자기차폐
- 협조된 SPD 시스템
- 절연 인터페이스
- 선로의 포설경로

12 근로자의 신체나 근로자가 가지고 있는 금속체 공구, 재료 등이 특별고압 충전선로에 가장 근접한 부분과 당해 충전전로와의 최단 직선거리에서 아크를 일으킬 우려가 있는 거리를 무엇이라 하는가?

> **해답**
> 접근한계거리

13 태양전지 모듈에서 생산되는 직류전력을 교류전력으로 변환하는 것을 무엇이라 하는가?

> **해답**
> 인버터
>
> **해설** 직류전력으로 교류전력을 변환하는 장비를 인버터 또는 파워컨디셔너시스템(PCS)이라 한다.

14 전기 작업의 안전을 확보하기 위한 용구 및 기구에 관한 내용이다. 각 항목에 알맞은 용어를 〈보기〉에서 골라 쓰시오.

〈보기〉
표시용구, 저압 검전기, 고압 검전기, 단락접지용구, 누전차단기

1) 고압전로에서 정전작업을 할 경우 전로 개폐기의 오조작, 오송전 및 역가압에 의하여 작업 중인 전로가 불의에 충전될 경우에도 전원 측의 보호장치가 순시 동작하여 전원이 차단됨으로써 작업자를 감전으로부터 보호하기 위한 것
2) 저압기기 및 전선로의 충전여부를 확인하기 위한 것
3) 위험을 경고하고 그 상태를 표시하기 위한 것

> **해답**
> 1) 단락접지용구
> 2) 저압 검전기
> 3) 표시용구

15 태양광발전 어레이의 출력 불균형이 심각하게 발생한 우려가 있을 경우 또는 2차 전지를 사용하는 독립형 시스템의 경우에는 모듈의 보호를 위해 개별 스트링 회로의 음극 또는 양극에 선택적으로 시설할 수 있다. 이 부품의 명칭을 쓰시오.

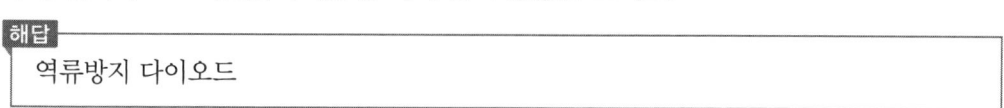
역류방지 다이오드

16 다음 그림은 태양전지 어레이용 가대 및 구조물이다. ①~⑤에 해당하는 명칭을 각각 쓰시오.

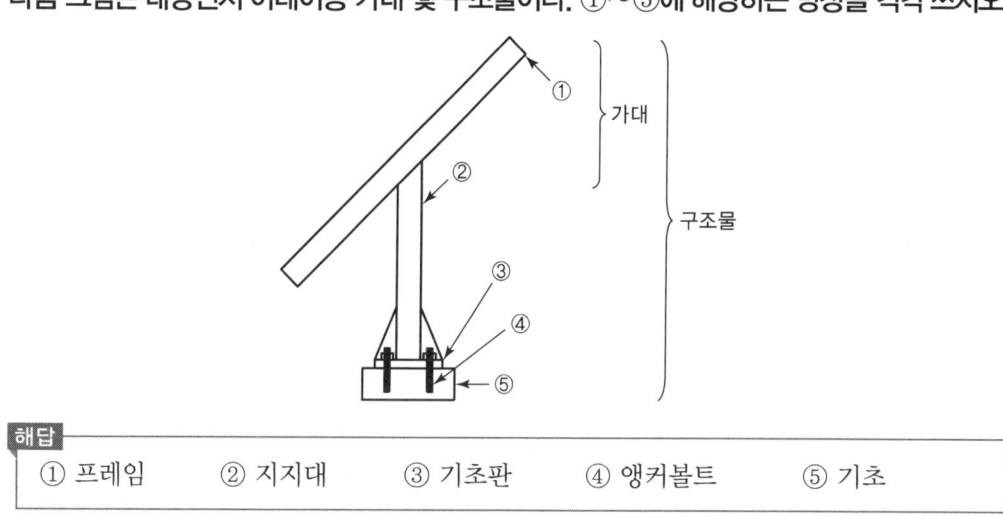

① 프레임   ② 지지대   ③ 기초판   ④ 앵커볼트   ⑤ 기초

17 접속함 내 3극 주개폐기의 회로도를 완성하시오.

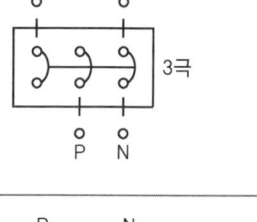

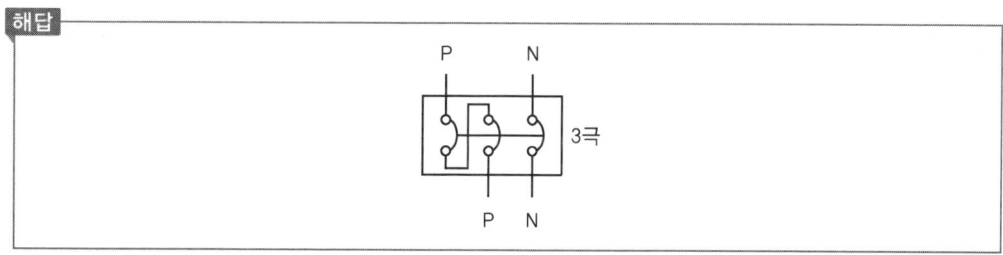

18 인버터에 대한 모니터링 시 인버터 표시창의 각 표시내용에 따른 원인현상에 대하여 쓰시오.
1) Utility Line Fault
2) Line Under Voltage Fault
3) Solar Cell OV Fault

> **해답**
> 1) 정전 시 발생
> 2) 계통전압이 규정값 이하일 때 발생
> 3) 태양전지 전압이 규정값 이상일 때 발생

19 신·재생에너지설비의 지원 등에 관한 지침에 따른 태양광설비 시공 가이드라인의 접속함에 관한 내용이다. 다음 (   ) 안에 알맞은 내용을 쓰시오.

> 1. 제품
>   1) 접속함 및 접속함 일체형 인버터는 KS 인증제품을 설치하여야 한다. 다만, 신제품·융합제품 활성화 등을 위해 센터장이 인정하는 경우에는 예외로 할 수 있다.
>   2) 접속함 일체형 인버터 중 인버터의 용량이 (①)[kW]를 초과하는 경우에는 접속함은 품질기준(KS C 8567)을 만족하고, 인버터는 품질기준(KS C 8565)에 따라「절연성능」,「보호기능」,「정상특성」등을 만족하는 시험결과가 포함된 시험성적서를 설비(설치)확인 신청 시 센터에 제출할 경우에는 사용할 수 있다.
> 2. 접속함은 지락, 낙뢰, 단락 등으로 인해 태양광설비가 이상(異常)현상이 발생한 경우 (②)이 켜지거나 (③)가 작동하여 즉시 외부에서 육안확인이 가능하여야 한다. 다만, 실내에서 확인 가능한 경우에는 예외로 한다.

> **해답**
> ① 250　　　　　② 경보등　　　　　③ 경보장치

20 태양광발전시스템의 순간 발전량을 검출하기 위한 어레이 측정변수 3가지를 쓰시오.

> **해답**
> ① 출력전압　　　　② 출력전류　　　　③ 출력전력
>
> **해설** 태양광발전시스템 순간 발전량을 검출하기 위한 어레이 측정변수
> • 출력전압　　　　• 출력전류
> • 출력전력　　　　• 모듈온도

SECTION 014 필답형 예상문제 14회

01 어레이의 경사각에 대해 쓰시오.

> **해답**
> 태양전지 어레이가 지평면과 이루는 각도

02 다음의 조건을 이용하여 인버터의 직류 입력전류(I_d)를 구하시오.

- 출력용량(P) : 150[kW]
- 축전지 운전시간(T) : 2[h]
- 설계온도(t) : 5[℃]
- 인버터 최저입력전압(V_i) : 250[V]
- 직류 전압강하(V_d) : 2[V]
- 인버터 효율(E_f) : 92[%]

> **해답**
> - 계산과정 : 인버터 입력전력 $P = I_d \times (V_i + V_d) \times E_f$ 에서
> $$I_d = \frac{P}{(V_i + V_d) \times E_f} = \frac{150 \times 10^3}{(250+2) \times 0.92} = 646.997 ≒ 647[A]$$
> - 답 : 647[A]
>
> **해설** 인버터 입력은 축전지 출력이므로
> 인버터 최저입력전압 $V_i = 250$[V], 직류전압강하 $V_d = 2$[V]로
> 인버터 입력전압 $= V_i + V_d$

03 생산된 잉여 에너지를 그 자체 또는 변환하여 저장하고 필요할 때 에너지를 사용할 수 있는 시스템을 무엇이라 하는가?

> **해답**
> 에너지저장시스템(ESS)
>
> **해설** 에너지저장시스템(ESS : Energy Storage System)은 생산된 잉여 에너지를 그 자체로 또는 변환하여 저장하고 필요할 때, 에너지를 사용할 수 있는 시스템으로 정의되며, 개념도는 다음 그림과 같다.
>
>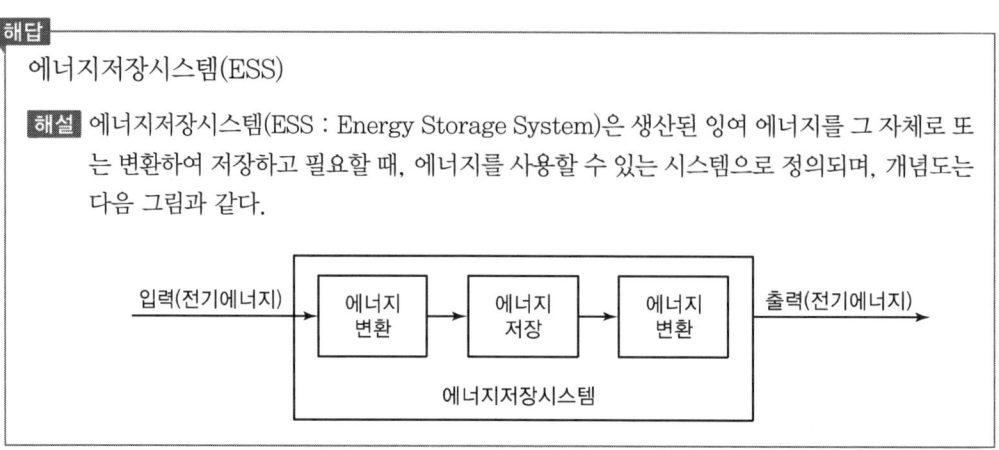

04 자가용 태양광발전설비의 정기검사항목 3가지를 쓰시오.

> **해답**
> ① 태양전지검사
> ② 전력변환장치검사
> ③ 부하운전시험
>
> **해설** 자가용 태양광발전설비의 정기검사항목
> • 태양전지검사   • 전력변환장치검사
> • 부하운전시험   • 종합연동시험검사

05 구조물을 지지하는 각 기초의 종류를 쓰시오.

기초의 종류	사용용도
①	구조물을 설치할 지면의 상태가 양호하거나 하중이 작을 경우 기초판을 이용하여 지표면에 힘을 직접 전달하는 기초
②	지반이 약한 땅에 말뚝을 박아 만든 기초로 단단한 지층에 닿도록 막아 상부 구조물을 지탱하게 하는 기초
③	기둥 밑의 움직임을 방지할 목적으로 밑둥을 받치는 독립기초로 목조건축에서 주로 쓰인다.
④	건물의 기둥이나 벽의 기초가 되고 경반이나 바위까지 잠함을 하강시켜서 만든 기초
⑤	벽 또는 1열 기둥을 받치는 기초

> [해답]
> ① 직접기초 ② 말뚝기초
> ③ 주춧돌 기초 ④ 케이슨 기초
> ⑤ 연속기초

06 한국전기설비규정에 따른 저압전로의 보호도체 및 중성선의 접속방식에 따라 접지계통(계통접지)의 구성방식 3가지를 쓰시오.

> [해답]
> ① TN 계통 ② TT 계통 ③ IT 계통

07 20[A] 전류를 흘렸을 때의 전력이 60[W]인 저항이 있다. 이 저항에 30[A]의 전류를 흘렸을 때 전력을 계산하시오.

> [해답]
> - 계산과정 : 전력 $P = I^2 R$에서
>
>   저항 $R = \dfrac{P}{I^2} = \dfrac{60}{20^2} = 0.15[\Omega]$
>
>   30[A]일 때 $P = I^2 R = 30^2 \times 0.15 = 135[\text{W}]$
> - 답 : 135[W]

08 태양광발전시스템의 직류 측과 교류 측(상용전원 전력계통)과의 절연방식에 따른 파워컨디셔너의 분류에서 상용주파 절연방식에 대하여 쓰시오.

> [해답]
> 태양전지 직류출력을 상용주파 교류로 변환 후 상용주파 변압기로 절연하는 방식
>
> [해설] • 고조파 절연방식 : 태양전지의 직류출력을 고주파 교류로 변환한 후 소형의 고주파 변압기로 절연하고, 그 후 직류로 변환하고 다시 상용주파의 교류로 변환한다.
> • 무변압기방식 : 태양전지의 직류를 DC/DC 컨버터로 승압 후, DC/AC 인버터로 상용주파수의 교류로 변환한다.

09 지반계측(KDS ll 10 15 : 2021)에 따른 계측평가항목 3가지를 쓰시오.

> **해답**
> ① 적응성
> ② 신뢰성
> ③ 편리성
>
> **해설** 계측평가항목 및 기준
>
> | 평가항목 | 평가기준 |
> |---|---|
> | 적응성 | • 측정간격을 임의로 설정할 수 있는 것
• 측정치의 시계열 표시가 가능한 것
• 전원에 적합한 것
• 계측기기의 정밀도와 시스템의 정밀도가 일치하는 것 |
> | 신뢰성 | • 낙뢰에 대해서 계측기기를 보호하는 기능을 가지고 있는 것
• 정전에 대해서 백업 기능을 가지는 것 |
> | 편리성 | • 상황에 따라 계측기기의 추가, 현지국의 증설을 실시하는데, 전원장치, 자료송수신장치 등이 기존의 것을 그대로 사용할 수 있는 것
• 계측결과를 신속하게 전달할 수 있는 것 |
> | 내후성 | • 호우 및 폭설 지역 등의 특수성에 대처할 수 있는 것
• 방수, 방습성이 뛰어난 것
• 예측되는 기온 조건에서 정상적으로 작동되는 것 |
> | 보수성 | • 점검빈도가 작은 것
• 단시간에 점검할 수 있는 것 |
> | 경제성 | 기능성을 유지하면서 저렴한 계측기기 |

10 태양전지 모듈에서 일부 셀에 그늘(음영)이 발생하면, 그늘진 셀은 발전을 하지 못하고 열점(Hot Spot)을 일으켜 셀이 파손될 수 있다. 이를 방지하기 위해 설치하는 것은?

> **해답**
> 바이패스 다이오드
>
> **해설** 태양전지 모듈 내 셀의 전류방향과 반대방향으로 바이패스 다이오드를 병렬로 설치하여 열점 현상을 방지한다.

11 활선작업 또는 활선근접작업에서 감전을 방지하기 위하여 작업자가 신체에 착용하는 절연보호구 3가지를 쓰시오.

> **해답**
> ① 절연 안전모
> ② 절연 고무장갑
> ③ 절연화
>
> **해설** 활선작업 또는 활선근접작업에서 감전을 방지하기 위하여 작업자가 신체에 착용하는 절연용 보호구에는 절연 안전모, 절연 고무장갑, 절연화, 절연장화, 절연복 등이 있다(KOSHA Guide E-115-2011).

12 다음의 차단기 약어를 우리말로 쓰시오.
1) VCB
2) OCB
3) RCD
4) MCCB

> **해답**
> 1) 진공차단기
> 2) 유입차단기
> 3) 누전차단기
> 4) 배선용 차단기

13 다음 조건의 태양전지 모듈의 변환효율은 몇 [%]인지 계산하시오.

- 최대출력(P_{max}) : 150[W]
- 크기 : 가로 1,500[mm], 세로 1,000[mm]
- 입사광 강도 : 1,000[W/m²]

> **해답**
> - 계산과정 : 변환효율 $\eta = \dfrac{P_{max}}{면적 \times 입사광 \ 강도} \times 100$
>
> $= \dfrac{150}{(1.5 \times 1) \times 1,000} \times 100 = 10[\%]$
> - 답 : 10[%]

14 태양광발전시스템의 고장빈도는 인버터정지, 지락사고, 원인불명 순으로 발생한다. 인버터의 고장원인 소자를 2가지만 쓰시오.

> **해답**
> ① 알루미늄 전해콘덴서
> ② 냉각팬
>
> > **해설** 태양광발전시스템의 인버터의 고장원인 소자
> > - 알루미늄 전해콘덴서
> > - 냉각팬
> > - 릴레이

15 인버터의 기능 중 태양전지로부터 최대전력을 추출하기 위하여 부하전류를 입사광에 대응한 정격전류만큼만 흐를 수 있도록 하는 제어를 무슨 제어라고 하는지 쓰시오.

> **해답**
> 최대전력 추종제어

16 태양전지의 기본소자 명칭은?

> **해답**
> 셀(Cell)
>
> > **해설** 태양전지는 셀 → 모듈 → 어레이로 구성된다.

17 접지목적 2가지만 쓰시오.

> **해답**
> ① 인축에 대한 안전(감전보호)
> ② 설비 및 기기에 대한 안정
>
> > **해설** 접지목적
> > - 인축에 대한 안전(감전보호)
> > - 설비 및 기기에 대한 안정
> > - 절연비용 절감
> > - 지락전류 검출

18 인버터의 표시창에 Solar Cell UV Fault가 표시된 경우 조치사항을 쓰시오.

해답
태양전지 점검 후 정상 시 5분 후 재가동

19 순공사원가 구성요소 3가지를 쓰시오.

해답
① 재료비
② 노무비
③ 경비

해설
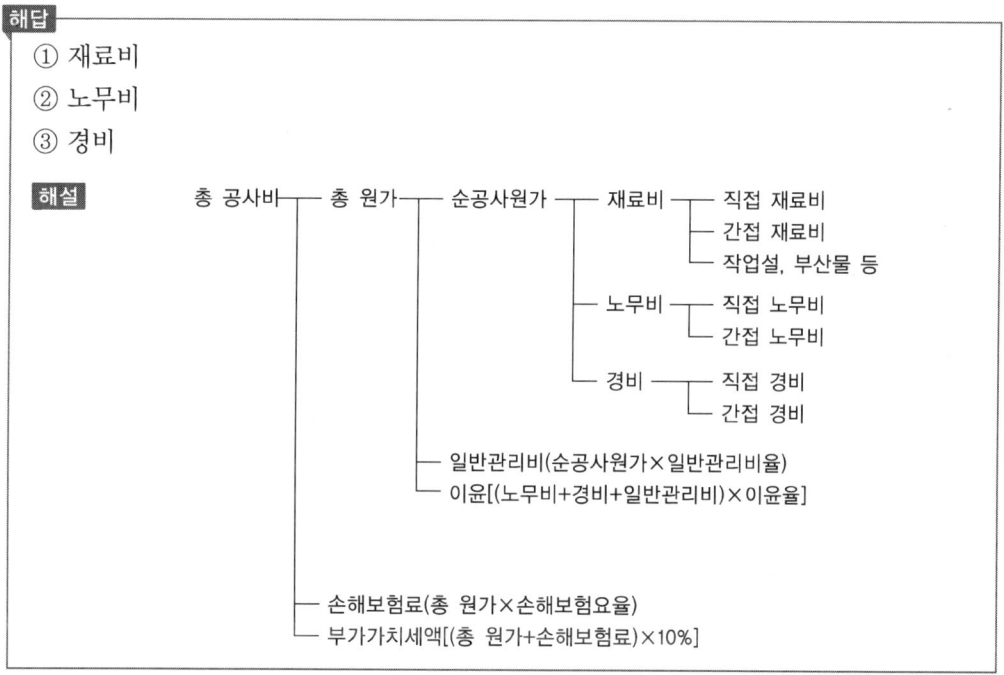

20 중대형 접속함(스트링 4회로 이상)의 경우 뇌서지로부터 보호하기 위해 출력회로에 근접하게 설치하여야 하는 장치를 쓰시오.

해답
서지보호장치(SPD)

SECTION 015 필답형 예상문제 15회

01 태양전지 어레이와 인버터 사이에 설치되며, 여러 개의 태양전지 모듈에 직렬 연결된 스트링 회로를 단자대를 이용 접속하여 보수 점검 시 분리하거나 점검을 용이하게 하기 위하여 설치하는 설비의 명칭을 쓰시오.

해답
접속함

02 태양광발전시스템에서 운영 중 사고가 발생한 경우에 설비의 운전을 정지하고, 사고원인, 영향분석 및 대책수립, 보수조치 등을 하기 위하여 실시하는 점검을 무슨 점검이라고 하는지 쓰시오.

해답
임시점검

해설
- 일상점검 : 유지보수 요원의 감각기관에 의거 시각점검, 비정상적인 소리, 냄새 등을 통해 시설물의 외부에서 실시하는 점검
- 정기점검 : 원칙적으로 정전을 시키고, 무전압상태에서 기기의 이상 상태를 점검하고, 필요시 기기를 분해하여 실시하는 점검

03 태양광발전시스템에서 사용되는 파워컨디셔너 회로방식의 종류 3가지를 쓰시오.

해답
① 상용주파 절연방식
② 고주파 절연방식
③ 무변압기방식

해설 태양광발전시스템의 인버터는 직류(DC) 측과 교류(AC) 측 절연방식에 따라 상용주파 절연방식, 고주파 절연방식, 무변압기(트랜스리스) 방식으로 회로방식을 분류한다.

04
태양광발전시스템에서 발전량을 극대화하기 위하여 추적식 어레이를 적용하고 있다. 추적방향에 따른 분류방식과 추적방식에 따른 분류방식을 각각 쓰시오.

1) 추적방향에 따른 분류방식(2가지)
2) 추적방식에 따른 분류방식(3가지)

해답
1) ① 단방향 추적방식
   ② 양방향 추적방식
2) ① 감지식
   ② 프로그램식
   ③ 혼합식

05
태양광발전시스템 시공 중 발생할 수 있는 감전사고 방지대책 3가지를 쓰시오.

해답
① 작업 전 태양전지 모듈 표면에 차광막을 씌워 태양광을 차폐한다.
② 저압 절연장갑을 착용한다.
③ 절연 처리된 공구를 사용한다.

해설 시공 중 감전사고 방지대책
- 작업 전 태양전지 모듈 표면에 차광막을 씌워 태양광을 차폐한다.
- 저압 절연장갑을 착용한다.
- 절연 처리된 공구를 사용한다.
- 강우 시 작업을 중단한다.

06
태양광발전 모니터링 시스템의 프로그램 기능 4가지를 쓰시오.

해답
① 데이터 수집기능
② 데이터 저장기능
③ 데이터 분석기능
④ 데이터 통계기능

07 사업용 전기설비의 검사업무 처리규정에 따라 태양광발전설비계통에 사용되는 전력변환장치의 정기검사 시 세부검사내용 5가지만 쓰시오.

> **해답**
> ① 규격확인 ② 외관검사
> ③ 절연저항 ④ 접지저항
> ⑤ 제어회로 및 경보장치
>
> **해설** ①~⑤ 외에
> ⑥ 단독운전 방지기능
> ⑦ 인버터 운전시험

08 태양광발전시스템 설계 결정 시 고려사항 4가지를 쓰시오.

> **해답**
> ① 설치대상 및 용도 산정 ② 부하특성 및 부하량 산정
> ③ 시스템 형식 산정 ④ 시스템의 구성기기 용량 산정
>
> **해설** ①~④ 외에
> ⑤ 계통연계 시스템 선정
> ⑥ 어레이 지지방식 선정

09 태양광발전시스템의 공사가 완료되는 시스템의 점검을 실시해야 한다. 태양전지 어레이의 육안 점검항목을 4가지만 쓰시오.

> **해답**
> ① 표면의 오염 및 파손 ② 프레임 파손 및 변형
> ③ 가대의 부식 및 녹 ④ 가대의 고정
>
> **해설** ①~④ 외에
> ⑤ 가대의 접지
> ⑥ 코킹
> ⑦ 지붕재 파손

10 태양광발전시스템의 설치 시 구조물 기초가 갖추어야 할 구비조건 4가지를 쓰시오.

> 해답
> ① 구조적 안정성 확보
> ② 허용침하량 이내
> ③ 최소 깊이 유지
> ④ 시공 가능성

11 구조물 이격거리 산출에 따라 다음 그림에서 장애물 이격거리(d)를 계산하는 공식을 쓰시오.(단, α는 태양의 고도각이다.)

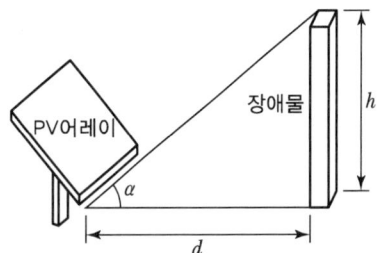

> 해답
> 이격거리 $d = \dfrac{h}{\tan \alpha}$
>
> 해설 $\tan \alpha = \dfrac{h}{d}$에서 이격거리$(d) = \dfrac{h}{\tan \alpha}$이다.

12 신재생에너지 센터의 장으로부터 신재생에너지설비의 설치확인을 받을 때 기준이 되는 「설치확인현장점검표」의 내용 중 배선(케이블)의 육안 확인사항 판정기준 3가지를 쓰시오.

해답
① 가능한 한 음영지역 빗물이 고이지 않도록 설치
② 가능한 한 피뢰도체와 떨어진 상태로 포설 피뢰도체와 교차시공하지 않도록 설치
③ 바닥에 노출되는 경우 몰딩 등으로 처리

해설 설치확인 현장점검표/전기배선 설치상태 판정기준

항목		점검위치	점검방법	판정기준	판정
전기배선	모듈-인버터 배선	설치장소	육안 확인	• 모듈전용선 또는 단심(1C) 난연성 케이블(TFR-CV, F-CV, FR-CV 등) • 지면 포설 시 피복손상 방지조치(가요전선관, 금속 덕트 또는 몰드)	□적합 □부적합 □제외
	모듈 배선	모듈 후면	육안 확인	• 바람에 흔들림이 없게 단단히 고정 (코팅된 와이어 또는 동등이상(내구성) 재질의 타이) • 가공전선로 지지물 설치 • 군별, 극성별로 별도 표시 • 배선 보호를 위해 경사지붕 및 외벽 표면에 전선처리 여부(BAPV)	□적합 □부적합 □제외
	케이블	설치장소	육안 확인	• 가능한 한 음영지역, 빗물이 고이지 않도록 설치 • 가능한 한 피뢰 도체와 떨어진 상태로 포설, 피뢰도체와 교차시공하지 않도록 설치 • 바닥에 노출되는 경우 몰딩 등으로 처리	□적합 □부적합 □제외

13 태양광발전시스템으로부터 직류전원을 공급받는 부하설비가 있다. 이 부하설비의 전압과 전류를 측정하고자 할 때 전압계와 전류계의 접속방법을 쓰시오.

해답
• 전압계 : 병렬접속
• 전류계 : 직렬접속

14 태양광발전시스템 운영방법에서 태양광발전설비가 작동하지 않는 경우 조치사항을 3단계로 나누어 쓰시오.

> **해답**
> ① 접속함 내부 DC 차단기 개방(Off)
> ② 배전반(또는 분전반) 내부 AC 차단기 개방(Off)
> ③ 인버터 정지 후 점검
>
> > **해설** 점검완료 후 차단기 복귀순서
> > ① 배전반(또는 분전반) 내부 AC 차단기 투입(On)
> > ② 접속함 내부 DC 차단기 투입(On)

15 태양전지 모듈의 직렬연결의 집합인 스트링을 병렬로 연결할 때 사용하는 역류방지 다이오드의 설치목적을 쓰시오.

> **해답**
> ① 모듈에 그늘이 생긴 경우 그 스트링 전압이 낮아져 부하가 되는 것을 방지
> ② 축전지를 가진 시스템에서 야간 태양광발전이 정지된 상태에서 축전지 전력이 태양전지 모듈 쪽으로 흘러 들어가는 것을 방지

16 산업안전보건기준에 관한 규칙에서 정의하는 다음 각 작업에 따른 개인용 보호구의 명칭을 쓰시오.
1) 물체가 흩날릴 위험이 있는 작업
2) 감전의 위험이 있는 작업
3) 물체의 낙하·충격, 물체에의 끼임, 감전 또는 정전기의 대전(帶電)에 의한 위험이 있는 작업

> **해답**
> 1) 보안경
> 2) 절연용 보호구
> 3) 안전화

17 다음은 태양광발전설비 시공기준의 모듈의 직렬 또는 병렬 상태 준수사항이다. (　) 안에 알맞은 내용을 쓰시오.

> 모듈 간 직렬군은 동일한 (　①　)를 가진 모듈로 구성하여야 하며 1대의 인버터(멀티스트링의 경우 1대의 최대출력점 추종(MPPT)제어기)에 연결된 태양광 모듈 직렬군이 2개 이상 병렬일 경우에는 각 직렬군의 (　②　) 및 (　③　)가 동일하게 형성되도록 배열하여야 한다.

해답
① 단락전류
② 출력전압
③ 출력전류

---

18 모듈의 특성곡선과 크기가 다음과 같을 때 충진율과 효율을 구하시오.

- 모듈의 크기 : 1.75×0.85[m]
- 모듈의 특성곡선

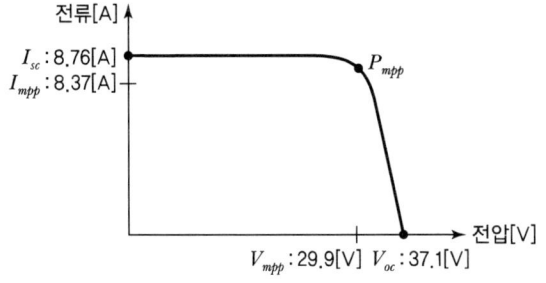

해답

1) 충진율
- 계산과정 : 충진율$(FF) = \dfrac{V_{mpp} \times I_{mpp}}{V_{oc} \times I_{sc}} = \dfrac{29.9 \times 8.37}{37.1 \times 8.76} = 0.77$
- 답 : 0.77

2) 효율
- 계산과정 : 효율 $\eta = \dfrac{P_{mpp}(= V_{mpp} \times I_{mpp})}{면적 \times 일사강도} \times 100$

  $= \dfrac{29.9 \times 8.37}{(1.75 \times 0.85) \times 1,000} \times 100 = 16.824 ≒ 16.82$[%]
- 답 : 16.82[%]

19 분산형 전원 배전계통 연계 기술기준에 의거하여 3상 수전수용가의 단상인버터 설치기준의 인버터 용량을 쓰시오.

구분	인버터 용량
1상 또는 2상 설치 시	①
3상 설치 시	②

> **해답**
> ① 각 상에 4[kW] 이하로 설치
> ② 상별 동일 용량 설치

20 ESS(에너지저장장치)의 축전지가 갖추어야 할 조건 5가지를 쓰시오.

> **해답**
> ① 자기방전율이 낮을 것
> ② 에너지 저장밀도가 높을 것
> ③ 중량대비 효율이 높을 것
> ④ 과충전 과방전에 강할 것
> ⑤ 가격이 저렴하고 장수명일 것

참고문헌

1. 알기 쉬운 태양광발전, 박종화, 문운당
2. 저탄소 녹색성장을 위한 태양광발전, 이현화 외, 기다리
3. 태양광발전시스템 설계 및 시공, 일본태양광발전협회(이현화 외 역), 인포더북스
4. 태양광발전(알기 쉬운 태양광발전의 원리와 응용), 태양광발전연구회(이영재 외 역), 기문당
5. 신재생에너지발전설비(태양광)기사 · 산업기사 실기, 봉우근 외, 엔트미디어
6. 산업통상자원부 기술표준원, 태양광발전용어 모음
7. 법제처(www.moleg.go.kr) – 관련 법규
8. 신재생에너지 설비 지원 등에 관한 지침, 한국에너지공단 신재생에너지센터
9. 분산형 전원 배전계통 연계 기술기준, 한국전력
10. 태양광발전설비 점검 · 검사 기술지침, 한국전기안전공사
11. 한국전기설비규정(KEC)

신재생에너지발전설비
기능사 실기 태양광

발행일	2019. 7. 25	초판발행
	2020. 8. 25	초판 2쇄
	2021. 6. 30	개정 1판1쇄
	2023. 9. 30	개정 2판1쇄
	2025. 4. 30	개정 3판1쇄
	2026. 1. 20	개정 4판1쇄

저 자 | 박문환
발행인 | 정용수

발행처 |

주 소 | 경기도 파주시 직지길 460(출판도시) 도서출판 예문사
T E L | 031) 955-0550
F A X | 031) 955-0660
등록번호 | 11-76호

- 이 책의 어느 부분도 저작권자나 발행인의 승인 없이 무단 복제하여 이용할 수 없습니다.
- 파본 및 낙장은 구입하신 서점에서 교환하여 드립니다.
- 예문사 홈페이지 http : //www.yeamoonsa.com

정가 : 25,000원
ISBN 978-89-274-6050-3   13560